高等教育面向“四新”服务的信息技术课程系列教材

大学计算机基础

王甲琛　祁　伟　主编

中国铁道出版社有限公司
CHINA RAILWAY PUBLISHING HOUSE CO., LTD.

内 容 简 介

本书是介绍计算机基础知识及基本应用技能的入门教材，以“计算思维与计算问题求解”和“信息表示和信息处理”为主线，将 Python 作为实践语言，串联计算机文化与计算思维、计算机系统组成与结构、信息表示、操作系统、数据库、计算机网络、信息处理、信息安全、信息化新技术等内容。全书共分十章，各章既相对独立又有内在关联，并穿插了主流软件工具的应用及技能训练，由浅入深地将计算思维和信息处理能力培养落到实处。

本书兼顾了理论与实践、广度与深度、基础与前沿多个方面，可使读者较全面地了解计算机基础知识，具备计算机实际应用能力。

本书适合作为高等学校计算机基础课程的教材，也可作为全国计算机等级考试（二级）、计算机培训和计算机初学者的参考书。

图书在版编目（CIP）数据

大学计算机基础/王甲琛, 祁伟主编. —北京: 中国铁道出版社有限公司, 2023.1
高等教育面向“四新”服务的信息技术课程系列教材
ISBN 978-7-113-29668-1

Ⅰ.①大… Ⅱ.①王… ②祁… Ⅲ.①电子计算机-高等学校-教材 Ⅳ.①TP3

中国版本图书馆CIP数据核字（2022）第175336号

书　　名：大学计算机基础
作　　者：王甲琛　祁　伟

策　　划：秦绪好　　　　**编辑部电话：**（010）63549458
责任编辑：祁　云　彭立辉
封面设计：张　璐
封面制作：刘　颖
责任校对：苗　丹
责任印制：樊启鹏

出版发行：中国铁道出版社有限公司（100054，北京市西城区右安门西街 8 号）
网　　址：http://www.tdpress.com/51eds/
印　　刷：三河市国英印务有限公司
版　　次：2023 年 1 月第 1 版　2023 年 1 月第 1 次印刷
开　　本：787 mm×1 092 mm 1/16　**印张：**18.75　**字数：**460 千
书　　号：ISBN 978-7-113-29668-1
定　　价：52.00 元

高等教育面向“四新”服务的信息技术课程系列教材
编审委员会

序

在科技革命和产业变革加速演进的背景下，高等教育的"新工科、新文科、新农科、新医科"四新建设被高度重视，并且迅速从理念走向实践探索，成为引领中国高等教育改革创新的重大举措。"四新"建设从学科专业优化开始，强调交叉融合，再将其落实到课程体系中，最终将推动人才培养模式的重大变革。在这种形势下，高校的计算机基础教育作为信息素养和能力培养的一个重要组成部分，将面临着新一轮的机遇与挑战。探索高等教育面向"四新"服务的信息技术课程建设问题，落实现代信息技术与学科领域深度融合的教学改革新思路，在课程深度改革中促进学科交叉融合，重构教学内容以面向"四新"服务，是一项艰巨而重要的工作。

教材建设作为课程建设的重要组成部分，首当其冲要以"四新"需求为核心，脱胎换骨地重构教学内容，将多学科交叉融合的思路融于教材中，支持课程从内容到模式再到体系的全面改革。党的二十大报告指出"深化教育领域综合改革，加强教材建设和管理"，要以党的二十大精神为引领，加快建设中国特色高水平教材。恰在此时，欣喜地看到了中国铁道出版社有限公司规划的这套"高等教育面向'四新'服务的信息技术课程系列教材"，将信息技术类课程作为体系规划，融入了面向'四新'服务的基本框架。在内容上将人工智能、互联网、物联网、大数据、区块链等新技术置入这个系列教材，以探索服务"四新"背景下的专业建设和人才培养需求的教材新形态、新内容、新方法、新模式。本套教材在组织编写思路上有很好的设计，以下几个方面值得推荐：

1. 在价值塑造上做到铸魂育人

党的二十大报告指出"教育是国之大计、党之大计。培养什么人、怎样培养人、为谁培养人是教育的根本问题。育人的根本在于立德。"把握教材建设的政治方向和价值导向，聚集创新素养、工匠精神与家国情怀的养成。课程思政把政治认同、国家意识、文化自信、人格养成等思想政治教育导向与各类信息技术课程固有的知识、技能传授有机融合，实现显性与隐性教育的有机结合，促进学生的全面发展。应用马克思主义立场观点方法，提高学生正确认识问题、分析问题和解决问题的能力。强化学生工程伦理教育，培养学生精益求精的大国工匠精神，激发学生科技报国的家国情怀和使命担当。

2. 在体系上追求宽口径教材体系化

教材体系是配合指定的课程体系构建的，而课程体系是围绕专业设置规划的。"四新"背景下各专业的重塑或新建都需要信息科学和技术给予更高度融合的新的课程体系甚至是教学模块配套。所以本系列教材规划在教育部大学计算机课程教学指导委员会提出的《大学计算机基础课程教学基本要求》原有的基础上，使教材体系在覆盖面和内容先进性方面都有新的突破，构成有宽度的体系化教材系列。也就是说这个体系不是唯一的，而是面向多学科、多专业教学需求，可以灵活搭建不同课程体系的配套教材。在这个规划中教材是体系化的，无论是教材种类、教材形态，还是资源配套等方面都方便裁剪，生成不同专业需求的教材体系，支持不同教材体系的可持续动态增减。

3. 在内容上追求深度融合

如何从新一代信息技术的原理和应用视角，构建适合“四新”课程体系的教材内容是一个难题。在当前社会需求剧增、应用领域不断扩大之际，如何给予非计算机专业的多学科以更强的支撑，以往的方法是在教材里增加一章新内容，而这套教材的规划是将新内容融于不同的课程中，落实在结合专业内容的案例设计上。例如，本系列已经出版的《Python语言程序设计》一书，以近百个结合不同专业的实际问题求解案例为纽带，强化了新教材知识点与专业的交叉融合，也强化了程序设计课程对不同学科的普适性。这种教材支持宽口径培养模式下，学生通过不断地解决问题而获得信息类课程与专业之间的关联。本套教材适合培养学生计算思维和用计算机技术解决专业问题的能力。

4. 在教学资源上同步建设

党的二十大报告指出“推进教育数字化”。教学资源特别是优质数字资源的高效集成是其具体落实的其中一个组成部分。本套教材规划起步于国家政策的高起点，除了“四新”的需求牵引之外，在一流课程建设等大环境方面也要求明确，与教材同步的各种数字化资源建设同步进行。从目前将要出版的其中几本教材来看，各种数字化建设都在配套开展，甚至教学实践都已经在同步进行，呈现出在教材建设上的跨越式发展态势，对教学一线教师提供了完整的教学资源，努力实现集成创新，深入推进教与学的互动，必将为新时代的人才培养大目标做出可预期的贡献。

5. 在教材编写与教学实践上做到高度统一与协同

非常高兴的是，这套教材的作者大多是教学与科研两方面的带头人，具有高学历、高职称，更是具有教学研究情怀的教学一线实践者。他们设计教学过程，创新教学环境，实践教学改革，将理念、经验与结果呈现在教材中。更重要的是，在这个分享的新时代，教材编写组开展了多种形式的多校协同建设，采用更大的样本做教改探索，支持研究的科学性和资源的覆盖面，必将被更多的一线教师所接受。

在当今“四新”理念日益凸显其重要性的形势下，与之配合的教育模式以及相关的诸多建设都还在探索阶段，教材无疑是一个重要的落地抓手。本套教材就是计算机基础教学方面很好的实践方案，既继承了计算思维能力培养的指导思想，又融合了“四新”交叉融合思维，同时支持在线开放模式。内容前瞻，体系灵活，资源丰富，是值得关注的一套好教材。

全国高等院校计算机基础教育研究会副会长
首批国家级线上一流本科课程负责人

2022年10月

前言

随着计算机科学和信息技术的飞速发展和计算机的普及，国内高校的大学计算机基础教育已踏上了新的台阶，“大学计算机基础”课程教学改革面临着前所未有的机遇和挑战。为了适应这种新发展，根据新的大学计算机基础课程教学大纲，课程内容不断推陈出新。结合《中国高等院校计算机基础教育课程体系》报告，编写了本书。

大学计算机基础是非计算机专业高等教育的公共必修课程，以培养学生计算机技能、信息化素养、计算思维能力为目标，是学习其他计算机相关技术课程的前导和基础课程。本书编写的宗旨是使读者较全面、系统地了解计算机基础知识，具备计算机实际应用能力，并能在各自的专业领域应用计算机进行学习与研究。

全书共分 10 章，包括认识计算机文化与计算思维、计算机系统组成与结构、信息在计算机内的表示、程序设计基础（Python）、操作系统、数据库基础、计算机网络基础、信息处理、信息安全、信息化新技术等。每章均配有习题，便于学生把握重点、深入思考和实践练习。

本书的构思与编写建立在众多一线教师多年的教学经验之上，他们长期从事计算机基础教学工作，体会深刻。本书在内容的选择与组织中突出体现了以下三方面的特色：

一是基础与前沿兼顾。作为计算机教学入门教材，本书依旧重视其传统的基础内容，但同时又特别关注其先进性，大量引入计算机及信息技术的较新应用和前沿知识。

二是广度与深度兼顾。本书内容囊括计算机软硬件乃至信息技术的常识、原理、应用以及前沿知识，以保证学生对计算机及信息技术整体性、概貌性了解。同时，对于计算机基本原理、程序设计、动态网站建设、信息化新技术等内容也进行了较为深入的技术性讲解，以满足师生的进一步理解。

三是理论与实践兼顾。本书在编写过程中既注重教师课堂理论教学需要，又突出学生课余实践需求。在程序设计、Office 等相关内容的编写中，既有实用性综合实例的操作引导，又有全面功能的手册式介绍；在操作系统、多媒体技术等内容中，既有理论性技术讲解，又有实践性软件应用，从而既能满足比较有深度的课堂理论教学，又能满足课后操作性强的实践应用。

本书由王甲琛、祁伟任主编，李曼、姜灵芝、刁亚男、丁丽娟、李永、周迪、高志强、王伟、孙赢盈、张荣荣、胡月莹参与编写。其中，王甲琛、张荣荣编写第1章，李曼编写第2、5章，刁亚男编写第3章，周迪、胡月莹编写第4章，祁伟、王伟编写第6章，丁丽娟、李永编写第7章，姜灵芝编写第8章，孙赢盈编写第9章，高志强编写第10章。李凤霞教授对本书提出了宝贵的意见，在此一并表示衷心的感谢！

由于时间仓促，书中难免存在不足与欠妥之处，恳请广大读者批评指正。

编　者

2022年8月

目 录

第 1 章 认识计算机文化与计算思维

本章概述了计算与计算科学的发展和含义，在介绍计算机的发展、分类和应用的基础上，强调了计算机职业道德，进而论述了信息知识产权保护，最后对计算机产生的影响进行了简介。通过本章学习，可以使读者对计算机文化及计算思维产生基础性、整体性的了解。

1.1 计算与计算机科学概述

1.1.1 计算的起源

为了能清楚地认识计算机，首先应了解数及计数方式，因为计算机产生之初的主要应用是科学计算。

1. 数的概念及计数方式的诞生

在原始社会，人们从事采集、狩猎、农作等活动，发现每天采集的野果、猎取的野兽在数量上存在差异。为了能计算每天的成果，人们开始掰指头计数，这就是最早的计算方法。每个人的 10 根手指，是最简单的、随时“携带”的计算工具。

由于手指计数在进行复杂计算方面存在着无法克服的局限性，于是人们开始使用石子计数、结绳计数、小木棍计数等。例如，早上放 10 头牛出去，就拿 10 颗小石子表示，晚上牛回来清数时，就以小石子的数量来逐个进行清点，看是否一致，这样就可以完成一些复杂的计算。石子计数的方式容易出现散乱、不方便携带和保存等问题，我国西周时期的专著中就说到“结绳而治”，它是指“结绳记事”或者“结绳计数”，在希腊、罗马、南美等地也有结绳记事的记载或实物标本。小木棍计数的方式在中外文献中都有记载。此后，又出现了在实物（如木头、骨头等）上刻痕的计数方式，并且也有对应的实物标本，可以说是文字的早期雏形。

2. 古埃及数学及计数体系

古埃及是世界上文化发源最早的几个地区之一。古埃及人使用的是十进制数字，但并非位值制，每一个较高的单位是用特殊的符号来表示的，其分数还有一套专门的计法。例如 111，象形文字写成 3 个不同的字符，而不是将 1 重复 3 次。古埃及的算术运算具有加法特征，其乘、除运算是利用连续加倍的方法来完成的。

古埃及人已经能解决一些属于一次方程和最简单的二次方程的问题，还有一些关于等差数列、等比数列的初步知识。其中，分数算法占了特别重要的地位，它把所有分数都化成单位分数（即分子是 1 的分数）的和。《莱因德纸草书》用了很大的篇幅来记载 2/*N*（*N* 为 5~101）型的分数分解成单位分数的结果，至于这样分解的原因和分解的方法，一直到现在还是一个谜。另外，《莱因德纸草书》中记载了计算圆面积的方法：将直径减去它的 1/9 之后再平方，计算的结果相当于用 3.1605 作为圆周率。总之，古埃及人在计算方面积累了一定的实践经验，但还没有上升为系统的理论。

3. 巴比伦数学及计数体系

一般将人类早期文明发祥地之一的西亚美索不达米亚地区（即底格里斯河与幼发拉底河流域）在公元前 19 世纪至公元前 6 世纪间的文化称为巴比伦文化，巴比伦数学可以上溯至约公元前 2000 年的苏美尔文化。对巴比伦数学的了解，依据 19 世纪初考古发掘出的楔形文字泥板，有约 300 块是纯数学内容的，其中约 200 块是各种数表，包括乘法表、倒数表、平方表和立方表等。在公元前 1800—前 1600 年间，巴比伦人采用了六十进制，与任何其他民族都不同。巴比伦人只用了两个记号，即垂直向下的楔子和横卧向左的楔子，通过排列组合，便可以表示所有的自然数。同时，巴比伦人把一天分成 24 小时，每小时分成 60 分钟，每分钟分成 60 秒。这种计时方式后来传遍全世界，并一直沿用至今。

4. 中国古代计数体系及算术

从公元元年前后至公元 14 世纪，中国古代数学先后经历了 3 次发展高潮，即两汉时期、魏晋南北朝时期和宋元时期，并在宋元时期达到了顶峰。中国古代数学是以创造算法，特别是各种解方程的算法为主线，从线性方程组到高次多项式方程，乃至不定方程，中国古代数学家创造了一系列先进的算法（中国数学家称之为“术”），他们用这些算法去求解相应类型的代数方程，从而使用这些方程解决各种各样的科学和实际问题。

《九章算术》（简称《九章》）是中国最重要的数学经典，在世界古代数学史上，《九章》与《原本》像两颗璀璨的明珠，东西辉映。《九章》全书以计算为中心，有 90 余条抽象性算法、公式，264 道例题及其解法，基本上采取算法统率应用问题的形式。它的许多成就居世界领先地位，奠定了此后中国数学居世界前列千余年的基础。

《九章》之后，中国的数学著述基本上采取两种方式：一是为《九章》作注；二是以《九章》为楷模编纂新的著作。刘徽的《九章算术注》作于魏景元四年（公元 263 年），原十卷。前九卷全面论证了《九章》的公式、解法，发展了出入相补原理、截面积原理、齐同原理和率的概念，在圆面积公式和椎体体积公式的证明中引入了无穷小分割和极限思想，首创了求圆周率的正确方法，指出并纠正了《九章》的某些不精确的或错误的公式，探索出解决球体积的正确途径，创造了解线性方程组的互乘相消法与方程新术，用十进分数逼近无理根的近似值等，使用了大量类比、归纳推理及演绎推理，并且以后者为主。第十卷原名“重差”，为刘徽自撰自注，发展完善了重差理论，后来单行此卷，因第一问为测望一海岛的高远，故又名《海岛算经》。

5. 古印度数学及计数体系

在印度，整数的十进制计数法产生于 6 世纪以前，用 9 个数字和表示零的小圆圈，再借助于位值制便可以写出任何数字。印度人由此建立了算术运算，包括整数和分数的四则运算法则、平方和立方的法则等。对于“零”，印度人不单是把它看成“一无所有”或空位，还把它当作一个数来参加运算，这是古印度算术的一大贡献。

印度人用符号进行代数运算，并用缩写文字表示未知数。印度人承认负数和无理数，对负数的四则运算法则有具体的描述，并意识到具有实解的二次方程有两种形式的根。

印度人的几何学是凭经验得来的，不追求逻辑上严谨的证明，只注重发展实用的方法，一般与测量相联系，侧重于面积、体积的计算。

1.1.2　计算的含义

计算指的是在某计算装置上，根据已知条件，从某一个初始点开始，在完成一组良好定义的操作序列后，得到预期结果的过程。

对这个定义，有以下两点需要注意：

① 计算的过程可由人或某种计算装置执行。

② 同一个计算可由不同的技术实现。

在人类历史上，计算的作用受到了人脑运算速度和手工记录计算结果的制约，使得能通过计算解决问题的规模非常小。相对于制约计算的人的因素，计算机非常擅长于做两件事情：运算和记住运算的结果。

1.1.3　计算机科学概述

1. 计算机科学的定义

计算机科学的研究包括从算法与可计算性的研究到根据可计算硬件和软件的实际实现问题的研究。这样，计算机科学不但包括从总体上对算法和信息处理过程进行研究的内容，也包括满足给定规格要求的有效而可靠的软、硬件设计，即所有科目的理论研究、实验方法和工程设计。

2. 计算机科学的本质

计算机科学的根本问题是“什么能被有效地自动进行”，讨论的是与可行性有关的内容，其处理的对象是离散的，因为非离散对象（连续对象）是很难进行可行处理的。因此，能行性决定了计算机本身的结构和它处理的对象都是离散型的，许多连续型的问题也必须在转化为离散型问题以后才能被计算机处理。

计算机科学已成为一个极为宽广的学科，所有分支领域的根本任务就是进行计算，其实质就是字符串的变换。

国际计算机学会（Association of Computing Machinery，ACM）和电气与电子工程学会计算机分会（Insitute of Electrical and Electronics Engineers-Computer Society, IEEE-CS）发布了《计算学科 2005 教程》(Computing Curricula 2005，CC2005)；中国计算机学会和全国高等学校计算机教育研究会发布了《中国计算机科学与技术学科教程 2002》(China Computing Curricula 2002，CCC2002)，提取了计算学科中具有方法论性质的 12 个核心概念，即绑定（Binding）、大问题的复杂性（Complexity of Large Problems）、概念和形式模型（Conceptual and Format Models）、一致性（Consistency）和完备性（Completeness）、效率（Efficiency）、演化（Evolution）、抽象层次(Levels of Abstraction)、按空间排序(Ordering in Space)、按时间排序(Ordering in Time)、重用（Reuse）、安全性（Security）、折中（Compromise）和结论（Consequences）。这些核心概念在学科中多处出现，在各分支领域及抽象理论和设计的各个层面都有很多示例，在技术上有高度的独立性，一般在数学科学和工程中出现，它们表达了计算机学科特有的思维方式，在整个本科教学过程中起着纲领性的作用，是计算学科中具有普遍性、持久性的重要思想原则和方法。

1.2 计算机模型与计算机

1.2.1 计算机的产生和发展

与其他发明一样，计算机也是经过各个阶段不断演化而来。计算机的发展经历了从简单到复杂、从低级到高级的阶段，从手动计算器到自动计算机的变迁过程。

1. 手动计算器

在有史料记载之前，人们就开始使用小石块和有刻痕的小棍作为计数工具。随着人们的生产和生活日益复杂，简单的计数已经不能满足人们的需要，很多交易不仅需要计数而且还需要计算。计算需要基于算法，算法就是处理数字所依据的一步步操作过程，而手动计算器就是利用算法进行辅助数字计算过程的设备。

在西周时期出现的算珠和春秋时期出现的算筹是最早将算法和专用实物结合起来的运算工具，如图 1.1 和图 1.2 所示。到了宋元年间，杨辉等著名数学家创建的珠算歌诀是将算法理论化、系统化的初步表现。发展到明代，珠算取代了算筹，使得算盘的应用空前成熟和广泛。

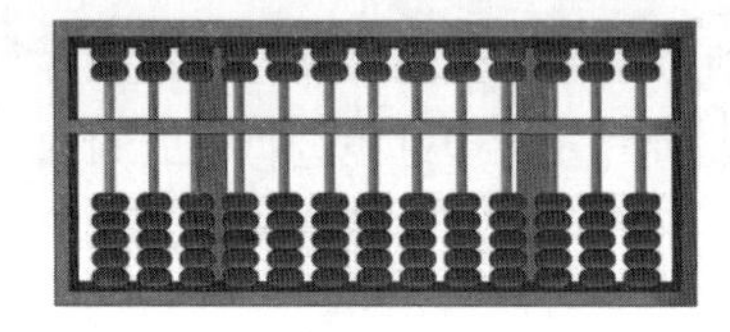

图 1.1 算珠

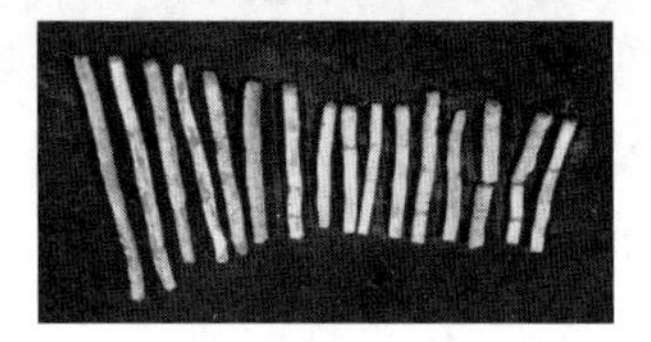

图 1.2 算筹

纳皮尔筹，也称为纳皮尔计算尺，是 17 世纪由英国数学家纳皮尔发明的。它由 10 根木条组成，每根木条上都刻有数码，右边第一根木条是固定的，其余的木条都可根据计算的需要进行拼合或调换位置。纳皮尔筹也曾传到过中国，北京故宫博物院里至今还保留珍藏品，如图 1.3 所示。

在 17 世纪中期，数学家奥特雷德在刻度尺的基础上发明了滑动刻度尺，一直被学生、工程师和科学家所使用，如图 1.4 所示。

图 1.3 纳皮尔筹

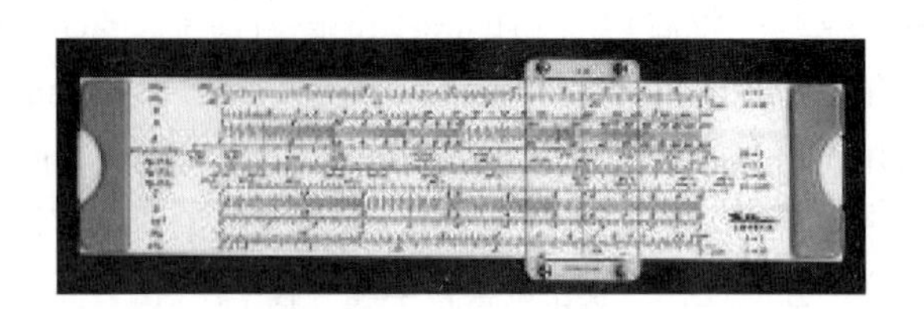

图 1.4 滑动刻度尺

2. 计算机的雏形——机械式计算器

手动计算器需要操作者使用算法来进行计算，而机械式计算器可以自动完成计算，操作者不需要了解算法。使用机械式计算器时，操作者只需输入计算所需的数字，然后拉动控制杆或转动转轮来进行计算，操作者无须思考，且计算的速度更快。

1642 年，物理学家和思想家帕斯卡发明了加法器（也称 Pascaline 计算器），只需要顺时针拨动轮子就可以进行加法计算，而逆时针拨动轮子则进行减法计算，这是人类历史上第一台机械式计算器，如图 1.5 所示。

1673 年，莱布尼茨发明了乘法器。这是第一台可以运行完整的四则运算的计算器。他还在巴黎科学院表演了经他改进的采用十字轮结构的计算器（见图 1.6），完成了数字的不连续传输，奠定了早期机械式计算器的雏形。

1822 年，英国数学家巴贝奇发明了差分机，如图 1.7 所示。它以蒸汽作为动力，可以快速而准确地计算天文学和大型工程中的数据表。差分机中使用了类似于存储器的设计方式，甚至包含了很多现代计算机的概念，体现了早期程序设计思想的萌芽。

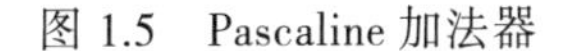

图 1.5　Pascaline 加法器

图 1.6　莱布尼茨改进的计算器

图 1.7　差分机

1888 年，赫尔曼·霍勒斯发明了制表机。它采用电气控制技术取代纯机械装置，这是计算机发展中的第一次质变。

3. 电子计算机的出现

在电子计算机的发展道路上，不同时期不同团队不断进行着尝试，他们为电子计算机的产生和发展做出了巨大的贡献。其中，爱荷华州立大学的 ABC 和宾夕法尼亚大学的 ENIAC（Electronic Numerical Integrator And Computer，埃尼阿克）便是其中的杰出代表。

1937—1942 年，约翰·文森特·阿塔纳索夫（John Vincent Atanasoff）和他的研究生克利福特·贝瑞（Clifford Berry）共同设计了阿塔纳索夫-贝瑞计算机（Atanasoff-Berry Computer，ABC），如图 1.8 所示。它采用真空电子管代替机械式开关作为处理电路，结合了基于二进制数字系统的计算设计理念。ABC 本身不可编程，仅用于求解线性方程组，并在 1942 年成功进行了测试。

ENIAC 于 1946 年 2 月诞生于宾夕法尼亚大学，它是美国为计算弹道表而研制的第一台军用电子计算机，如图 1.9 所示。它使用 18 000 个电子管，功率为 150 kW，总质量达 30 t，每秒可以执行 5 000 次加法运算，是手工计算的 20 万倍，其造价为 48 万美元。ENIAC 还被用于原子能和新型导弹弹道技术的计算。

ABC 和 ENIAC 是计算机发展史初期的两个里程碑，曾有媒体认为世界上第一台电子计算机是 1946 年诞生的 ENIAC，但更准确的说法是，世界上第一台电子计算机是 1937—1942 年开发的 ABC。

图 1.8 ABC

图 1.9 ENIAC

随着电子技术的日新月异，更小更节能的元器件不断出现，使得计算机的体积和能耗都不断降低。根据计算机所采用电子元件的不同，可以将计算机的发展划分为四个时代。

第一代，电子管时代（1946—1958年）。计算机采用电子管作为基本逻辑元件，使用机器语言或汇编语言编写程序。电子管计算机的特点是：运算速度低（仅为每秒几千次到几万次）、内存容量小、体积大、造价高、能耗高、故障多；主要服务于科学计算和军事应用，其代表机型有 ENIAC、IBM650（小型机）、IBM790（大型机）。

第二代，晶体管时代（1958—1964年）。计算机主要采用晶体管为基本逻辑元件，内存开始采用磁芯存储器，外存开始使用磁盘、磁带，体积缩小，可使用的外围设备增加，内存容量也有所提高，运算速度每秒可达几十万次。软件方面产生了监控程序，提出了操作系统的概念，编程语言有了很大的发展，在汇编语言的基础上，进一步出现了高级语言，如 FORTRAN、COBOL、ALGOL 等。这一时代以 IBM7090、7094 等机型为代表，其应用已扩展到数据处理、自动控制等方面。

第三代，集成电路时代（1964—1970年）。以中、小规模集成电路作为计算机的基本逻辑元件，即把几十至几百个电子元件集成在一块几平方毫米的单晶硅片上。体积变小、能耗减少，性能和稳定性提高，运算速度每秒几十万次到几百万次。内存开始使用半导体存储器，容量增大，为快速处理大容量信息提供了条件。系统软件与应用软件迅速发展，出现了分时操作系统和会话式语言，在程序设计中采用了结构化、模块化的设计方法。计算机同时向标准化、模块化、多样化、通用化、系列化发展，计算机的应用扩大到各个领域。

第四代，大规模、超大规模集成电路时代（1971年至今）。这一时代的计算机使用了大规模、超大规模集成电路，此类计算机的体积更小，重量更轻，运算速率也更快。随着超大规模集成电路和微处理器技术的进步，计算机进入寻常百姓家的技术障碍已层层突破。同时，超导计算机、纳米计算机、光计算机、DNA 计算机和量子计算机等未来计算机也正在加紧研究，引领着计算机产业的发展。

计算机的发展一直在延续，未来计算机的发展参见 1.2.7 节。

1.2.2 图灵机

在计算机发展史中，最伟大的发明家要数阿兰·麦席森·图灵（Alan Mathison Turing,

1912—1954 年），英国著名数学家、逻辑学家、密码学家，被称为计算机之父、人工智能之父（图 1.10）。图灵于 1912 年 6 月 23 日生于英国帕丁顿，1931 年进入剑桥大学国王学院，师从著名数学家哈代，1938 年在普林斯顿大学取得博士学位。图灵于 1954 年 6 月 7 日在曼彻斯特去世，他是计算机逻辑的奠基者，提出了“图灵机”“图灵测试”等重要概念。人们为纪念他在计算机领域的卓越贡献而专门设立了“图灵奖”。他在数理逻辑和计算机科学方面取得了举世瞩目的成就，他的一些科学成果构成了现代计算机技术的基础，他提出的图灵机模型为现代计算机的逻辑工作方式奠定了基础。

1. 图灵机的特点

图灵机（Turing Machine）是指一个抽象的计算模型，如图 1.11 所示。它有一条无限长的纸带，纸带分成了一个一个的小方格，每个方格有不同的颜色，有一个机器头在纸带上移来移去；机器头有一组内部状态，还有一些固定的程序；在每个时刻，机器头都要从当前纸带上读入一个方格信息，然后结合自己的内部状态查找程序表，根据程序输出信息到纸带方格上，并转换自己的内部状态，然后进行移动。

图 1.10 图灵

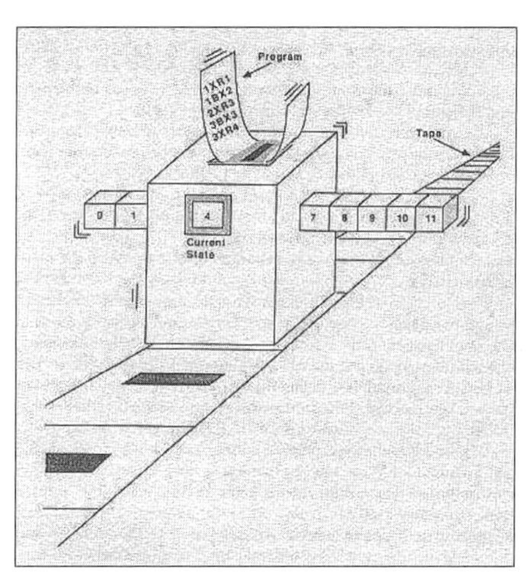

图 1.11 图灵机模型

2. 图灵测试

图灵测试又称“图灵判断”，是图灵提出的一个关于机器人的著名判断原则，它是一种测试机器是否具备人类智能的方法。如果计算机能在 5 min 内回答由人类测试者提出的一系列问题，且其超过 30%的回答让测试者误认为是人类所答，则计算机通过测试。

如图 1.12 所示，图灵测试的方法是在测试人与被测试者（一个人和一台计算机）隔开的情况下，通过一些装置（如键盘）向被测试者随意提问。问过一些问题后，如果测试人不能确认被测试者 30%的答复哪个是人、哪个是机器的回答，那么这台机器就通过了测试，并被认为具有人类智能。

2014 年 6 月 7 日，在英国皇家学会举行的“2014 图灵测试”大会上，聊天程序“尤金·古斯特曼”（Eugene Goostman）首次通过了图灵测试，如图 1.13 所示。这一天恰好是计算机科学之父阿兰·麦席森·图灵逝世 60 周年纪念日。在活动中，“尤金·古斯特曼”成功伪装成一名 13 岁男孩，回答了测试者输入的所有问题，其中 33%的回答让测试者认为与他们对话的是人而非机器，这是人工智能乃至于计算机史上的一个里程碑事件。

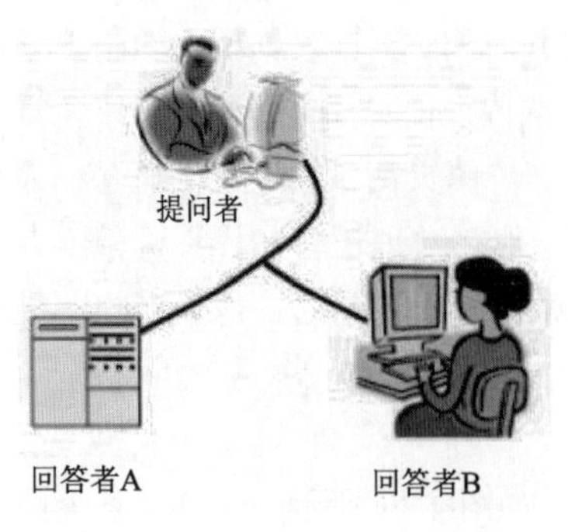

图 1.12 图灵测试示意图

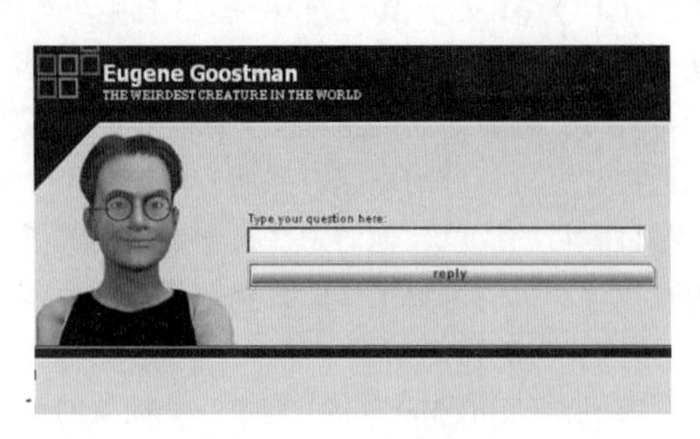

图 1.13 尤金·古斯特曼程序

3. ACM 图灵奖

图灵奖，由国际计算机学会（ACM）于 1966 年设立，又称“A.M.图灵奖”，专门奖励那些对计算机事业做出重要贡献的人。其名称取自计算机科学的先驱、英国科学家阿兰·麦席森·图灵。由于图灵奖对获奖条件要求极高，评奖程序又极为严格，一般每年只奖励一名计算机科学家，只有极少数年度有两名合作者或在同一方向做出贡献的科学家共享此奖。因此，它是计算机界最负盛名、最崇高的一个奖项，有“计算机界的诺贝尔奖”之称。

1.2.3 冯·诺依曼计算机

美籍匈牙利数学家冯·诺依曼首先提出计算机的“程序存储”原理，遵循该原理的计算机称为冯·诺依曼计算机。

在遵循冯·诺依曼体系结构的计算机中，运算器、控制器、存储器、输入设备、输出设备等五大基本部件即可抽象描述一台计算机。

关于冯·诺依曼计算机的详细讲解参见第 2 章。

1.2.4 计算机的分类

时间上，计算机的年代划分表示了计算机纵向的发展，而计算机分类则用来说明计算机横向的发展。计算机的分类方法很多，以下仅从两方面加以介绍。

1. 按用途分类

（1）通用计算机

通用计算机是为能解决各种问题、具有较强的通用性而设计的计算机。它具有一定的运算速度和存储容量，带有通用的外围设备，配备各种系统软件、应用软件。一般的数字式电子计算机多属此类。

（2）专用计算机

专用计算机是为解决一个或一类特定问题而设计的计算机。它的硬件和软件配置依据解决特定问题的需要而定，并不求全。专用计算机功能单一，配有解决特定问题的固定程序，能高速、可靠地解决特定问题，常应用于自动控制。

2. 按规模与性能分类

（1）巨型机

巨型机又称超级计算机，它是所有计算机类型中价格最贵、功能最强的一类计算机，目前主要用来承担重大科学研究、国防尖端技术以及国民经济领域的大型计算和数据处理任务。近年来，我国的巨型机研究和生产取得了骄人的成就，推出的“曙光”“银河”“天河”“神威·太湖之光”等超级计算机，已达到世界领先水平。目前，巨型机的研制水平、生产能力及其应用程度，已成为衡量一个国家经济实力与科技水平的重要标志。

（2）大型机

国外习惯上将大型机称为主机，它相当于国内常说的大型机和中型机。一般用作“客户机/服务器”的服务器，或者“终端/主机”系统中的主机。其特点是大型、通用、具有很强的管理和处理数据的能力，一般在大企业、银行、高校和科研院所等单位使用。

（3）小型机

小型机是 20 世纪 80 年代出现的新机种，因巨型机价格十分昂贵，在力求保持或略微降低巨型机性能的条件下开发出小型机，使其价格大幅降低（约为巨型机价格的 1/10）。为此在技术上采用高性能的微处理器组成并行多处理器系统，使巨型机小型化。其特点是：规模小、结构简单、设计试制周期短、工艺先进、使用维护简单。因此，小型机比大型机有更大的吸引力。

（4）微型计算机

微型计算机又称为个人计算机（PC），是指以微处理器为核心，配上由大规模集成电路制作的存储器、输入/输出接口电路及系统总线所组成的计算机。这是 20 世纪 70 年代出现的机种，以其设计先进、软件丰富、功能齐全、价格便宜等优势而拥有广大的用户，因而大大推动了计算机的普及应用。

（5）工作站

工作站是一种以微型计算机和分布式网络计算为基础，主要面向专业应用领域，具备强大的数据运算与图形、图像处理能力，为满足工程设计、动画制作、科学研究、软件开发、金融管理、信息服务、模拟仿真等专业领域而设计开发的高性能计算机。它与网络系统中的“工作站”在用词上相同，但含义不同。因为网络上的“工作站”常用来泛指联网用户的结点，以区别于网络服务器，通常仅是普通的个人计算机。

1.2.5 计算机的应用

计算机的诞生和发展，对人类社会产生了深刻的影响，它的应用涉及科学技术、国民经济、社会生活的各个领域，概括起来可分为如下几方面。

1. 科学计算

科学计算是指用计算机完成科学研究并对工程技术中提出的数学问题进行计算，它是计算机最早的应用。在现代科学技术工作中，计算机为数学、物理、天文学、航空、航天、飞机制造、卫星发射、机械、建筑、地质学等方面解决了大量的科学计算难题。人们过去利用手摇计算器几个月才能解决的宇航工程等复杂的科学计算问题，现在利用高性能大型计算机在几分钟或更短的时间内就可完成。

2. 信息处理

信息处理主要是指对大量信息进行收集、存储、整理、分类、统计、加工、利用等一系列过程，它是目前计算机最为广泛的应用。据统计，80%以上的计算机主要用于数据处理，例如工农业生产计划的制订、科技资料的管理、财务管理、人事档案管理、火车调度管理、飞机订票等。

3. 过程控制

过程控制是指利用计算机实时地搜集检测数据，按最佳值进行自动控制或自动调节控制对象，这是实现自动化的重要手段。计算机的过程控制广泛应用于火箭发射、雷达跟踪、工业生产、交通高度等各个方面。

4. 计算机辅助工程

计算机辅助工程是近些年来迅速发展的计算机应用，包括计算机辅助设计（Computer Aided Design，CAD）、计算机辅助制造（Computer Aided Manufacture，CAM）、计算机辅助教学（Computer Aided Instruction，CAI）等多个方面。

计算机辅助设计是指设计人员利用相关辅助设计软件进行产品、工程设计，以提高设计效率和效果。现在，计算机辅助设计已广泛地应用于飞机、汽车、机械、电子、建筑、轻工业及媒体等领域。

计算机辅助制造是指利用计算机进行生产设备的管理、控制和操作。采用计算机辅助制造技术能提高产品质量，降低生产成本，改善工作条件和缩短产品的生产周期。

计算机辅助教学是指利用计算机教育软件进行辅助教学活动，它是现代教育技术发展的产物。

5. 办公自动化

办公自动化（Office Automation，OA）指用计算机帮助办公室人员处理日常工作。例如，用计算机进行文字处理、数据统计、文档管理以及资料、图像处理等。

6. 计算机网络

计算机技术与现代通信技术的结合构成了计算机网络。计算机网络和多媒体技术的迅速发展，不仅解决了计算机与计算机间的软硬件资源共享，促进了人们图、文、声、像等全方位的信息交流，同时也正改变着人们的生活方式。

7. 人工智能

人工智能（Artificial Intelligence，AI）是指利用计算机模拟人类的智能活动，诸如感知、判断、理解、学习、问题求解和图像识别等。目前人工智能的研究已取得显著成果，并已开始走向实用阶段。例如，能模拟高水平医学专家进行疾病诊疗的专家系统，具有一定思维能力的智能机器人等。

1.2.6 计算机的发展趋势

目前计算机的发展趋势主要有如下几方面：

1. 多极化

今天包括电子词典、掌上计算机、笔记本计算机等在内的微型计算机在人们生活中已经处处可见，同时大型、巨型计算机也得到快速发展。特别是在超大规模集成电路技术基础上的多处理机技术使计算机的整体运算速度与处理能力得到了极大的提高。图 1.14 所示为我国国防科技大学研制的“天河二号”超级计算机系统，2013年它正式亮相并成为由国际TOP500组织公布的全球最快的超级计算机后，一举蝉联了六次第一。2016 年 6 月，由我国国家并行计算机工程技术研究中心研制的，所有核心部件均国产化的“神威·太湖之光”取代“天河二号”登上榜首，其峰值计算速度达每秒 12.54 亿亿次、持续计算速度达每秒 9.3 亿亿次，成为世界上首台峰值计算速度超过十亿亿次的超级计算机。

图 1.14　“天河二号”超级计算机

除了向微型化和巨型化发展之外，中小型计算机也各有自己的应用领域和发展空间。特别是在强调运算速度提高的同时，关注功耗小、环境污染小的绿色计算机和重视综合应用的多媒体计算机已经被广泛应用，多极化的计算机家族在迅速发展中。

2. 网络化

网络化就是通过通信线路将不同地点的计算机连接起来形成一个更大的计算机网络系统。计算机网络的出现只有 40 多年的历史，但已成为影响人们日常生活的重要技术应用，网络化是计算机发展的一个主要趋势。

3. 多媒体化

媒体可以理解为存储和传输信息的载体，文本、声音、图像等都是常见的信息载体。过去的计算机只能处理数值信息和字符信息，即单一的文本媒体。近些年发展起来的多媒体计算机则集多种媒体信息的处理功能于一身，实现了图、文、声、像等各种信息的收集、存储、传输和编辑处理，被认为是信息处理领域在 20 世纪 90 年代出现的又一次革命。

4. 智能化

智能化虽然是未来新一代计算机的重要特征之一，但现在已经能看到它的许多踪影，例如能自动接收和识别指纹的门控装置，能听从主人语音指示的车辆驾驶系统等。让计算机具有人的某些智能将是计算机发展过程中的下一个重要目标。

1.2.7　未来的计算机

在未来社会中，计算机、网络、通信技术三位一体化，未来计算机将把人从重复、枯燥的信息处理中解脱出来，从而改变人们的工作、生活和学习方式，给人类和社会拓展更大的生存和发展空间。

1. 能识别自然语言的计算机

未来的计算机将在模式识别、语言处理、句式分析和语义分析的综合处理能力上获得重大突破。它可以识别孤立单词、连续单词、连续语言和特定或非特定对象的自然语言（包括口语），键盘和鼠标的时代将渐渐结束。

2. 高速超导计算机

高速超导计算机的耗电仅为半导体器件计算机的几千分之一，它执行一条指令只需十亿分之一秒，比半导体元件快几十倍。以目前的技术制造出的超导计算机的集成电路芯片只有 3～5 mm^2大小。

3. 激光计算机

激光计算机是利用激光作为载体进行信息处理的计算机，又称光脑，其运算速度将比普通的电子计算机至少快 1 000 倍。它依靠激光束进入由反射镜和透镜组成的阵列中对信息进行处理。与电子计算机相似之处是，激光计算机也靠一系列逻辑操作来处理和解决问题。光束在一般条件下互不干扰的特性，使得激光计算机能够在极小的空间内开辟很多平行的信息通道。

4. 分子计算机

分子计算机正在酝酿。惠普公司和加州大学 1999 年 7 月 16 日宣布，已成功地研制出分子计算机中的逻辑门电路，其线宽只为几个原子直径之和。分子计算机的运算速度是目前计算机的 1 000 亿倍，最终将取代硅芯片计算机。

5. 量子计算机

量子力学证明，个体光子通常不相互作用，但是当它们与光学谐腔内的原子聚在一起时，它们相互之间会产生强烈影响。光子的这种特性可用来发展量子力学效应的信息处理器件——光学量子逻辑门，进而制造量子计算机。理论上，量子计算机的性能能够超过任何可以想象的标准计算机。

6. DNA 计算机

科学家研究发现，脱氧核糖核酸（DNA）有一种特性，能够携带生物体的大量基因物质。数学家、生物学家、化学家以及计算机专家从中得到启迪，正在合作研究制造未来的液体 DNA 计算机。这种 DNA 计算机的工作原理是以瞬间发生的化学反应为基础，通过和酶的相互作用，将发生过程进行分子编码，把二进制数翻译成遗传密码的片段，每一个片段就是著名的双螺旋的一个链，然后对问题以新的 DNA 编码形式加以解答。与普通的计算机相比，DNA 计算机的优点首先是体积小，但存储的信息量却超过现在世界上所有的计算机。

7. 神经元计算机

人类神经网络的强大与神奇是众所共知的。将来，人们将制造能够完成类似人脑功能的计算机系统，即人造神经元网络，其联想式信息存储、对学习的自然适应性、数据处理中的平行重复现象等性能都将是异常超群的。神经元计算机最突出的应用在国防领域，它可以识别物体和目标，处理复杂的雷达信号，决定要击毁的目标。

8. 生物计算机

生物计算机主要是以生物电子元件构建的计算机。它利用蛋白质的开关特性，用蛋白质分子作为元件制造生物芯片。其性能是由元件与元件间电流启闭的开关速度决定的。用蛋白质制成的计算机芯片，它的一个存储点只有一个分子大小，所以它的存储容量可以达到普通计算机的十亿倍。由蛋白质构成的集成电路，其大小只相当于硅片集成电路的十万分之一。而且运行速度更快，大大超过人脑的思维速度。

9. 纳米计算机

纳米技术是从 20 世纪 80 年代初迅速发展起来的前沿科研领域，最终目标是人类按照自己的意志直接操纵单个原子，制造出具有特定功能的产品。现在纳米技术正从微电子机械系统（MEMS）起步，把传感器、电动机和各种处理器都放在一个硅芯片上而构成一个系统。应用纳米技术研制的计算机内存芯片，其体积不过数百个原子大小。纳米计算机几乎不需要耗费任何能源，而且其性能要比今天的计算机强大许多倍。目前，惠普实验室的科研人员已开始应用纳米技术研制芯片，一旦他们的研究获得成功，将为其他缩微计算机元件的研制和生产铺平道路。

10. 光子计算机

光子计算机即全光数字计算机，以光子代替电子，光互连代替导线互连，光硬件代替计算机中的电子硬件，光运算代替电运算。目前，世界上第一台光计算机已由英国、法国、比利时、德国、意大利等国家的 70 多名科学家研制成功，其运算速度比电子计算机快 1 000 倍。科学家们预计，光计算机的进一步研制将成为 21 世纪高科技课题之一。

11. 人工智能计算机

预计在 2035 年可能出现的人工智能计算机不仅能模仿人的左脑进行逻辑思维，而且能模仿人的右脑进行形象思维，程序设计人员可以成功地把计算机设计得像人，模拟人的思维、人的说话及人的感觉。

1.3　计算机职业道德

随着计算机技术的迅速发展和广泛应用，伴随而来的诸如网络空间的自由化、网络环境下的知识产权、计算机从业人员的价值观等各种社会问题已经极大地影响着计算机产业乃至整个社会的发展，并引起了业界人士的高度重视。

CC2005 和 CCC2002 报告要求计算机专业的学生不但要了解专业技术知识，还要了解与之相关的社会和职业问题。CC2005 和 CCC2002 报告将社会和职业问题分为计算的历史、计算的社会背景、道德分析的方法和工具、职业和道德责任、基于计算机系统的风险与责任、知识产权、隐私与公民自由、计算机犯罪、与计算有关的经济问题和哲学框架等。

1.3.1　计算机与道德

道德分析的主要内容包括道德的含义、如何进行道德选择及道德评价，以及计算机领域中专业技术人员和计算机用户各自应该承担的道德责任等。

1. 道德的哲学含义

作为哲学领域的一个理论分支，道德是在一定社会中调整人与人之间以及个人和社会之间关系的行为规范的总和，它以善与恶、正义与邪恶、诚实与虚伪等道德概念来评价人的各种行为并调整人与人之间的关系，用于判定什么是对或错、好或坏，通过各种形式教育人们逐渐形成一定的习惯。道德行为就是根据基于伦理价值观念而建立的道德原则所采取的行为方式。

2. 道德选择

道德选择是在处理与道德相关的事务时，以道德原则为根据，以与道德原则相一致为标准，对可能的道德观点进行选择的过程。

道德选择是一件困难而复杂的事情。这种选择通常伴随着来自经济的、职业的和社会的压力。这些压力可能会对人们所信守的道德原则或道德目标提出挑战，从而掩盖或混淆某些道德问题。在许多情况下，同时存在多种不同的价值观或利益选择，道德选择的复杂性在于人们必须对可能相互矛盾的价值观和利益进行取舍。

由于道德选择在使一些人受益的同时可能会损害另一些人的利益，所以人们必须不断地进行权衡，以充分考虑各种道德选择可能出现的后果。

3. 道德评价

道德评价是道德选择的关键，必须遵循一定的道德原则。以下五条为人们广为接受的道德原则：

① 自律原则。指对个人的行为和举止有严格要求。

② 公正原则。具体指对资源和服务的公平分配。

③ 行善原则。行善原则是指尽量避免对他人造成危害，并主动地帮助他人。

④ 勿从恶原则。勿从恶原则是强调不要对他人造成伤害，并避免可能对他人造成伤害的行为。

⑤ 忠诚原则。忠诚原则是指诚实对人，信守诺言。

1.3.2 计算机专业人员的职业道德准则

由于计算机在人类社会中发挥着越来越重要的作用，作为计算机科学技术的专业人员在本领域为人处世过程中将会遇到一些特殊的道德问题。这些问题大到涉及国家机密，小则关系个人信誉。鉴于道德问题的复杂性和敏感性，许多人都倾向于回避这些理论问题。

为了给计算机专业人员建立一套道德准则，电气与电子工程师学会（IEEE）和国际计算机学会（ACM）于 1994 年成立了联合指导委员会，负责为计算机软件行业制定一组标准，作为工业决策、职业认证和教学工作的参考。该委员会制定的软件工程道德与职业活动准则对软件工程师的职业道德做了全面阐述。这些职业道德方面的要求值得计算机程序员及各级管理者认真理解，并在实践中加以体现。

ACM 道德和职业行为规范包含 24 条规则，其中有 8 条是一般性的道德准则。根据这些准则，一个有道德的人应该做到以下几点：

① 为社会的进步和人类生活的幸福做出贡献。

② 不要伤害别人。

③ 诚实以获得他人的信赖。

④ 公平、无歧视地对待他人。

⑤ 尊重别人的知识产权和获取经济利益的权利。

⑥ 使用别人的知识产权时给予对方适当的荣誉。

⑦ 尊重别人的隐私权。

⑧ 尊重机密性。

该规则也定义了专业人员应该遵循的若干准则，作为一名计算机专业人员应该做到以下几点：

① 致力于专业工作的程序及产品，以达到最高的质量、最高的效率和最高的价值。

② 获取并保持本领域的专业能力。

③ 了解并遵守与专业相关的现有法令。

④ 接受并提供合适的专业评论。

⑤ 对计算机系统的冲击应有完整的了解并给出详细的评估。

⑥ 尊重协议并承担相应的责任。

⑦ 增进非专业人员对计算机工作原理和运行结果的理解。

⑧ 仅在获得授权时才使用计算和通信资源。

这些基本准则为计算机专业人员使用计算机提供了明确的指导。计算机专业人员应该遵循相应的专业道德准则。

1.3.3 计算机用户的道德

除了计算机行业的专业人员以外，每个计算机用户实际上也面临着相应的道德问题。

1. 自觉抵制软件盗版和信息剽窃

对于计算机用户而言，迫切需要解决的道德问题之一就是拒绝对计算机软件的非法复制。大多数计算机软件是有版权的，相关法律禁止对版权软件进行非法复制和使用。现在的软件盗版形式已经从早期的生产商仿制软件光盘、销售商在所售的计算机中预装软件发展为互联网在线软件盗版。互联网的繁荣使软件盗版行为涉及的范围更广，将未经著作权人授权销售和使用的软件上传到网站上，供网络用户有偿或无偿下载使用，或者在网站上刊登广告，在网上销售仿制的软件。

自由软件（Freeware）是可以自由而且免费地使用该软件，并复制给别人，而且不必支付任何费用给程序的作者，使用上也不会出现任何日期的限制或软件使用上的限制。不过当复制给别人的时候，必须将完整的软件档案复制给他人，且不得收取任何费用或转为其他商业用途。在未经程序作者同意的情况下，不能擅自修改该软件的程序代码，否则视同侵权。

由于计算机和 Internet 逐渐普及，人们获取信息的渠道日益增多。对他人信息的引用，计算机用户应该保持负责而有道德的态度，引用他人信息应该明确指出类似于作者姓名、文章标题、出版地点和日期等相关信息，以尊重他人成果。随着移动互联网的迅猛发展和微博、微信等应用的推广，个人信息已经完全暴露在互联网中，如果没有很好地对信息进行保护或者滥用他人信息，后果可能会十分严重。

2. 对计算机访问必须经过授权

未经授权而实施的访问无论是否造成危害，此类入侵行为都是错误的，甚至可能是违法犯罪行为。即没有预先经过同意，就使用网络或相关的计算机资源就是非授权访问。

3. 使用计算机网络时应该自律

目前的 Internet，不存在一个统一的管理机构，因此也就无法实现或强化特定的规则或标准。例如，对于未成年人的保护很多时候只能依靠周围有限的社会环境。

当然，最重要的还是在于所有计算机用户的自律。具有道德观念或社会责任感的人不会在网络上实施违背法律和道德规范的行为，从而能够减少不良行为的发生。

1.4 信息知识产权保护

1.4.1 知识产权的定义

目前，在世界范围内尚没有一个统一的关于知识产权概念的定义。知识产权（Intellectual Property）通常指“基于创造成果和工商标记依法产生的权利”。最主要的 3 种知识产权是著作权、专利权和商标权，其中专利权与商标权也被统称为工业产权。

1.4.2 知识产权的主要特点

知识产权的特点主要包括以下四方面：

① 无形性：指相关法律所保护的对象（即无形财产）是无形的，知识产权的权利人往往只有在主张自己的权利时（即在侵权诉讼中），才能确认为权利人。

② 专有性：指非经知识产权所有人的同意，除法律规定的相关情况以外，他人不得占有或使用该项智力成果。

③ 地域性：指法律保护知识产权的有效地区范围。任何国家法律所确认的知识产权，只在其本国领域内有效，除非该国与他国签订有双边协定或该国参加了有关知识产权保护的国际公约。知识产权的这一特点表明这种无形财产有别于有形财产。有形财产没有严格的地域限制，原则上具有域外效力，即一项有形财产转移到他国境内时，权利人一般不会丧失对该有形财产的权利。

④ 时间性：指法律保护知识产权的有效期限，期限届满即丧失效力。凡丧失效力的知识产权，任何人都可以无偿利用，即知识产权并不是永久性的法律权利。时间性要求既保证了智力成果的享有者获得应有的经济利益，达到鼓励智力成果创造的目的，同时又要防止由于权利人对其智力成果的长期垄断而阻碍社会经济、文化和科学事业的发展。

1.4.3 知识产权的法律框架

知识产权是依据智力成果的具体内容和社会作用来确定其具体的权利形式的。按照国际惯例，将知识产权分为以下框架：

- 知识产权
  - 工业产权
    - 专利权
    - 商标专用权
    - 反不正当竞争权
  - 版权

近年来，我国已经制定并实施了一整套软件知识产权保护的法律和法规，形成了比较完善的知识产权保护法律体系，主要包括《中华人民共和国著作权法》《中华人民共和国专利法》《中华人民共和国商标法》《出版管理条例》《电子出版物管理规定》《计算机软件保护条例》等。在网络管理法规方面还制定了《中文域名注册管理办法（试行）》《网站名称注册管理暂行办法实施细则》《关于音像制品网上经营活动有关问题的通知》等管理规范。

另外，我国非常重视加强与世界各国在知识产权领域的交往与合作，积极参与相关国际组织的活动。1980 年 6 月 3 日，中国正式成为世界知识产权组织成员国。

1.4.4　计算机软件的版权

对于计算机产业的知识产权而言，迫切需要解决的问题就是计算机软件的版权问题。

人们使用的软件根据知识产权的要求可以分为以下两种类型：

① 自由软件是免费提供给所有用户的，人们可以自由地复制或使用这些软件。

② 共享软件具有版权，创作者将共享软件提供给用户进行复制和试用，用户在试用后如果希望长期继续使用这个软件或者获得该软件进一步的扩展功能，软件的版权拥有者就有权要求用户进行注册或付费，并可能向注册用户提供更加丰富的服务和更多的软件功能。

大部分计算机软件都是有版权的，各国法律禁止对版权软件进行非法复制和使用。软件盗版是指对版权软件进行非法复制和使用。在大多数国家，计算机软件盗版被认为是一种犯罪行为。

1.4.5　发明专利权

发明专利权就是对产品、方法或其改进所提出的新技术方案而享有的专有权利，一般简称为发明专利。世界各国用来保护专利的法律是专利法，专利法所保护的是已经获得专利权、可以在生产建设过程中实现的技术方案。各国专利法普遍规定，能够获得专利权的发明应当具备新颖性、创造性和实用性。

1.4.6　商业秘密和不正当竞争行为的制止

商业秘密是《中华人民共和国反不正当竞争法》（简称《反不正当竞争法》）保护的一项重要内容，它的法律定义是：不为公众所知悉的、能为权利人带来经济利益、具有实用性并经权利人采取保密措施的技术信息和经营信息。

根据我国《反不正当竞争法》的有关规定，任何一项商业秘密必须具备三个基本条件：

① 该项商业秘密不为公众所知悉，即该秘密具有“新颖性”。

② 该项商业秘密能够为权利人带来经济效益，即该秘密具有“价值性”。

③ 该项商业秘密已被权利人采取了保密措施加以保守，这是商业秘密存在的最重要的一点。

通常，商业秘密的保护时间是以该秘密被泄露的时间进行确定。

如果一项软件的技术设计没有获得专利权，而且尚未公开，这种技术设计就是非专利的技术秘密，可以作为软件开发者的商业秘密而受到保护。有关一项软件的尚未公开的设计开发信息，如需求规格、开发计划、整体方案、算法模型、组织结构、处理流程、测试结果等都可认为是开发者的商业秘密。对于商业秘密，其拥有者具有使用权和转让权，可以许可他人使用，也可以将其向社会公开或者去申请专利。

1.4.7 商标权

对商标的专用权也是软件权利人的一项知识产权。所谓商标，是指商品的生产者为了区别于他人的商品而专门设计的标志，一般为文字、图案等，如 IBM、WPS。这些商标通常是经商标管理部门获准注册，在其有效期内未经注册人认可的使用都构成对他人商标的侵犯。世界上大多数国家都以商标法保护商标注册的专用权。

1.5 计算机产生的影响

近年来，由于计算机科学技术的迅速发展，特别是网络技术和多媒体技术的飞速发展，计算机不断地拓展新的应用领域。通信技术与计算机技术的结合，产生了计算机网络和 Internet；卫星通信技术与计算机技术的结合，产生了全球定位系统（Global Positioning System，GPS）、地理信息系统（Geographic Information System，GIS）；多媒体技术的发展更是如日中天，在音乐、舞蹈、电影、电视和娱乐、虚拟现实、3D（Three Dimensions）打印等方面得到了广泛应用。

1.5.1 Internet 带来的深刻影响

20 世纪 90 年代以来，计算机网络技术得到了飞速发展，信息的处理和传递突破了时间和地域的限制，网络化和全球化成为不可抗拒的世界潮流，Internet 已进入社会生活的各个领域和环节，并越来越成为人们关注的焦点。

Internet 最大的优点是消除了地域上的障碍，使得地球上的每个人均可以方便地与其他人通信交流。由于网络交易的实时性、方便性、快捷性及低成本性，随着计算机的网络化和全球化，人们日常生活中的许多活动也逐步转移到网络上来：企业用户可以通过网络做信息发布、广告、营销、娱乐和客户支持等，同时可以直接与商业伙伴进行合同签订和商品交易；普通用户通过网络可以获得各种信息资源和服务，如购物、娱乐、求职、教育、医疗、投资等。Internet 促进了现代社会信息化、全球化的进程，给社会政治、经济、生活带来了深刻的影响。

1.5.2 多媒体技术带来的新的应用领域

随着电子技术特别是通信技术和计算机技术的发展，计算机多媒体系统不仅有计算机的存储记忆、高速运算、逻辑判断、自动运行的功能，还能将符号、文本、音频、视频、图形、动画和图像等多种媒体信息有机地集成于一体，构成多媒体（Multimedia）的概念，使人通过多个感官获取相关信息；不仅可以提高信息的传播效率，同时由于多媒体的图形交互界面和窗口交互操作，使人机交互能力大幅提高，从而实现信息双向交流。在教育、商业、医疗银行、保险、工业、行政管理、军事、广播和出版等领域，多媒体的应用发展很快。多媒体系统最突出的领域是计算机虚拟现实技术的应用。在制造业、科学研究中，多媒体可实现试验的可视化；在教育与培训、遥控操作、心理测试、通信与协同工作和艺术中，多媒体也得到了广泛应用；多媒体还可以图像与声音的集成形式提供新的娱乐和游戏方式。

1.5.3　嵌入式系统

随着信息化的发展，计算机和网络已经渗透到人们日常生活的每一个角落。对于每个人来说，不仅需要放在桌上处理文档、进行工作管理和生产控制的计算机，还需要各种使用嵌入式技术的电子产品，小到 MP3、个人数据处理机（Personal Digital Assistant，PDA）、智能手机、平板计算机等微型数字化产品，大到网络家电、智能家电、车载电子设备、数字仪器等。目前，各种各样的新型嵌入式系统（Embedded System）设备在应用数量上已经远远超过了通用计算机。

习　　题

1. 从综合性能角度，计算机如何分类？
2. 简述计算机发展的四个时代。
3. 冯·诺依曼计算机的基本特征是什么？
4. 简述道德的哲学含义和选择含义。
5. 人们广为接受的五条道德原则是什么？
6. 简述知识产权的定义。

第2章 计算机系统组成与结构

本章由浅入深地论述了计算机的组成和工作原理，介绍了微机的基本配置、嵌入式系统结构、计算机软件技术和软件工程等相关内容，并对国产基础软件进行了简要介绍。

2.1 计算机组成与工作原理

2.1.1 冯·诺依曼计算机

1. 冯·诺依曼计算机的基本特征

计算机自诞生以来，尽管其制造技术已经发生了很大的变化，但就其体系而言，仍基于同一原理——“存储程序”工作原理，这个思想是美籍匈牙利数学家冯·诺依曼首先提出的，所以人们把基于这种“存储程序”工作原理的计算机称为冯·诺依曼计算机。冯·诺依曼计算机的基本特征如下：

① 采用二进制数表示程序和数据。

② 能存储程序和数据，并能自动控制程序的执行。

③ 具备运算器、控制器、存储器、输入设备和输出设备五大基本部件，其基本结构如图2.1所示。

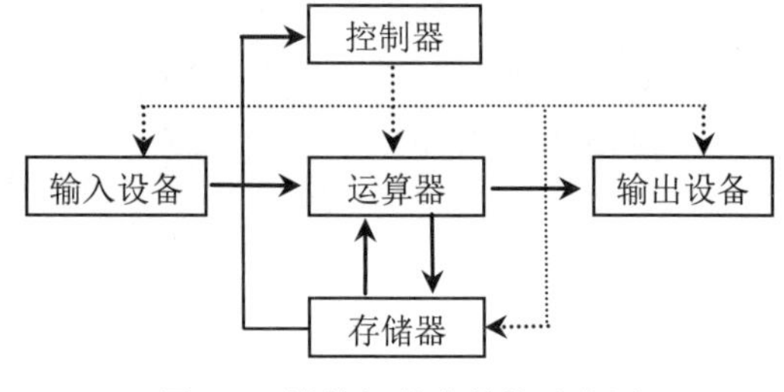

图2.1 计算机基本结构示意图

原始的冯·诺依曼计算机结构以运算器为核心，在运算器周围连接着其他各个部件，经由连接导线在各部件之间传送着各种信息。这些信息可分为两大类：数据信息和控制信息（在图2.1中分别用实线和虚线表示）。数据信息包括数据、地址、指令等，数据信息可存放在存储器中；控制信息由控制器根据指令译码结果即时产生，并按一定的时间次序发送给各个部件，用以控制各部件的操作或接收各部件的反馈信号。

为了节约设备成本和提高运算可靠性，计算机中的各种信息均采用了二进制数的表示形式。在计算机科学研究中，位（bit）是计算机所能表示的最基本最小的数据单元，每一个“位”只能有两种状态：0或1。为了表达方便，把8位（bit）二进制数称为1字节（Byte,B），即1 B = 8 bit。字节通常用作计算存储容量的单位，并把1 024 B称为1 KB，把1 024 KB称为1 MB，把1 024 MB称为1 GB，把1 024 GB称为1 TB等。

2. 冯·诺依曼计算机工作过程

在计算机的五大基本部件中，运算器（Arithmetic logic Unit，ALU）的主要功能是进行算术及逻辑运算，是计算机的核心部件，运算器每次能处理的最大的二进制数长度称为该计算机的字长（一般为8的整倍数）；控制器是计算机的"神经中枢"，用于分析指令，根据指令要求产生各种协调各部件工作的控制信号；存储器用来存放控制计算机工作过程的指令序列（程序）和数据（包括计算过程中的中间结果和最终结果）；输入设备用来输入程序和数据；输出设备用来输出计算结果，即将其显示或打印出来。

根据计算机工作过程中的关联程度和相对的物理安装位置，通常将运算器和控制器合称为中央处理器（Central Processing Unit，CPU）。表示CPU能力的主要技术指标有字长和主频。字长代表了每次操作能完成的任务量，主频则代表在单位时间内能完成操作的次数。一般情况下，CPU的工作速度要远高于其他部件的工作速度，为了尽可能地发挥CPU的工作潜力，解决好运算速度和成本之间的矛盾，将存储器分为主存和辅存两部分。主存成本高，速度快，容量小，能直接和CPU交换信息，并安装于机器内部，也称其为内存；辅存成本低，速度慢，容量大，要通过接口电路经由主存才能和CPU交换信息，是特殊的外围设备，也称为外存。

计算机工作时，操作人员首先通过输入设备将程序和数据送入存储器中。启动运行后，计算机从存储器顺序取出指令，送往控制器进行分析并根据指令的功能向各有关部件发出各种操作控制信号，最终的运算结果要送到输出设备输出。

3. 计算机系统的组成

一台完整的计算机系统是由硬件系统和软件系统两部分组成。硬件（Hardware）是指计算机中"看得见""摸得着"的所有物理设备；软件（Software）则是指挥计算机运行的各种程序和文档的总和。硬件系统主要包括计算机的主机和外围设备（简称外设），软件系统主要包系统软件和应用软件，如图2.2所示。

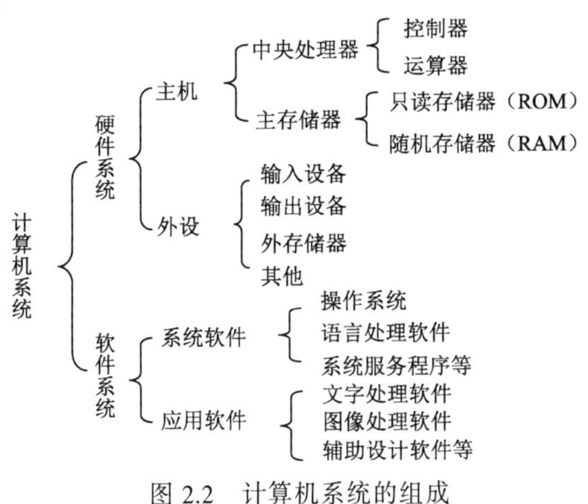

图2.2　计算机系统的组成

（1）硬件系统

主机主要包括中央处理器和主存储器。主存储器一般采用半导体存储器，半导体存储器按功能可分为只读存储器（Read-only Memory，ROM）和随机存储器（Random Access Memory，RAM）。

外围设备，是指连在计算机主机以外的硬件设备，对数据和信息起着传输、转送和存储的作用。由于外围设备种类繁多，有的设备兼有多种功能，到目前为止，很难对外围设备做出准确的分类。按照功能的不同，大致可以分为输入设备、输出设备、外存储器以及网络设备等其他设备。

（2）软件系统

在计算机系统中硬件是软件运行的物质基础，软件是硬件功能的扩充与完善，没有软件的支持，硬件的功能不可能得到充分的发挥，因此软件是用户与计算机之间的桥梁。软件可分为系统软件和应用软件两大部分。

系统软件是为用户能方便地使用、维护、管理计算机而编制的程序的集合，它与计算机硬件相配套，也称为软设备。系统软件主要包括对计算机系统资源进行管理的操作系统（Operating System，OS）软件、对各种汇编语言和高级语言程序进行编译的语言处理（Language Processor，LP）软件以及对计算机进行日常维护的系统服务程序或工具软件等。

应用软件则主要面向各种专业应用和某一特定问题的解决，一般指操作者在各自的专业领域中为解决各类实际问题而编制的程序如文字处理软件、图像处理软件、辅助设计软件等。

2.1.2 微型计算机基本原理

1. 微型计算机的总线结构

微型计算机（简称微机）的总线结构如图 2.3 所示。

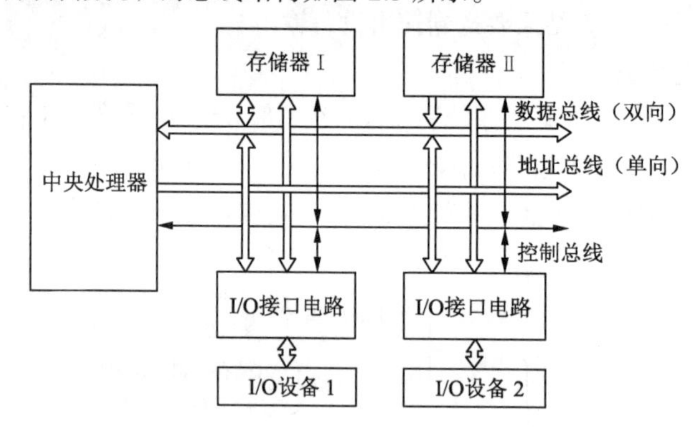

图 2.3 微型计算机的总线结构

微型计算机硬件结构最重要的是总线（Bus）结构。总线是连接多个装置或功能部件的一组公共信号线，它是计算机中传达信息代码的公共通道，是计算机各组成部件之间交换信息的通道，也是联系中央处理器内部与各部件的纽带。可以说一台计算机的躯体就是由总线及总线相关的接口与设备组成的。采用总线结构简化了硬件电路设计和系统结构，适合计算机部件的模块化，以便于部件和设备的扩充，尤其是制定了统一的总线标准就更容易在不同设备间实现互连。

总线根据其功能可划分为地址总线（Address Bus，AB）、数据总线（Data Bus，DB）和控制总线（Control Bus，CB）三类。

① 地址总线：输出将要访问的内存单元或 I/O 端口的地址，地址总线的多少决定了系统直接寻址存储器的范围。例如，8086 的地址总线有 20 条（$A_0 \sim A_{19}$），它可以寻址 00000H ~ FFFFFH 共 $2^{20} = 1$ M 个存储单元，可以寻址 0000H～FFFF 共 2^{16}=64 K 个外设端口。地址总线是单向的。

② 数据总线：用于在 CPU 与存储器和 I/O 端口之间进行数据传输。数据总线的多少决定了一次能够传递数据的位数。16 位机的数据总线是 16 条，32 位机的数据总线是 32 条。数据总线是双向的。

③ 控制总线：用于传送各种状态控制信号，协调系统中各部件的操作，有 CPU 发出的控制信号，也有向 CPU 输入的状态信号。有的信号线为输出有效，有的信号线为输入有效；有的信号线为高电平有效，有的信号线为低电平有效；有的信号线为上升沿有效，有的信号线为下降沿有效；有的信号线为单向的，有的信号线为双向的。控制总线决定了系统总线的特点，如功能、适应性等。

在微机系统中，存在着各式各样的总线。按其在微机结构中所处的位置不同，又可分为以下 4 类：

① 片内总线：CPU 芯片内部的寄存器、算术逻辑单元（ALU）与控制部件等功能单元电路之间传输数据所用的总线。

② 片级总线：也称芯片总线、内部总线，是微机内部 CPU 与各外围芯片之间的总线，用于芯片一级的互连。例如，I^2C（Inter-Integrated Circuit）总线、SPI（Serial Peripheral Interface）总线、SCI（Serial Communication Interface）总线等。

③ 系统总线：也称板级总线，是微机中各插件板与系统板之间进行连接和传输信息的一组信号线，用于插件板一级的互连。例如，ISA（Industrial Standard Architecture）总线、PCI（Peripheral Component Interconnect）总线、AGP（Accelerated Graphics Port）总线、PCI-E（Peripheral Component Interconnect Express）总线等。

④ 外部总线：也称通信总线，是系统之间或微机系统与电子仪器和其他设备之间进行通信的一组信号线，用于设备一级的互连。例如，RS-232C 总线、RS-485 总线、IEEE-488 总线、USB（Universal Serial Bus）总线等。

2. 微处理器结构

微型计算机的核心是 CPU，是采用大规模集成电路工艺制成的芯片，早期又称为微处理器。它主要由运算器、控制器、寄存器组和内部总线四部分组成，其典型结构如图 2.4 所示。

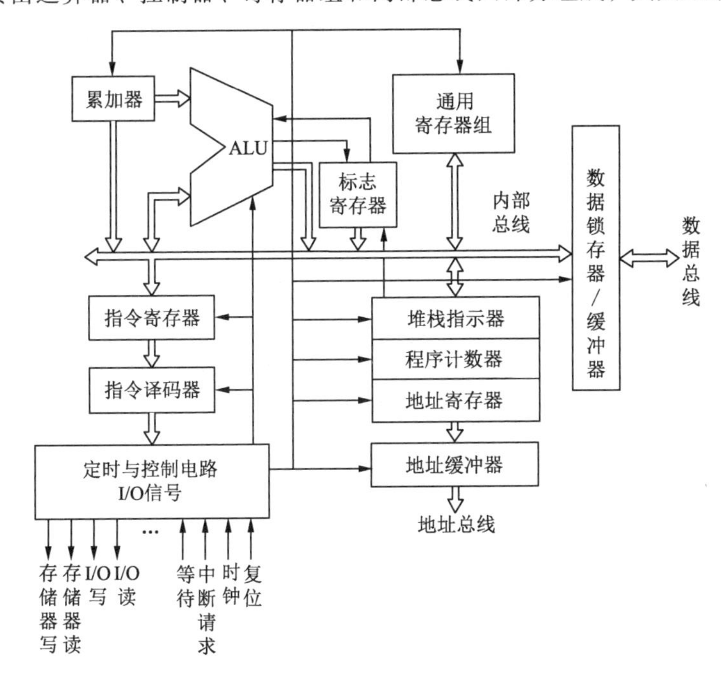

图 2.4　微处理器的典型结构

CPU具有以下功能：可以进行算术和逻辑运算；可保存少量数据，能对指令进行译码并执行规定的动作；能和存储器、外设交换数据；提供整个系统所需要的定时和控制；可以响应其他部件发来的中断请求。

运算器是计算机对数据进行加工处理的中心，它主要由算术逻辑单元、累加器、通用寄存器组和标志寄存器组成。算术逻辑单元主要完成对二进制信息的算术运算、逻辑运算和各种移位操作。通用寄存器组用来保存参加运算的操作数和运算的中间结果。它构成了微处理器内部的小型存储空间，其容量大小影响到微处理器的效率。累加器是其中使用最频繁最重要的一个寄存器。标志寄存器的各个标志位反映运算后的各种状态。算术逻辑单元以累加器的内容作为一个操作数，另一个操作数由内部数据总线提供，可以是某个通用寄存器的内容，也可以是从内存中读取的内容，操作的结果通常送回累加器中，同时影响标志寄存器。

控制器是计算机的控制中心，它决定了计算机运行过程的自动化。控制部件从存储器中取出指令，并确定其类型或对其进行译码，然后将每条指令分解成一系列简单的、很小的步骤或动作。这样，就可控制整个计算机系统一步一步地操作。因此，控制器的主要功能有两个：一是按照程序逻辑要求，控制程序中指令的执行顺序；二是根据指令寄存器中的指令码控制每一条指令的执行过程。控制器由程序计数器（PC）、指令寄存器（IR）、指令译码器（ID）和定时与控制逻辑等部件组成。控制器中各部件的功能可以简单地归纳如下：

程序计数器或指令指针寄存器（IP）用来存放下一条要执行的指令的地址，因而它控制着程序的执行顺序。当计算机运行时，控制器根据程序计数器中的指令地址，从存储器中取出将要执行的指令先送到指令寄存器中。在顺序执行指令的条件下，每取出指令的一个字节，程序计数器的内容自动加 1。当程序发生转移时，就必须把新的指令地址（目标地址）装入程序计数器，这通常由转移指令来实现。

指令寄存器用于暂存从存储器中取出的将要执行的指令码，以保证在指令执行期间能够向指令译码器提供稳定可靠的指令码。

指令译码器用来对指令寄存器中的指令进行译码分析，以确定该指令应执行什么操作。

定时与控制逻辑是微处理的核心控制部件，负责对整个计算机进行控制。时序电路用于产生指令执行时所需的一系列节拍脉冲和电位信号，以定时指令中各种微操作的执行时间和确定微操作执行的先后次序。控制逻辑依据指令译码器和时序电路的输出信号，产生执行指令所需的全部微操作控制信号，控制计算机的各部件执行该指令所规定的操作。它包括从存储器中取指令，分析指令（即指令译码），确定指令操作和操作有效地址，取操作数，执行指令规定的操作，送运算结果到存储器或 I/O 端口等。每条指令所执行的具体操作不同，所以每条指令都有一组不同的控制信号的组合，称为操作码，以确定相应的微操作系列。它还向微机的其他各部件发出相应的控制信号，使 CPU 内、外各部件间协调工作。

另外，堆栈指示器（SP）用来存放栈顶地址。堆栈是存储器中的一个特定区域，它按“后进先出”方式工作。堆栈一旦初始化（即确定了栈底在内存中的位置）后，SP 的内容（即栈顶位置）便由 CPU 自动管理。

地址寄存器（AR）是用来保存当前 CPU 所要访问的内存单元或 I/O 设备的地址。由于内存和 CPU 之间存在着速度上的差别，所以必须使用地址寄存器来保存地址信息，直到内存读/写操作完成为止。数据寄存器（DR）用来暂存微处理器与存储器或输入/输出接口电路之间待传送的数据。地址寄存器和数据寄存器在微处理器的内部总线和外部总线之间，还起着隔离和缓冲的作用。

内部总线用于微处理器内部 ALU 和各种寄存器等部件间的互连及信息传送。由于受芯片面积及对外引脚数的限制，片内总线大多采用单总线结构，有利于芯片集成度和成品率的提高。如果要求加快内部数据传送的速度，也可采用双总线或三总线结构。

必须指出，微处理器本身并不能单独构成一个独立的工作系统，也不能独立地执行程序，必须配上存储器、输入/输出设备构成一个完整的微型计算机后才能工作。

随着科技的发展，如今的微处理器含义更加丰富，如显卡的 GPU、手机的处理器等，都可称为微处理器，这些微处理器正在智能家电、汽车引擎控制，数控机床、导弹精确制导等领域发挥着重要的作用。

3. 存储器结构及其操作

存储器结构如图 2.5 所示，它主要由地址译码器、存储矩阵、控制逻辑和 I/O 缓冲器等部分组成。存储器的主体就是存储矩阵，它是由一个个的存储单元组成的，为了区分不同的存储单元，给每一个存储单元提供了一个编号，这就是它们的地址；而每一个存储单元可以存放 8 位（1 字节）二进制的信息，这就是地址中的内容。可见，存储器是按字节编址的，每一个存储单元的地址和地址中存放的内容是完全不同的两个概念。

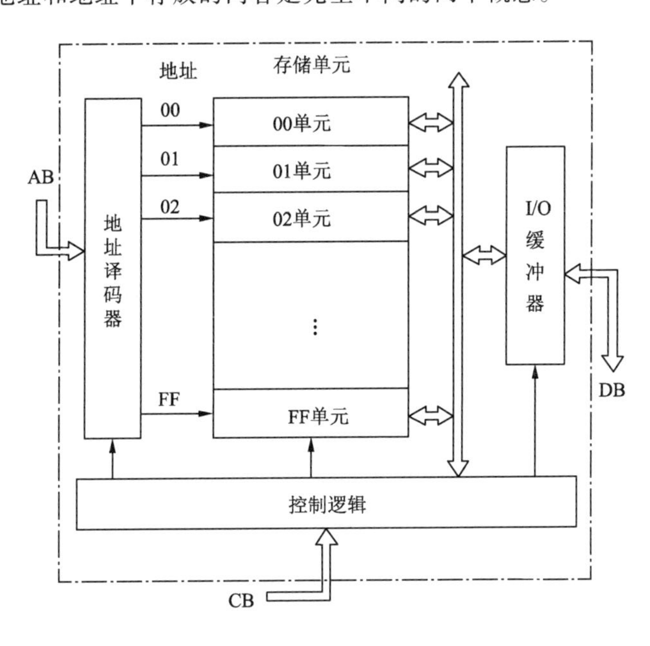

图 2.5　存储器结构

假定地址总线是 8 位的，则经过地址译码器译码之后可寻址 $2^8=256$ 个存储单元。即给定任何一个 8 位的数据，就可以从 256 个存储单元中找到与之对应的某一个存储单元，然后就可以对这个存储单元的内容进行读或写的操作。

① 存储器读操作。若要将地址为 02H 存储单元的内容读出，首先要求 CPU 给出地址号 02H，然后通过地址总线送至存储器，存储器中的地址译码器对其进行译码，找到 02H 号存储单元；再要求 CPU 发出读的控制命令，于是 02H 号存储单元中的内容 2BH 就出现在数据

总线上，如图 2.6 所示。信息从存储单元读出后，存储单元的内容并不改变，只有把新的内容写入该单元时，才由新的内容代替旧的内容。

② 存储器写操作。若要将数据寄存器中的内容 1AH 写入地址为 03H 的存储单元中，首先也要求 CPU 给出地址号 03H，然后通过地址总线送至存储器，经地址译码器译码后，找到 03H 号存储单元；接着把数据寄存器中的内容 lAH 经数据总线送给存储器；且 CPU 发出写的控制命令，于是数据总线上的信息 1AH 就可以写入 03H 号存储单元中，如图 2.7 所示。

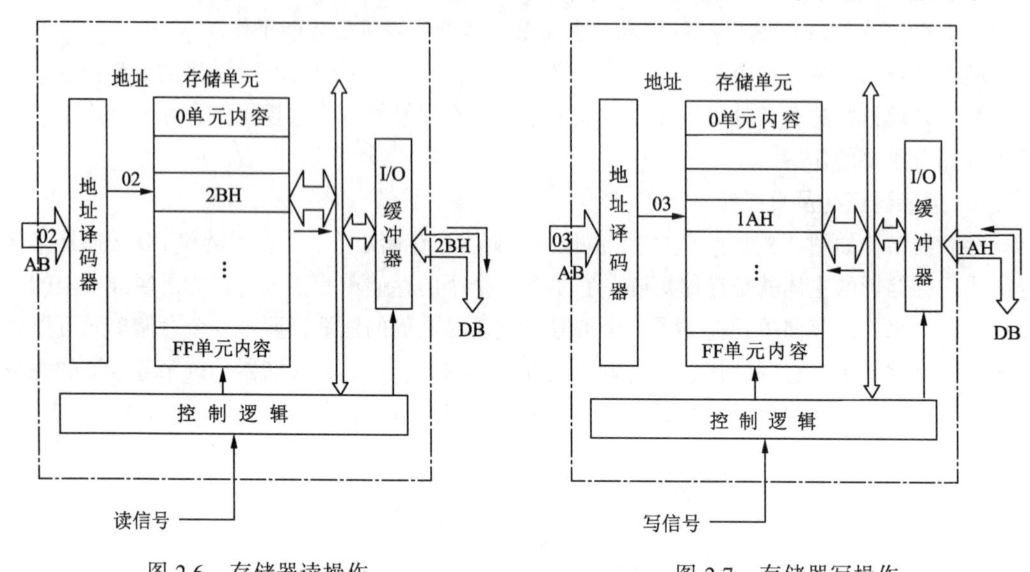

图 2.6　存储器读操作　　　图 2.7　存储器写操作

4. 微机的工作原理

冯·诺依曼计算机工作原理的核心是“存储程序”和“程序控制”，即事先把程序装载到计算机的存储器中，当启动运行后，计算机便会自动按照程序的要求进行工作。

要了解微机的工作原理，就必须先了解一下指令系统。指令系统指的是一个 CPU 所能够处理的全部指令的集合，是一个 CPU 的根本属性。指令系统决定了一个 CPU 能够运行什么样的程序。一条指令一般包括两部分：操作码和地址码。操作码其实就是指令序列号，用来告诉 CPU 需要执行的是哪一条指令，具体是什么操作。地址码则是所处理的数据的地址，主要包括源操作数地址和目的操作数地址。在某些指令中，地址码可以部分或全部省略，例如，一条空指令就只有操作码而没有地址码。

计算机之所以能脱离人的直接干预，自动地进行计算，是因为已把实现这个计算所需的每一步的操作用命令的形式，即一条条指令对应的机器码预先输入存储器中。在执行时，让程序计数器指向存放程序的首地址，然后根据程序计算器（PC）指定的地址，依次从存储器中取出指令，放在指令寄存器中，再通过指令译码器进行译码（分析），确定应该进行什么操作，然后通过控制逻辑在确定的时间往某部件发出确定的控制信号，使运算器和存储器等各部件自动而协调地完成该指令所规定的操作。当一条指令完成以后，再顺序地从存储器中取出下一条指令，并同样地分析与执行该指令。如此重复，直到完成所有的任务为止。

下面举一个简单的例子说明程序的执行过程。

计算 1 + 2 = ？的程序用助记符表示为：

MOV　AL，01H；机器语言：1011 0000 0000 0001B，把 01 送入累加器 AL。

ADD　AL，02H；机器语言：0000 0100 0000 0010B，把 02 与 AL 中的内容相加，结果存入 AL

HLT；机器语言：1111 0100B，停止操作。

首先将用助记符编写的程序转换成机器码，并存放在存储器中。

在执行时，给 PC（或 IP）赋以第一条指令的地址，假设为 00H，然后就进入第一条指令的取指阶段。具体操作过程如下：

（1）取第一条指令的操作过程

设程序从 00H 开始存放，如图 2.8 所示。

① PC 或 IP 内容（00H）送至地址寄存器 AR。

② PC 自动加 1 为取下一条指令做准备。

③ AR 通过地址总线 AB 送至存储器，经地址译码器译码，选中 00H 单元。

④ CPU 发出“读”命令。

⑤ 将所选中的单元 00H 的内容 B0H 读至数据总线 DB 上。

⑥ 经 DB 将读出的内容送至数据寄存器 DR。

⑦ 因为是取指阶段，DR 将其内容送至指令寄存器 IR 中，经指令译码器 ID 译码，发出执行这条指令的各种控制命令。

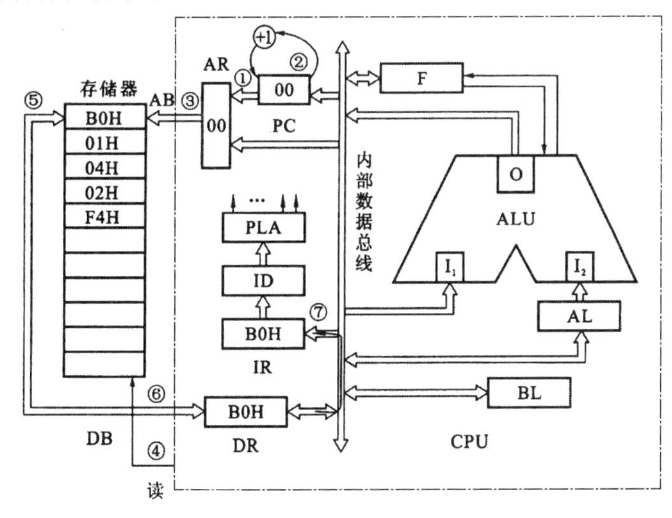

图 2.8　取第一条指令的操作过程

（2）执行第一条指令阶段

当 DR 把第一条指令送至指令寄存器 IR 后，经过译码器译码后可知，这是一条把操作数送至累加器 AL 的指令，而操作数在指令的第二个字节。所以，执行第一条指令就必须把存储器单元中第二个字节中的操作数取出来。

执行第一条指令的操作过程如图 2.9 所示。

① 将程序计数器 PC 的内容 01H 送至地址寄存器 AR。

② PC+1→PC，即程序计数器的内容自动加1变为02H，为取下一条指令做准备。

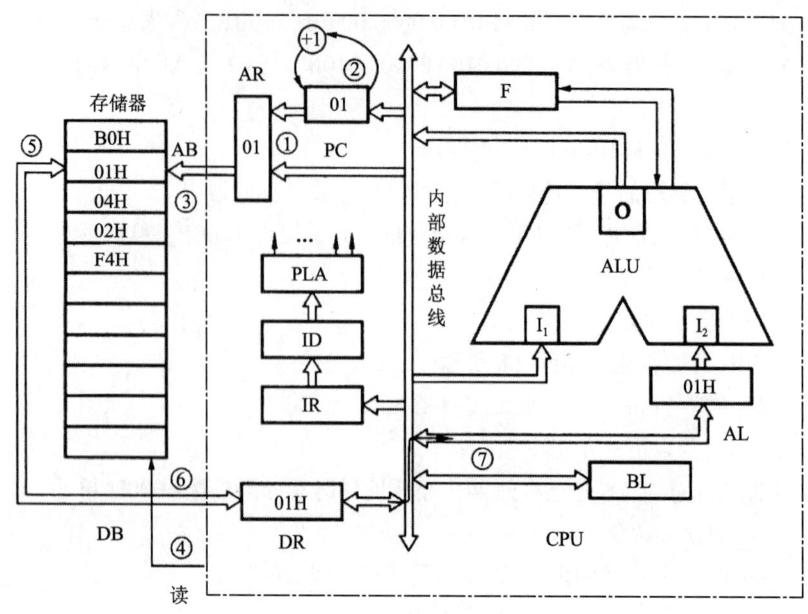

图 2.9 执行第一条指令的操作过程

③ 地址寄存器AR将01H通过地址总线送至存储器，经地址译码选中01H单元。

④ CPU发出“读”命令。

⑤ 选中的01H存储单元的内容01H读至数据总线DB上。

⑥ 通过数据总线，把读出的内容01H送至数据寄存器DR。

⑦ 因为经过译码已经知道读出的是01H，并要求将它送到累加器AL，故数据寄存器DR通过内部数据总线将01H送至累加器AL。

第一条指令执行完毕以后，进入第二条指令的取指和执行过程。

（3）取第二条指令阶段

这个过程与取第一条指令的过程相似。

① 将程序计数器（PC）的内容02H送至地址寄存器。

② 当PC的内容已送入地址寄存器后，PC的内容自动加1，此时PC＝03H。

③ 地址寄存器把地址号02H通过地址总线送至存储器。经地址译码器译码，选中02H号单元。

④ CPU发出“读”命令。

⑤ 所选中的02H号单元的内容04H读至数据总线上。

⑥ 读出的内容经过数据总线送至数据寄存器。

⑦ 因为是取指阶段，取出的是指令，故DR把它送至指令寄存器IR，然后经过译码发出执行该指令的各种控制命令。

（4）执行第二条指令阶段

经过对指令操作码04H译码以后，知道这是一条加法指令，它规定累加器AL中的内容与指令的第二字节的立即数相加。所以，紧接着执行把指令的第二字节的立即数02H取出来与累加器的内容相加，其过程如图 2.10 所示。

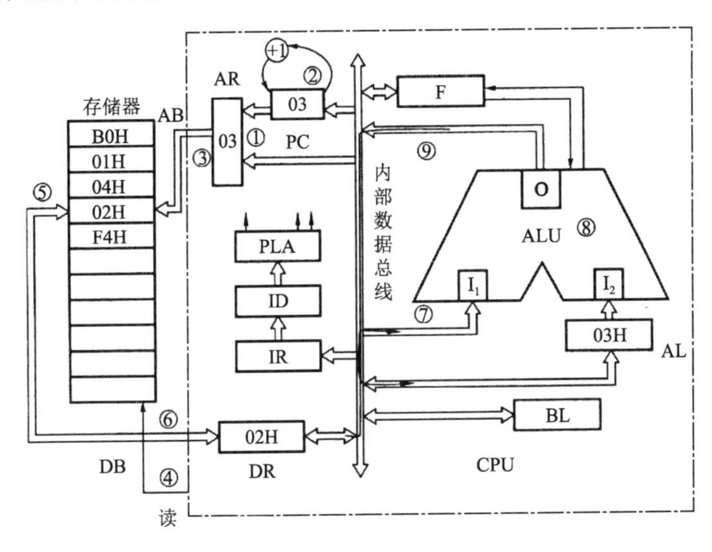

图 2.10　执行第二条指令的操作过程

① 把 PC 的内容 03H 送至 AR。

② 当把 PC 的内容可靠地送至 AR 后，PC 的值自动加 1，指向下一条指令单元。

③ AR 通过地址总线把地址 03H 送至存储器，经过译码，选中相应的单元。

④ CPU 发出“读”命令。

⑤ 选中的 03H 存储单元的内容 02H 读出至数据总线上。

⑥ 数据通过数据总线送至 DR。

⑦ 因由指令译码已知读出的是操作数，且要与 AL 中的内容相加，故数据由 DR 通过内部数据总线送至 ALU 的另一输入端。

⑧ 累加器 AL 中的内容送至 ALU，且执行加法操作。

⑨ 相加的结果由 ALU 输出至累加器 AL 中。

至此，第二条指令执行阶段结束，再转入第三条指令取指阶段。

按上述类似的过程取出第三条指令 HLT，经译码后就停机。

总之，计算机的工作过程就是执行指令的过程，而计算机执行指令的过程可看成是控制信息在计算机各组成部件之间的有序流动的过程。信息在流动过程中得到相关部件的加工处理。因此，计算机的主要功能就是如何有条不紊地控制大量信息在计算机各部件之间有序地流动。

2.2　微型计算机基本配置

2.2.1　微处理器的配置和性能指标

1. 微处理器的发展

早期可选用的微处理器产品较多，主要有 Intel 公司的 Pentium 系列、DEC 公司的 Alpha

系列、IBM 和 Apple 公司的 PowerPC 系列等。其中，Intel 公司的产品占有较大的优势，主要的应用已经从 80486、Pentium、Pentium Pro、Pentium 4、Intel Pentium D、Intel Core 2 Duo 处理器，发展到目前的 Intel Core i3/i5/i7/i9 等处理器。CPU 也从单核、双核，发展到目前常见的 4 核、6 核、8 核等。图 2.11 所示为 Intel 微处理器。由于 Intel 公司的技术优势，其他一些公司如 Cyrix、TI 等虽采用了和 Intel 产品相兼容的策略，曾有和 Intel 系列产品性能接近的产品，仍无法达到 Intel 在市场中的地位。

图 2.11 Intel 微处理器

2. 微处理器的性能指标

CPU 的性能大致反映出了它所配置的微机的性能，因此，CPU 的性能指标十分重要。CPU 主要的性能指标有以下几点：

（1）主频

主频即 CPU 的时钟频率，简单地说就是 CPU 的工作频率。一般来说，一个时钟周期完成的指令数是固定的，所以主频越高，CPU 的速度也就越快。

（2）外频

外频即系统总线的工作频率。

（3）倍频

倍频即 CPU 外频与主频相差的倍数。用公式表示就是：主频=外频×倍频。

（4）字长

CPU 在单位时间内能同时一次处理的二进制数的位数称为字长，也称位宽。

（5）内存总线速度

内存总线速度一般等同于 CPU 的外频，对整个系统性能来说很重要。由于内存速度的发展滞后于 CPU 的发展速度，为了缓解内存带来的瓶颈，出现了二级缓存，用来协调两者之间的差异，而内存总线速度就是指 CPU 与二级缓存和内存之间的工作频率。

（6）工作电压

工作电压是指 CPU 正常工作所需的电压。早期 CPU 由于工艺落后，其工作电压一般为 5 V。随着 CPU 制造工艺与主频的提高，CPU 的工作电压逐步下降，目前台式机 CPU 电压通常低于 2 V，而笔记本计算机专用 CPU 的工作电压通常为 1 ~ 1.5 V。低电压能解决耗电过大和发热过高的问题，这对于笔记本计算机尤其重要。

（7）高速缓存

在 CPU 内部、外部设置高速缓存的目的是提高 CPU 的运行效率，减少 CPU 因等待低速主存所导致的延迟，以改进系统的整体性能。

（8）制造工艺

制造工艺是指在硅材料上生产 CPU 时内部各元器件的连接线宽度，它直接关系到 CPU 的电气性能。线宽越小越好，一般用 nm（纳米）表示。一般的 CPU 制造工艺有 14 nm、10 nm、7 nm、5 nm。

2.2.2　存储器的组织结构和产品分类

1. 存储器的组织结构

存储器是存放程序和数据的设备，存储器的容量越大越好，工作速度越快越好，但二者与价格是互相矛盾的。为了协调这种矛盾，目前的微机系统均采用了分层次的存储器结构，一般将存储器分为三层：主存储器（Memory）、辅助存储器（Storage）和高速缓冲存储器（Cache）。现在一些微机系统又将高速缓冲存储器设计为 MPU 芯片内部的高速缓冲存储器和 MPU 芯片外部的高速缓冲存储器，以满足高速和容量的需要。

2. 存储器分类

（1）主存储器

主存储器又称内存，CPU 可以直接访问，其容量一般为 2~32 GB，主要存放将要运行的程序和数据。

微机的内存采用半导体存储器（见图 2.12），其体积小，功耗低，工作可靠，扩充灵活。

图 2.12　微机内存

内存按照能否写入数据可以分为 ROM（Read Only Memory，只读存储器）和 RAM（Randy Access Memory，随机存储器）两大类。ROM 是一种只能读出而不能写入的存储器，用来存放固定不变的程序和常数，如监控程序、操作系统中的 BIOS（基本输入/输出系统）等。ROM 必须在电源电压正常时才能工作，断电后信息不会丢失。RAM 是一种既能读出也能写入的存储器，适合于存放经常变化的用户程序和数据。RAM 也只能在电源电压正常时工作，但一旦电源断电，其中的信息将全部丢失。这两类内存各自又可以分为许多小类。

① ROM 是线路最简单的半导体电路，通过研磨工艺一次性制造，在元件正常工作的情况下，其中的代码与数据将永久保存，并且不能进行修改。一般用于 PC 系统的程序码、主板上的 BIOS 等，其物理外形一般是双列直插式（DIP）的集成块。读取速度比 RAM 慢得多。ROM 还可细分为以下类别：

- 可编程只读存储器（Programmable ROM，PROM）是一种可以用刻录机将数据写入的 ROM 内存，但只能写入一次，因此称为“一次可编程只读存储器”。
- 可擦可编程只读存储器（Erasable Programmable ROM，EPROM）是一种具有可擦除功能、擦除后即可进行再编程的 ROM 内存。通常用强紫外线照射擦除数据。这类芯片比较容易识别，其封装中包含有“石英玻璃窗”，编程后的 EPROM 芯片的“石英玻璃窗”一般使用黑色不干胶纸盖住，以防止遭到阳光直射。
- 电擦除可编程只读存储器（Electrically Erasable Programmable ROM，EEPROM）的功能与使用方法和 EPROM 一样，不同之处是清除数据的方式，它是以约 20 V 的电压来进行清除的。另外，它还可以用电信号进行数据写入。这类 ROM 内存多应用于即插即用（PnP）接口中。
- 闪速存储器（Flash Memory）是一种可以直接在主板上修改内容而不需要将 IC 卡拔下的内存，当电源关掉后存储在里面的数据并不会流失掉，在写入数据时必须先将原本的数据清除，然后才能再写入新的数据，缺点是写入数据的速度太慢。

② RAM 存储单元的内容可按需要随意取出或存入，且存取的速度与存储单元的位置无关。这种存储器在断电时将丢失存储内容，因此主要用于存储正在或经常使用的程序和数据。按照存储信息的不同，随机存储器又分为静态随机存储器（Static RAM，SRAM）和动态随机存储器（Dynamic RAM，DRAM）。

- SRAM：指的是内存里面的数据可以常驻其中而不需要随时进行存取。
- DRAM 是一个由电子管与电容器组成的位存储单元，它将每个内存位作为一个电荷保存在位存储单元中。由于电容本身有漏电问题，因此必须每隔几微秒就要刷新一次，否则数据就会丢失。因为成本比较低，通常用作计算机的主存储器。

（2）辅助存储器

辅助存储器属外围设备，又称为外存，常用的有磁盘、光盘、磁带以及各类移动存储产品等，主要用来存放后备程序、数据和各种软件资源。但因其速度慢，CPU 必须要先将其信息调入内存，再通过内存使用其资源。

磁盘分为软磁盘和硬磁盘两种（简称软盘和硬盘）。软盘容量较小，一般为 1.2 ~ 1.44 MB（目前已被淘汰）。机械硬盘（见图 2.13）的容量目前已达 2 ~ 16 TB，常用的也在 500 GB 以上。为了在磁盘上快速存取信息，在磁盘使用前要先进行初级格式化操作（目前基本上由生产厂家完成），即在磁盘上用磁信号划分出如图 2.14 所示的若干个有编号的磁道和扇区，以便计算机通过磁道号和扇区号直接寻找到要写数据的位置或要读取的数据。为了提高磁盘存取操作的效率，计算机每次要读完或写完一个扇区的内容。在 IBM 格式中，每个扇区存有 512 B 的信息。从外部看，计算机对磁盘执行的是随机读/写操作，但这仅是对扇区操作而言的，而具体读/写扇区中的内容却是一位一位顺序进行的。

图 2.13　机械硬盘

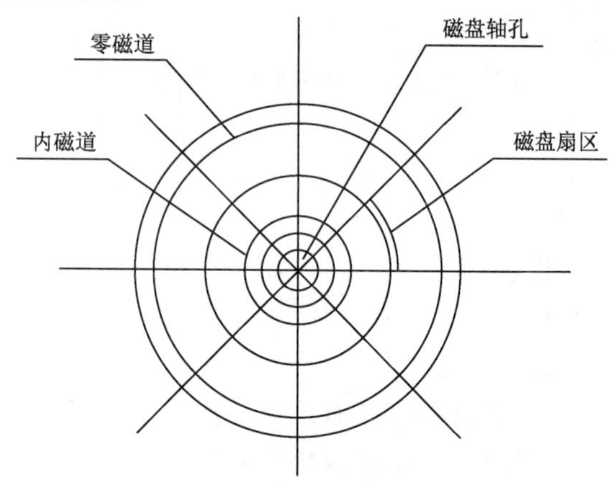

图 2.14　磁盘格式化示意图

只有磁盘片是无法进行读/写操作的，还需要将其放入磁盘驱动器中。磁盘驱动器由驱动电机、可移动寻道的读/写磁头部件、壳体和读写信息处理电路所构成，用于读/写磁盘。在进行磁盘读/写操作时，通过磁头的移动寻找磁道，在磁头移动到指定磁道位置后，就等待指定的扇区转动到磁头之下（通过读取扇区标识信息判别），称为寻区，然后读/写一个扇区的内容。目前，硬盘的寻道和寻区的平均时间为 8 ~ 15 ms，读取一个扇区则仅需 0.16 ms（当驱动器转速为 6 000 r/min 时）。

固态硬盘（Solid State Disk，SSD），是用固态电子存储芯片阵列制成的硬盘，常用来在便携式计算机中代替机械硬盘。固态硬盘由控制单元和存储单元组成，在接口的规范和定义、功能及使用方法上与机械硬盘完全相同，主要采用闪存(Flash 芯片)或 DRAM 作为存储介质。与机械硬盘相比，固态硬盘具有读/写速度更快、低功耗、无噪声、防震抗摔、工作温度范围大、轻便等特点，但是在容量、寿命和售价方面存在劣势。随着技术的发展，固态硬盘的价格逐渐在降低，容量在增大，目前容量可达 4 TB，且其擦写次数能够满足普通用户的正常使用，因此被广泛应用于军事、工控、监控、医疗和航空等领域。

光盘的读/写过程和磁盘的读写过程相似，不同之处在于它是利用激光束在盘面上烧出斑点进行数据的写入，通过辨识反射激光束的角度来读取数据。光盘和光盘驱动器都有只读和可读写之分。与磁盘相比，光盘具有如下突出特点：

① 存储容量大：一张 CD 光盘存储容量达 650～800 MB，其信息量相当于 6 亿个英文字母或 3 亿个汉字；一张单面 DVD 光盘的存储容量达 4 GB，双面的更可达 8 GB。

②可靠性高：对光盘而言，读写信息时，光头不接触光盘表面，故不易划伤盘面，且光盘不受磁场、电场的干扰，较之于以磁性材料涂层的磁盘来说，数据可靠性相当高。

③ 光盘采用随机存取方式：尽管存储容量较大，但存取速度仍然较快。

④ 用途广：光盘可存储计算机数据、视频信号、音频信号。

⑤ 成本低。

随着信息技术的不断发展，更大容量的信息交换已经成为一种普遍现象，这时，光盘的使用已逐渐减少，小巧、轻便、容量大、价格低的移动存储产品已成为主流。

① 闪存：一种新型非易失性半导体存储器，在无外界供电时仍然能保留片内信息，不需要特殊高电压就可实现信息的擦除和写入，具有瞬间清除能力。一般采用 USB 接口，理论上可擦写 100 万次以上。

② 移动硬盘：在传统硬盘的基础上改装而成，其性价比较好，一般采用 USB 3.0 等接口。

2.2.3　主板和常用总线标准

1. 主板概述

主板又称主机板（Main Board）、系统板（System Board）或母板（Mother Board），安装在机箱内，是计算机最基本也是最重要的部件之一。主板一般为矩形电路板，上面安装了组成计算机的主要电路系统，一般有 BIOS 芯片、I/O 控制芯片、键盘和面板控制开关接口、指示灯插槽、扩充插槽以及直流电源供电接插件等元件。计算机主板与其他电子产品相比集成度较高、内部结构较复杂。在实现人与计算机之间的信息交互之前，主板必须连接相应的部件才能进行数据处理。

2. 主板的构成

主板的平面是一块印制电路板，一般采用 4 层板或 6 层板。相对而言，为了节省成本，低档主板多为 4 层板：主信号层、接地层、电源层、次信号层。而 6 层板则增加了辅助电源层和中信号层，其抗电磁干扰能力更强，主板更加稳定。目前，主板一般由以下几部分组成，如图 2.15 所示。

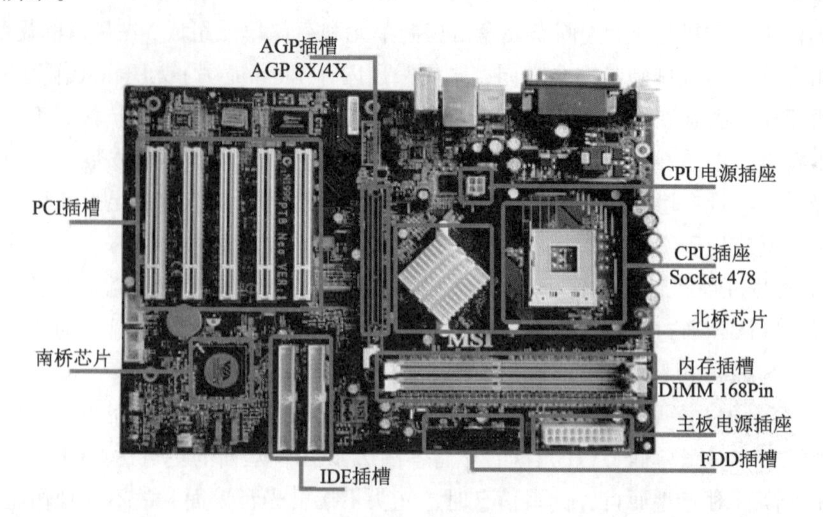

图 2.15 主板

（1）芯片组

BIOS 芯片是一块方块状的存储器，里面存有与该主板搭配的基本输入/输出系统程序。能够让主板识别各种硬件，还可以设置引导系统的设备，调整 CPU 外频等。BIOS 芯片是可以写入的，它是典型的 ROM，现在一般用闪存储器 Flash EEPROM 作为 BIOS 的载体，可以方便用户更新 BIOS 的版本，以获取更好的性能及对计算机最新硬件的支持。

早期南北桥芯片是横跨 AGP 插槽左右两边的两块芯片。南桥芯片多位于 PCI 插槽的上面，而 CPU 插槽旁边，被散热片盖住的就是北桥芯片。芯片组以北桥芯片为核心，一般情况下，主板的命名都是以北桥的核心名称命名的（如 P67 的主板就是用的主芯片组：Intel P67 的北桥芯片）。北桥芯片主要负责处理 CPU、内存、显卡三者之间的信息交换，发热量较大，需要散热片散热。南桥芯片则负责硬盘等外存储设备和 PCI 之间的数据流通。南桥芯片和北桥芯片合称芯片组，芯片组在很大程度上决定了主板的功能和性能。随着技术的发展和集成度的提高，目前很多主流主板已经没有南北桥芯片之分了。

（2）扩展槽

扩展槽是用于连接外部的转换（适配）部件，即“插拔部件”。所谓“插拔部件”是指这部分的配件可以用“插”来安装，用“拔”来反安装。

内存插槽用于安装内存条（卡），一般位于 CPU 插座下方。

AGP 插槽用于安装显示适配器（显卡）。在 PCI-E 出现之前，AGP 显卡较为流行，其传输速率最高可达到 2 133 MB/s。

PCI-E 和 PCI-X 插槽用于安装适合 PCI-E 和 PCI-X 接口的显卡，功能优于 AGP 接口。

PCI 插槽用于安装声卡、网卡、多功能卡等设备。

（3）接口

接口主要指直接连接外设的插口，主要有硬盘接口、COM 接口（串口）、PS/2 接口、USB 接口、LPT 接口（并口）、MIDI 接口、SATA、HDMI、TypeC 接口等。

在计算机系统中，各个部件之间传送信息的公共通路称为总线，它是由导线组成的传输线束，是 CPU、内存、输入/输出设备传递信息的公用通道，主机的各个部件通过总线相连接，外围设备通过相应的接口电路再与总线相连接，从而形成了计算机硬件系统。

3. 总线标准

为了不同总线产品的互换性，各计算机厂商和国际标准化组织统一形成了总线产品的技术规范，并称为总线标准。目前，在通用微机系统中常用的总线标准有 ISA、EISA、VESA、PCI、PCMCIA 等。

（1）ISA 总线

ISA（Industrial Standard Architecture）总线最早安排了 8 位数据总线，共 62 个引脚，主要满足 8088 CPU 的要求。后来又增加了 36 个引脚，数据总线扩充到 16 位，总线传输速率达到 8 MB/s，适应了 80286 CPU 的需求，成为 AT 系列微机的标准总线。

（2）EISA 总线

EISA（Extend ISA）总线的数据线和地址线均为 32 位，总线数据传输速率达到 33 MB/s，满足了 80386 和 80486 CPU 的要求，并采用双层插座和相应的电路技术，保持了和 ISA 总线的兼容。

（3）VESA 总线

VESA（也称 VL-BUS）总线的数据线为 32 位，留有扩充到 64 位的物理空间。采用局部总线技术使总线数据传输速率达到 133 MB/s，支持高速视频控制器和其他高速设备接口，满足了 80386 和 80486 CPU 的要求，并采用双层插座和相应的电路技术，保持了和 ISA 总线的兼容。支持 Intel、AMD、Cyrix 等公司的 CPU 产品。

（4）PCI 总线

PCI（Peripheral Component Interconnect）总线采用局部总线技术，在 33 MHz 下工作时数据传输速率为 132 MB/s，不受制于处理器且保持了和 ISA、EISA 总线的兼容。同时 PCI 还留有向 64 位扩充的余地，最高数据传输速率为 264 MB/s，支持 Intel 80486、Pentium 以及更新的微处理器产品。目前已逐渐被 PCI-E 总线标准取代。

2.2.4 常用的输入/输出设备

输入/输出（I/O）设备又称外围设备。输入设备用来将数据、程序、控制命令等转换成二进制信息，存入计算机内存；输出设备将经计算机处理后的结果显示或打印输出。外围设备种类繁多，常用的有键盘、显示器、打印机、鼠标、绘图机、扫描仪、光学字符识别装置、传真机、智能书写终端设备等。其中键盘、显示器、打印机是目前用得最多的常规设备。

1. 键盘

尽管目前人工的语音输入法、手写输入法、触摸输入法、自动扫描识别输入法等的研究已经有了巨大的进展，相应的各类软硬件产品也已开始推广应用，但键盘仍然是最主要的输入设备。依据键的结构形式，键盘分为有触点和无触点两类。有触点键盘采用机械触点按键，价廉，但易损坏。无触点键盘采用霍尔磁敏电子开关或电容感应开关，操作无噪声，手感好，寿命长，但价格较高。键盘的外部结构一直在不断更新，现今常用的是标准 101、102、103 键盘（即键盘上共有 101 个键 102 个键或 103 个键）。此后，又有可分式的键盘、带鼠标和声音控制选钮的键盘等新产品问世。键盘的接口电路已经集成在主板上，可以直接插入使用。

按键盘接口分类，可分为 PS/2 接口和 USB 接口；按传输方式，可分为有线和无线键盘。

按键区划分，键盘可分为主键盘区、小键盘区、功能键区、控制键区。

2. 显示器

显示器是计算机系统中不可缺少的输出设备。显示器是用户与计算机交流的主要渠道，大体经历了球面显示器、平面直角显示器、纯平显示器和液晶显示器四个阶段，从单调的绿色显示器到灰度的单色显示器，从简单的 CGA 彩色显示器到精美的 VGA/SVGA 彩色显示器，再到如今的超平面、大屏幕及高清晰度等智能显示器，显示器技术的发展十分迅速。

早期市场上的显示器主要有两类：一类是 CRT（Cathode Ray Tube Display，阴极射线管显示器）；另一类是 LCD（Liquid Crystal Display，液晶显示器）。

CRT 显示器显像管所能显示的光点的最小直径（也称为点距）决定了它的物理显示分辨率，常见的有 0.33 mm、0.28 mm、0.20 mm 等。显示扫描频率则决定了它的闪烁性，目前的显示扫描频率均不低于 50 Hz，并支持节能控制。显示控制适配器（见图 2.16）是显示器和主机的接口电路，也称显卡。显示器在显卡和显卡驱动软件的支持下可实现多种显示模式，如 640×480 像素、800×600 像素、1 024×768 像素、1920 × 1080 像素等，乘积越大分辨率越高，但不会超过显示器的最高物理分辨率。显卡有多种型号，如 VGA、TVGA、VEGA、MCGA 等，选择显卡不但要看它所支持的显示模式，还要知道它所使用的总线标准和显示缓冲存储器的容量。例如，要在 VGA 640×480 像素模式下进行真彩色显示，应有 1 MB 以上的显示缓冲存储器。目前的显卡常配有 2 GB、4 GB 或 8 GB 的显示缓存，有些高档产品显存已经达到 16 GB、24 GB。

图 2.16 显示控制适配器

LCD 显示器以前只在笔记本计算机中使用，目前在台式机系统中已完全替代 CRT 显示器。LCD 显示器是利用液晶在通电时能够发光的原理来显示图像的。在 LCD 显示器内部设有控制电路，将显卡传递过来的信号进行还原，再由控制电路控制液晶的明暗，这样就可以看到所显示的图像。液晶显示器作为目前市场主流的显示器，具有以下特点：

① 机身薄、节省空间。与笨重的 CRT 显示器相比，液晶显示器只占前者 1/3 的空间。

② 省电、不产生高温。它属于低耗电产品，可以做到完全不发烫，而 CRT 显示器，因显像技术不可避免地产生高温。

③ 无辐射、有利健康。液晶显示器完全无辐射，适合整天在计算机前工作的人。

④ 画面柔和、不伤眼。不同于 CRT 技术，液晶显示器画面不会闪烁，可以减少显示器对眼睛的伤害，眼睛不容易疲劳。

LCD 显示器的主要性能指标如下：

① 分辨率：指可以显示的像素点的数目。LCD 的像素是固定的，所以 LCD 只有在最佳分辨率下才能显现最佳影像。

② 响应时间：指液晶显示器的液晶单元响应延迟，是液晶单元从一种分子排列状态转变为另一种分子排列状态所需要的时间，即屏幕由暗转亮或由亮转暗的速度。响应时间越短越好，它反映了液晶显示器各像素点对输入信号的反应速度，一般将响应时间分为两部分，即

上升时间和下降时间，表示时以两者之和为准。目前主流 LCD 的响应时间在 2 ~ 8 ms 之间。

③ 可视角度：指从不同的方向可清晰地看到屏上所有内容的最大角度，CRT 显示器的可视角度理论上可接近上下左右 180°。由于 LCD 是采用光线投射来显像，所以 LCD 的可视角度相比 CRT 要小，不过由于广视角技术的应用，目前市面上液晶显示的可用可视角度得到了极大提升，可以媲美 CRT 显示器的可视角度。

④ 信号输入接口：液晶显示器通常有 VGA、DVI 和 HDMI 接口三种。

⑤ 屏幕坏点：指液晶显示器屏幕上无法控制的恒亮或恒暗的点。屏幕坏点是液晶面板生产时由各种因素造成的瑕疵，如可能是某些细小微粒落到面板里面，也可能是静电伤害破坏面板，还有可能是制程控制不良等原因。

⑥ 亮度：指显示器在白色画面之下明亮的程度，它是直接影响画面品质的重要因素，单位是 cd/m^2。显示器的亮度用户可以调整，调至舒适即可，太亮除了可能导致身体不适外，也会影响灯管寿命。

3. 鼠标

鼠标目前已经成为最常用的输入设备之一。它通过串行接口、USB 接口或无线技术和计算机相连，其上有 2 个或 3 个按键，称为两键鼠标或三键鼠标。鼠标的基本操作为移动、单击、双击和拖动。当鼠标正常连接到计算机时，其驱动软件被正确安装并启动运行后屏幕上就会出现一个箭头形状的指针，这时移动鼠标，指针即随之移动。当鼠标指针处于某确定位置时按一下鼠标按键称为单击鼠标；迅速地连续两次点按鼠标按键称为双击鼠标；若按下鼠标按键不放并移动鼠标就称为拖动鼠标。显然单击和双击鼠标有左右之分，后文中的“单击”或“双击”若不加说明即指单击或双击鼠标左键。

鼠标按照不同的传感技术可分为机械式、光电式、机械光电式 3 种。目前，市面上多为光电式鼠标，机械式鼠标已很少见到。

4. 打印机

打印机也经历了数次更新，目前已进入了激光打印机（Laser Printer）时代，但针式点阵击打式打印机（Dot Matrix Impact Printer）仍在广泛应用。点阵打印机是利用电磁铁高速地击打 24 根打印针而把色带上的墨汁转印到打印纸上，工作噪声较大，速度较慢，分辨率也只有 120 ~ 180 点/英寸；激光打印机利用激光产生静电吸附效应，通过硒鼓将碳粉转印并定影到打印纸上，工作噪声小，分辨率高达 600 点/英寸以上。另一种打印机是喷墨打印机，各项指标都处于前两种打印机之间。图 2.17 所示为目前常见的打印机种类。

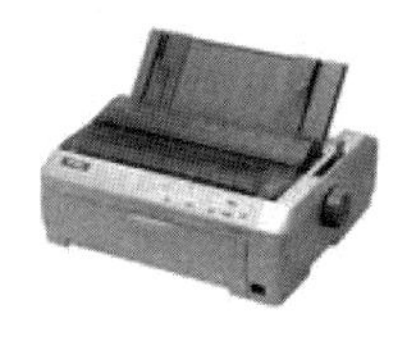

（a）针式打印机

（b）喷墨打印机

（c）激光打印机

图 2.17　打印机的种类

打印机主要技术参数：

① 打印速度：可用 CPS（字符/秒）表示，现在多使用“页/分”表示。

② 打印分辨率：用 DPI（点/英寸）表示。激光和喷墨打印机一般都达到 600 DPI。

③ 打印纸最大尺寸：打印机支持的最大打印幅面。一般打印机为 A4、A3 幅面。

5. 标准并行和串行接口

为了方便外接设备，微机系统提供了一个用于连接打印机的 8 位并行接口和两个标准 RS-232 串行接口。并行接口也可用来直接连接外置硬盘和数据采集 A/D 转换器等并行设备。串行接口可用来连接鼠标、绘图仪、调制解调器（Modem）等低速（小于 115 KB/s）串行设备。

6. 通用串行接口

目前微机系统还备有通用串行接口（Universal Serial Bus，USB），通过它可连接多达 256 个外围设备，通信速度高达 12 MB/s，属于设备总线。具有即插即用、热插拔等优点，有很强的连接能力。目前带 USB 接口的设备有扫描仪、键盘、鼠标、声卡、调制解调器、摄像头等。

2.3 嵌入式系统结构

常说的“计算机”除了熟知的个人计算机（PC）、巨型计算机外，还包括一类与日常生活联系最为密切的微小型计算机，如智能手机、智能家电、车载导航等。这类面向不同行业应用的计算机，在性能、功耗、体积、成本等方面往往有不同的要求，又被统称为“嵌入式计算机”或“嵌入式系统”。

2.3.1 嵌入式系统的概念

嵌入式系统是一种面向特定行业的专用计算机系统，是信息技术重要的发展方向。从应用对象的角度来看，根据 IEEE 的定义，嵌入式系统是“用于控制、监视或者辅助操作机器和设备的装置”。

从计算机技术应用的角度来看，目前国内普遍认同的定义为：嵌入式系统是指以应用为中心，以计算机技术为基础，软硬件可裁剪，适应于应用系统对功能、可靠性、成本、体积和功耗有严格要求的专用计算机系统。广而言之，可以认为凡是带有微处理器的专用软硬件系统都可以称为嵌入式系统。嵌入式系统采用“量体裁衣”的方式把所需的功能嵌入到各种应用系统中，它融合了计算机软硬件技术、通信技术和半导体微电子技术，是信息技术的最终产品。

2.3.2 嵌入式系统的特点

嵌入式系统由于面向不同行业、不同应用，所以除了具有计算机系统的共性特点外，还具备自身独有的特点。

1. 专用系统，应用广泛

任何一个嵌入式系统都和特定应用相关，用途固定，这一点与普通 PC 不同。不同领域的嵌入式系统之间在软、硬件结构上可能会差别很大。嵌入式系统的应用领域广泛，在制造工业、通信、仪器、仪表、汽车、船舶、航空、航天、军事装备、消费类产品等方面均能看到嵌入式系统。

2. 软、硬件可剪裁

嵌入式系统在开发之初就要根据其所要应用的领域，对其体积、功耗、配置、可靠性等方面进行周密的设计，这一设计过程不仅牵涉硬件，也会牵涉软件。在设计过程中，可以裁剪不需要的接口、存储器件或者软件模块、通信协议，只保留和应用相关的部分。

3. 实时性要求高

因为嵌入式系统被广泛地应用于军工等工业控制领域，所以有不少嵌入式系统要求对任务的响应具有实时性，其使用的操作系统一般是实时操作系统（Real Time Operating Sytem，RTOS）。根据响应速度的不同，实时操作系统还可以分为硬实时系统和软实时系统：硬实时系统的任务响应速度较快，可以达到毫秒以上级别，如汽车的防抱死制动系统；软实时系统的任务响应速度可以慢一些，一般在数秒以内，如智能手机的应用程序、电视机机顶盒等。

4. 程序固化、具有较长的生命周期

嵌入式系统的目标代码通常是固化在非易失性存储器件（如 ROM、Flash 等）中，嵌入式系统开机后，引导程序会检测系统的硬件情况，并进行运行环境的配置，之后再调入操作系统，所以一般引导程序都会被固化在 ROM 或 Flash 中。为了提高执行速度和系统可靠性，大多数嵌入式系统常把所有代码固化并存放在存储器芯片或处理器的内部存储器中，而不使用外部的磁盘存储介质。由于嵌入式系统是软、硬件结合的产品，因此，它的升级换代往往是伴随着硬件产品的升级一起进行的。所以，一旦某个型号产品进入市场，就具有比较长的生命周期，

5. 具有特定的开发和调试方法

嵌入式系统的程序开发和普通 PC 上的程序开发有很大的不同。由于嵌入式系统不具备自举开发能力，开发者难以直接在嵌入式平台上编写、调试程序，必须使用一套开发环境来完成此类工作。一般是借助于 PC 平台，先在 PC 端编写程序并模拟运行，再下载到目标板上运行测试。现在的嵌入式目标板一般都具有专用的调试接口，用于和 PC 进行交叉调试。

2.3.3 嵌入式系统的分类

嵌入式系统有不同的分类方法，根据嵌入式系统的复杂程度，可以将嵌入式系统分为以下三类：

1. 单个微处理器

这类系统一般由单片嵌入式处理器组成，嵌入式处理器上集成了存储器、I/O 设备、接口设备等，加上简单的元件如电源、时钟元件等就可以工作。单个微处理器可以在小型设备（如温度传感器、烟雾和气体探测器及断路器）中找到，这类设备是供应商根据设备的用途来设计的。

2. 嵌入式处理器可扩展的系统

这类嵌入式系统使用的处理器根据需要可以扩展存储器，也可以使用片上的存储器，处理器容量一般在 64 KB 左右，字长为 8 位或 16 位。在处理器上扩充少量的存储器和外部接口构成嵌入式系统，这类系统可在过程控制、信号放大器、位置传感器及阀门传动器等中找到。

3. 复杂的嵌入式系统

组成这样的嵌入式系统的嵌入式处理器一般是 16 位、32 位等，用于大规模的应用。由

于其软件量大，因此需要扩展存储器。扩展存储器一般在 1 MB 以上，外围设备接口一般仍然集成在处理器上。这类嵌入式系统可见于开关装置、控制器、电话交换机、电梯、数据采集系统、医药监视系统、诊断及实时控制系统等。它们是一个大系统的局部组件，由传感器收集数据并传递给该系统，可同计算机一起操作，并可包括各种数据库。

2.3.4 嵌入式系统的构成

与通用的计算机系统类似，嵌入式系统也由嵌入式硬件与嵌入式软件构成，如图 2.18 所示。

硬件部分一般由高性能的嵌入式处理器和外围的接口电路组成，它提供了嵌入式系统软件运行的物理平台和通信接口。软件部分由嵌入式实时多任务操作系统和各种专用软件构成，一般固化在 ROM 或闪存中，软件和硬件之间由中间层连接。

功能层	应用程序		
软件层	文件系统	图形用户接口	任务管理
	实时操作系统（RTOS）		
中间层	BSP/HAL硬件抽象层/板级支持包		
硬件层	D/A	嵌入式处理器	通用接口
	A/D		ROM
	I/O		SDRAM
	人机交互接口		

图 2.18 嵌入式系统的典型构成

1. 硬件部分

嵌入式处理器是嵌入式系统的硬件核心部件，与通用处理器的不同之处是它的专用性。主流嵌入式处理器有 ARM 系列、Motorola 公司的 PowerPC 系列和 Coldfire 系列等。外围接口电路和存储器包括 I^2C 总线、ROM/EPROM 等。

2. 软件部分

嵌入式应用软件是建立在系统的主任务基础之上，针对特定的实际专业领域，基于相关嵌入式硬件应用平台并能完成用户预期任务的计算机软件。

嵌入式操作系统是具有存储器管理、分配、中断处理，任务调度与任务通信、定时器响应，并提供多任务处理等功能的稳定的、安全的软件模块集合。常见的有 Linux、Vxworks、Windows CE 等。

中间层是为上层软件提供设备的操作接口，上层软件不必理会外围设备的具体操作，只需调用驱动程序提供的接口即可。中间层主要包括硬件抽象层和板级支持包。

① 硬件抽象层（Hardware Abstraction Layer, HAL）是位于操作系统内核与硬件电路之间的接口层，其目的在于将硬件抽象化，可以通过程序来控制硬件电路如 CPU、I/O 等操作，使得嵌入式系统的设备驱动程序与硬件设备无关，从而提高系统的可移植性。

② 板级支持包（Board Support Package, BSP）是介于嵌入式系统主板硬件和操作系统内部驱动程序之间的一层，其主要为主板提供对不同操作系统的支持，为驱动程序提供访问硬件设备寄存器的函数包，使其能够更好地运行于硬件主板，一般由主板厂商提供。其主要功能是系统启动时，完成对硬件的初始化，为驱动程序提供访问硬件的手段。同一 CPU 的开发主板对于 Windows CE 和 μCLinux 就有不同的板级支持包。

2.3.5 嵌入式系统的开发

由于嵌入式设备基本上不具备软件开发所需的资源，因此大多数嵌入式软件的开发难以像 PC 那样做到基于本机开发。

常用的嵌入式产品开发模式被称为“交叉开发”，即在一台通用计算机上完成嵌入式系统软件的编辑、编译，然后下载到嵌入式设备中运行、调试。这台通用计算机一般被称为“宿主机”，嵌入式设备被称为“目标机”。

嵌入式系统的开发流程如图 2.19 所示。

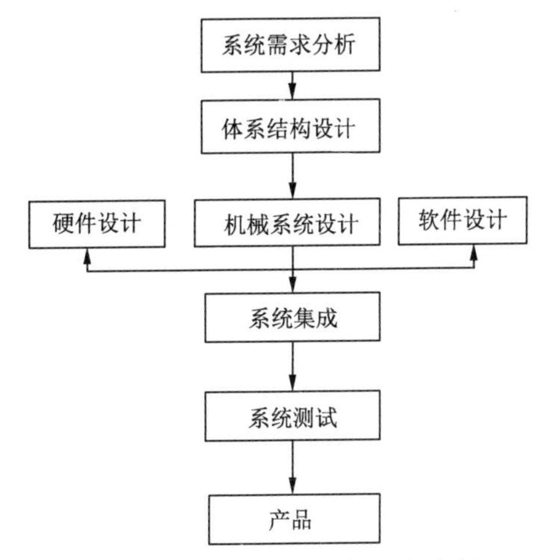

图 2.19　嵌入式系统的开发流程

① 系统需求分析：根据需求，确定设计任务和设计目标，指定设计说明书。一般包括功能性需求（基本功能、操作方式等）和非功能性需求（系统性能、成本、功耗等）

② 体系结构设计：描述系统如何实现所述的功能需求，包括对硬件、软件和执行装置的功能划分以及系统的软件、硬件选型。

③ 硬件/软件协同设计：基于体系结构的设计结果，对系统的硬件、软件进行详细设计。一般情况下嵌入式系统设计的工作大部分都集中在软件设计上，现代软件工程经常采用的方法是面向对象技术、软件组件技术和模块化设计。

④ 系统集成：把系统的硬件、软件和执行装置集成在一起进行调试，发现并改进设计过程中的不足之处。

⑤ 系统测试：对设计好的系统进行测试，检验系统是否满足实际需求。

2.4　计算机软件基础

2.4.1　软件与软件的组成

软件是计算机系统的“思维中枢”，在计算机系统中起着举足轻重的作用，它与计算机硬件相互作用，相互配合，从而实现了特定的系统功能。计算机软件的概念是随着计算机技术的发展而发展的。在计算机发展初期，软件就是指程序，即计算机可以识别的源代码或机器可直接执行的代码。随着计算机应用的日益普及，软件日益复杂，规模日益增大，人们开始意识到软件并不仅仅等于程序。

计算机科学对软件的定义是，“软件是在计算机系统支持下，能够完成特定功能和性能的程序、数据和相关的文档”。其组成如图 2.20 所示。

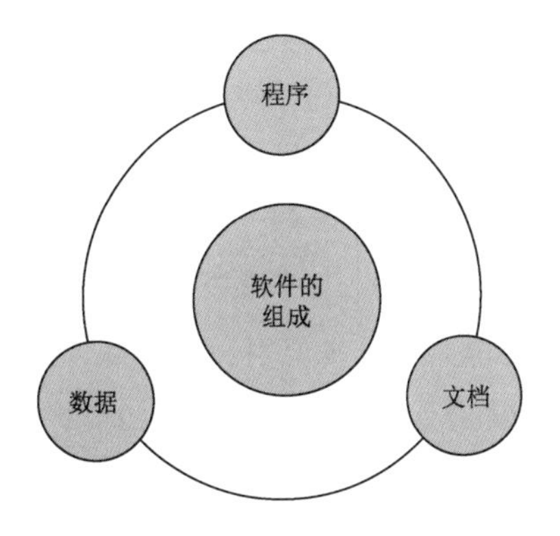

图 2.20　软件的组成

其中，程序是计算任务的处理对象和处理规则的描述，是用计算机程序设计语言描述的；

数据是使程序能正常操纵信息的数据结构，是程序加工的对象和结果；文档是为了便于理解程序所需的描述或说明性资料，记录了软件开发的活动和中间制品、软件的配置及变更，用于软件专业人员和用户交流，以及软件开发、过程管理和运行阶段的维护。在软件开发和维护过程中，应适应软件的变更，保持程序、数据和文档的一致性。

软件的功能和性能除了取决于软件自身的质量外，还取决于软件描述的领域知识和经验。软件具有技术和文化双重属性。于是，软件可以形式化地表示为：软件=知识+程序+数据+文档。

2.4.2 软件的特点

任何事物都有自己的特点，这是区别于其他事物的根本。理解事物的特点有利于人们更加深刻、更加准确地认识事物的本质。作为计算机系统的重要组成部分，计算机软件的功能依赖于计算机硬件的支持。由于不受材料的限制，也不受物理定律或加工过程的制约，具有很大的灵活性。软件开发过程的监督、控制、管理有着特殊的困难。因此，软件在开发、生产、维护和使用等方面与硬件相比存在明显的差异。

① 计算机硬件是实物产品，是有形的设备，具有明显的可见性。计算机软件是抽象的逻辑产品，而不是物理产品，人们无法直接观察计算机软件的物理形态，只能通过观察它的实际运行情况来了解它的功能、特性和质量等。

② 人们在分析、设计、开发、测试软件产品以及在软件开发项目的管理过程中，渗透了大量的脑力劳动。可以说，人类的逻辑思维、智能活动和技术水平是生产软件产品的关键。而传统意义上的硬件制造，除了人类的脑力劳动外，还需要大量的体力劳动。

③ 软件开发与硬件开发相比，更依赖于开发人员的业务素质、智力、人员的组织、合作和管理。软件开发的成本和进度很难估计，交付前尽管经过了严格测试和试用，仍可能有缺陷。

④ 软件的开发和运行必须依赖于特定的计算机系统环境，如硬件、网络配置和支撑软件等。软件对运行环境的这种依赖性是一般产品所没有的。为了减少这种依赖性，在软件开发过程中提出了软件的可移植性。

⑤ 与硬件需要建立生产线才能完成批量生产不同，软件开发完成后，只需对原版软件进行复制即可实现批量生产。但是，软件在使用过程中的维护工作比硬件复杂，在使用的不同阶段，分别要进行“纠惰性维护”、“完善性维护”和“适应性维护”，而且在其维护过程中很可能产生新的缺陷。软件与硬件相比的突出优点是不会磨损和老化。

2.4.3 软件的分类

软件的分类原则、方法很多，从服务对象上可以分为通用软件和定制软件；从运行环境上可分为单机软件和网络软件；从加工的数据类型上可分为事物处理软件、科学和工程计算软件；从计算方法上可分为基于传统算法的软件、基于符号演算和推理规则的人工智能软件等。通常，按照功能的不同，可以将软件分为系统软件、支撑软件和应用软件，其分类和层次结构如图 2.21 所示。

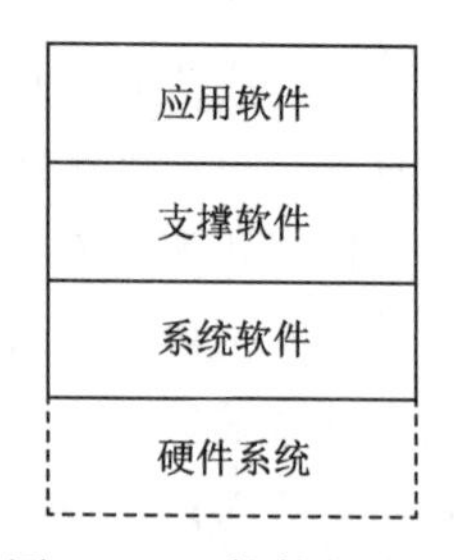

图 2.21 软件的分类

图 2.21 中，下层系统向上层系统提供服务，上层系统利用下层系统提供的服务以及特定的程序，可以完成指定的任务。其中，系统软件是为用户能方便地使用、维护、管理计算机而编制的程序的集合。支撑软件是支持其他软件的编制和维护的软件。应用软件则主要面向各种专业应用和某一特定问题的解决，一般指操作者在各自的专业领域中为解决各类实际问题而编制的程序。

目前，较为常用的软件主要有：

1. 系统软件

系统软件包括操作系统、网络软件、中间件、语言的编译器、数据库管理系统、文件编辑系统、系统检查与诊断软件等。

系统软件是计算机系统的重要组成部分，它依赖于计算机硬件、外围设备和网络，支持应用软件的开发和运行，为各类用户提供标准、便捷的服务，尽量隐藏计算机系统的某些低级特征或实现细节。

2. 个人计算机软件

个人计算机软件包括系统软件和应用软件两类。其特点是品种多、功能强、质量好、应用广泛，如操作系统、文字处理、图形处理、报表处理、财务处理、数据库管理、多媒体信息处理、网络和通信软件等。

3. 实时嵌入式软件

实时嵌入式软件将计算机嵌入在某一系统之中，使之成为该系统的重要组成部分，并通过软件实时监视、分析、控制和处理现实世界的对象和事件。它依赖于计算机系统的物理特性，如航天发射系统软件、汽车控制软件、空调和打印机的自动控制软件等。

4. 科学和工程计算软件

这类软件以数值算法为基础，对数值量进行处理，主要用于科学和工程计算，如数值天气预报、弹道计算、计算机辅助设计等，是使用最早、最广泛、最为成熟的一类软件。

5. 事务处理软件

事务处理软件用于处理业务信息，这类软件已由初期零散的、小规模的软件系统发展成为管理信息系统，通常需要访问存放有关业务信息的数据库，按某种方式和要求重构存放在数据库中的数据，按一定的格式要求生成各种报表，具有良好的人机界面。

6. 人工智能软件

从数据中提取信息和知识，支持计算机系统产生人类某些智能的软件称为人工智能软件。这类软件求解复杂问题不是用传统的计算或分析的方法，而是采用注入基于规则的演绎推理技术和算法，在很多场合还需要知识的支持。

7. Web 应用软件

Web 应用软件是 Internet 及 Web 广泛应用的产物，在 Web 应用软件的支持下上网看新闻、查资料、交换文件、聊天和购物已成为信息社会人类生活的常态。

2.5 软件工程

2.5.1 软件危机

随着计算机软件规模的扩大，软件本身的复杂性不断增加，研制周期显著变长，正确性难以保证，软件开发费用上涨，生产效率急剧下降，从而出现了人们难以控制软件发展的局面，即所谓的“软件危机”。软件危机主要表现在：

① 软件需求的增长得不到满足。

② 软件开发成本和进度无法控制。

③ 软件质量难以保证。

④ 软件不可维护或维护程度非常低。

⑤ 软件成本不断提高。

⑥ 软件开发生产效率的提高赶不上硬件的发展和应用需求的增长。

软件危机的出现及其日益严重的趋势充分暴露了软件产业在早期发展过程中存在的各种各样的问题。可以说，人们对软件产品认识的不足，以及对软件开发的内在规律的理解偏差是软件危机出现的本质原因。具体来说，软件危机出现的原因可以概括为以下几点：

① 软件开发是一项复杂的工程，需要用科学的、工程化的思想来组织和指导软件开发的各个阶段。而这种工程学的视角正是很多软件开发人员所没有的，他们往往简单地认为软件开发就是程序设计。

② 没有完善的质量保证体系。建立完善的质量保证体系需要有严格的评审制度，同时还需要有科学的软件测试技术及质量维护技术。软件的质量得不到保证，开发出来的软件产品往往不能满足需求，同时还可能需要花费大量的时间、资金和精力去修复软件的缺陷，从而导致软件质量下降和开发预算超支等后果。

③ 软件文档的重要性没有得到软件开发人员和用户的足够重视。软件文档是软件开发团队成员之间交流和沟通的重要平台，也是软件开发项目管理的重要工具。如果不能充分重视软件文档的价值，势必会给软件开发带来很多不便。

④ 从事软件开发的专业人员对这个产业认识不充分，缺乏经验。软件产业相对于其他工业产业而言是一个比较年轻、发展不太成熟的产业，人们对它的认识缺乏深刻性。

⑤ 软件独有的特点也给软件的开发和维护带来困难。软件的抽象性和复杂性使得软件在开发之前很难对开发过程的进展进行估计。再加上软件错误的隐蔽性和改正错误的复杂性，都使得软件开发和维护在客观上比较困难。

为了解决软件危机，人们逐渐认识了软件的特性以及软件产品开发的内在规律，并尝试用工程化的思想去指导软件开发，于是诞生了软件工程。

2.5.2 软件工程的概念

为了摆脱软件危机，认识早期软件开发中所存在的问题和产生问题的原因，软件工作者提出软件工程的概念，并将其定义为“为了经济地获得可靠的和能在实际机器上高效运行的软件而建立和使用的健全的工程规则”。这个定义肯定了工程化的思想在软件工程中的重要性，但是并没有提到软件产品的特殊性。

我国国家标准（简称国标，GB）中指出，软件工程是应用于计算机软件的定义、开发和维护的一整套方法、工具、文档、实践标准和工序。而软件是与计算机系统操作有关的计算机程序、规程、规则，以及可能有的文件、文档及数据。

软件工程包括三个要素：方法、工具和过程。方法是完成软件工程项目的技术手段；工具支持软件的开发、管理、文档生成；过程支持软件开发的各个环节的控制、管理。

可以说，软件工程的提出是为了解决软件危机所带来的各种弊端。具体地讲，软件工程的目标主要包括以下几点：

① 使软件开发的成本能够控制在预计的合理范围内。

② 使软件产品的各项功能和性能能够满足用户需求。

③ 提高软件产品的质量。

④ 提高软件产品的可靠性。

⑤ 使生产出来的软件产品易于移植、维护、升级和使用。

⑥ 使软件产品的开发周期能够控制在预计的合理时间范围内。

2.5.3　软件工程的基本内容

相对于其他学科而言，软件工程是一门比较年轻的学科，它的思想体系和理论基础还有待进一步修正和完善。软件工程学科包含的内容有软件工程原理、软件工程过程、软件工程方法、软件工程模型、软件工程管理、软件工程度量、软件工程环境和软件工程应用等，如图 2.22 所示。

软件工程学科							
软件工程原理	软件工程过程	软件工程方法	软件工程模型	软件工程管理	软件工程度量	软件工程环境	软件工程应用

图 2.22　软件工程学科

实质上，软件工程管理和软件开发技术是软件工程研究最主要的两部分内容。

软件工程管理包括软件管理学、软件工程经济学、软件心理学等内容。软件工程管理是软件按工程化生产时的重要环节，它要求按照预先制订的计划、进度和预算执行，以实现预期的社会效益和经济效益。工程管理包括人员组织、进度安排、质量保证、成本核算等。软件工程经济学是研究软件开发中对成本的估算、成本效益分析的方法和技术，它应用经济学的基本原理来研究软件工程开发中的经济效益问题。软件心理学是从个体心理、人类行为、组织行为和企业文化等角度来研究软件管理和软件工程的。

软件开发技术包括软件开发方法学、开发过程、开发工具和软件工程环境，其主体内容是软件开发方法学。软件开发方法学是从不同的软件类型，按不同的观点和原则，对软件开发中应遵循的策略、原则、步骤和必须产生的文档资料做出规定，从而使软件的开发能够规范化和工程化，以克服早期的手工方式生产中的随意性和非规范性。简言之，软件开发方法是一种使用早已定义好的技术集及符号表示习惯来组织软件生产的过程。常用的软件开发方法有以下几种：

1. 结构化方法

这是一种面向数据流的开发方法，其指导思想是自顶向下、逐层分解，基本原则是功能的分解与抽象，适合于数据处理领域的问题，不适合解决大规模的、特别复杂的项目，且难以适应需求的变化。

2. Jackson方法

这是一种面向数据结构的开发方法，其过程是由JSP（Jackson Structure Programming）到JSD（Jackson Structure Design）。JSP方法是以数据结构为驱动的，适合于小规模的项目。JSP方法首先描述问题的输入/输出数据结构，分析其对应性，然后推出相应的程序结构，从而给出问题的软件过程描述。JSD方法是JSP方法的扩展，是一个完整的系统开发方法。首先建立现实世界的模型，再确定系统的功能需求，对需求的描述特别强调操作之间的时序性。它是以事件作为驱动的，是一种基于进程的开发方法，所以适用于时序特别较强的系统，包括数据处理系统和一些实时控制系统。

3. 原型方法

原型方法是用户和软件开发人员之间进行的一种交互过程，适用于用户需求不清、需求经常变化的情况，是一种自外向内型的设计过程。当系统规模不是很大也不太复杂时，采用该方法也比较好。

4. 面向对象方法

面向对象方法以对象作为最基本的元素，是分析问题、解决问题的核心。对象可以是具体的事物、事件、概念和规则。其基本点是尽可能按照人类认识世界的方法和思维方法来分析和解决问题，包括面向对象分析、面向对象设计和面向对象实现。

5. 维也纳开发方法（VDM）

这是一种形式化的开发方法，是一个基于模型的方法。其主要思想是将软件系统当作模型来给予描述，具体来说是把软件的输入、输出看作模型对象，而这些对象在计算机中的状态可看作该模型在对象上的操作。

此外，还有敏捷方法、水晶法和并列争求法等软件开发方法，应用场合也各有不同。

2.5.4 软件生命周期

1. 软件生命周期的概念

一个软件从定义、开发、使用和维护，直到最终被废弃而退役，要经历一个漫长的时期，这就如同一个人要经过胎儿、儿童、青年、中年和老年，直到最终死亡的漫长时期一样。

通常把软件产品从提出、实现、使用、维护到停止使用、退役的过程称为软件生命周期。软件生命周期分为三个时期共八个阶段。

① 软件定义期：包括问题定义、可行性研究和需求分析三个阶段。

② 软件开发期：包括概要设计、详细设计、实现和测试四个阶段。

③ 运行维护期：即使用和维护阶段。

软件生命周期各个阶段的活动可以有重复，执行时也可以有迭代，如图2.23所示。

2. 软件生命周期各阶段的主要任务

① 问题定义：确定要求解决的问题是什么。

② 可行性研究：决定该问题是否存在一个可行的解决办法，制订完成开发任务的实施计划。

③ 需求分析：对待开发软件提出需求进行分析并给出详细定义。编写软件规格说明书及初步的用户手册，提交评审。

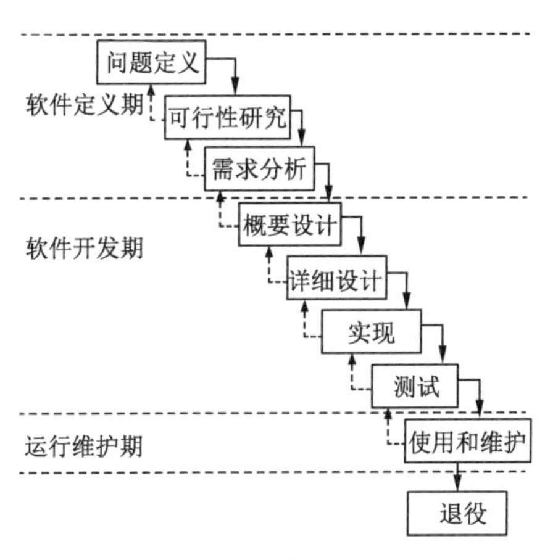

图 2.23　软件生命周期

④ 软件设计：通常分为概要设计和详细设计两个阶段，给出软件的结构、模块的划分、功能的分配以及处理流程。该阶段提交评审的文档有概要设计说明书、详细设计说明书和测试计划初稿。

⑤ 实现：在软件设计的基础上编写程序。该阶段完成的文档有用户手册、操作手册等面向用户的文档，以及为下一步做准备而编写的单元测试计划。

⑥ 测试：在设计测试用例的基础上，检验软件的各个组成部分，编写测试分析报告。

⑦ 使用和维护：将已交付的软件投入运行，同时不断地维护，进行必要而且可行的扩充和删改。

2.6　国产基础软件

国产基础软件主要包括国产操作系统、国产中间件、国产数据库和国产办公软件。本节将对国产基础软件的重要性、国产中间件和国产办公软件进行介绍，国产操作系统和国产数据库将在第 5 章和第 6 章详细介绍。

2.6.1　国产基础软件的发展

随着国家对基础软件的重视，特别是从 2009 年开始，涉及基础软件的“核高基”项目启动，极大地推动了我国基础软件的发展。经过这些年的努力，国产基础软件开始逐步形成了一个完整的产品体系。在操作系统方面有中标麒麟、共创 Linux、Turbo Linux，以及华为的欧拉和鸿蒙；在办公软件方面有 WPS Office、RedOffice、永中 Office、中标普华 Office；在数据库方面有人大金仓数据库、武汉达梦数据库、华为的高斯等；在中间件方面有东方通和金蝶等。这些产品从 2001 年开始已在相关领域里的多个试点取得成功。

我国的基础软件多数是基于开源软件发展起来的。开源软件不同于私有软件的封闭代码，它根据本身的需求量身定制，也不会私底下给自己留“后门”，在客观上杜绝了部分信息安全隐患；开源软件所具备的丰富资源，可以整合出完美的应用；可以以提供服务作为其赢利模式，基于服务模式可以全面展现开源软件的精髓和商业模式。国产软件与国外软件的差距并没有想象的那么大，已经达到了可用、实用、好用的水平。

2.6.2　国产中间件

中间件（Middleware）是提供系统软件和应用软件之间连接的软件，以便于软件各部件之间的沟通，特别是应用软件对于系统软件的集中的逻辑，是一种独立的系统软件或服务程序，分布式应用软件借助这种软件在不同的技术之间共享资源。

中间件在操作系统、网络和数据库之上，应用软件的下层，其作用是为处于自己上层的应用软件提供运行与开发的环境，帮助用户灵活、高效地开发和集成复杂的应用软件。在众多关于中间件的定义中，比较普遍被接受的是IDC（Internet Data Center，因特网数据中心）表述的：中间件是一种独立的系统软件或服务程序，分布式应用软件借助这种软件在不同的技术之间共享资源。它位于客户机服务器的操作系统之上，管理计算资源和网络通信。

中间件作为基础软件的重要组成部分，其真正在世界范围内进入产业化阶段是20世纪90年代，目前已经迅速发展成为开发分布式应用系统不可缺少的关键基础设施，与操作系统、数据库系统共同构成基础软件体系的三大支柱。中间件并不像数据库和操作系统一样被人们熟知，但是在一些国家命脉产业（如金融、电信、交通、能源、军队等）的核心业务却占有重要地位。

我国中间件经过多年的发展，在高端市场的核心应用方面，完全可以媲美国际品牌。以东方通和金蝶等中间件为首的中间件厂商的成熟发展给予国内用户更多的选择，尤其在本土化服务和技术支持方面，更是能提供国外厂商无法超越的专业体验。

1. 东方通 TongWeb

东方通 TongWeb 作为国内领先的中间件开发商，是国内最早研究 Java EE 技术和开发应用服务器产品的厂商。应用服务器 TongWeb 的开发目标，是利用东方通用公司在中间件领域的技术优势，实现符合 Java EE 规范的企业应用支撑平台。自2000年投放市场以来，TongWeb 取得了良好的业绩，现已广泛应用于电信、银行、交通、公安、电子政务等业务领域。

东方通 TongWeb 为了方便地开发、部署、运行和管理 Internet 上基于三层/多层结构的应用，需要以基于组件的底层技术为基础，规划一个整体的应用框架，提供相应的支撑平台，作为 Internet 应用的基础设施（Infrastructure），为企业组件的运行提供一个基础的支撑平台，这一支撑平台实际上是基于 Internet 的中间件，即应用服务器。TongWeb 应用服务器基于 Java EE 体系结构，并通过了 Sun 公司（已于2009被 Oracle 公司收购）的 Java EE 兼容性认证。

2. 金蝶 Apusic

金蝶 Apusic 是企业基础架构软件平台，为各种复杂应用系统提供标准、安全、集成、高效的企业中间件。金蝶 Apusic 适用于电子政务、电子商务等不同行业企业。金蝶 Apusic 拥有 Apusic Java EE 应用服务器、Apusic MQ 消息中间件、Apusic ESB 企业服务总线、Apusic BPM 业务流程管理、Apusic Portal 门户、Apusic Cloud Computing 云计算、Apusic Studio 开发平台和 Apusic OperaMasks，组成轻量级风格的企业基础架构软件平台，其具备技术模型简单化、开发过程一体化、业务组件实用化的显著特性，产品间无缝集成。

2.6.3 国产办公软件

办公软件是人们最广泛应用的软件之一，是国家重点支持的软件。目前国产办公软件已可替代外国同类软件。

国产办公软件总体上已具备良好的可用性与实用性，在功能上和当前国际主流办公软件相当，在应用方面有所创新，可以更好地满足用户日常办公学习的需求，帮助用户提高工作效率。目前，国产办公软件已经发展得很成熟，金山软件、永中科技、红旗贰仟、中标普华等厂商的 Office 产品被越来越多的用户所认可，像国家电网、宝钢集团等大型央企都已经全面应用 WPS Office。永中 Office 成功进入国外零售市场，无锡市政府也全面使用这一国产办公软件，其产品被越来越多的用户所认可。其次，相对低廉的价格将进一步增加对用户的吸引力。以 WPS Office 为例，企业版的价格仅仅是微软的几分之一。最后，进口的办公软件几乎不提供售后服务，国产软件可以通过提供持续优质的服务赢得用户。在售后服务方面，国产办公软件企业可以提供快速响应的本土化服务，构筑起比国外软件企业更强大的服务体系。

1. WPS Office

WPS Office 是由金山软件股份有限公司自主研发的一款办公软件套装，可以实现办公软件最常用的文字、表格、演示等多种功能。具有内存占用低、运行速度快、体积小巧、强大插件平台支持、免费提供海量在线存储空间及文档模板、支持阅读和输出 PDF 文件、全面兼容微软 Office 97-2010 格式（doc/docx/xls/xlsx/ppt/pptx 等）独特优势。覆盖 Windows、Linux、Android、iOS 等多个平台。

WPS Office 支持桌面和移动办公，且 WPS 移动版已覆盖的 50 多个国家和地区，WPS for Android 在应用排行榜上领先于微软及其他竞争对手，居同类应用之首。

2. 永中 Office

永中 Office 在一套标准的用户界面下集成了文字处理、电子表格和简报制作三大应用；基于创新的数据对象储藏库专利技术，有效解决了 Office 各应用之间的数据集成共享问题。永中 Office 可以在 Windows、Linux 等多个不同操作系统上运行。历经多个版本的演进，永中 Office 的产品功能更加丰富，稳定可靠，可高度替代进口的同类软件，且具备诸多创新功能，是一款自主创新的优秀国产办公软件。

3. 中标普华 Office

中标普华 Office 采用先进软件架构，包含文字处理、电子表格、演示文稿、绘图制作、数据库等五大模块，功能强大，基本涵盖 MS Office 产品的各项功能，易学易用，全面满足日常办公需要。文字处理：专业文档制作文字处理，具有编辑、排版、格式设置、文件管理、模板管理、打印控制等功能，能方便完成日常办公，无须插件，可以直接输出成 PDF 文件。电子表格：通过电子表格模块，用户不仅可以制作各类精美的电子表格，还可以组织、计算和分析各种类型的数据，方便地制作复杂的图表和财务统计表。演示文稿：可以制作和放映形象生动的幻灯片和投影片，动画效果丰富，幻灯片切换方式多样，绘图制作介绍详细。

4. RedOffice

RedOffice 办公软件包含文字、表格、幻灯、绘图、公式和数据库 6 个组件，全面支持国际标准（ODF）、国家标准（UOF）、微软 Office 97/2000/2003、微软 Office 2007（OXML，ISO/IEC 29500 标准）格式，是一款可以在 Windows 和 Linux 等不同操作系统上无障碍运行的桌面办公软件。RedOffice 龙芯版是基于龙芯 CPU（MIPS 体系）的办公软件，从文字撰写到图表分析、幻灯演示等各类型文档均可以轻松制作，它具有优秀的排版功能和完美的格式兼容性，可以自由读写国际标准格式（ODF）和微软格式（Microsoft Office 97 / 2000 / 2003）文档。

2.7 能力拓展与训练案例：使用 Python 实现鼠标键盘自动化

PyAutoGUI 是用 Python 编写的模块，使用它可以控制鼠标和键盘，实现自动化任务。本节主要介绍鼠标与键盘的各种常见响应操作和控制的实现。关于 Python 程序设计的详细内容参见第 4 章。

1. 安装和导入 pyautogui 模块

该模块可以实现移动鼠标、单击左右键、滚轮和发送虚拟按键，支持 Windows、Mac OS X 和 Linux，系统不同，需要安装的依赖也不同，其中 Windows 系统不用安装依赖。

```
pip install pyautogui        #安装模块
import pyautogui             #导入模块
```

Python 移动鼠标、点击键盘非常快，有可能导致其他应用出现问题，致使鼠标定位不准，很难单击窗口退出程序。可以在 Python 脚本每执行一个方法后暂停几秒，以便多出几秒的控制权。

```
pyautogui.PAUSE=1.5
```

当鼠标移动到屏幕的左上角时触发 PyAutoGUI 的 FailSafeException 异常，可以使用 try...except 语句处理异常，或直接让脚本异常退出。如果想终止程序，只要快速地把鼠标移动到屏幕左上角即可。

```
pyautogui.FAILSAFE=True
```

2. 移动鼠标

Python 通过屏幕的坐标系统对鼠标指针进行追踪与控制。PyAutoGUI 使用 x、y 坐标，屏幕左上角坐标是(0, 0)。假设屏幕分辨率为 1 366×768 像素（见图 2.24），使用 pyautogui.size() 方法获得屏幕的分辨率。

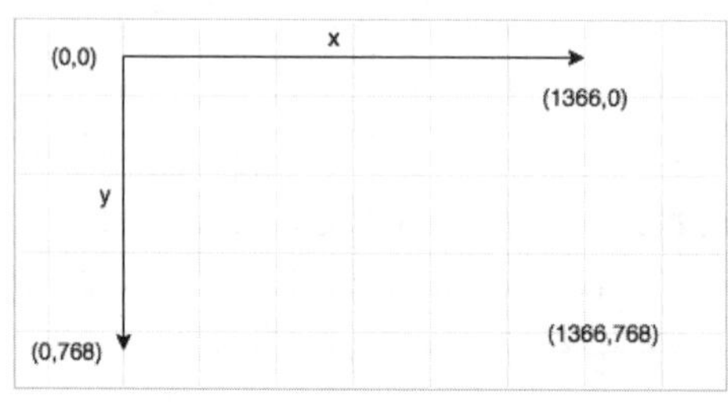

图 2.24　1 366×768 像素分辨率

```
pyautogui.size()          #(1366, 768)
width, height=pyautogui.size()
```

获得屏幕的分辨率后，使用 moveTo()方法与绝对坐标控制鼠标移动。

```
#让鼠标顺时针移动，并画 10 次方框
for i in range(10):
   pyautogui.moveTo(300, 300, duration=0.25)
   #鼠标指针从当前位置花 0.25 s 移动到坐标位置(300, 300)
   pyautogui.moveTo(400, 300, duration=0.25)
   pyautogui.moveTo(400, 400, duration=0.25)
```

```
    pyautogui.moveTo(300, 400, duration=0.25)
#画圆
import math
width, height=pyautogui.size()
r=250                                              #圆的半径
# 圆心
o_x=width/2
o_y=height/2
pi=3.1415926
for i in range(10):                                #转10圈
    for angle in range(0, 360, 5):                 #利用圆的参数方程
        X=o_x+r*math.sin(angle*pi/180)
        Y=o_y+r*math.cos(angle*pi/180)
         pyautogui.moveTo(X, Y, duration=0.1)
```

使用 moveRel()方法和相对坐标，以当前鼠标所在位置为基点，获得鼠标所在位置坐标。

```
for i in range(10):
pyautogui.moveRel(100, 0, duration=0.25)
pyautogui.moveRel(0, 100, duration=0.25)
#鼠标指针从原位置花0.25 s相对地移动 (0,100) 个像素点，即向下移动100像素
pyautogui.moveRel(-100, 0, duration=0.25)
pyautogui.moveRel(0, -100, duration=0.25)
#实时获得鼠标位置坐标
try:
while True:
    x, y=pyautogui.position()
    print(x,y)
except KeyboardInterrupt:
print('\nExit.')
```

3. 鼠标点击、拖动和滚轮

（1）鼠标点击

使用 click()方法发送虚拟鼠标点击，默认情况下在鼠标所在的位置点击左键。方法原型为:

```
pyautogui.click(x=cur_x, y=cur_y, button='left')
```

其中，x，y 是要点击的位置，默认是鼠标当前位置；button 是要点击的按键，有 3 个可选值：left、middle、right。

若要在当前位置点击右键:

```
pyautogui.click(button='right')
```

若要在指定位置点击左键:

```
pyautogui.click(100, 100)
```

click()方法完成了一次鼠标点击。一次完整的点击包括两部分：按下 mouseDown()和弹起 mouseUp()。这两个方法参数和 click()方法一样，其实 click()方法只是简单地封装了 mouseDown()和 mouseUp()方法。其他还有 pyautogui.doubleClick()方法实现鼠标双击（其实就是执行两次 click()方法），pyautogui.rightClick()方法实现鼠标右击，pyautogui.middleClick()方法实现鼠标中击。

（2）鼠标拖动

拖动的意思是按下鼠标键并拖动鼠标。PyAutoGUI 提供了两个方法：dragTo()和 dragRel()。其参数与 moveTo()和 moveRel()一样。要特别注意：duration 时间不能太短，否则，拖动太快，

有些系统会无法响应。

（3）滚轮

使用方法 scroll()实现滚轮，它只接收一个整数。值为正向上滚，值为负向下滚。

```
pyautogui.scroll(200)
```

4. 键盘按键

（1）输入字符串

使用方法 pyautogui.typewrite()实现字符串输入。

```
pyautogui.click(100, 100)
pyautogui.typewrite('Hello world!')
```

PyAutoGUI 除了输入单个字符外，还可以输入一些特殊字符，如表 2.1 所示。

表 2.1 PyAutoGUI 键盘表

字　符	说　明
'enter' (或'return'或'\n')	回车
'esc'	Esc 键
'shiftleft', 'shiftright'	左右 Shift 键
'altleft', 'altright'	左右 Alt 键
'ctrlleft', 'ctrlright'	左右 Ctrl 键
'tab' (‘\t')	Tab 键
'backspace', 'delete'	Backspace、Delete 键
'pageup', 'pagedown'	Page Up 和 Page Down 键
'home', 'end'	Home 和 End 键
'up', 'down', 'left', 'right'	箭头键
'f1', 'f2', 'f3'....	F1…F12 键
'volumemute', 'volumedown', 'volumeup'	有些键盘没有
'pause'	Pause 键
'capslock', 'numlock', 'scrolllock'	Caps Lock, Num Lock 和 Scroll Lock 键
'insert'	Ins 或 Insert 键
'printscreen'	Prtsc 或 Print Screen 键
'winleft', 'winright'	Win 键
'command'	Mac OS X command 键

例如：

```
pyautogui.click(100, 100)
pyautogui.typewrite('Hello world!', 0.25)  #延迟输入字符串 Hello world!
pyautogui.typewrite(['enter', 'a', 'b', 'left', 'left', 'X', 'Y'], '0.25')
#换行输入 ab 后光标左移两次输入 xy
```

（2）按键的按下和释放

键盘按键和鼠标按键非常类似，方法 keyDown()为按下某个键，方法 keyUp()是松开某个键，方法 press()是一次完整的击键，即前面两个方法的组合。

```
#实现组合按键 Alt + F4
```

```
pyautogui.keyDown('altleft');
pyautogui.press('f4');
pyautogui.keyUp('altleft')
```

也可以直接使用热键方法：

```
pyautogui.hotkey('altleft', 'f4')
```

习　　题

1. 从综合性能角度，计算机如何分类？

2. 微型计算机系统由哪几部分组成？其中硬件包括哪几部分？软件包括哪几部分？各部分的功能如何？

3. 微型计算机的存储体系如何？内存和外存各有什么特点？

4. 表示计算机存储器容量的单位是什么？如何由地址总线的根数来计算存储器的容量？KB、MB、GB 代表什么意思？

5. 什么是总线？它的作用是什么？

6. 目前常用的外设接口标准有哪几种？

7. 什么是 RAM、ROM？二者有何区别？简述 PROM、EPROM、EEPROM 的特点。

8. 简述结构化程序设计的基本原则。

9. 简述软件生命周期各阶段的主要任务。

第 3 章 信息在计算机内的表示

本章在介绍信息与信息技术的基础上，详细讲解了计算机中的信息表示方法。通过本章学习，可使读者对信息技术产生基础性、整体性的了解。

3.1 信息与信息技术

计算机的产生和发展极大地提高了人类处理信息的能力，促进了人类对世界的认识以及人类社会的发展，使人类逐步进入围绕信息存在和发展的信息社会。21 世纪被称为信息时代，只有掌握使用计算机收集、处理信息的基本技术，才不至于落后于时代。

3.1.1 信息与数据

信息可以简单地理解为消息。更准确地理解，信息是对社会、自然界事物运动状态、运动过程与规律的描述，一般是指消息、情报、资料、数据、信号等所包含的内容。

信息描述的是事物运动的状态或存在方式而不是事物本身，因此，它必须借助于某种形式表现出来，即数据。数据是可以计算机化的一串符号序列，是对事实、概念或指令的一种特殊表达形式，可以说，数据是信息的载体。在计算机中，数据均以二进制编码形式（0 和 1 组成的串）表示。

信息和数据是两个相互联系、相互依存又相互区别的概念。数据是信息的表示形式，信息是数据所表达的含义；数据是具体的物理形式，信息是抽象出来的逻辑意义。例如，“5%”是一项数据，但这一数据除了数字上的意义外，并不表示任何内容，而“本课程考核平均不及格率是 5%”对接收者是有意义的，它不仅有数据，更重要的是对数据有一定的解释，从而使接收者得到较为明确的信息。

常见的数据形式包括数值、文字、图形、图像、音频、视频等。本节主要讲述数值和文字的计算机表示和处理，图形、图像、音频以及视频的计算机表示和处理将在本书第 8 章 8.4 节进行介绍。

3.1.2 信息技术

信息技术（Information Technology，IT）主要是指应用信息科学的原理和方法、对信息进行获取、加工、存储、传输、表示及应用的技术。信息技术是在计算机、通信、微电子等技术基础上发展起来的现代高新技术，它的核心是计算机和通信技术的结合。

现代信息技术按其内容可简单分为三类：信息基础技术、信息系统技术和信息应用技术。

信息基础技术主要包括微电子技术和光电子技术。微电子技术是当今世界新技术革命的基石，光电子技术采用光子作为信息的载体。

信息系统技术包括：信息获取技术、信息处理技术、信息传输技术、信息控制技术、信息存储技术等。信息获取技术主要包括传感技术、遥测技术及遥感技术；现代信息处理技术的核心是计算机技术；信息传输技术主要包括光纤通信技术、卫星通信技术等；信息控制技术主要通过信息的传递与反馈来实现；信息存储技术目前主要包括半导体存储器、磁盘、光盘等技术。其中，通信技术、计算机技术和控制技术合称为 3C（Communication、Computer 和 Control）技术。

信息应用技术包括信息管理、信息控制、信息决策等技术。

信息技术的快速发展和广泛应用，对现代社会信息化进程、产业结构的变化产生巨大的推动作用，将对人类生产和生活的各方面产生极大的影响。信息技术为人们提供了全新的、更加有效的信息获取、传递、处理和控制的手段与工具，极大地扩展了人类信息活动的范围和空间，增强了人类信息活动的能力。信息技术的发展，尤其是 Internet 的发展，大大加快了社会信息化建设的步伐，使全球信息共享成为现实。

未来信息技术的发展趋势是数字化（大量信息可以被压缩，并以光速进行传输）、多媒体化（文字、声音、图形、图像、视频等信息媒体与计算机集成在一起，以接近于人类的工作方式和思考方式来设计与操作）、高速化、网络化、宽频带化、智能化等。

21 世纪是一个以计算机网络为核心，以数字化为特征的信息时代。信息化是当今社会发展的新的动力源泉，信息技术是当今世界新的生产力，信息产业已成为全球第一大产业。信息化就是全面发展和利用现代信息技术，以提高人类社会的生产、工作、学习、生活等方面的效率和创造能力，使社会物质财富和精神财富得以最大限度提高。

3.1.3　信息素养

人类已经进入 21 世纪，以计算机为代表的信息技术已广泛渗透到人们生活的各个领域，PC 的普及加快了人们工作和生活的节奏，网络的运行大大缩短了世界的距离，同时，各种各样的信息以不同的形式充斥着社会的每个角落，也给人类提供了一个全新的信息环境。这个大环境使社会成员和信息之间的关系更加密切，也使信息素养成为人们的必备素养之一。

信息素养（Information Literacy）的概念于 1974 年由保罗·泽考斯基提出，20 世纪 80 年代，人们开始进一步讨论信息素养的内涵。信息素养是信息时代人才培养模式中出现的一个新概念，已引起世界各国越来越广泛的重视。现在，信息素养已成为评价人才综合素质的一项重要指标。

我国学者认为，信息素养主要包括三方面的内容：信息意识、信息能力和信息品质。信息意识就是要具备信息第一意识、信息抢先意识、信息忧患意识以及再学习和终身学习意识；信息能力主要包括信息挑选与获取能力、信息免疫与批判能力、信息处理与保存能力以及创造性的信息应用能力；信息品质主要包括较高的情商、积极向上的生活态度、善于与他人合作的精神和自觉维护社会秩序和公益事业的精神。

在信息社会中，如果不具备计算机的基本知识和基本技能，不会利用计算机获取信息、解决问题，就像生活在工业社会中的人不会读、写、算一样，将成为新一代的文盲。因此，当代大学生应努力学习和掌握计算机与信息技术基本知识，了解和掌握本学科的新动向，开阔视野、启迪思维，不断增强自身的信息素养。

3.2 信息论

3.2.1 信息度量

一般来说，信息是客观存在的表现形式，是事物之间相互作用的媒介，是事务复杂性和差异性的反映。更有意义的是，信息是对人有用、能够影响人的行为的数据。信息可以是不精确的，可以是事实，也可以是谎言。香农（Shannon）给信息的定义是：信息是事物运动状态或存在方式的不确定性的表述，即信息是确定性和非确定性、预期和非预期的组合。

信息是个很抽象的概念。我们常说信息量很大，或者信息量很小，但却很难说清楚信息量到底有多少。通常人们通过各种消息获得信息，那么，每条消息带来的信息量是多少呢？这就是信息量度量问题。例如，一本 50 万字的中文书到底有多少信息量。1948 年，香农提出了信息熵的概念，解决了信息量的度量问题。一般来说，信息度量的尺度必须统一，有说服力，所以，需要遵循下面几条原则：

① 能度量任何信息，并与信息的种类无关。

② 度量方法应该与消息的重要程度无关。

③ 消息中所含信息量和信息内容的不确定性有关。

例如：假如在盛夏季节气象台突然预报“明天无雪”的消息。一般来说，在夏天是否下雪的问题上，根本不存在不确定性，所以这条消息包含的信息量为零。但是播报“明天有雪”的消息更令人惊讶，信息量更大。

3.2.2 信息熵

通过对消息不确定性消除的观察和分析，香农应用概率论知识和逻辑方法推导出了信息量的计算公式，即事件的不确定程度可以用其出现的概率来描述，消息出现的概率越小，则消息中包含的信息量就越大：

令 $P(x)$ 表示消息 x 发生的概率，有 $0 \leqslant P(x) \leqslant 1$；令 I 表示消息 x 中所含的信息量，则 $P(x)$ 与 I 的关系满足：

① I 是 $P(x)$ 的函数：$I=I[P(x)]$。

② $I[P(x)]$是一个连续函数，即如果消息只有细微差别，则其包含的信息量也只有细微差别。

③ $I[P(x)]$是一个严格递增函数。

④ $P(x)$ 与 I 成反比，即 $P(x)$ 增大则 I 减小，$P(x)$ 减小则 I 增大。

⑤ $P(x)$ 时，$I=0$，即如果消息 x 发生的概率为 1，并且被告知信息 x 发生了，则没有获得任何信息；$P(x)=0$ 时，$I=\infty$。

自信息量是一个事件（消息）本身所包含的信息量，它是由事件的不确定性决定的，定义为

$$I(x)=\log_a \frac{1}{P(x)}=-\log_a P(x)$$

（1）若 a=2，信息量的单位称为比特（bit）。

（2）若 a=e，信息量的单位称为奈特（nat）。

（3）若 a=10，信息量的单位称为哈特莱（Hartley）。

自信息量说明：

① 事件 x 发生以前，事件发生的不确定性的大小。

② 当事件 x 发生以后，事件 x 所含或所能提供的信息量（在无噪情况下）。

自信息量是信源（或消息源）发出某一具体消息所含所有的信息量，发出的消息不同所含有的信息量不同。所以，自信息量不能用来表征整个信源的不确定度。通过用平均自信息量表征整个信源的不确定度，平均自信息量指的是事件集（用随机变量表示）所包含的平均信息量，它表示信源的平均不确定性，又称为信息熵或信源熵，简称为熵。香农信息论的开创性想法，为一个消息源赋予了一定的信息熵。

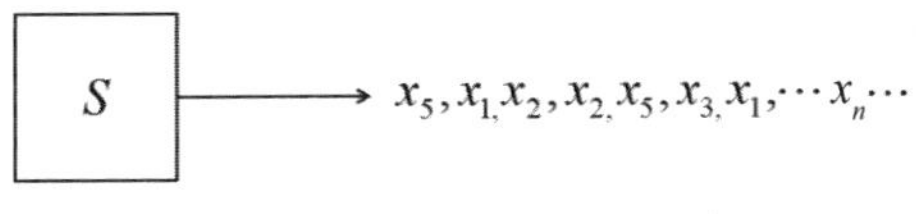

图 3.1　一个信源

如图 3.1 所示，假设 S 为一个信源，它能发出的消息来自集合 $x_1, x_2, \cdots, x_n$，S 发出消息 $x_1, x_2, \cdots, x_n$ 的概率分别为 $p_1, p_2, \cdots, p_n$，其中 $P_i \geqslant 0$，并且有 $\sum_{i=1}^{n} p_i = 1$，则根据自信息量公式，S 发出消息 x_i 时，接收端可以获得 $I(p_i)=-\log_2 p_i$ 位的信息量，则每个消息 x_i 包含的平均信息量为

$$H(x)=\sum_{i=1}^{n} p_i I(p_i)=-\sum_{i=1}^{n} p_i \log_2 p_i \quad (\text{bit})$$

H（S）称为信源 S 的熵。信源的熵可以指信源输出后，消息所提供的平均信息量；也可以指信源输出前，信源的平均不确定性；或信息的随机性。

例如：某离散信源由 0、1、2 和 3 四个符号组成，它们出现的概率分别为 3/8、1/4、1/4 和 1/8，且每个符号的出现都是独立的。试求某消息

201020130213001203210100321010023102002010312032100120210

（57 位）的信息量。

解：信源的平均信息量为 $H=-\frac{3}{8}\log_2\frac{3}{8}-\frac{1}{4}\log_2\frac{1}{4}-\frac{1}{4}\log_2\frac{1}{4}-\frac{1}{8}\log_2\frac{1}{8}=1.906$（bit /符号）。

所以，这条消息的信息量为 I=57 × 1.906=108.64（bit）。

3.3　数制与不同数制间的转换

3.3.1　进位计数制

按进位的方法进行计数，称为进位计数制。为了电路设计方便，计算机内部使用的是二

进制计数制，即“逢二进一”的计数制，简称二进制。但人们最熟悉的是十进制，所以计算机的输入/输出也要使用十进制数据。此外，为了编制程序方便，还经常用到八进制和十六进制。下面介绍这几种进位制和它们相互之间的转换。

1. 十进制

十进制（Decimal）是日常生活中最常使用的一种计数方法，它有两个特点：其一是采用 0~9 共 10 个阿拉伯数字符号；其二是相邻两位之间为“逢十进一”或“借一当十”的关系，即同一数码在不同的数位上代表不同的数值。把某种进位计数制所使用数码的个数称为该进位计数制的“基数”，把计算每个“数码”在所在位上代表的数值所乘的常数称为“位权”。位权是一个指数幂，以“基数”为底，其指数是数位的“序号”。数位的序号以小数点为界，其左边（个位）的数位序号为 0，向左每移一位序号加 1，向右每移一位序号减 1。任何一个十进制数的值都可以表示为一个按位权展开的多项式之和，如十进制数 1234.6 可表示为

$$1234.6 = 1\times10^3+2\times10^2+3\times10^1+4\times10^0+6\times10^{-1}$$

其中，10^3、10^2、10^1、10^0、10^{-1}分别是千位、百位、十位、个位和十分位的位权。

2. 二进制

计算机在其内部进行计算时使用的是二进制（Binary）数，二进制也有两个特点：数码仅采用“0”和“1”，所以基数是 2；相邻两位之间为“逢二进一”或“借一当二”的关系。它的“位权”可表示成 2^i，2 为其基数，i 为数位的序号，取值法和十进制相同。任何一个二进制数的值都可以表示为按位权展开的多项式之和，如二进制数 1100.1 的值可表示为

$$1100.1 = 1\times2^3+1\times2^2+0\times2^1+0\times2^0+1\times2^{-1}$$

3. 八进制

与十进制和二进制的讨论类似，八进制（Octal）用的数码共有 8 个，即 0~7，则基数是 8；相邻两位之间为“逢八进一”或“借一当八”的关系，它的“位权”可表示成 8^i。任何一个八进制数的值都可以表示为按位权展开的多项式之和，如八进制数 2356.4 的值可表示为

$$2356.4 = 2\times8^3+3\times8^2+5\times8^1+6\times8^0+4\times8^{-1}$$

4. 十六进制

与十进制和二进制的讨论类似，十六进制（Hexadecimal）用的数码共有 16 个，除了 0~9 外又增加了 6 个字母符号 A、B、C、D、E、F，分别对应 10、11、12、13、14、15；其基数是 16，相邻两位之间为“逢十六进一”或“借一当十六”的关系，它的“位权”可表示成 16^i。任何一个十六进制数的值都可以表示为按位权展开的多项式之和，如十六进制数 89AB.D 的值可表示为

$$89AB.D = 8\times16^3+9\times16^2+10\times16^1+11\times16^0+13\times16^{-1}$$

5. 任意的 R 进制

R 进制用的数码共有 R 个，其基数是 R，相邻两位之间为“逢 R 进一”或“借一当 R”的关系，它的“位权”可表示成 R^i，i 为数位的序号。对于任意一个如下形式的 R 进制数 D

$$A_n A_{n-1} \dots A_2 A_1 A_0 A_{-1} A_{-2} \dots A_{-(m-1)} A_{-m}$$

其值都可以表示为按位权展开的多项式之和，即 R 进制数的 D 一般展开表达式：

$$D=\sum_{i=-m}^{n}A_iR^i$$

式中，A_i 为 i 位序上的数码，R 为基数，R^i 为 i 位序上的位权，m、n 均为正整数。

3.3.2　不同数制之间的相互转换

1. 二进制数、八进制数、十六进制数转换成十进制数

转换通过以上介绍数的一般展开表达式，按位权展开的多项式之和来实现，例如：

$(101101.101)_2 = 1\times2^5+0\times2^4+1\times2^3+1\times2^2+0\times2^1+1\times2^0+1\times2^{-1}+0\times2^{-2}+1\times2^{-3}$

$= 32+8+4+1+0.5+0.125 = (45.625)_{10}$

$(257.6)_8 = 2\times8^2+5\times8^1+7\times8^0+6\times8^{-1} = 128+40+7+0.75 = (175.75)_{10}$

$(A2.C3)_{16}=10\times16^1+2\times16^0+12\times16^{-1}+3\times16^{-2}=160+2+0.75+0.01171875=(162.76171875)_{10}$

2. 十进制数转换成二进制数

将十进制数转换成等值的二进制数，需要对整数和小数部分分别进行转换。整数部分的转换方法是连续除 2，直到商数为零，然后逆向取各个余数得到一串数位即为转换结果。

例如，将 25 转换为二进制数：

25÷2 = 12-----------余数　1
12÷2 = 6------------余数　0
6÷2 = 3-------------余数　0
3÷2 = 1-------------余数　1
1÷2 = 0-------------余数　1

逆向取余数（后得的余数为结果的高位）得：$(25)_{10}=(11001)_2$

小数部分的转换方法是连续乘 2，直到小数部分为零或已得到足够多个整数位为止，正向取积的整数位（后得的整数位为结果的低位）组成一串数位即为转换结果。

例如，将 0.8 转换为二进制数：

0.8×2 = 1.6----------------整数部分为　1
0.6×2 = 1.2----------------整数部分为　1
0.2×2 = 0.4----------------整数部分为　0
0.4×2 = 0.8----------------整数部分为　0
0.8×2 = 1.6----------------整数部分为　1（进入循环过程）

若保留 5 位小数，则结果为$(0.8)_{10}=(0.11001)_2$

可见有限位的十进制小数所对应的二进制小数可能是无限位的循环或不循环小数，这就必然导致转换误差。

3. 十进制数转换为八进制数和十六进制数

对整数部分“连除基数取余”，对小数部分“连乘基数取整”的转换方法可以推广到十进制数与任意进制数的转换，这时的基数要用十进制数表示。例如，用“除 8 逆向取余”和“乘 8 正向取整”的方法可以实现由十进制向八进制的转换；用“除 16 逆向取余”和“乘 16 正向取整”可实现由十进制向十六进制的转换。

例如，将 423 转换为八进制和十六进制数的计算方法如下：

423÷8 = 52 ----余数 7		423÷16 = 26 ----余数 7	
52÷8 = 6 ----余数 4		26÷16 = 1 ----余数 10	
6÷8 = 0 ----余数 6		1÷16 = 0 ----余数 1	
得$(423)_{10} = (647)_8$		得$(269)_{10} = (1A7)_{16}$	

4. **八进制数和十六进制数与二进制数之间的转换**

由于 3 位二进制数所能表示的也是 8 个状态，因此 1 位八进制数与 3 位二进制数之间就有着一一对应的关系，转换十分简单。即将八进制数转换成二进制数时，只需要将每 1 位八进制数码用 3 位二进制数码代替即可。例如：

$$(257.12)_8 = (10\ 101\ 111.001\ 010)_2$$

为了便于阅读，这里在数字之间特意添加了空格。若要将二进制数转换成八进制数，只需从小数点开始，分别向左和向右每 3 位分成一组，用 1 位八进制数码代替即可。例如：

$$(10\ 100\ 101.001\ 111\ 01)_2 = (010\ 100\ 101.001\ 111\ 010)_2=(245.172)_8$$

这里要注意的是：小数部分最后一组如果不够 3 位，应在尾部用零补足 3 位再进行转换。

与八进制数类似，1 位十六进制数与 4 位二进制数之间也有着一一对应的关系。将十六进制数转换成二进制数时，只需将每 1 位十六进制数码用 4 位二进制数码代替即可。例如：

$$(A6F.5)_{16} = (1010\ 0110\ 1111.0101)_2$$

将二进制数转换成十六进制数时，只需从小数点开始，分别向左和向右每 4 位一组用一位十六进制数码代替即可。小数部分的最后一组不足 4 位时要在尾部用 0 补足 4 位。例如：

$$(11\ 1011\ 0111.1001\ 1)_2 = (0011\ 1011\ 0111.1001\ 1000)_2 = (3B7.98)_{16}$$

3.3.3 二进制数的算术运算和逻辑运算

1. **二进制数的算术运算**

二进制数只有 0 和 1 两个数码，它的算术运算规则比十进制数的运算规则简单得多。

（1）二进制数的加法运算

二进制加法规则共 4 条：0+0=0；0+1=1；1+0=1；1+1=0（向高位进位 1）

例如，将两个二进制数 1001 与 1011 相加，加法过程的竖式表示如下：

```
    1 0 0 1     被加数
+   1 0 1 1     加数
---------------------
  1 0 1 0 0     和
```

（2）二进制数的减法运算

二进制减法规则也是 4 条：0–0=0；1–0=1；1–1=0；0–1=1（向相邻的高位借 1 当 2）。例如：1010 – 0111 = 0011

（3）二进制数的乘法运算

二进制乘法规则也是 4 条：0×0=0；0×1=0；1×0=0；1×1=1

例如，求二进制数 1101 和 1011 相乘的乘积，竖式计算如下：

```
            1  1  0  1        乘数
        ×   1  0  1  1        乘数
      ----------------------------
            1  1  0  1
         1  1  0  1
      0  0  0  0              部分乘积
  +  1  1  0  1
  --------------------------------
  1  0  0  0  1  1  1  1      乘积
```

从该例可知，其乘法运算过程和十进制的乘法运算过程非常一致，仅仅是换用了二进制的加法和乘法规则，计算更为简洁。

二进制的除法同样是乘法的逆运算，也与十进制除法类似，仅仅是换用了二进制的减法和乘法规则，不再举例说明。

2. 二进制数的逻辑运算

（1）“与”运算（$Y = A \wedge B$，AND）

与运算也称为逻辑乘法运算，通常用符号“·”或“∧”或“×”表示。其运算规则如下：

$Y = 0 \wedge 0 = 0$

$Y = 1 \wedge 0 = 0$

$Y = 0 \wedge 1 = 0$

$Y = 1 \wedge 1 = 1$

由上可知，只有两者皆为1时，结果才为1。

（2）“或”运算（$Y = A \vee B$，OR）

或运算也称逻辑加法运算，常用符号“+”或“∨”表示。其运算规则如下：

$Y = 0 \vee 0 = 0$

$Y = 0 \vee 1 = 1$

$Y = 1 \vee 0 = 1$

$Y = 1 \vee 1 = 1$

由上可知，只要其中一者为1，结果则为1。

（3）“非”运算（$\overline{Y} = A$，NOT）

非运算又称反运算、逻辑非或逻辑反运算、逻辑否定。其运算规则如下：

$\overline{0} = 1$　　　　读成非0等于1

$\overline{1} = 0$　　　　读成非1等于0

（4）“异或”运算（$Y = A \oplus B$，XOR）

异或运算通常用符号“⊕”表示。其运算规则如下：

$Y = 0 \oplus 0 = 0$

$Y = 0 \oplus 1 = 1$

$Y = 1 \oplus 0 = 1$

$Y = 1 \oplus 1 = 0$

由上可知，两者相同时结果为0，两者相异则结果为1。

3.4 信息表示方法

3.4.1 信息的数字化编码

信息是音讯、消息、通信系统传输和处理的对象，泛指人类社会传播的一切内容。信息在人类生产、生活中起着极为重要的作用。

要使各种信息能被计算机识别、处理，需要将它们转变为二进制编码。

为什么计算机中采用二进制，而不是采用日常生活中使用的十进制?

在早期设计的机械计算装置中使用的是十进制，利用齿轮的不同位置表示不同的数值。例如，一个计算设备有十个齿轮，每一个齿轮有 10 个格，当小齿轮转一圈则大齿轮走一格。从而构成一个简单的十位十进制的数据表示设备，可以表示 0～999 999 999 的数字。

在计算机中，使用电子管来表示 10 种状态过于复杂，而使用电子管的开和关两种状态来表示二进制数据最为合理。

随着计算机技术的飞速发展，各种存储设备仍然使用二进制的形式进行数据存储。

硬盘也称为磁存储设备，是通过电磁学原理读/写数据，存储介质为磁盘或磁带，通过读/写磁头改变存储介质中每个磁性粒子的磁极为两个状态，分别表示 0 和 1。

光盘利用激光束在光盘表面存储信息，根据激光束和反射光的强弱不同，可以实现信息的读/写。在写入光盘时会在光盘表面形成小凹坑，有坑的地方记录“1”，反之记录“0”。

3.4.2 存储单位

在计算机中，数据的存储单位有两种，具体如下：

① 位（bit）。它是计算机中最小的信息单位。一“位”只能表示 0 和 1 中的一个，即一个二进制位，或存储一个二进制数位的单位。

② 字节（B）：每 8 位二进制数为一个单位，称为字节。字节是计算机中数据存储的最基本单位，以下是计算机中各存储单位之间的关系。

1 B=8 bit，1 KB=1 024 B，1 MB=1 024 KB，1 GB=1 024 MB，1 TB=1 024 GB

1 张 JPG 图片的存储空间大约为 1 MB,使用传统电子管存储和表示 1 MB 数据需要 $2^{20}\times8$，约 800 万个电子管。

3.4.3 数值信息的表示

1. 原码、反码和补码

（1）原码

一般的数都有正负之分，计算机只能记忆 0 和 1，为了将数在计算机中存放和处理就要将数的符号进行编码。基本方法是在数中增加一位符号位（一般将其安排在数的最高位之前），并用 0 表示数的正号，用 1 表示数的负号。例如：

数+1110011 在计算机中可存为 01110011;

数–1110011 在计算机中可存为 11110011。

这种数值位部分不变，仅用 0 和 1 表示其符号得到的数的编码，称为原码，并将原来的数称为真值，将其编码形式称为机器数。

按上述原码的定义和编码方法，数 0 就有两种编码形式：0000…0 和 100…0。所以对于带符号的整数来说，n 位二进制原码表示的数值范围是$-(2^{n-1}-1) \sim +(2^{n-1}-1)$。

例如，8 位原码的表示范围为$-127 \sim +127$，16 位原码的表示范围为$-32\,767 \sim +32\,767$。

用原码作乘法，计算机的控制比较简单，两符号位单独相乘就得到结果的符号位，数值部分相乘就得到结果的数值。但用其作加减法就比较困难，主要难在结果符号的判定，并且实际进行加法还是进行减法操作还要依据操作对象具体判定。为了简化运算操作，把加法和减法统一起来以简化运算器的设计，计算机中也用到了其他的编码形式，主要有反码和补码。

（2）反码和补码

为了说明补码的原理，先介绍数学中的“同余”概念，即对于 a、b 两个数，若用一个正整数 K 去除，所得的余数相同，则称 a、b 对于模 K 是同余的（或称互补）。也就是说，a 和 b 在模 K 的意义下相等，记作 $a = b$（MOD K）。

例如，$a = 13$，$b = 25$，$K = 12$，用 K 去除 a 和 b 余数都是 1，记作 $13 = 25$（MOD 12）。

实际上，在校对钟表时针时，顺时针方向拨 7 小时与反时针方向拨 5 小时其效果是相同的，即加 7 和减 5 是一样的。就是因为在表盘上只有 12 个计数状态，即其模为 12，则 $7 = -5$（MOD 12）。

对于计算机，其运算器的位数（字长）总是有限的，即它也有“模”的存在，可以利用“补数”实现加减法之间的相互转换。下面仅给出求反码和补码的算法以及补码的运算规则。

① 反码。对于正数，其反码和原码同形；对于负数，则将其原码的符号位保持不变，其他位按位求反（即将 0 换为 1，将 1 换为 0）。例如：

$[+1]_{反} = 00000001$　　　　$[-1]_{反} = 11111110$

② 补码。对于正数，其补码和原码同形；对于负数，先求其反码，然后再加 1，即反码加 1。例如：

$[+1]_{补} = 00000001$　　　　$[-1]_{补} = 11111111$

若对一个补码再次求补就又得到了对应的原码。

补码运算的基本规则是$[X]_{补}+[Y]_{补} = [X+Y]_{补}$，例如：

$25-36 = ?$（要求用 8 位补码计算）

由式 $25-36 = 25+(-36)$，首先将十进制数 25 和-36 转换为二进制数，即$(25)_{10}=(11001)_2$，$(36)_{10}=(100100)_2$，其次求出它们的 8 位原码，即$[+25]_{原}=00011001$，$[-36]_{原}=10100100$，然后计算它们的补码，即$[+25]_{补}=00011001$，$[-36]_{补}=11011100$，最后 8 位补码计算的竖式如下：

$$
\begin{array}{r}
00011001 \\
+\ 11011100 \\
\hline
11110101
\end{array}
$$

结果的符号位为 1，即为负数。由于负数的补码、原码形式不同，所以先将其求补得到其原码，即$[11110101]_{补}=10001011$，再转换为十进制数即为-11，$25-36=-11$ 运算结果正确。

2. 定点数和浮点数

在计算机中，一个带小数点的数据通常有两种表示方法：定点表示法和浮点表示法。在计算过程中小数点位置固定的数据称为定点数，小数点位置浮动的数据称为浮点数。

计算机中常用的定点数有两种：定点纯整数和定点纯小数。

在定点纯整数的表示中，最高二进制位是数符位，表示数的符号，小数点的位置默认为在最低（即最右边）的二进制位后面，但不单独占一个二进制位。因此，在一个定点纯整数中，数符位右边的所有二进制位数表示的是一个整数值。

在定点纯小数的表示中，最高二进制位是数符位，表示数的符号，小数点的位置默认为在数符位后面，且不单独占一个二进制位。 因此，在一个定点纯小数中，数符位右边的所有二进制位数表示的是一个纯小数。

一个十进制数可以表示成一个纯小数与一个以 10 为底的整数次幂的乘积，如 135.45 可表示为 0.13545×10^3。同理，一个任意二进制数 N 可以表示为下式

$$N=2^J\times S$$

其中，S 称为尾数，是二进制纯小数，表示 N 的有效数位；J 称为 N 的阶码，是二进制整数，指明了小数点的实际位置，改变 J 的值也就改变了数 N 的小数点的位置。该式也就是数的浮点表示形式，而其中的尾数和阶码分别是定点纯小数和定点纯整数。例如，二进制数 11101.11 的浮点数表示形式可为：0.1110111×2^{101}。

原则上，阶码和尾数都可以任意选用原码、补码或反码，IEEE 754 格式标准中阶码甚至选用了移码表示。这里仅简单举例说明采用补码表示的定点纯整数阶码和定点纯小数尾数组成的浮点数的表示方法。例如，若采用 4 字节存放一个实型数据，其中阶码占 1 字节，尾数占 3 字节。阶码的符号（简称阶符）和数值的符号（简称数符）各占一位，且阶码和尾数均为补码形式。当存放十进制数+256.8125 时，其浮点格式为

0 0001001　0 1000000 00110100 00000000
阶符 阶码　数符　尾数

即 $(256.8125)_{10}=(0.1000000001101\times2^{1001})_2$。

当存放十进制数−0.21875 时，其浮点格式为：

1　1111110　1　0010000 00000000 00000000
阶符 阶码　数符　尾数

即 $(-0.21875)_{10}=(-0.00111)_2=(-0.111\times2^{-010})_2$。

由上例可以看出，当写一个编码时必须按规定写足位数，必要时可补写 0 或 1。另外，为了充分利用编码表示高的数据精度，计算机中采用了“规格化”的浮点数的概念，即尾数小数点的后一位必须是非“0”，即对正数小数点的后一位必须是“1”，对负数补码小数点的后一位必须是“0”。否则，就左移一次尾数，阶码减一，直到符合规格化要求。

3. BCD 码

前面的学习中提到当十进制小数转换为二进制数时将会产生误差，为了精确地存储和运算十进制数，可用若干位二进制数码来表示一位十进制数，称为二进制编码的十进制数，简称二-十进制代码（Binary Code Decimal），即 BCD 码。由于十进制数有 10 个数码，起码要用

4 位二进制数才能表示 1 位十进制数，而 4 位二进制数能表示 16 个符号，所以就存在有多种编码方法。其中 8421 码是常用的一种编码方法，它利用了二进制数的展开表达式形式，即各位位权由高位到低位分别是 8、4、2、1，方便了编码和解码的运算操作。若用 BCD 码表示十进制数 2365 就可以直接写出结果：0010 0011 0110 0101。

3.4.4　文字信息的编码

1. ASCII 码

ASCII（American Standard Code for Information Interchange，美国标准信息交换码）已被国际标准化组织（ISO）认定为国际标准，在世界范围内通用。这种编码是字符编码，利用 7 位二进制数对应 128 个符号，其中包括 10 个数字符号，52 个英文大写和小写字母，32 个专用符号（如 #、$、%、+ 等）和 34 个控制字符（如回车键【Enter】，删除键【Del】等）。

ASCII 码在初期主要用于远距离的有线或无线电通信中，为了及时发现在传输过程中因电磁干扰引起的代码出错，设计了各种校验方法，其中奇偶校验是采用最多的一种，即在 7 位 ASCII 代码之前再增加一位用作校验位，形成 8 位编码。若采用偶校验，即选择校验位的状态使包括校验位在内的编码内所有为 1 的位数之和为偶数。例如，大写字母 C 的 7 位编码是 1000011，共有 3 个 1，即奇数个 1，则使校验位置为 1，即得到字母 C 的带校验位的 8 位编码 11000011；若原 7 位编码中已有偶数个 1，则校验位置为 0。在数据接收端则对接收的每一个 8 位编码进行奇偶性检验，若不符合偶数个（或奇数个）1 的约定就认为是一个错码，并通知对方重复发送一次。由于 8 位编码的广泛应用，8 位二进制数也被定义为一个字节，成为计算机中的一个重要单位。

在计算机中，ASCII 码一般用一个字节来表示，通常把最高位取为 0。

表 3.1 列出了 128 个字符的 ASCII 码表，其中前面两列是控制字符，通常用于控制或通信中。

表 3.1　7 位 ASCII 码表

$d_3\ d_2\ d_1\ d_0$	$d_6\ d_5\ d_4$							
	000	001	010	011	100	101	110	111
0000	NUL	DLE	SP	0	@	P	`	p
0001	SOH	DC1	!	1	A	Q	a	q
0010	STX	DC2	"	2	B	R	b	r
0011	ETX	DC3	#	3	C	S	c	s
0100	EOT	DC4	$	4	D	T	d	t
0101	ENQ	NAK	%	5	E	U	e	u
0110	ACK	SYN	&	6	F	V	f	v
0111	BEL	ETB	'	7	G	W	g	w
1000	BS	CAN	(	8	H	X	h	x
1001	HT	EM	)	9	I	Y	i	y

续表

$d_3 d_2 d_1 d_0$	$d_6 d_5 d_4$							
	000	001	010	011	100	101	110	111
1010	LF	SUB	*	:	J	Z	j	z
1011	VT	ESC	+	;	K	[	k	{
1100	FF	FS	,	<	L	\	l	|
1101	CR	GS	-	=	M	]	m	}
1110	SO	RS	.	>	N	^	n	~
1111	SI	US	/	?	O	_	o	DEL

2. 汉字编码

汉字是世界上使用最多的文字，是联合国的工作语言之一，汉字处理的研究对计算机在我国的推广应用和加强国际交流都是十分重要的。但汉字属于图形符号，结构复杂，多音字和多义字比例较大，数量太多（字形各异的汉字据统计有 50 000 个左右，常用的也在 7 000 个左右），从而导致汉字编码处理和西文有很大的区别，在键盘上难于表现，输入和处理都难得多。依据汉字处理阶段的不同，汉字编码可分为输入码、国标码、机内码和字形码。

（1）输入码

为利用计算机上现有的标准西文键盘输入汉字，必须为汉字设计输入编码。输入码也称为外码。目前，已申请专利的汉字输入编码方案有六七百种之多，而且还不断有新的输入方法问世。按照不同的设计思想，可把这些数量众多的输入码归纳为四大类：数字码、拼音码、字形码和混合码。其中，目前应用最广泛的是拼音码和字形码。

数字码以区位码、电报码为代表，一般用 4 位十进制数表示一个汉字，每个汉字编码唯一，记忆困难。拼音码又分全拼和双拼，基本上无须记忆，但重音字太多。为此又提出双拼双音、智能拼音和联想等方案，推进了拼音汉字编码的普及使用。字形码以五笔字型为代表，优点是重码率低，适用于专业打字人员应用，缺点是记忆量大。自然码则将汉字的音、形、义都反映在其编码中，是混合码的代表。

（2）国标码

1980 年我国颁布了《信息交换用汉字编码字符集-基本集》即 GB 2312—1980，提供了统一的国家信息交换用汉字编码，称为国标码。该标准集中规定了 682 个西文字符和图形符号、6 763 个常用汉字。6 763 个汉字被分为一级汉字 3 755 个和二级汉字 3 008 个。每个汉字或符号的编码为两字节，每个字节的低 7 位为汉字编码，共计 14 位，最多可编码 16 384 个汉字和符号。

由于 ASCII 码的控制码在汉字系统中也要使用，不宜作为汉字编码。同时，国标码是一个 4 位十六进制数编码，不符合人们日常使用习惯。因此，为避开 ASCII 码中的控制码，并考虑人们的使用习惯，国标码又规定了 94×94 的汉字编码表，用以表示 7 445 个汉字和图形符号。每个汉字或图形符号分别用两位十进制区码（行码）和两位十进制位码（列码）表示，组合起来称为区位码。

区位码是一个 4 位的十进制数，它并不等于国标码。区位码转换为国标码的方法是：先将十进制区码和位码转换为十六进制的区码和位码，得到一个 4 位十六进制编码，再将这个编码的两个字节分别加上$(20)_{16}$，就得到国标码。

除了 GB 2312—1980 外，GB 7589—1987 和 GB 7590—1987 两个辅助集也对非常用汉字做出了规定，三者定义汉字共 21 039 个。

（3）机内码

汉字机内码是计算机系统内部处理和存储汉字时使用的编码，也称为内码。为了保证计算机系统中的中西文兼容，必须实现汉字机内码与 ASCII 码的同时无冲突使用。如果直接用国标码作为机内码，则在系统中同时存在 ASCII 码和国标码会产生二义性。解决的方法是：将国标码每个字节的最高位设为 1，作为汉字的机内码。

由于国标码两个字节的最高位均为 1，而 ASCII 码的最高位是 0，所以系统就能够正确区分出汉字与西文字符，从而成功地实现了汉字和西文的并存。

区位码、国标码以及机内码之间的相互转换关系如下：

国标码 = 区位码 + $(2020)_{16}$

机内码 = 国标码 + $(8080)_{16}$

（4）字形码

要在屏幕或在打印机上输出汉字，就需要用到汉字的字形信息。目前表示汉字字形常用点阵字形法和矢量法。

点阵字形是将汉字写在一个方格纸上，用一位二进制数表示一个方格的状态，有笔画经过记为 1，否则记为 0，并称其为点阵。把点阵上的状态代码记录下来就得到一个汉字的字形码。显然，同一汉字用不同的字体或不同大小的点阵将得到不同的字形码。由于汉字笔画多，至少要用 16×16 的点阵（简称 16 点阵）才能描述一个汉字，这就需要 256 个二进制位，即要用 32 字节的存储空间来存放。若要更精密地描述一个汉字就需要更大的点阵，如 24×24 点阵（简称 24 点阵）或更大。将字形信息有组织地存放起来就形成汉字字形库。一般 16 点阵字形用于显示，相应的字形库也称为显示字库。

矢量字形则是通过抽取并存放汉字中每个笔画的特征坐标值，即汉字的字形矢量信息，在输出时依据这些信息经过运算恢复原来的字形。所以，矢量字形信息可适应显示和打印各种字号的汉字。其缺点是每个汉字需存储的字形矢量信息量有较大的差异，存储长度不一样，查找较难，在输出时需要占用较多的运算时间。

3. Unicode 编码

以上介绍的双字节汉字机内码可以解决中英文字符混合使用的情况，但对于其他不同字符系统而言，必须经过字符码转换，非常麻烦。为解决这个问题，国际标准化组织 1991 年推出了采用同一编码字符集的 16 位编码体系——Unicode 编码。

Unicode 编码的 V2.0 版本于 1996 公布，内容包含符号 6 811 个，汉字 20 902 个，韩文拼音 11 172 个，造字区 6 400 个，保留 20 249 个，共计 65 534 个。Unicode 协会现在的最新版本是 2022 年的 Unicode 15.0。

Unicode 是一套可以适用于世界上任何语言的字符编码，其特点是：不管哪一个国家的字符码均以两个字节表示。例如，A 在 Unicode 编码中是$(41)_{16}$和$(00)_{16}$的组合，即$(4100)_{16}$，高位$(41)_{16}$转换为 ASCII 码即是 A。

3.5 能力拓展与训练案例：经典的信息处理算法

3.5.1 Huffman 编码

信息数字化后，需要占用存储空间，为了节约时间和空间，数据压缩是一个行之有效的方法。进行数字信息的压缩可以从编码方法上进行，此处介绍一种变长编码 Huffman 编码。生物学家用 A、C、G 和 T 这 4 个字符构成的字符串来表示 DNA。假设有一条由 n 个字符组成的 DNA，其中 45%是字符 A，5%是字符 C，5%是字符 G，45%是字符 T，这些字符在这条 DNA 中乱序出现。如果用 ASCII 编码表示这样一条 DNA，每一个字符占 8 位，将会用 $8×n$ 位表示该 DNA。进一步考虑，因为只需要 4 个字符即可表示 DNA，因此只需两位即可表示每个字符(00、01、10、11)，那么占用空间可以缩减为 $2×n$ 位。

还有更优的编码方式使得该 DNA 占用的空间更小吗？根据信息熵的定义，对 DNA 序列编码问题，平均每个字符的编码长度可用下述公式计算出来：

A：$-\log_2(45\%) = 1.15$（位） C：$-\log_2(5\%) = 4.32$（位）

T：$-\log_2(45\%) = 1.15$（位） G：$-\log_2(5\%) = 4.32$（位）

根据以上计算结果，要表示这 4 个字符，平均需要的位数为 $0.45×1.15+0.05×4.32+0.05×4.32+0.45×1.15=1.467$（位）。

因此，可以利用字符出现的相对频率进行更好的改进。例如，可用以下位序列对字符进行编码：T = 0、C = 100、G = 101、A= 11。编码原则出现越多的字符占用位越少。利用这种编码方法，用 33 位 0 和 1 字符序列 1100111101010001 11110011011110110 即可编码 20 个字符 ATTAATGTTTAACATAATAT 构成的 DNA 序列。给定 4 个字符的频率，编码 n 个字符组成的序列，只需

$0.45×n×1+0.05×n×3+0.05×n×3+0.45×n×2=1.65×n$（位）

利用字符出现的相对频率，可以使得占用的空间比 $2×n$ 位更省。该编码方案中，不仅出现频率越高的字符占用位越少，而且没有编码是另一个编码的前缀。例如，A 的编码是 0，没有其他字符的编码以 0 开始。A 的编码是 11，没有其他字符的编码以 11 开始，等等，称这种编码为无前缀编码。

数据压缩除了要在传输时进行编码，还要在接收时对编码的序列进行解码，还原其本来含义。无前缀编码方法中，因为没有编码是其他编码的前缀，当顺序解压时，可以清晰地匹配压缩的位和原始字符。在压缩序列 110011110101000111110011011110110 中，没有字符的编码是 1 并且只有 A 的编码是 11 开始，因此很容易地知道该 0、1 串对应的原文本的第一个字符一定是 A。去掉 11，剩下 0011110101000111110011011110110。因为只有 T 是以 0 开始，因此剩下编码串的第一个字符一定是 T。去掉 0，则 011110 对应解压字符 TAAT，剩下的位是 10100011111001101111 0110。因为只有 G 以 101 开始，则下一个解压字符一定是 G，等等，最后可将编码前的 DNA 序列还原出来。

如果根据压缩信息的平均长度来测试压缩效率，则无前缀编码——Huffman 编码是最好的。要进行 Huffman 编码要求事先知道所有字符出现的频率，因此，压缩通常需要两步：一

是确定字符出现的频率；二是映射字符到编码。

一旦知道字符出现的频率，Huffman 编码的算法将建立一棵二叉树（二叉树的详细内容参见第 4 章），然后根据这棵树形成编码，并且在解压时可根据这棵树进行解码。计算机科学中的树可类比为将自然界的树翻转而得到的—树根在上，树叶在下。二叉树结构（见图 3.2）由结点和边组成。结点表示数据元素，边连接两个结点，表示这两个结点数据元素之间的关系，每个结点 N 有不超过 2 个结点用边连接在其下方，称为结点 N 的子结点，结点 N 称为其子结点的父结点。一棵二叉树中仅有一个结点没有父结点，该结点称为树根，而没有子结点的结点称为叶结点，其他结点称为内部结点。

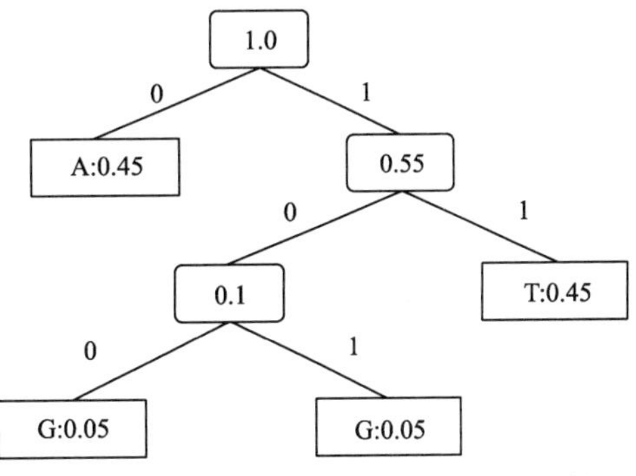

图 3.2　DNA 序列 Hufman 编码的二叉树

图 3.2 是上面 DNA 序列 Hufman 编码的二叉树。二叉树的叶结点被画成矩形，表示字符和该字符出现的频率。内部结点被画成圆角矩形，表示该内部结点包含的叶结点的频率之和。每条边都标识有数字 0 或者 1，顺序拼接从根结点到某字符所在叶结点的路径上所有边上的数字，即可确定字符的编码。例如，为了确定 G 的编码，从根结点开始，需要经过标记为 0.55、0.1 的结点才能到达标记为 G 的叶结点。沿着这条路径，依次将边上的数字进行拼接，首先取标记为 1 的边并向右移动（内部结点标记为 0.55），取标记为 0 的边并向左移动（内部结点标记为 0.1），最后取标记为 1 的边并向右移动（叶结点包含 G），即构成了 G 的编码 101。

已知每个字符出现频率时，构建如图 3.2 这样一棵二叉树的过程如下：

（1）对未编码的字符，每一个字符对应一个结点，结点上标记为该字符及其频率。此时，这个结点也可看作是一棵二叉树，该二叉树只有一个根结点。

（2）将所有的结点放入一个集合。

（3）选择两棵根结点为最小频率的二叉树，同时将这两棵树从集合删除。创建一个以这两个根结点为子结点的二叉树，将这两个根结点的频率之和赋予新创建的树的根结点，并将新创建的二叉树放入第（2）步的集合。

（4）重复做第（3）步的动作，直到集合中只有一棵二叉树时停止。

（5）对该二叉树的边进行标记，指向左边子结点的边为 0，指向右结点的边为 1。

以上述 DNA 序列的编码问题为例，最开始时，各字符对应的二叉树如图 3.3（a）所示。结点 C 和 G 有最小的频率，因此创建一个新的结点，以 C 和 G 为子结点创建一棵二叉树，并且将子结点频率之和赋予根结点，如图 3.3（b）所示。在 3 个剩下的结点中，刚才创建的结点频率最小是 0.1，另外两个频率都是 0.45。可以选择任意一个作为第二个结点。

此处选择 T 结点和新建二叉树的根结点作为新的子结点，创建一棵二叉树，该二叉树根结点的频率为 0.55，如图 3.3（c）所示。最后剩下两棵二叉树，创建一个新根结点并以这两棵二叉树根结点为其子结点，构造一棵新的二叉树，根结点其频率为 1，如图 3.3（d）所示。此时，集合中只有一棵二叉树了，创建 Huffman 编码二叉树的过程结束。最后为每条边标记 0 或 1。

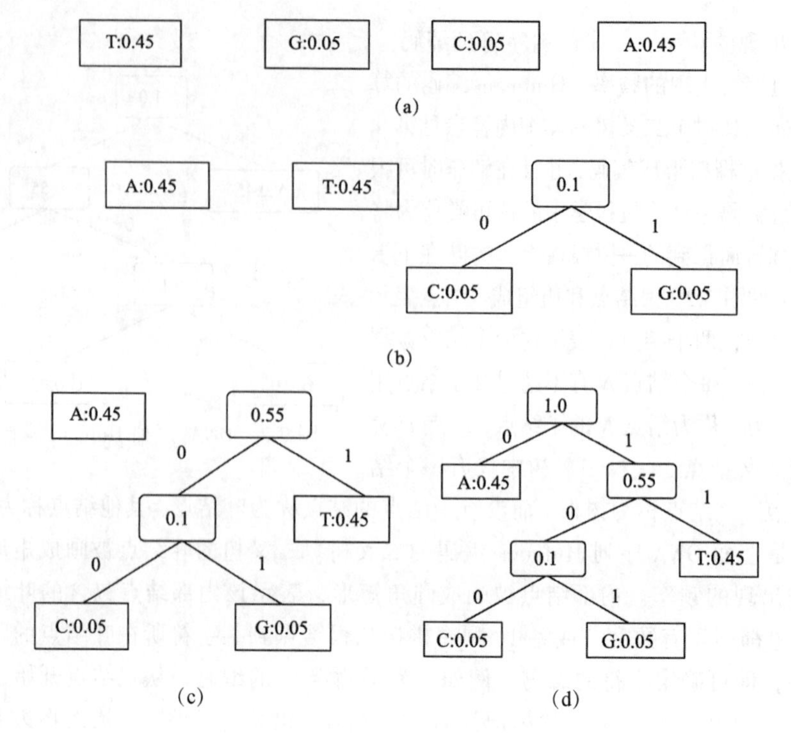

图 3.3 DNA 序列 Huffman 编码构造过程

3.5.2 Python 实现

按照上述 Huffman 编码构造二叉树的过程，可以编写 Python 程序实现该过程（Python 程序设计内容详见第 4 章）。

首先，对给定的一组字符序列，需要统计每个字符出现的次数，这是 Huffman 编码的基础和依据。代码如下：

```
def frequency (str):
    freqs={ }
    for ch in str:
        freqs[ch]=freqs.get(ch,0)+1
    return freqs
```

此处利用字典结构，以每个字符为键，该字符在序列中的出现次数为值组织数据。依次读入序列的每个字符，出现一次则其出现次数增 1。字典类型对象的 get()方法返回字典中 ch 变量保存的字符的出现次数，如果字典中没有该字符对应的键-值对，则返回 0，否则返回对应的出现次数。以 ATTAATGTTTAACATAATAT 为例，运行 frequency()函数结果如下：

```
>>> freqs=frequency('ATTAATGTTTAACATAATAT')
>>>print(freqs)
{'A':, 'T': 9, 'G': 1, 'C': 1}
```

其次，为每个字符构建一个结点，标记为字符及其出现次数（频率），为了方便后续“选择两棵根结点为最小频率的二叉树”这个动作，对结点根据其出现次数进行排序，代码如下：

```
def sortFreq(freqs):
    letters=freqs.keys()
```

```
    tuples=[]
    for let in letters:
        tuples.appendl((freqs[let],let))
    tuples.sort()
    return tuples
```

用元组来组织每个结点，每个元组对象的第一维为字符出现次数，第二维为对应的字符。用列表结构组织结点集合，利用列表类型自带的方法 sort()对集合中的元组进行排序，按出现次数从小到大顺序排列，对相同出现次数的字符，按其字典序进行排序。以 TAATTAGAAATTCTATTATA 为例，运行结果为

```
>>>tuples=sortFreq(freqs)
>>>print(tuples)
[(1, 'C'), (1, 'G'), (9, 'A'), (9, 'T')]
```

再次，实现用两棵二叉树根结点为子结点构建新二叉树的过程。从排序后列表中取前两个元组，构造一个新的元组。新元组的第一维为出现次数，即所取出的两个元组的出现次数之和，新元组的第二维为其左右两个子结点，以所取出的两个元组分别为第一、二维构造一个元组作为新元组的第二维。因此，以上面 tuples 为例，第一次运行的结果为(2,((1, 'C'),(1, 'G'))), 新元组将会被加入到元组列表中并重新排序。代码如下，注意此处调用 sort 时，指定以第一维，即出现次数为依据。

```
def buildTree(tuples):
    while len(tuples)>1 :
        leastTwo=tuple(tuples[0:2])
        theRest=tuples[2:]
        combFreq=leastTwo[0][0]+leastTwo[1][0]
        tuples=theRest+[(combFreq,leastTwo)]
        tuples.sort(key=lambda tup: tup[0])
    return tuples[0]
```

构造完二叉树后，每个结点上关联的出现次数已经不需要了，为方便编码和解码处理，定义一个辅助方法对构造的二叉树进行简化，去除每个结点的出现次数，只留下字符。代码如下，此处使用了递归来处理二叉树。

```
def trimTree(tree) :
    p=tree[1]
    if type(p)==type(""):
        return p
    else:
        return (trimTree(p[0]), trimTree([1])
```

运行结果如下：

```
>>> tree=buildTree(tuples)
>>>print(tree)
(20,((9, 'T'),(11,((2,((1, 'C'),(1, 'G'))),(9, 'A')))))
>>>tree=trimTree(tree)
>>>print(tree)
('T',(( 'C', 'G'), 'A'))
```

可以看到，化简后的二叉树结构是以字符 C 和 G 对应的结点构造一棵二叉树，再与 A 对应的结点构成二叉树，最后该二叉树与字符 T 对应的结点构成最终的二叉树，如图 3.4 所示。

构建好二叉树后，将为每一条边标记 0 或 1，为每个字符进行编码。实现时，并没有真正为边标记 0 或 1，而是从二叉树的根开始访问每个叶结点，每次到达一个结点，如果是从左边到达，则在编码上加一个 0，如果从右边到达，则在编码上加一个 1。代码如下，利用了递归来遍历二叉树。

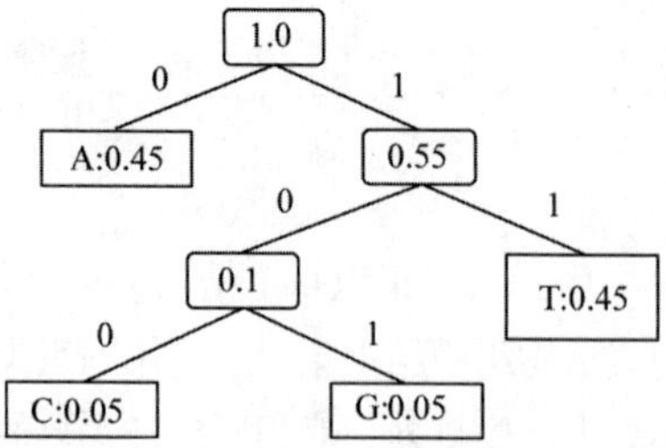

图 3.4 Huffman 二叉树示例

```
Codes={}
def assignCodes (node, pat=''):
    global codes
    if type(node)==type(""):
        codes[node]=pat
    else:
        assignCodes (node[0],pat+"0")
        assignCodes (node[1],pat+"1")
```

以上面的二叉树为例，运行结果如下：

```
>>> assignCodes(tree)
>>>print (codes)
{'T': '0', 'C': '100','G': '101', 'A': '11'}
```

至此，Huffman 编码就完成了。利用完成的编码，可以为字符序列进行编码，代码如下：

```
def encode (str) :
     global codes
     output=""
     for ch in str:
         output+=codes[ch]
     return output
```

以字符串"TAATTAGAAATTCTATTATA"为例，编码结果为：

```
>>>encode('ATTAATGTTTAACATAATAT')
' 1100111101010001111100110111110110'
```

当将编码过程中的二叉树结构，即元组('T',(('C', 'G'), 'A'))保存下来，就可与码后的 0、1 字串一起进行解码，解码的实现如下：

```
def decode(tree,str):
    output=""
    p=tree
    for bit in str:
        if bit=='0':
            p=p[0]
    else:
        p=p[1]
    if type (p)==type(""):
        output+=p
        p=tree
    return output
```

以刚完成的编码为例，解码结果为：

```
>>> decode(tree,'1100111101010001111100110111110110')
'ATTAATGTTTAACATAATAT'
```

Huffman 编码的过程是一个用贪婪法（Greedy）设计算法的典型例子：在每次选择结点构

造新的二叉树时，选择的是当前频率最低的两个结点。贪婪法是一种常用的算法设计策略，在算法的每一步骤，都选取当前看来可行的或最优的策略（此处是频率最小的两个结点），从而希望导致结果是最好或最优的算法。Huffman编码中，想让频率越低的字符离根结点越远，因此贪婪法一直选择频率最低的两个结点作为新根结点的叶结点。对于大部分的问题，贪婪法通常都不能找出最佳解，因为贪婪法中一般没有测试所有可能的解，容易过早做决定，因而没法获得最佳解。对于寻求最优解的问题，贪婪法通常只能求出近似解。只有在特殊情况下，贪婪法才能求出问题的最佳解。一旦一个问题可以通过贪婪法来解决，那么贪婪法一般是解决这个问题的最好办法。贪婪法可用于解决很多问题，如背包问题、最小延迟调度、求最短路径等。

习 题

1. 计算机中为什么要采用二进制？二进制的基本运算规则如何？
2. 将十进制数321、65、87.34、58.15转换为二进制数、八进制数和十六进制数。
3. 将十六进制数6C、3F.5C转换为二进制数、八进制数和十进制数。
4. 已知X的补码为11001101，求其真值。将二进制数+1100101B转换为十进制数，并用8421BCD码表示。
5. 分别用原码、补码、反码表示有符号数+102和−103。
6. 用浮点格式表示十进制数123.625。
7. 汉字在计算机内部存储、传输和检索的代码称为什么码？汉字输入码到该代码的变换由什么来完成？

第4章 程序设计基础（Python）

本章简单介绍了 Python 语言的特点、安装过程、Python 语言的基本结构、数据类型和常用运算符、Python 语言的控制结构、方法和面向对象程序设计，论述了算法和数据结构的基础理论，并且引入了计算思维的基本概念与本质，最后以汉诺塔案例展示了利用计算思维解决实际问题的过程。

4.1 Python 概述

4.1.1 认识 Python

Python 发展到现在，推出了很多版本。2000 年推出了 Python 2.0 版本，受到了广泛关注，越来越多的人开始使用 Python 开发软件。2008 年推出了 Python 3.0 版本，功能有了很大改进，它并不兼容 2.0 版本。经过多年的发展，3.0 版本的扩展库基本完善，而且更加人性化，已经成为现在的主流版本。

目前，Python 在 Web 应用开发、操作系统管理、科学计算、游戏、网络软件等多领域广泛应用。

4.1.2 Python 安装

本节介绍在不同的操作系统上安装和使用 Python 的过程。

1. Windows 安装 Python 开发环境

访问 Python 官方网站，选择 Windows 平台安装包下的 Python 3.X 版本。下载后的安装过程和一般软件的安装类似。使用 Python 有 2 种常见方式：

（1）交互模式

选择“开始”→“所有应用”→“Python 3.X”→“IDLE（Python 自带集成开发工具）”命令，即可打开 Python 交互式解释器窗口，如图 4.1 所示，在“>>>”提示符下输入 Python 语句，按【Enter】键即可执行。这种方式的特点是每输入一条语句，便会立刻看到执行结果。

图 4.1 Python 交互式解释器窗口

（2）在集成环境下使用源程序

① 选择“开始”→“所有应用”→“Python 3.X”→“IDLE（Python 自带集成开发工具）命令”，打开 Python

交互式解释器窗口。

② 选择 File→New File 命令打开文本编辑窗口。

③ 在窗口中输入程序如图 4.2（a）所示。

④ 程序编辑完成后，执行 File→Save 命令，在打开的“另存为”对话框中输入文件名 test.py，保存文件。

⑤ 选择 Run→Run Module 命令或者直接按【F5】键，在交互命令窗口中结果显示为 3，如图 4.2（b）所示。

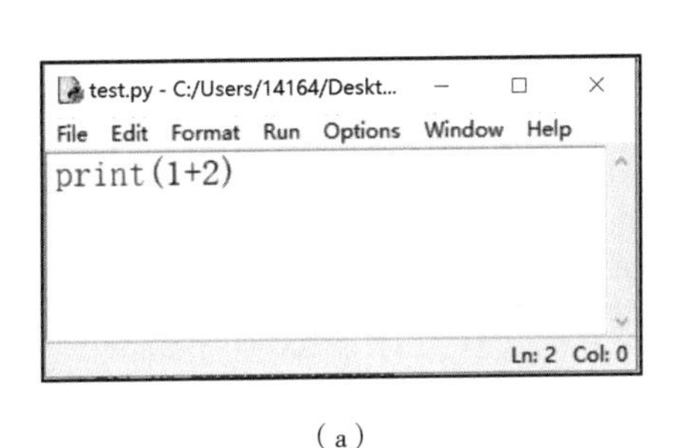

（a）

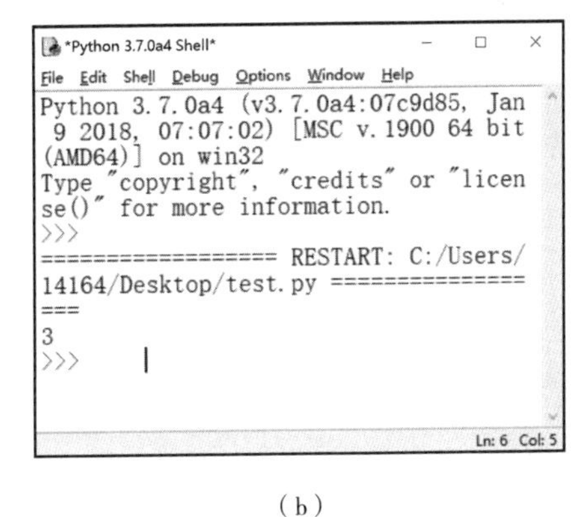

（b）

图 4.2　Python 程序编辑窗口

2. Mac OS 安装 Python 开发环境

可访问 Python 官网，下载最新版本的 Python 安装包，双击正常安装即可。图 4.3 所示为 Mac 终端输入界面。

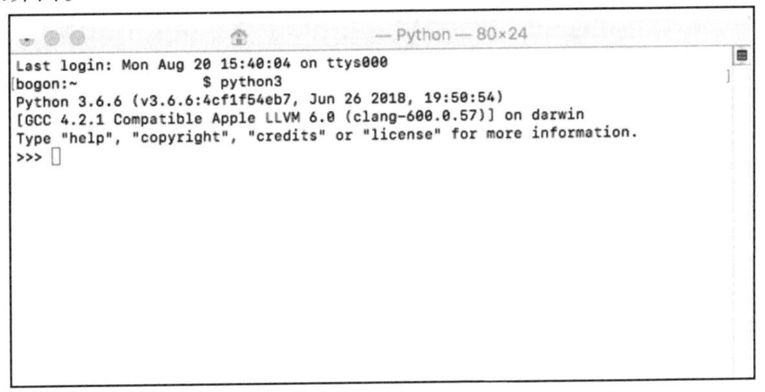

图 4.3　Mac 终端输入界面

除此之外，Python 编辑工具还有纯文本编辑软件（操作系统自带记事本、TextPad 等），以及除 IDLE 以外的其他集成开发工具，常用的工具包括 Eclipse 环境中集成的 PyDev 插件、Pycharm、Pyscipter 等。

① Eclipse+PyDev 插件，适合 Python Web 应用开发，具有语法高亮、代码分析、调试器和内置交互浏览器等特点。

② Pycharm 支持代码自动完成、括号自动匹配、代码折叠等。

③ Pyscripter 具有代码自动完成、语法检查和视图分割文件编辑等功能。

4.2 Python 编程语法基础

4.2.1 Python 程序基本结构

Python 的基本结构包括代码块、注释、语句换行、输入/输出等内容。

1. 代码块的表示

代码块是把多行代码封装在一起，形成一个独立的数据体实现特定功能的代码集合。在 Python 中使用缩进表示代码块，一般使用 4 个空格进行悬挂式缩进。例如：

```
a=input('请输入数据: ')
x=int(a)
if x>10:
    y=x-1
    print(y)
else:
    y=0
```

注意：缩进必须相同，否则会出错或者得到错误的结果。运行下列程序会出现错误，如图 4.4 所示。

```
a=input('请输入数据: ')
x=int(a)
if x>100:
    y=x*5-1
print(y)          #缩进不一致，会导致图 4.4 运行错误
else:
    y=0
```

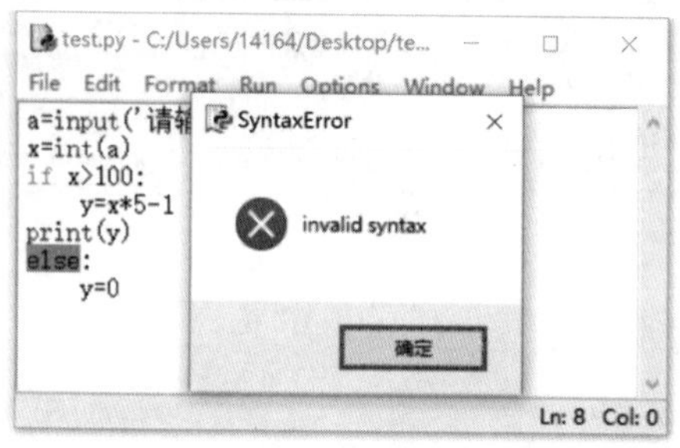

图 4.4 缩进不一致导致报错

2. 注释

注释是程序的解释说明性文字，在程序运行时，会忽略被注释的内容。注释分为单行注释和多行注释。单行注释以“#”开头，多行注释以三引号“"""”作为开始和结束符号。

```
"""多行注释开始
根据 x 的值计算 y 值
多行注释结束
"""
a=input('请输入数据: ')
x=int(a)
if x>10:
```

```
    y=x-1
    print(y)              #单行注释，输出 y 值
else:
    y=0
```

3. 语句换行

当编程时代码过长，建议换行，可以在换行语句外侧添加圆括号、中括号和花括号实现语句换行。例如：

```
string=("Python 使用缩进表示代码块,
        使用'#'表示单行注释，三引号表示多行注释
        语句换行使用()、[]、{}")
```

4. 输入/输出

在 Python 程序中，输入语句使用 input()方法，输出语句使用 print()方法。

（1）基本输入

input()方法用来表示用户输入数据，格式如下：

```
变量=input('提示字符')
```

其中，变量和提示字符均可省略，input()方法返回值为字符串类型（如果需要输入整数或小数，需要使用 int()和 float()方法将字符串转换为相应的数据类型），按【Enter】键即可进行输入，再次按【Enter】键完成输入，【Enter】键之前的全部字符均作为用户输入的内容。例如：

```
>>> x=input('请输入数据: ')
请输入数据: 10
>>> x
'10'
```

（2）基本输出

Print()方法用来表示输出操作，格式如下：

```
print([obj1,...][,sep=''][,end='\n'][,file=sys.stdout])
```

其中，print()方法中的参数均可省略，也可输出一个或多个对象 obj，sep 参数表示输出对象的分隔符号（默认为空格），end 参数指定了输出的结尾符号（默认为回车换行符号），file 参数指定输出到特定文件（默认为 Python 安装路径）。

```
>>> print(111,'abc','Python')                    #默认分隔符为空格
111 abc Python
>>> print(111,'abc','Python',sep='#')            #指定分隔符“#”
111#abc#Python
>>> print(111,'abc'),print('Python')             #默认结尾符是回车
111 abc
Python
>>> print(111,'abc',end='+'),print('Python')     #指定结尾符号为“+”
111 +abc+Python
```

4.2.2　数据类型

1. 对象

在 Python 中一切皆对象，对象是 Python 语言的基本概念，常见的内置对象如表 4.1 所示。

表 4.1　Python 常见的内置对象

对象名称	示　例	说　明
数值	10，2.5，1.5e10，5+2j	只要内存空间足够，理论上数字可以无穷大
字符串	'hello'，"abc"，'''Python'''	字符串可以用单引号、双引号和三引号表示
元组	(1,'ab',(1,2))	元组用圆括号表示，是一种不可改变序列
列表	[1, 2, 'ab']	列表用方括号表示，是一种有序可变序列
集合	{1,2,3}	集合用花括号表示，集合中的元素唯一、无序和不可改变
字典	{'name': 'Kim', 'age': 18}	字典用花括号表示，包含一系列“键:值”对
文件	myfile = open(fn,'w')	文件是操作系统管理和存储数据的一种方式
方法	def 方法名（参数表）：	使用 def 关键字定义方法
类	class 类名: 赋值语句 定义方法	使用 class 关键字定义类，类对象里包含赋值语句定义的属性和方法定义的方法

在 Python 中可以直接通过赋值（=）创建各种类型的对象，并完成变量与对象的关联。

```
>>> x = 5                   #x 为变量，5 为数值对象
```

2. 变量

在程序执行过程中不变的量称为常量，如 1、3.14、e，而在程序执行过程中会发生改变的量就是变量。

注意：与其他程序设计语言不同，在 Python 中变量只是对象的名称而已，无须事先声明变量名和变量类型，通过赋值运算符（=）自动创建对象与变量，并且完成变量与对象的连接（引用）。

```
>>> x=5
>>> x
5
>>> x='abc'
>>> x
'abc'          #变量随赋值对象的改变而改变
```

3. 标识符

在现实生活中，需要给每一个事物起一个名字。同样，在程序中需要给对象定义一个名称，这些名称就是标识符。

Python 语言自带的具有特殊功能的标识符，称为关键字。Python 中的关键字共 35 个，如图 4.5 所示。

```
False     class      from      or
None      continue   global    pass
True      def        if        raise
and       del        import    return
as        elif       in        try
assert    else       is        while
async     except     lambda    with
await     finally    nonlocal  yield
break     for        not
```

图 4.5　Python 中的关键字

其中，每个关键字都代表不同的含义，可以输入 help()方法进入帮助系统查看每一个关键字的含义。

除了关键字外，其余的标识符需要开发人员自定义命名。例如，变量名、方法名、类名等都是标识符。标识符不能随意命名，命名方式需要遵守一定的规则，包括：

① 标识符由数字、字母和下画线组成，并且不能以数字开头。

② 在 Python 中标识符区分大小写，例如 if 和 If 是不同的标识符。

③ 标识符不能使用关键字。

除此之外，在 Python 中应该尽量避免使用以下的名称样式：

① 前后为下画线的标识符通常为系统变量。

② 以两个下画线开头，但末尾没有下画线的标识符是类的本地变量。

4. 对象的类型

对象是 Python 的基本组成元素，每个对象都有它的类型，对象的类型包括数字类型、布尔型、字符串类型、列表、字典和元组等。

（1）数字类型

Python 中的数字类型包括整型、浮点型和复数类型。

整型即整数类型，用来表示整数。整型表示方式包括十进制、二进制（以 0B 或 0b 开头，后跟二进制数字，如 0b101、0B11）、八进制（以 0O 或 0o 开头，后跟八进制数字，如 0O15、0o123）、十六进制（以 0X 或 0x 开头，后跟十六进制数字，如 0X1A、0x123）。

可以使用 int()方法将一个数据按指定的进制转换为整型。其格式如下：

```
int(x[n])
```

注意：当 x 为字符串时，字符串里的数值必须是整数，否则会出错。

```
>>> int(12.3)                #将浮点型转换为整型
12
>>> int('12')                #将整数字符串转换为整型
12
>>> int('12.3')              #字符串中数字非整型时会出错
Traceback (most recent call last):
  File "<pyshell#11>", line 1, in <module>
    int('12.3')
ValueError: invalid literal for int() with base 10: '12.3'
```

浮点型用来表示实数，浮点数有两种表示方式：一种是十进制小数，如 1.23；另一种是科学计数法表示，如 1.23e+10（表示 1.23×10^{10}）。可以使用 float()方法把一个数据转换为浮点型，其格式如下：

```
float(x)
```

复数类型用来表示复数，表示为“实部+虚部”形式，虚部以 j 或 J 结尾，如 2+3j、2−3J、2j。可用 complex()方法创建复数。complex()方法基本格式如下：

```
complex(实部, 虚部)
```

例如：

```
>>> complex(2,3)
(2+3j)
```

Python 中的对象要想实现功能需要使用运算符进行连接。常见的运算符包括算术运算符、比较运算符、逻辑运算符和位运算符。用于数字计算的运算符是算术运算符；用于比较大小关系的运算符是比较运算符，其运算结果为 True 或 False；用于逻辑条件判断的运算符是逻辑运算符。程序中的数据在计算机内存中都是以二进制形式存储的，那么直接对二进制位进行的操作使用的运算符就是位运算符。常用的运算符如表 4.2 所示。

当表达式中有多个运算符时，先进行哪种运算体现了运算符的优先级，优先级高的先运算。表 4.2 中的运算符从上到下优先级逐步减小。

表 4.2 常用的运算符

类 型	运 算 符	说 明
算术运算符	**	幂运算
	-x、+x、~x（位运算）	正负号、按位取反
	*、/、%、//	乘、除、取余、整除
	+、-	加、减
位运算符	<<、>>	左移、右移
	&	按位与
	^	按位异或
	|	按位或
比较运算符	<、<=、>、>=、!=、==	小于、小于等于、大于、大于等于、不等于、等于
逻辑运算符	not x	逻辑“非”
	and	逻辑“与”
	or	逻辑“或”

（2）布尔型

布尔型的值只有两个：True 和 False，分别代表逻辑真和逻辑假。

（3）字符串类型

序列是 Python 中最基本的数据结构，是一组元素集合，可以包含一个或多个元素，也可以是一个没有任何元素的空序列。Python 的内建序列包括字符串、列表、元组和字典等。

序列根据包含的元素有无顺序可分为有序序列和无序序列，字符串、列表和元组属于有序序列，字典属于无序序列。根据元素是否可变可分为可变序列和不可变序列，列表和字典属于可变序列，而字符串和元组属于不可变序列。

字符串（str）用来表示文本数据，可以使用单引号、双引号和三引号来表示字符串，如'123'、"hello"、'''Python'''。单双引号可以相互嵌套，但必须成对出现，否则会出错。

当字符串中包含引号时经常会出现歧义，如当字符串中包含单引号时，会出现错误。

```
>>> 'let's go'          #字符串中包含单引号，出错
SyntaxError: invalid syntax
```

对于字符串中的单引号或双引号这些特殊字符，需要对它们进行转义，在 Python 中使用斜线进行转义，这样当解释器遇到这个转义字符时，将其理解为单引号，而不是字符串的结束字符。

```
>>> 'let\'s go'         #'\s'为转义字符
"let's go"
```

常见的转义字符如表 4.3 所示。

表 4.3 常见的转义字符

转 义 字 符	代 表 含 义
\\	反斜杠符号
\"	双引号

续表

转义字符	代表含义
\n	换行
\b	退格
\t	横向制表符
\r	回车符

当字符串中只有部分内容可变其余内容不变时，需要使用变量表示可变部分，而在字符串输出时，用变量表示的部分需要进行格式化输出。例如：

```
age=18
print("我今年%s 岁"%age)
```

程序运行结果：

```
我今年 18 岁
```

这里的 print 语句中的 age 输出使用的就是格式化符号。字符串的格式化表达式中的%称为格式化操作符，%之前%s 是需要进行格式化的控制符，而%之后是字符串中需要填入的实际参数。常见的格式化控制符如表 4.4 所示。

表 4.4　常见的格式化控制符

格式化控制符	说　　明
%s	参数转换为字符串
%d、%i	参数转换为十进制
%o	参数转换为八进制
%x、%X	参数转换为十六进制
%f、%F	参数转换为浮点数

字符串属于序列，所有的序列都有一些共同的操作，包括索引、分片、序列长度和连接。

① 索引：序列中的每个元素被分配一个序号，即元素的偏移量，也称为索引。第一个元素偏移量是 0，第二个元素的偏移量则是 1，依此类推。正向索引从 0 开始，逆向索引从-1 开始。例如，字符串'abc'，索引其第一个元素'a'使用'abc'[0]，而'abc'[-1]将显示'c'。

② 分片：按特定步长提取出序列中的特定元素，可以正向分片或逆向分片。分片的格式如下：

```
x[start:end:step]
```

表示按步长 step 返回序列 x 中从偏移量 start 开始，到偏移量 end-1（不包含偏移量 end 对应的字符）的子序列。start 和 end 参数均可省略；start 默认为 0；end 默认为序列的长度；step 为步长，它的值可以是正的也可以是负的，也可以省略，省略时使用默认步长，默认为 1。分片操作其实就是按照一定的顺序访问序列中某一范围内的元素，而访问顺序主要看步长，由步长来决定。

当步长为正时，按从序列的头部（从左）到尾部（到右）的顺序访问序列中的元素。

当步长为负时，按从序列的尾部（从右）到头部（到左）的顺序访问序列中的元素。

例如，x 为字符串'abc'，则 x[:2]为'ab'，x[::-1]为 cba。

③ 序列长度：使用 len(x)求序列 x 的长度。例如 len('abc')为 3。

④ 连接：

- 加法：连接两个序列，如'abc'+'abc'的运行结果为'abcabc'。
- 乘法：重复连接同一序列，如'abc'*2 的运行结果为'abcabc'。

（4）列表

列表（List）是一种有序可变的序列，可包含不同类型的数据。列表常量用方括号表示，如[1,2,'abc']。列表具有所有序列的共同特点，可通过位置偏移量进行索引和分片、求长度和连接。

列表的长度可变，即可添加和删除列表元素。在 Python 中使用各种方法实现添加和删除元素等操作。列表的常用操作如表 4.5 所示。

表 4.5　列表的常用操作

类　型	方　法	代表含义
添加	L.append(object)	可在列表末尾添加一个对象
	L.extend(iterable)	将另一个列表的元素添加到列表中
	L.index(index,object)	指定位置 index 前插入元素 object
删除	L.pop(index)→item	删除指定位置的对象
	L.remove(value)	删除列表中的指定值
	del L[i:j]	根据下标进行删除，删除列表中的指定对象或分片
	L.clear()	删除列表中的全部对象
排序	L.sort()	列表的元素按照特定顺序排列
反转	L.reverse()	将列表逆置，反转对象顺序
索引	L.index（x）	返回 x 在列表中的索引

（5）元组

元组（Tuple）是一种有序不可变的序列，可包含不同类型的数据。列表常量用圆括号表示，如（1,2,'abc'）。元组具有所有序列的共同特点，可通过位置偏移量进行索引和分片，求长度和连接。

（6）字典

字典（dict）是一种存储数据的容器，它和列表一样，都可以存储多个数据。每个元素都是由两部分组成的，分别是键和值。例如，info = {'name':'小明', 'sex':'f', 'address':'西安'}，其中 'name'为键，'小明'为值。列表具有如下特点：

① 字典的键通常采用字符串，但也可以用数字、元组等不可变的类型。字典值可以是任意类型。

② 字典具有所有序列的共同特点，可索引和分片，求长度和连接。与一般序列不同的是字典是通过键索引映射的值，而不是通过位置来索引。例如，info['name']的运行结果为'小明'。

③ 字典是无序可变的序列，可以添加或删除“键:值”对。常见的字典操作如表 4.6 所示。

表 4.6　常见的字典操作

类　　型	方　　法	代 表 含 义
添加	d.updata(other)	为字典添加键值对。参数 other 可以是另一个字典或用赋值格式表示的元组
	d.setdefault(key[,default])	返回映射值或者为字典添加键值对
删除	d.pop()	从字典中删除键，并返回映射
	d.popitem()	从字典删除并返回键值对元组
	d.clear()	清空字典中的数据，字典还存在，只不过没有元素
查找	d.get(key[,default])	返回键 key 映射的值
视图	d.items()	返回键值对视图
	d.keys()	返回字典中所有键的视图
	d.values()	返回字典中全部值的视图

4.3　控 制 结 构

通常程序都可以由下列 3 种结构实现：顺序结构、分支结构和循环结构。

① 顺序结构：程序中的语句按照先后顺序执行。

② 分支结构（选择结构）：根据条件判断来执行不同的代码。

③ 循环结构：在一定条件下，重复执行相同的代码。

本节将针对 if 分支结构、for 和 while 循环结构进行详细讲解。

4.3.1　分支语句

在程序中并不是所有的问题都可以使用顺序结构处理，还需要对条件进行判断，进而处理问题，因此经常需要用到分支语句。其基本格式如下：

```
if  条件表达式:
    语句块 1
elif  条件表达式:
    语句块 2
  …
else:
    语句块 n
```

在上述格式中，只有条件表达式成立时，才能执行下面的语句块。根据 Python 缩进规则，if、elif 和 else 关键字必须对齐，各个语句块中的代码也必须对齐，以表示它们是同一级别语句。

这里的 elif 和 else 都可以省略，可以有多个 elif。

1. 单分支结构

当把分支语句中的 else 和 elif 都省略时，即为单分支结构。

【例 1】 判断输入的一个数是否为正数。

```
x=int(input('请输入一个数字: '))
if  x>0:
   print('这个数为正数')
```

上面的程序执行 if 语句时会判断 x 是否大于 0。如果大于 0。则执行 if 语句中的 print 语句；如果 x 不大于 0，则不再执行 print 语句。

2. 双分支结构

当省略分支结构中的 elif，保留 if 和 else 时为双分支结构。

【例 2】 有一个分段函数：

$$f(x)=\begin{cases}5 & (x\leqslant 0)\\ 2x & (x>0)\end{cases}$$

编写程序，当用户输入 x 的值时，计算函数 $f(x)$ 的值。

```
x=int(input('请输入一个数字: '))
if  x>0:
   y=2*x
else:
   y=5
print('y=%d'%y)
```

上面的程序执行 if 语句时会判断 x 是否大于 0。如果大于 0，执行 if 语句块，y=2*x；如果 x 不大于 0，则执行 else 下的语句块，y=5。

3. 多分支结构

当关键字 if、elif 和 else 都保留时为多分支结构。

【例 3】 考试成绩等级的判定

```
x=int(input('请输入成绩: '))
if x>=90 and x <= 100:
   print("本次考试等级为 A")
elif x>=80 and x < 90:
   print("本次考试等级为 B")
elif x>=70 and x < 80:
   print("本次考试等级为 C")
elif x>=60 and x < 70:
   print("本次考试等级为 D")
else:
   print("本次考试等级为 E")
```

执行多分支语句时，按照先后顺序逐步执行各条件语句，当条件语句为假时，执行下一个条件语句，直到条件为真时，执行相对应的语句块，后面的条件语句不再执行。当所有的条件语句都为假时，执行 else 对应的语句块。

4.3.2 循环语句

在程序中如果想要重复执行某些操作，可使用循环语句实现。Python 提供 for 和 while 两种循环语句。for 循环是 Python 中的一个通用序列迭代器，可以遍历序列对象中的所有元素。while 语句提供了编写通用循环的方法。

1. for 循环

for 循环基本格式如下：

```
for 变量 in 序列:
```

```
        循环体语句块
```

for 语句执行时，依次遍历序列对象中的每一个元素，并赋值给变量。变量每赋值一次，则执行一次循环体语句块。这里的序列对象可以是字符串、列表、元组、字典等，例如：

```
for i in [0,1,2,3]:
    print(i)
```

运行结果为：

```
0
1
2
3
```

循环对象除了序列之外，还可以通过 Python 内置的 range()方法（实际上是一个迭代器）产生一个整数序列。基本格式如下：

```
for i in range(start,end):
    循环语句块
```

程序执行 for 循环开始，i 值设置为 start，然后执行循环语句块，执行结束后，i 值递增，每给 i 设置一个新值都会执行一次循环体，直到 i 等于 end-1 时，循环结束。将例中的序列改为 range()方法，程序为：

```
for i in range(4):
    print(i)
```

执行以上程序，运行结果与上例相同。

2. while 循环

while 循环基本结构如下：

```
while 条件表达式:
        循环体语句块
else:
        语句块
```

当条件表达式为 True 时，执行循环体，如果想让 while 循环无限执行下去，可以将条件表达式直接置为 True。

【例 4】设计程序计算 1+2+…+10。

```
s=0
n=1
while n<=10:
    s=s+n
    n=n+1
print('1+2+…+10=', s)
```

运行结果为：

```
1+2+…+10=55
```

当确定了循环的次数时可以使用 for 循环；在只知道循环条件，不知道循环次数的情况下使用 while 循环。

3. break 和 continue 语句

在执行循环语句时，可以使用 break 和 continue 语句提前结束循环。但是二者的区别在于，break 语句直接结束循环，而 continue 语句是跳出当前循环，不再执行当前循环的剩余语句，然后执行下一轮循环。例如：

```
i=1
for i in range(5):
    i+=1
    print("-------")
    if i==3:
        break
    print(i)
```

运行结果为：

```
-------
1
-------
2
-------
```

如果将上例中的 break 语句换成 continue 语句，则运行结果完全不同，如下面的代码。

```
i=1
for i in range(5):
    i+=1
    print("-------")
    if i==3:
        continue
    print(i)
```

运行结果如下：

```
-------
1
-------
2
-------

-------
1
-------
2
-------
-------
4
-------
5
```

从上面的代码可以看出，当 i=3 时，执行 break 语句，直接结束循环，运行结果只有 1、2 和“-------”，而执行 continue 语句，只是结束了当前循环，下一轮循环还会继续，运行结果跳出了 i=3 时的运行结果。

【例 5】判断一个大于 2 的自然数 n 是否为素数。

```
while True:
     n=int(input('请输入一个自然数:'))
     for i in range(2,n):
         if  n%i==0:
              print(False)
              break
         else:
         print(True)
```

这个例子中第一条语句“while True:”是用于循环输入需要判断的数字，而不用每判断一个数字都重新运行一次。

【例 6】用 for 循环找出 100~999 范围内的前 10 个回文数字——3 位数中个位和百位相同的数字为回文数字。

```
a=[]                        #定义包含回文数字的列表
n=0                         #定义回文数字的个数，个数为 10 个
for x in range(100,999):
     s=str(x)               #将数字转换为字符串
     #如果不是回文数字，跳到循环开头，x 取下一个值开始循环
     if s[0]!=s[-1]:continue
     a.append(x)            #是回文数字，将其加入列表
     n+=1                   #累计回文数字个数
     if n==10:break         #找出 10 个回文数字时，跳出 for 循环
print(a)                    #前面的 break 跳出时，跳转到该处执行
```

运行结果为：

```
[101,111,121,131,141,151,161,171,181,191]
```

4.4　方　　法

在软件开发过程中，经常会遇到操作与逻辑非常相似或者相同的代码，这些代码往往只是处理的数据不同。可以将这些代码提取出来进行封装，一般程序设计语言使用方法实现代码的封装。方法是组织好的可完成特定功能的语句集合，不仅可以降低编程的难度，还可以提高代码的可靠性和可维护性。

方法包括两类：Python 系统自带的方法和用户自定义方法。

4.4.1　Python 系统函数

Python 系统方法包括 Python 的内嵌方法和 Python 标准库方法。

Python 内嵌方法可直接调用。例如，abs(x)（求绝对值）、bin(x)（转换为二进制字符串）、hex(x)（转换为十六进制字符串）、oct(x)（转换为八进制字符串）、chr(x)（返回整数对应的 ASCII 值）、ord(x)（返回字符的 ASCII 值）、divmod(x,y)（返回商和余数）、pow(x,y)（返回 x 的 y 次方）、max(x,y)和 min(x,y)（返回最大值、最小值）等。

Python 标准库方法需要先导入模块，再调用其中的方法。例如，调用 math 中的数学方法，需要先导入 math 模块。导入模块的格式是 import math。导入模块后使用“math.方法名（参数）”格式就可以使用 math 标准库中的方法。常见的 math 模块方法有：pi（数学常量 π）、e、ceil(x)（返回不小于 x 的最小整数）、fabs(x)（返回 x 的绝对值）、floor(x)（返回不大于 x 的最大整数）等。

4.4.2　方法的定义和调用

1. 方法的定义

Python 定义方法使用 def 关键字，格式如下：

```
def 方法名(形参表):
```

```
    函数体
    [return 表达式]
```

其中：

① def关键字和方法名之间必须有空格，括号后必须有冒号。

② 方法名必须是有效的标识符。只能包含字母、数字和下画线，且不能以数字开头。

③ 形参表即形式参数，简称“形参”。方法体是方法被调用时执行的代码，由一个或多个语句组成。

④ return语句是返回值语句，返回的值作为结果传递给调用程序。函数可以有一个返回值，也可以有多个返回值，也可以没有返回值。例如：

```
>>> def add(a,b):
    return a + b
```

2. 方法的调用

定义方法之后，想要执行方法内部的代码，需要调用方法。Python 通过“方法名()”即可完成调用。格式如下：

```
方法名(实参表)
```

方法必须先定义后使用，方法定义时参数表中的参数是形式参数，调用方法时方法表中的参数是实际参数，通常方法调用时按参数的先后顺序，将实参传递给形参。

上例中要实现add()方法，需要调用方法，并输入实参，才能实现方法加法功能。例如：

```
>>> def add(a,b):
    return a + b
>>> add(1,2)
3
```

方法调用执行的基本步骤如下：

① 程序执行到函数调用处暂停执行。

② 方法的形参在调用时被赋值为实参。

③ 执行方法体内部语句组。

④ 语句执行完毕后，即方法被调用结束，给出返回值。

【例7】生日快乐歌程序。

```
def happy():
    print('Happy birthday to you.')
def sing(person):
    happy()
    happy()
    print('Happy birthday,dear',person+'.')
    happy()
def main():
    sing('Lily')
main()
```

这个例子首先执行main()方法，当执行到sing('Lily')时，main()方法暂停，然后Python查找sing()方法的定义，并将形参person赋值为实参Lily。随后Python开始执行sing()的方法。sing()方法体的第一条语句是happy()方法的调用，因此程序在happy()处暂停，转而查找happy()方法的定义。而happy()方法体又包含了一条print语句，该语句被执行。然后返回到sing()方法中，按照这样的方法，方法体调用另外两个 happy()方法，从而完成方法的执行。当 Python 执行到 sing()结束时，返回到 main()方法中。

【例 8】输入一个三位数，判断这个数字是否是回文素数（即数字的个位数和百位数相同，且该数字只能被 1 和数字本身整除）。

```
i=100
while i<1000:
    num=str(i)
    #判断回文数
    def is_palin(num):
        if num[0] !=num[-1]:
            return False
        else:
            return True
    #判断素数
    def is_prime(num):
        for i in range(2,int(num)):
            if int(num)%i==0:
                return False
            else:
    #判断回文素数
    if is_palin(num) and is_prime(num):
        print(i,end=' ')
    i+=1
```

运行结果为：

```
101 131 151 181 191 313 353 373 383 727 757 787 797 919 929
```

在例 8 中，分别将判断回文数和判断素数的代码使用方法 is_palin(num)和 is_prime(num)进行封装，从而使程序结构清晰，降低编程难度。

【例 9】实现阶乘 n! = 1 *2 * 3 *…* n 的计算。

```
def factorial(n):
    if n==1:
        return 1
    else:
        return n*factorial(n-1)
number=int(input('请输入一个正整数: '))
result=factorial(number)
print("%d 的阶乘是%d"%(number,result))
```

运行结果为：

```
请输入一个正整数: 4
4 的阶乘是 24
```

例 9 中方法 factorial(n)内部调用了 factorial(n-1)方法，也就是函数内部调用了函数自身，这种方法称为递归方法。

递归方法的原理分为两个阶段：递推和回归。

第一阶段递推，递归方法在内部调用自己。每一次方法调用又重新开始执行此方法的代码，直到最后一级调用程序结束。

第二阶段回归，完成递推调用后，递归方法从后往前返回函数的运行结果。递归方法从最后一级开始返回，一直返回到第一次调用的方法体内。即递归方法逐级调用完毕后，再按相反的顺序逐级返回运行结果，如图 4.6 所示。

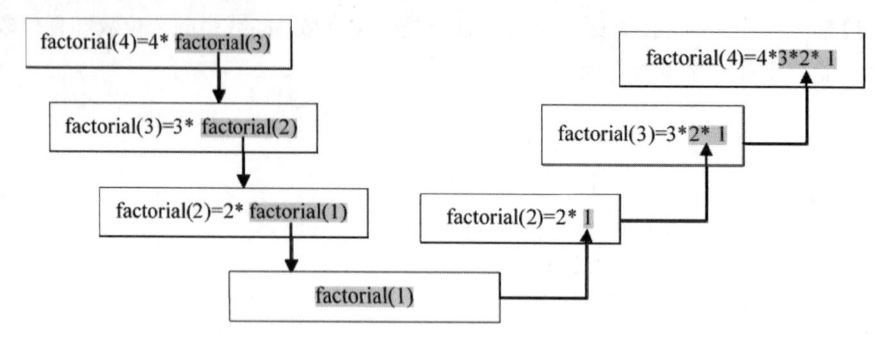

图 4.6　递归方法的原理示例

4.5　面向对象基础

面向对象程序设计（Object Oriented Programming，OOP）是一种适用于大型系统开发的程序设计思想，尽量采用人类认识客观世界的常用思维模式去描述现实世界的事物。之前讲述的内容中包含多种不同类型的 Python 对象，但面向对象里的“对象”和之前提到的“对象”是不同的，这里的对象可以指代现实生活中每一个独立的事物。对象可以是有形的事物，例如一个人、一辆车，也可以是无形的事件，例如一次演练。对象（也称实例）是面向对象程序结构的基本组成元素，由属性和方法组成，对应现实事物的属性和行为。例如，一个人的属性包含名字、性别和年龄等，而他的行为包含说话、吃饭和学习等。

每个对象都有所属的类型，例如，普通大学生和军校大学生都属于大学生类型。类是对象的抽象，对象是类的实例，类包含实例的共同属性和方法。例如，不管是普通大学生还是军校大学生都包含学号和成绩等属性，也都包含上课和考试等行为，这同样也是大学生类的属性和行为。

OOP 使软件的设计更加直观、自然，更加灵活，代码具有更好的可读性、可复用性和可扩展性，大幅度降低了软件开发的难度。

4.5.1　类的定义和使用

1. 类的定义

在 Python 中使用关键字 class 定义类的基本格式如下：

```
class 类名:
赋值语句                #创建类的属性
赋值语句
...
def 语句定义方法        #定义类的方法
def 语句定义方法
...
```

其中：

① 赋值语句用来创建类的属性，方法用来创建类的方法。

② 在类的定义中各种语句没有先后顺序。

③ class 关键字和方法名之间必须有空格，括号后必须有冒号。

④ 类名必须是有效的标识符，只能包含字母、数字和下画线，且不能以数字开头。类名首字母通常使用大写字母。

【例 10】定义一个学生 Student 类。

```
class Student:
    studentnum=1
    name='John'
    age=18
    def introduce(self):
        print("我是一名大学生~")
```

类中定义的属性可以直接调用，但是类的方法是不能直接调用的，例如上面定义的 Student 类中属性和方法的调用结果如下：

```
>>> Student.name
'John'
>>> Student.introduce()
Traceback (most recent call last):
  File "<pyshell#2>", line 1, in <module>
    Student.introduce()
TypeError: introduce() missing 1 required positional argument: 'self'
```

可以看出，直接调用 introduce()方法会出错，错误提示 TypeError 中指出 introduce()中缺少一个位置参数 self，主要原因是例子中在类定义方法 introduce(self)时，方法中有一个参数 self。但是在调用方法 Student.introduce()时并没有任何参数，所以会出错。

解决这个问题的方法有两种：一种是在调用方法时传递一个参数，也就是一个实参；另一种是通过创建实例对象来调用方法。在面向对象程序设计中，要实现类中定义的属性和方法，一般情况下都会使用第二种方法，即通过创建实例来实现类中的功能。

这里的 introduce(self)方法中的参数 self 是类的方法和普通方法的主要区别。类的方法中的第一个参数必须显式地声明为 self，因为 self 代表的是类的实例自身，可以使用 self 实现实例引用类的属性和方法。

2. 类的使用（对象的创建）

通常情况下，想要实现类的功能，需要通过创建实例对象来使用类中的属性和方法。创建对象的语法如下：

```
对象名=类名()
```

例如要实现 Student 类中方法，可创建一个实例对象。

```
>>> cadets=Student()           #调用类创建实例对象 cadets（军校学员）
>>> cadets.introduce()         #调用方法
我是一名大学生~
>>> cadets.name                #类和实例共享属性
'John'
```

注意：通过实例对象调用类的方法 introduce(self)时，方法中给 self 传递的实参就是实例本身。所以，上面的 cadets. introduce()方法中表面看是没有参数的，其实它包含一个参数 cadets。例如：

```
>>> class test:
def add (self,a,b):return a+b   #定义方法，实现加法功能
>>> x=test()                    #创建实例对象
>>> x.add (2,3)      #这里的add()方法中的参数有3个：实例x本身、2和3
5
```

当在类的方法中定义属性时，需要以self为前缀，代表该属性为实例的“私有属性”，之所以称为“私有属性”是因为在创建实例以后，可以通过为该方法中的参数赋值来创建属于该实例自己的属性。例如：

```
class test:
   def setdata(self,data):
      self.data=data    #在方法setdata()中创建属性data，以self为前缀
   def showdata(self):
      print('data',self.data)
   print('类加载完成！')
```

运行结果为：

```
类加载完成!

>>> x=test()            #创建实例x
>>> x.setdata(123)      #x引用test类的方法setdata()，包含x，123两个参数
>>> x.data              #创建x的私有属性data
123
>>> y=test()            #创建实例y
>>> y.setdata(111)      #y引用test类的方法setdata()
>>> y.data              #创建了y的私有属性data
```

运行结果为：

```
111
```

在类中定义的属性为类属性，是全局属性。所有的实例都可以使用，而实例除了可以调用类的属性，还可以创建自己的属性。通过“对象名.新的属性名=新值”的方式创建。

例如，军校大学生除了可以调用Student类中的属性之外，还可以添加自己的属性，如军校大学生都需要着军装。

```
cadets.clothes='army uniform'
```

对于类对象或实例对象而言，当给不存在的属性赋值时，Python为其自动创建属性。

```
>>> class test:
   data=100
   print('类加载完成1')
类加载完成1
>>> test.data1=200      #通过赋值的方式为类对象添加属性
```

3. 构造方法

构造方法在类中定义，在创建实例时会被自动调用，从而完成对实例对象的初始化。类的构造方法名称由Python预设的，是_ _init_ _（以两个下画线开头，以两个下画线结尾）。

```
>>> class Student:
   def __init__(self):          #构造方法
      print("我今年18岁，我是一名大一新生。")

>>> x=Student()   #创建学生类的实例，自动调用实现构造方法__init__
```

运行结果为：

```
我今年 18 岁，我是一名大一新生
```

4.5.2 继承

继承是为了代码的复用而设计的，是面向对象程序设计的主要特征之一，描述事物之间的从属关系。例如，前面讲到普通大学生和军校大学生都属于大学生，这样在程序中就可以描述为普通大学生和军校大学生继承自大学生。

类的继承是指在现有类的基础上，构建一个新类，构建出的新类称为子类，现有类称为父类。子类自动继承父类的属性和方法，在子类也可以定义新的属性和方法，从而完成对父类的扩展。继承的语法如下：

```
class 子类名（父类名）
    子类中的语句
```

例如：

```
class Student:
    def __init__(self):
        self.age=18
        print("我今年%d 岁，我是一名大一新生"%(self.age))
class cadets(Student):                        # cadets 类继承了 Student 类
    def introduce(self):
        print("我是一名军校学员")
x=cadets()
x.introduce()
```

运行结果为：

```
我今年 18 岁，我是一名大一新生
我是一名军校学员
```

当在子类中重写父类的方法时，父类方法被覆盖，在面向对象中称为方法重载。

```
class Student:
    def introduce(self):
        print("我是一名大学生")
class cadets(Student):
    def introduce(self):                      # introduce()方法重载
        print("我是一名军校学员")
x=cadets()
x.introduce()
```

运行结果为：

```
我是一名军校学员
```

Python 中允许在子类方法中通过类对象直接调用父类的方法。格式如下：

```
父类名.方法名
```

例如：

```
class Student:
    def introduce(self):
        print("我是一名大学生")
    def __init__(self):
        self.age=18
        print("我今年%d 岁"%(self.age))
class cadets(Student):
```

```
    def show(self):
        Student.introduce(self)          #子类 cadets 直接调用父类的方法
x=cadets()
x.show()
```

4.5.3 运算符重载

前面讲过数据的运算，在面向对象程序设计中要想实现对象之间的运算需要进行运算符重载。Python 把运算符重载与类的方法关联起来，每一个运算都对应一个方法，即方法，所以运算符重载就是实现方法。运算符与方法的对应关系如表 4.7 所示。

表 4.7 运算符与方法的对应关系

方　法	重载运算符	说　明
__add__	+（加法）	Z=X+Y,X+=Y
__sub__	-（减法）	Z=X-Y,X-=Y
__mul__	*（乘法）	Z=X*Y,X*=Y
__div__	/（除法）	Z=X/Y,X/=Y
__lt__、__le__	<（小于）、<=（小于等于）	X<Y,X<=Y
__eq__、__ne__	=（等于）、!=（不等于）	X=Y,X!=Y
__gt__、__ge__	>（大于）、>=（大于等于）	X>Y,X>=Y
__len__	长度	len(X)
__or__	或	X|Y

运算符重载就是在类中定义相应的特定方法，当使用实例对象执行相关运算时，调用对应方法。

例如，加法运算通过实现__add__()方法来完成重载，当两个实例对象执行加法运算时，自动调用__add__()方法。

```
class Number:                          #定义类
    def __init__(self,a):
        self.data=a
    def __add__(self,other):
    #实现加法运算方法的重载，将两个实例对象执行加法运算
        return Number(self.data+other.data)
X=Number(10)                           #创建实例对象并初始化
Y=Number(5)                            #创建实例对象并初始化
Z=X+Y                           #执行加法运算，其实质是调用__add__()方法
>>>Z.data                              #显示加法运算后新实例对象 Z 的 data 属性值
15
```

4.6 算法与数据结构

4.6.1 算法

算法是指问题处理方案准确而完整的描述。算法不等于程序，也不等计算机方法，通常

程序的编制不可能优于算法的设计。

作为一个算法，一般具有 5 个基本特征：有穷性、确定性、可行性、有零个或多个输入、有一个或多个输出。有穷性是指一个算法应包含有限的操作步骤，而不能是无限的；确定性是指算法中的每一个步骤都应当是确定的，而不应当是含糊的、模棱两可的；可行性是指算法中的每一个步骤都应当能有效地执行，并得到确定的结果。

一个算法通常由两种基本要素组成：一是对数据对象的运算和操作，包括算术运算、逻辑运算、关系运算、数据传输等；二是算法的控制结构，即算法中各操作之间的执行顺序，包括顺序、选择、循环 3 种基本结构。

算法复杂度是衡量算法好坏的量度，可分为时间复杂度和空间复杂度。时间复杂度是指执行算法所需要的计算工作量，即算法执行过程中所需要的基本运算次数；空间复杂度是指执行这个算法所需要的内存空间。

4.6.2　数据结构的基本概念

计算机被广泛用于数据处理，实际问题中各数据元素之间总是相互关联的。所谓数据处理，是指对数据集合中的各元素以各种方式进行运算，包括插入、删除、查找、更改等，也包括对数据元素进行分析。在数据处理领域中，人们最感兴趣的是知道数据集合中各数据元素之间存在什么关系，应如何组织它们，即如何表示所需处理的数据元素。这些正是数据结构所要研究的内容。

数据结构是指相互有关联的数据元素的集合。其研究内容包括三方面：一是数据集合中各数据元素之间所固有的逻辑关系，即数据的逻辑结构；二是在对数据进行处理时，各数据元素在计算机中的存储关系，即数据的存储结构；三是对各种数据结构进行的运算。

一般情况下，在具有相同特征的数据元素集合中，各个数据元素之间固有的联系常简单地用前后件关系来描述。例如，在考虑一年四季的顺序关系时，其中“春”是“夏”的前件，而“夏”是“春”的后件，这种数据元素之间的前后件关系其实是指它们的逻辑结构。表示数据的逻辑结构时必须表示清楚两个关键点：一个是数据元素的集合 D；另一个是数据之间的前后关系 R。

表示数据逻辑结构的方法有两种：二元关系表示法和图形表示法。在二元关系表示法中，一个数据结构可以表示为 $B = (D，R)$，其中 R 用二元组来表示（a，b），a 表示前件，b 表示后件。例如，一年四季的数据结构可以表示成

$B = (D，R)$

$D =$ (春，夏，秋，冬)

$R =$ {(春，夏)，(夏，秋)，(秋，冬)}

在图形表示法中，用中间标有元素值的方框来表示数据元素，称为数据结点，简称结点，用一条有向线段从前件结点指向后件结点来表示元素间的前后关系。上例中一年四季的数据结构，用图形表示法表示如图 4.7 所示。

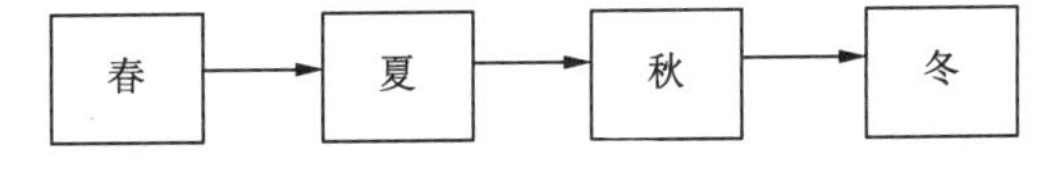

图 4.7　一年四季数据结构的图形表示

数据的逻辑结构与数据的存储结构无关，是独立于计算机的，一般分为两种：线性结构和非线性结构。如果一个非空的数据结构满足以下两个条件：一是有且只有一个根结点，二是每一个结点最多有一个前件，也最多有一个后件，则称该数据结构为线性结构。不满足线性结构条件的数据结构则是非线性结构。后续所介绍的线性表、栈和队列是典型的线性结构，树和二叉树则是典型的非线性结构。

由于数据元素在计算机存储空间中的位置关系可能与逻辑关系不同，因此，为了表示存放在计算机存储空间中各数据元素间的逻辑关系，在数据存储结构中，不仅要存放各数据元素的信息，还需要存放各元素之间的前后件关系信息。常用的数据的存储结构有顺序存储、链式存储、索引存储、散列存储等。

4.6.3 线性表

线性表是由 n（$n \geqslant 0$）个数据元素 $a_1,a_2,\cdots,a_n$ 组成的一个有限序列，其每一个数据元素，除了第一个外，有且只有一个前件，除了最后一个外，有且只有一个后件。即线性表或是一个空表，可以表示为

$$(a_1,a_2,\cdots,a_i,\cdots,a_n)$$

其中，a_i（$i=1,2,\cdots,n$）属于数据对象的元素，通常也称其为线性表中的一个结点。

线性表是最简单、最常用的一种数据结构。显然，它是由一组数据元素构成，数据元素的位置只取决于自己的序号，元素之间的相对位置是线性的。

非空线性表的结构具有 3 个特征：有且只有一个根结点 a_1，它无前件；有且只有一个终端结点 a_n，它无后件；除根结点与终端结点外，其他所有结点有且只有一个前件，也有且只有一个后件。结点个数 n 称为线性表的长度，当 $n=0$ 时，称为空表。

在计算机中存放线性表，一种最简单的方法是顺序存储。线性表的顺序存储结构具有以下两个基本特点：线性表中所有元素所占的存储空间是连续的；线性表中各数据元素在存储空间中是按逻辑顺序依次存放的。

在线性表的顺序存储结构下，可以对线性表进行各种处理，即运算。其中，在线性表的指定位置加入一个新的元素称为线性表的插入，在线性表中删除指定的元素称为线性表的删除。

栈是限定在一端进行插入与删除的线性表，允许插入与删除的一端称为栈顶，不允许插入与删除的另一端称为栈底。栈按照“先进后出”（FILO）或“后进先出”（LIFO）组织数据，所以具有记忆作用。通常用 top 表示栈顶，用 bottom 表示栈底。栈的基本运算有 3 种：插入元素称为入栈运算，删除元素称为退栈运算，读栈顶元素是将栈顶元素赋给一个指定的变量，此时指针无变化。

队列是指允许在一端进行插入，而在另一端进行删除的线性表。允许插入的一端称为队尾，通常用一个称为尾指针（rear）的指针指向队尾元素，即尾指针总是指向最后被插入的元素；允许删除的一端称为队头，通常用一个队头指针（front）指向队头元素的前一个位置。显然，队列是“先进先出”（FIFO）或“后进后出”（LILO）的线性表。往队列的队尾插入一个元素称为入队运算，从队列的队头删除一个元素称为退队运算。

在实际应用中，队列的顺序存储结构一般采用循环队列的形式。在循环队列中，一般用

rear 指针指向队列中的队尾元素，用 front 指针指向队首元素。s = 0（其中 s 为区分队列是否为空的标志位）表示队列空，s = 1 且 front = rear 表示队列满。

对于大的线性表或者变动频繁的线性表适宜采用链式存储。链式存储方式的结点由两部分组成：一部分用于存储数据元素值，称为数据域；另一部分用于存放指针，称为指针域，指针域用于指向前一个或后一个结点。在链式存储结构中，存储数据结构的存储空间可以不连续，各数据结点的存储顺序与数据元素之间的逻辑关系可以不一致，而数据元素之间的逻辑关系是由指针域来确定的。因此，链式存储方式既可用于表示线性结构，也可用于表示非线性结构。

线性链表是指线性表的链式存储结构。在线性链表中，指向线性表中第一个结点的指针 head 称为头指针，当 head = NULL（或 0）时称为空表。

4.6.4　树与二叉树

树是一种简单的非线性结构，所有元素之间的关系具有明显的层次特性。图 4.8 所示为一棵一般的树。在树的图形表示中，总是认为在用直线连起来的两端结点中，上端结点是前件，下端结点是后件，这样，表示前后件的箭头就可以省略。

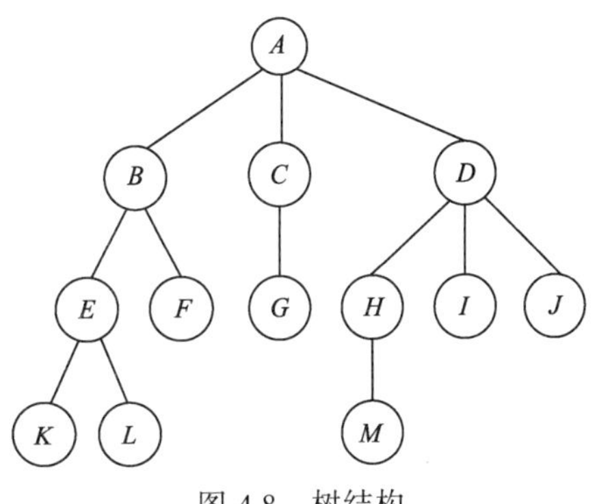

图 4.8　树结构

在树结构中，每一个结点只有一个前件，称为父结点，没有前件的结点只有一个，称为树的根结点，简称树的根。每一个结点可以有多个后件，称为该结点的子结点。没有后件的结点称为叶结点。例如，在图 4.8 中，结点 A 是树的根结点，结点 K、L、F、G、M、I、J 均为叶结点。

在树结构中，一个结点所拥有的后件的个数称为该结点的度，所有结点中最大的度称为树的度。树是一种层次结构，根结点在第一层，依此类推。树的最大层次称为树的深度。例如，在图 4.8 中，根结点 A 和结点 D 的度均为 3，结点 B、E 的度均为 2，叶结点的度均为 0，树的度为 3，树的深度为 4。

二叉树是一种特殊的树，非空二叉树只有一个根结点，每一个结点最多有两棵子树，分别称为该结点的左子树与右子树。满二叉树和完全二叉树是两种特殊形态的二叉树。

所谓满二叉树是指这样的一种二叉树：除最后一层外，每一层上的所有结点有两个子结点。这就是说，在满二叉树中，每一层上的结点数都达到最大值，即在满二叉树的第 k 层上有 2^{k-1} 个结点，且深度为 m 的满二叉树共有 2^m-1 个结点。

所谓完全二叉树是指这样的一种二叉树：除最后一层外，每一层上的结点数均达到最大值，在最后一层上只缺少右边的若干结点。显然，满二叉树也是完全二叉树。

二叉树具有以下性质：

性质 1：在二叉树的第 k 层上，最多有 2^{k-1}（$k \geqslant 1$）个结点。

性质 2：深度为 m 的二叉树最多有 2^m-1 个结点。

性质 3：在任意一棵二叉树中，度为 0 的结点（即叶结点）总是比度为 2 的结点多一个。

性质 4：具有 n 个结点的二叉树，其深度至少为「$\log_2 n$」 +1，其中「$\log_2 n$」表示取 $\log_2 n$ 的整数部分。

完全二叉树还具有以下两个性质：

性质 5：具有 n 个结点的完全二叉树的深度为「$\log_2 n$」+1。

性质 6：设完全二叉树共有 n 个结点。如果从根结点开始，按层序（每一层从左到右）用自然数 $1,2,\cdots,n$ 给结点进行编号（$k = 1,2,\cdots,n$），则对于编号为（$k = 1,2,\cdots,n$）的结点有以下结论：

① 若 $k = 1$，则该结点为根结点，它没有父结点；若 $k > 1$，则该结点的父结点编号为 INT(k / 2)。

② 若 $2k \leqslant n$，则编号为 k 的结点的左子结点编号为 $2k$；否则该结点无左子结点（显然也无右子结点）。

③ 若 $2k+1 \leqslant n$，则编号为 k 的结点的右子结点编号为 $2k+1$；否则该结点无右子结点。

在计算机中，二叉树通常采用链式存储结构。对于满二叉树与完全二叉树来说，根据完全二叉树的性质 6，可以按层序进行顺序存储，这样，不仅节省了存储空间，又能方便地确定每一个结点的父结点与左右子结点的位置。

二叉树的遍历是指不重复地访问二叉树中的所有结点。在遍历二叉树的过程中，一般先遍历左子树，然后再遍历右子树。在先左后右的原则下，根据访问根结点的次序，二叉树的遍历可以分为 3 种：前序遍历、中序遍历、后序遍历。

所谓前序遍历（DLR），是指在访问根结点、遍历左子树与遍历右子树这三者中，首先访问根结点，然后遍历左子树，最后遍历右子树；并且，在遍历左、右子树时，仍然先访问根结点，然后遍历左子树，最后遍历右子树。因此，前序遍历二叉树的过程是一个递归的过程。

所谓中序遍历（LDR），是指在访问根结点、遍历左子树与遍历右子树这三者中，首先遍历左子树，然后访问根结点，最后遍历右子树；并且，在遍历左、右子树时，仍然先遍历左子树，然后访问根结点，最后遍历右子树。因此，中序遍历二叉树的过程也是一个递归的过程。

所谓后序遍历（LRD），是指在访问根结点、遍历左子树与遍历右子树这三者中，首先遍历左子树，然后遍历右子树，最后访问根结点。并且，在遍历左、右子树时，仍然首先遍历左子树，然后遍历右子树，最后访问根结点。因此，后序遍历二叉树的过程也是一个递归的过程。

4.6.5 查找和排序技术

查找和排序是数据处理领域中的重要内容。查找是指在一个给定的数据结构中查找某个指定的元素。排序是指将一个无序序列整理成按值非递减顺序排列的有序序列。

通常，根据不同的数据结构，应采用不同的查找方法。常见的查找方法有两种：顺序查找和二分法查找。

顺序查找一般是指在线性表中查找指定的元素，其基本方法是：从线性表的第一个元素开始，依次将线性表中的元素与被查元素进行比较，若相等则表示查找成功，若线性表中所有的元素都与被查元素进行了比较但都不相等，则查找失败。对于大的线性表来说，顺序查找的效率是很低的，但当线性表为无序表或采用链式存储结构时，则只能采用顺序查找。

二分法查找只适用于顺序存储的有序表。设有序线性表的长度为 n，被查元素为 x，则二分法查找过程如下：

① 将 x 与线性表的中间项进行比较。

② 若中间项的值等于 x，则说明查到，查找结束。

③ 若 x 小于中间项的值，则在线性表的前半部分以相同的方法进行查找。

④ 若 x 大于中间项的值，则在线性表的后半部分以相同的方法进行查找。

这个过程一直进行到查找成功或子表长度为 0（说明线性表中无此元素）为止。

可以证明，对于长度为 n 的有序线性表，在最坏情况下，二分法查找只需比较 $\log_2 n$ 次，而顺序查找需要比较 n 次。

排序的方法很多，根据待排序序列的规模以及对数据处理的要求，可以采用不同的排序方法。常见的排序方法主要分为三类：交换类排序法、插入类排序和选择类排序法。交换类排序法包括冒泡排序法、快速排序法等，插入类排序法包括简单插入排序法、希尔排序法等，选择类排序法包括简单选择排序法、堆排序法等。

4.7 计 算 思 维

计算机科学家迪杰斯特拉曾经说过：“所使用的工具影响着思维方式和思维习惯，从而也深刻地影响着思维能力”。在信息时代计算机已经成为人类工作和生活必备的工具之一。如何用计算机分析和解决各行各业以及日常生活中的问题就成了人们必备的能力之一，这种能力称为计算思维。计算思维不再是专业人员所具备的思维，而应该像阅读和算术一样，是所有人应该具备的基本能力之一。这意味计算机科学从前沿高端向基础普及的转型。例如，生活中阅读电子书、视频聊天等都是日常生活中计算思维的体现。

4.7.1 计算思维的概念

卡内基梅隆大学的周以真（Jeannette M. Wing）教授提出了“计算思维”的概念。计算思维（Computational Thinking）是指运用计算机科学的基础概念去求解问题、设计系统和理解人类行为等涵盖计算机科学之广度的一系列思维活动。计算思维是用计算机解决复杂问题的思路。现代社会人们的工作和生活中都需要用到计算机，所以人们必须要掌握计算思维的基本方法。

在日常生活中有很多实例：

例如，在上学路上丢了东西，发现之后，会沿着走过的路返回寻找，这是典型的回溯过程。

学员每天上课时只把当天使用的书本放入书包内，这就是计算机中的预置和缓存。

人们根据书籍的目录快速找到所需要的章节，这正是计算机中广泛使用的索引技术。

计算思维有 5 个基本特征：

① 概念化，不是程序化。计算思维不仅意味着计算机编程，还要求能够在抽象的多个层次上思维。计算机是拥有强大计算能力的机器，人类将现实问题进行多层次抽象并且编程实现，从而达到将自己的计算思维赋予计算机，解决大量的计算问题。

② 使人们应该具备的根本技能，而不是刻板的技能。根本技能是每一个人在现代社会中必须要掌握的，并且不是机械重复的、刻板的技能。有了计算机的强大计算能力，人类就可以把精力集中在“有效”的计算上，而不用关心大量的可以由计算机完成的计算。

③ 是人的，不是计算机的思维。人类利用计算机强大的计算能力去解决需要大量计算的问题。

④ 是数学和工程思维的融合。计算机科学本质上来源于数学，它的形式化基础是基于数学。构建与现实世界互动的各种系统又引用了工程的思想。

⑤ 是一种思想，不是人造品。计算思维不仅体现在人类生产的各种软硬件物理设备上，更重要的是计算的概念，这种概念用于问题求解、日常生活管理以及人类互相之间的交流与互动等，面向所有人和所有地方。

4.7.2 计算思维的本质

2008 年周以真指出计算思维的本质是“两个 A”——抽象（Abstraction）和自动化（Automation），抽象是将现实问题抽象成计算机理解的形式，然后使用计算机自动执行得到结果。计算思维本质的结构框架图如图 4.9 所示。

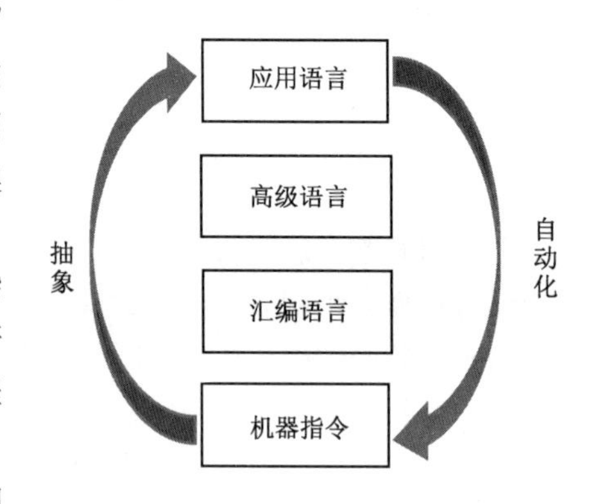

图 4.9 计算思维本质的结构框架图

抽象是有选择地忽略一些细节，降低系统的复杂性，对现实问题进行建模，将计算和处理过程使用符号表示，从而使计算机可以识别和理解。然后编写程序，使计算机可以自动执行，得到结果。

抽象通常是在不同层次上完成的，不同的层次抽象程度不同。通常会在低层次之上建立一个高层次的抽象，隐藏低层的复杂细节，提供更加简易的求解方案。例如，计算机系统最低层次的是硬件系统，为了方便计算机的使用和普及，在硬件系统配置的操作系统就是对硬件系统的抽象。这样人们不需要学习硬件知识，就可以通过操作系统操作计算机。然后，在操作系统和其他系统软件的基础上搭建应用软件，是对系统软件的进一步抽象，这样就可以隐藏对于系统的操作，实现日常功能的应用。

自动化是指抽象最终需要自动执行，需要通过不同层次之间的翻译工具实现自动执行。例如，编码器、编译器和程序设计语言等。

计算思维的本质是一个发挥人的特长（抽象）与计算机的特长（自动化），利用计算机解决问题的思维方法。

4.7.3 计算思维的案例

汉诺塔问题。一位法国数学家曾编写过一个印度的古老传说：在世界中心贝拿勒斯的圣庙里，一块黄铜板上插着三根宝石针。在其中一根针上从下到上穿好了由大到小的 64 片金片，这就是所谓的汉诺塔。不论白天黑夜，总有一个僧侣在按照下面的法则移动这些金片：一次只移动一片；不管在哪根针上，小片必须在大片上面。如果考虑一下把 64 片金片，由一根针上移到另一根针上，并且始终保持上小下大的顺序。这需要多少次移动呢?

用计算机求解一个问题首先需要对问题进行抽象，建立一个数学模型，然后设计求解该模型的步骤，也就是算法。

汉诺塔问题是一个典型的用递归方法求解的问题。

汉诺塔问题可以将 64 个盘子的汉诺塔转化为 63 个盘子的汉诺塔问题，如果 63 个盘子的问题可以解决，就像 63 个盘子移动到第二根针上，再将最后一个盘子移动到第三根针上，最后将 63 个盘子从第二根针上移动到第三个针上，这样就可以解决 64 个盘子的汉诺塔问题。

依此类推，63 个盘子的汉诺塔问题可以转换为 62 个盘子的汉诺塔问题，逐步递推，直到转化为 1 个盘子的汉诺塔问题。这样 1 个盘子的汉诺塔很容易解决，1 个盘子的问题得到解决后，就可以求解出 2 个盘子的汉诺塔问题，逐级返回，直到解决 64 个盘子的汉诺塔问题。

设 n=64，按照上边的算法，n 个盘子需要移动的盘子数 $s(n)$是 $n-1$ 个盘子的汉诺塔需要移动的盘子数 $s(n-1)$的 2 倍加 1，所以

$$
\begin{aligned}
s(n)&=2s(n-1)+1\\
&=2(2s(n-2)+1)+1=2^2s(n-2)+2+1\\
&=2^3s(n-3)+2^2+2+1\\
&=\cdots\\
&=2^ns(0)+2^{n-1}+\cdots+2^2+2+1\\
&=2^{n-1}+\cdots+2^2+2+1\\
&=2^n-1
\end{aligned}
$$

因此需要完成汉诺塔迁移，需要移动的盘子次数为 $2^{64}-1$。

如果僧侣每秒钟移动一次，需要用 5 849 亿年的时间。

如果使用计算机根据以上算法进行解决，如果计算机每秒钟移动 1 000 次，那么速度会大幅提高，则其代码为：

```
def Hanoi(n,A,B,C):
    if n==1:
       return 1
   else:
       return 2*Hanoi(n-1)+1

number=int(input('请输入要移动的盘子数: '))
result=Hanoi(number)
print("%d 个盘子移动的次数是%d"%(number,result))
```

而汉诺塔移动的顺序与过程代码为：

```
def Hanoi(n,A,B,C):
    if n==1:
        print(A,'->',C)
    else:
        Hanoi(n-1,A,C,B)
```

```
        print(A,'->',C)
    Hanoi(n-1,B,A,C)
Hanoi(64,'A','B','C')
```

这个例子中对分析汉诺塔问题的算法，进行数学建模就是计算思维中抽象的过程，完成抽象后，编写代码。计算机运行就是计算机自动执行的过程，也就是自动化。

习　题

一、选择题

1. 下面不属于 Python 语言特征的是________。
   A. 简单易学　B. 可嵌入性　C. 属于低级语言　D. 可移植性
2. 按变量名的定义规则，________是不合法的变量名。
   A. def　B. Mark_2　C. tempVal　D. Cmd
3. 表达式 " 123 " + " 100 " 的值是________。
   A. 223　B. '123+100'　C. '123100'　D. 123100
4. 一个语句行内写多条语句时，语句之间应该用________分开。
   A. 逗号　B. 分号　C. 顿号　D. 冒号
5. type(10+2*3.1)的结果是________。
   A. <class 'int'>　B. <class 'long'>　C. <class 'float'>　D. <class 'str'>
6. 在列表末尾追加一个对象的方法是________。
   A. add　B. append　C. extend　D. insert
7. 表示"身高 H 超过 1.7 m 且体重 W 小于 62.5 kg"的逻辑表达式为________。
   A. H>1.7 and W<=62.5　B. H<=1.7 or W>=62.5
   C. H>1.7 or W<62.5　D. H>1.7 and W<62.5
8. ________语句用于跳过循环体剩余语句，回到循环开头开始下一次迭代。
   A. for　B. break　C. while　D. continue
9. 在定义方法时，若参数名前使用________符号，则表示可接受任意个数的参数，这些参数保存在一个元组中。
   A. 逗号　B. 分号　C. 星号　D. 冒号
10. Python 提供了________语句，用于在方法内部声明全局变量。
    A. nonlocal　B. global　C. import　D. from
11. 下面叙述正确的是________。
    A. 算法的执行效率与数据的存储结构无关
    B. 算法的空间复杂度是指算法程序中指令（或语句）的条数（指的是算法所占用的空间）
    C. 算法的有穷性是指算法必须能在执行有限个步骤之后终止
    D. 以上三种描述都不对
12. 以下数据结构中不属于线性数据结构的是________。

A. 队列　　B. 线性表　　C. 二叉树　　D. 栈

13. 在一棵二叉树上第 5 层的结点数最多是________。

A. 8　　B. 16　　C. 32　　D. 15

14. 算法的时间复杂度是指________。

A. 执行算法程序所需要的时间

B. 算法程序的长度

C. 算法执行过程中所需要的基本运算次数

D. 算法程序中的指令条数

15. 下列叙述中正确的是________。

A. 线性表是线性结构　　B. 栈与队列是非线性结构

C. 线性链表是非线性结构　　D. 二叉树是线性结构

二、简答题

1. 列举 Python 的 5 种数据类型。哪些数据类型属于序列？哪些数据类型属于映射？

2. Python 方法变量的作用域有哪些？其区别是什么？

3. 考拉兹猜想又称奇偶归一猜想：对于每一个正整数，如果它是奇数，则对它乘 3 再加 1，如果它是偶数，则对它除以 2，如此循环，最终都能够得到 1。请编写程序验证 50 以内的数是否满足此猜想。

4. 什么是算法？算法有哪些特征？

5. 数据结构中什么是线性结构？什么是非线性结构？常见的线性结构和非线性结构有哪些？

6. 什么是线性表？栈和队列的区别和联系是什么？

7. 简述二叉树遍历的分类。

第5章 操 作 系 统

本章首先对操作系统做了总体概述，对操作系统的定义、发展、分类等方面做了简要说明，然后介绍了操作系统的五大功能。接下来以 Windows 7 为例，详细讲述操作系统的功能和使用方法，最后简要介绍了 Windows 8、Windows 10 和 Windows 11 等操作系统的特点。内容由浅入深，知识覆盖面广，注重对实际操作能力的培养。

5.1 操作系统概述

5.1.1 操作系统的概念

为了使计算机系统中所有软硬件资源协调一致、有条不紊地工作，就必须有一套软件来进行统一的管理和调度，这种软件就是操作系统。操作系统是管理软硬件资源、控制程序执行、改善人机界面、合理组织计算机工作流程和为用户使用计算机提供良好运行环境的一种系统软件。计算机系统不能缺少操作系统，正如人不能没有大脑一样，而且操作系统的性能在很大程度上直接决定了整个计算机系统的性能。操作系统直接运行在裸机上，是对计算机硬件系统的第一次扩充。在操作系统的支持下，计算机才能运行其他软件。从用户的角度看，操作系统加上计算机硬件系统形成一台虚拟机（通常广义上的计算机），它为用户构建一个方便、有效、友好的使用环境。因此可以说，操作系统不但是计算机硬件与其他软件的接口，而且也是用户和计算机的接口。

5.1.2 操作系统的分类

经过了 50 多年的迅速发展，操作系统多种多样，功能也相差很大，已经发展到能够适应各种不同的应用环境和各种不同的硬件配置。操作系统可按不同的分类标准进行多样化分类，如图 5.1 所示。

1. 按与用户交互的界面分类

（1）命令行界面操作系统

在命令行界面操作系统中，用户只能在命令提示符后（如 C:\>）输入命令才能操作计算机。其界面不友好，用户需要记忆各种命令，否则无法使用系统，如 MS-DOS、Novell 等系统。

（2）图形界面操作系统

图形界面操作系统交互性好，用户无须记忆命令，可根据界面的提示进行操作，简单易学，如 Windows 系统。

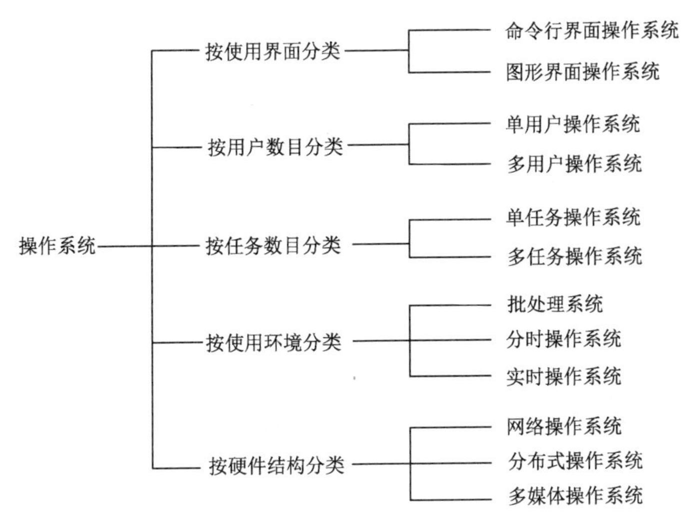

图 5.1　操作系统的分类

2. 按能够支持的用户数目分类

（1）单用户操作系统

单用户操作系统只允许一个用户使用操作系统，该用户独占计算机系统的全部软硬件资源。在微型计算机上使用的 MS-DOS、Windows 7 和 OS/2 等属于单用户操作系统。

单用户操作系统可分为单任务操作系统和多任务操作系统。其区别是一台计算机能否同时执行两项（含两项）以上的任务，如在数据统计的同时能否播放音乐等。

（2）多用户操作系统

多用户操作系统是在一台主机上连接有若干台终端，能够支持多个用户同时通过这些终端机使用该主机进行工作。根据各用户占用该主机资源的方式，多用户操作系统又分为分时操作系统和实时操作系统。典型的多用户操作系统有 UNIX、Linux、VAX-VMS 等。

3. 按是否能够运行多个任务分类

（1）单任务操作系统

单任务操作系统的主要特征是系统每次只能执行一个程序。例如，在打印时，计算机就不能再进行其他工作，如 DOS 操作系统。

（2）多任务操作系统

多任务操作系统允许同时运行两个以上的程序。例如，在打印时，可以同时执行另一个程序，如 Windows NT、Windows 2000/XP、Windows Vista、Windows 7/8/10/11、UNIX 等系统。

4. 按使用环境分类

（1）批处理操作系统

将若干作业按一定的顺序统一交给计算机系统，由计算机自动地、顺序完成这些作业，这样的系统称为批处理系统。批处理系统的主要特点是用户脱机使用计算机和成批处理，从而大幅提高了系统资源的利用率和系统的吞吐量，如 MVX、DOS/VSE、AOS/V 等操作系统。

（2）分时操作系统

分时操作系统是一台主机带有若干台终端，CPU 按照预先分配给各个终端的时间片，轮流为各个终端服务，即各个用户分时共享计算机系统的资源。它是一种多用户系统，其特点是具有交互性、即时性、同时性和独占性，如 UNIX、XENIX 等操作系统。

（3）实时操作系统

实时操作系统是对来自外界的信息在规定的时间内即时响应并进行处理的系统。它的两大特点是响应的即时性和系统的高可靠性，如 IRMX、VRTX 等操作系统。

5. 按硬件结构分类

（1）网络操作系统

网络操作系统是用来管理连接在计算机网络上的多个独立的计算机系统（包括微机、无盘工作站、大型机和中小型机系统等），使它们在各自原来操作系统的基础上实现相互之间的数据交换、资源共享、相互操作等网络管理和网络应用的操作系统。连接在网络上的计算机称为网络工作站，简称工作站。工作站和终端的区别是前者具有自己的操作系统和数据处理能力，后者要通过主机实现运算操作，如 NetWare、Windows NT、OS/2Warp、Sonos 操作系统。

（2）分布式操作系统

分布式操作系统也是通过通信网络将物理上分布存在的、具有独立运算功能的数据处理系统或者计算机系统连接起来，实现信息交换、资源共享和协作完成任务的系统。分布式操作系统管理系统中的全部资源，为用户提供一个统一的界面，强调分布式计算和处理，更强调系统的坚强性、重构性、容错性、可靠性和快速性。从物理连接上看它与网络系统十分相似，与一般网络系统的主要区别表现在：当操作人员向系统发出命令后能迅速得到处理结果，但运算处理是在系统中的哪台计算机上完成的操作人员并不知道，如 Amoeba 操作系统。

（3）多媒体操作系统

多媒体计算机是近几年发展起来的集文字、图形、声音、动画于一体的计算机。多媒体操作系统对上述各种信息和资源进行管理，包括数据压缩、声像同步、文件格式管理、设备管理、提供用户接口等。

5.2 操作系统的基本功能

操作系统作为计算机系统的管理者，其主要功能是对系统所有的软硬件资源进行合理而有效的管理和调度，提高计算机系统的整体性能。一般而言，引入操作系统有两个目的：第一，从用户角度来看，操作系统将裸机改造成一台功能更强、服务质量更高、用户使用起来更加灵活方便、更加安全可靠的虚拟机，使用户无须了解更多有关硬件和软件的细节就能使用计算机，从而提高用户的工作效率；第二，为了合理地使用系统包含的各种软硬件资源，提高整个系统的使用效率。具体地说，操作系统具有处理器管理、存储管理、设备管理、文件管理、作业管理等功能。

5.2.1 处理机管理

处理机管理也称进程管理。进程是一个动态的过程，是执行起来的程序，是系统进行资源调度和分配的独立单位。

进程与程序的区别，有以下 4 点：

① 程序是“静止”的，它描述的是静态指令集合及相关的数据结构，所以程序是无生命的；进程是“活动”的，它描述的是程序执行起来的动态行为，所以进程是有生命周期的。

② 程序可以脱离机器长期保存,即使不执行的程序也是存在的。而进程是执行着的程序，当程序执行完毕时，进程也就不存在。进程的生命是暂时的。

③ 程序不具有并发特征，不占用 CPU、存储器、输入/输出设备等系统资源，因此不会受到其他程序的制约和影响。进程具有并发性，在并发执行时，由于需要使用 CPU、存储器、输入/输出设备等系统资源，因此受到其他进程的制约和影响。

④ 进程与程序不是一一对应的。一个程序多次执行，可以产生多个不同的进程。一个进程也可以对应多个程序。

进程在其生命周期内，由于受资源制约，其执行过程是间断的，因此进程状态也是不断变化的。一般来说，进程有以下 3 种基本状态。

① 就绪状态：进程已经获取了除 CPU 之外所必需的一切资源，一旦分配到 CPU，就可以立即执行。

② 运行状态：进程获得了 CPU 及其他一切所需的资源，正在运行。

③ 等待状态：由于某种资源得不到满足，进程运行受阻，处于暂停状态，等待分配到所需资源后，再投入运行。

操作系统对进程的管理主要体现在调度和管理进程从“创生”到“消亡”整个生命周期过程中的所有活动，包括创建进程、转变进程的状态、执行进程和撤销进程等操作。

5.2.2　存储管理

存储器是计算机系统中存放各种信息的主要场所，因而是系统的关键资源之一，能否合理、有效地使用这种资源，在很大程度上影响到整个计算机系统的性能。操作系统的存储管理主要是对内存的管理。除了为各个作业及进程分配互不发生冲突的内存空间，保护放在内存中的程序和数据不被破坏外，还要组织最大限度地共享内存空间，甚至将内存和外存结合起来，为用户提供一个容量比实际内存大得多的虚拟存储空间。

5.2.3　设备管理

外围设备是计算机系统中完成和人及其他系统间进行信息交流的重要资源，也是系统中最具多样性和变化性的部分。设备管理是负责对接入本计算机系统的所有外围设备进行管理，主要功能有设备分配、设备驱动、缓冲管理、数据传输控制、中断控制、故障处理等。常采用缓冲、中断、通道、虚拟设备等技术尽可能地使外围设备和主机并行工作，解决快速 CPU 与慢速外围设备的矛盾，使用户不必去涉及具体设备的物理特性和具体控制命令就能方便、灵活地使用这些设备。

5.2.4　文件管理

计算机中存放着成千上万的文件，这些文件保存在外存中，但其处理却是在内存中进行的。对文件的组织管理和操作都是由被称为文件系统的软件来完成的。文件系统由文件、管理文件的软件和相应的数据结构组成。文件管理支持文件的建立、存储、检索、调用、修改等操作，解决文件的共享、保密、保护等问题，并提供方便的用户使用界面，使用户能实现对文件的按名存取，而不必关心文件在磁盘上的存放细节。

5.2.5 作业管理

作业管理是为处理机管理做准备的，包括对作业的组织、调度和运行控制。将一次解题过程中或者一个事务处理过程中要求计算机系统所完成的工作的集合，包括要执行的全部程序模块和需要处理的全部数据，称为一个作业（Job）。

作业有 3 个状态：当作业被输入到系统的后备存储器中，并建立了作业控制模块（Job Control Block，JCB）时，称其处于后备态；作业被作业调度程序选中并为它分配了必要的资源，建立了一组相应的进程时，称其处于运行态；作业正常完成或者因程序出错等而被终止运行时，称其进入完成态。

CPU 是整个计算机系统中较昂贵的资源，它的速度要比其他硬件快得多，所以操作系统要采用各种方式充分利用它的处理能力，组织多个作业同时运行，主要解决对处理器的调度、冲突处理和资源回收等问题。

5.3 常用的操作系统

5.3.1 DOS 操作系统

DOS（Disk Operating System）即磁盘操作系统，是微软公司开发的操作系统。它是配置在 PC 上的单用户命令行界面操作系统，曾经被最广泛地应用，对于计算机的应用普及可以说功不可没。其功能主要是进行文件管理和设备管理。

5.3.2 Windows 操作系统

从 1983 年到 1998 年，微软公司陆续推出了 Windows 1.0、Windows 2.0、Windows 3.0、Windows 3.1、Windows NT、Windows 95、Windows 98 等系列操作系统。Windows 98 以前版本的操作系统由于存在某些缺点而很快被淘汰。Windows 98 提供了更强大的多媒体和网络通信功能，以及更加安全可靠的系统保护措施和控制机制，从而使 Windows 98 系统的功能趋于完善。1998 年 8 月，Microsoft 公司推出了 Windows 98 中文版，这个版本当时应用非常广泛。

2000 年，微软公司推出了 Windows 2000 的英文版。Windows 2000 也就是改名后的 Windows NT5，具有许多意义深远的新特性。

2001 年，微软公司推出了 Windows XP。它整合了 Windows 2000 的强大功能特性，并植入了新的网络单元和安全技术，具有界面时尚、使用便捷、集成度高、安全性好等优点。

2005 年，微软公司又在 Windows XP 的基础上推出了 Windows Vista。Windows Vista 仍然保留了 Windows XP 整体优良的特性，通过进一步完善，在安全性、可靠性及互动体验等方面更加突出和完善。

2009 年 10 月 22 日，微软公司正式发布 Windows 7 作为微软公司新的操作系统。Windows 7 第一次在操作系统中引入 Life Immersion 概念，即在系统中集成许多人性因素，一切以人为本，同时沿用了 Vista 的 Aero（Authentic 真实，Energetic 动感，Reflective 反射性，Open 开阔）界面，提供了高质量的视觉感受，使得桌面更加流畅、稳定。为了满足不同定位用户群体的需要，Windows 7 提供了 5 个不同版本：家庭普通版（Home Basic 版）、家庭高级版（Home Premium 版）、商用版（Business 版）、企业版（Enterprise 版）和旗舰版（Ultimate 版）。

2012 年 10 月 26 日，Windows 8 正式推出。Windows 8 支持来自 Intel、AMD 和 ARM 的芯片架构，被应用于个人计算机和平板计算机上，尤其是移动触控电子设备，如触屏手机、平板计算机等。该系统具有良好的续航能力，且启动速度更快、占用内存更少，并兼容 Windows 7 所支持的软件和硬件。另外，在界面设计上，采用平面化设计。

Windows 10 是由微软公司发布的另一个 Windows 版本，其大幅减少了开发阶段。自 2014 年 10 月 1 日开始公测，Windows 10 经历了 Technical Preview（技术预览版）以及 Insider Preview（内测者预览版）。Windows 10 发布的 7 个发行版本，分别面向不同用户和设备。2015 年 7 月 29 日 12 点起，Windows 10 推送全面开启，Windows 7、Windows 8.1 用户可以升级到 Windows 10，用户也可以通过系统升级等方式升级到 Windows 10。

Windows 11 是由微软公司开发的操作系统，应用于计算机和平板计算机等设备。它于 2021 年 6 月 24 日发布，2021 年 10 月 5 日发行。Windows 11 提供了许多创新功能，增加了新版开始菜单和输入逻辑等，支持与时代相符的混合工作环境，侧重于在灵活多变的体验中提高最终用户的工作效率。Windows 11 也包括 7 个版本：Windows 11 家庭版、Windows 11 专业版、Windows 11 企业版、Windows 11 专业工作站版、Windows 11 教育版、Windows 11 混合现实版，延伸版本为 Windows 11 22H2。

5.3.3　UNIX 与 Linux 操作系统

1971 年，UNIX 诞生于 AT&T 公司的贝尔实验室。经过 50 年的发展和完善，UNIX 已经成为一种主流的操作系统技术，基于此项技术的产品也形成了一个大家族。一直以来，UNIX 技术始终处于国际操作系统领域的主流地位。它支持多个用户和多任务网络，且数据库功能强，可靠性高，伸缩性突出，并支持多种处理器架构，在巨型计算机、服务器和普通个人计算机等多种硬件平台上均可运行。

UNIX 的家族庞大，从贝尔实验室的 IMIX V，到伯克利的 BSD，再到 DEC 的 Ultrx、惠普的 HP-WX、IBM 的 AIX、SGI 的 IRIX、Novell 的 UnixWare、SCO 的 OpenSver、Compaq 的 Tru64 UNIX 等，甚至苹果公司的 Mac OS X、教学用的 Minix 和开源 Linux 等都可以从 UNIX 版本演化或者技术属性上归入 UNIX 类系统操作，它们为 UNIX 的繁荣做出了巨大贡献。

Linux 是一套免费使用和自由传播的类似 UNIX 操作系统，是一个基于多用户、多任务、支持多线程和多 CPU 的操作系统。它能运行主要的 UNIX 工具软件、应用程序和网络协议。

Linux 最初由一个芬兰的大学生 Linus Torvalds 编写，他将源代码公开并放到 Internet 传播，后来经过全球各地成千上万的程序员完善。其目的是建立不受任何商品化软件版权制约的、全世界都能自由使用的UNIX兼容产品。

现在，UNIX、Linux和Windows成为三大类主流操作系统。UNIX作为应用面较广、影响力较大的操作系统，一直是关键应用中的首选操作系统。从技术属性上看，Linux应当归属于类UNIX操作系统（UNIX-like），但Linux作为UNIX技术的继承者，已日渐成为UNIX后续发展的重要替代品和有力竞争者。面对Linux的冲击，传统UNIX厂商，包括SCO、IBM、惠普、SGI和Compaq等在支持或观望中做着不同的选择。而在高速发展的同时，Linux也面临着不同发行版本之间的不兼容以及Linux与GNU理念及其Hurd内核之间潜在的冲突隐患。此外，传统商业UNIX厂商还通过并购以及不停地发布功能不断增强的UNIX新版本来完善自己。

5.3.4 嵌入式操作系统

嵌入式操作系统（Embedded Operating System，EOS）是指用于嵌入式系统的操作系统。嵌入式操作系统是一种用途广泛的系统软件，通常包括与硬件相关的底层驱动软件、系统内核、设备驱动接口、通信协议、图形界面、标准化浏览器等。嵌入式操作系统负责嵌入式系统的全部软、硬件资源的分配、任务调度，控制、协调并发活动。它必须体现其所在系统的特征，能够通过装卸某些模块来达到系统所要求的功能。嵌入式操作系统通路具有系统内核小、专用性强、系统精简、高实时性、多任务的操作系统及需要开发工具和环境等特点。目前在嵌入式领域广泛使用的操作系统有嵌入式Linux、Windows Embedded、VxWorks等，以及应用在智能手机和平板计算机的Android、iOS等。

5.3.5 平板计算机操作系统

2010年，苹果iPad在全世界掀起了平板计算机热潮，自第一代iPad上市以来，平板计算机以惊人的速度发展起来，其对传统PC产业，甚至是整个3C产业都带来了革命性的影响。随着平板计算机的快速发展，平板计算机在PC产业的地位也愈发重要，其在PC产业的占比也得到大幅提升。目前市场上所有的平板计算机基本使用了三种操作系统，分别是iOS、Android、Windows。

iOS是由苹果公司开发的手持设备操作系统。iOS最初是设计给iPhone使用的，后来陆续套用到iPod touch、iPad及Apple TV等苹果产品上。苹果的iOS系统是封闭的，并不开放，所以使用iOS的平板计算机，也只有苹果的iPad系列。

iOS系统的用户界面非常精美，也得到了很多人的喜爱，其操作系统使用起来比较容易。此外，该系统拥有成千上万的应用也是一个比较大的优势，各式各样的游戏、娱乐应用能让用户的生活更加丰富多彩。

Android是基于Linux核心的软件平台和操作系统，主要用于移动设备。Android系统最初是应用于手机的，由于它是免费开源的，并允许智能手机生产商搭载Android系统，很快占有了较高的市场份额。Android系统逐渐拓展到平板计算机及其他领域。

对用户而言，Android系统除了可以体验到不同厂商推出的用户界面之外，还可以免费下载许多大型游戏。Android也是国内平板计算机主要的操作系统。

在苹果推出 iPad 平板计算机以后,微软公司又推出了用于平板计算机的 Windows 8 系统。

使用 Windows 的平板计算机不仅可以玩游戏，同时也可以处理一些办公文件，能够拥有完整的 PC 体验。传统台式机、笔记本计算机能做的事情，通过 Windows 平板计算机都可以做到，它为人们提供了高效易行的工作环境。

5.4　中文 Windows 7 使用基础

5.4.1　Windows 7 的桌面

在第一次启动 Windows 7 时，首先看到桌面，即整个屏幕区域（用来显示信息的有效范围）。为了简洁，桌面只保留了“回收站”图标。在 Windows XP 中 Internet Explorer、“我的文档”、“网上邻居”等图标被整理到“开始”菜单中。“开始”菜单由两部分组成，左边是常用程序的快捷列表，右边是系统工具和文件管理工具列表。

Windows 7 仍然保留了大部分 Windows 9x、Windows NT 和 Windows 2000/XP 等操作系统的风格，其桌面如图 5.2 所示。

图 5.2　Windows 7 的桌面

桌面由桌面背景、图标、任务栏、“开始”菜单、语言栏和通知区域组成。桌面上可放置各式各样的图标，如“我的文档”、“计算机”、“网上邻居”、“回收站”和 Internet Explorer 图标。

1. 图标

每个图标由两部分组成：一是图标的图案；二是图标的标题。图案部分是图标的图形标识，为了便于区别，不同的图标一般使用不同的图案。标题是说明图标的文字信息。图标的图案和标题都可以修改。

桌面上的图标有一部分是快捷方式图标，其特征是在图案的左下方有一个向右上方的箭头。快捷方式图标可方便启动与其相对应的应用程序，它只是相应应用程序的一个映像，它的删除并不影响应用程序的存在。

为了保持桌面的整洁和美观，可用以下几种方式对桌面上的图标进行排列。

① 鼠标拖动：先选中要拖动的图标（可以是一个，也可多个），然后按住鼠标左键把图标拖到适当的位置松开即可。

② 使用快捷菜单：在桌面的空白处（即没有图标和窗口的地方）右击，在弹出的快捷菜单中选择“查看”“排序方式”等命令，然后根据需求对桌面图标进行自动排列。

桌面上图标的大小可以调整，最简单的方法是：按住【Ctrl】键的同时，向上或向下滚动鼠标轮即可改变图标的大小。

2. 任务栏

在桌面的底部有一个长条，称为“任务栏”。“任务栏”的左端是“开始”按钮，右边是窗口区域、语言栏、工具栏、通知区域、时钟区等，最右端为显示桌面按钮，中间是应用程序按钮分布区。工具栏默认不显示，它的显示与否可以通过“任务栏”和“「开始」菜单属性”中的“工具栏”进行设置。

① “开始”按钮：“开始”按钮是 Windows 7 进行工作的起点，在“开始”菜单不仅可以使用 Windows 7 提供的附件和各种应用程序，而且还可以安装各种应用程序以及对计算机进行各项设置。在 Windows 7 中取消了 Windows XP 中的快速启动栏，用户可以直接把程序附加在任务栏上快速启动。

② 时钟：显示当前计算机的时间和日期。若要了解当前的日期，只需要将光标移动到时钟上，信息会自动显示。单击该图标，可以显示当前的日期和时间及设置信息。

③ 空白区：每当用户启动一个应用程序时，应用程序就会作为一个按钮出现在任务栏上。当该程序处于活动状态时，任务栏上的相应按钮处于被按下的状态，否则，处于弹起状态。可利用此区域在多个应用程序之间进行切换（只需要单击相应的应用程序按钮即可）。

任务栏在默认情况下，总是出现在屏幕的底部，而且不被其他窗口所覆盖。其高度只能够容纳一行按钮。在任务栏为非锁定状态时，将鼠标移到任务栏的边缘附近，当鼠标指针变成上下箭头形状时按住鼠标左键上下拖动，就可改变任务栏的高度（最高到屏幕高度的一半）。若用鼠标拖动任务栏，可以将任务栏拖到屏幕的上、下、左、右 4 个边缘位置。

在 Windows 7 中也可根据个人的喜好定制任务栏。右击任务栏的空白处，在弹出的快捷菜单中选择“属性”命令，打开“任务栏和「开始」菜单属性”对话框，选择“任务栏”选项卡，如图 5.3 所示。

设置内容：锁定任务栏、自动隐藏任务栏、使用小图标、屏幕上的任务栏位置、任务栏按钮、通知区域和使用 Aero Peek 预览桌面。

图 5.3 “任务栏和「开始」菜单属性”对话框

3. “开始”菜单

单击“开始”按钮会弹出“开始”菜单。“开始”菜单集成了 Windows 7 中大部分的应用程序和系统设置工具，如图 5.4 所示（普通方式下），显示的具体内容与计算机的设置和安装的软件有关。

在“开始”菜单中，每一项菜单除了有文字之外，还有一些标记，其中，文字是该菜单项的标题，图案是为了美观和好看；文件夹图标表示里面有菜单；▶或者◀表示显示或隐藏子菜单项；字母表示当该菜单项在显示时，直接按该字母就可以打开相应的菜单项。当某个菜单项灰色时，表示此时不可用。

在“开始”中，可以用键盘或鼠标选择某一项执行相应的操作。选择菜单项的方法有以下两种：

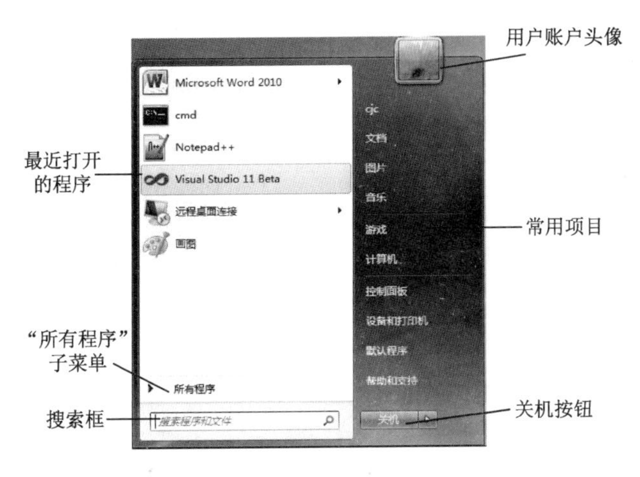

图 5.4　“开始”菜单

① 单击要用的菜单项。

② 用键盘上的上下箭头移动光标到要用的菜单项上（此菜单项高亮显示），然后按【Enter】键。

“开始”菜单最常用的是打开安装到计算机中的应用程序，由常用程序列表、搜索框、右侧窗格、关机按钮及其他选项组成。

菜单中主要选项如下：

① 关机：选择此命令后，计算机会执行快速关机命令，默认有 5 个选项，包括切换用户、注销、锁定、重新启动和睡眠。

② 搜索框：使用搜索框可以快速找到所需要的程序和文件。搜索框还能取代“运行”对话框，在搜索框中输入程序名，可以启动程序。

③ 所有程序：单击该菜单项，会列出一个按字母顺序排列的程序列表，在程序列表的下方还有一个文件夹列表。单击程序列表中的某个程序图标打开该应用程序。打开应用程序的同时，“开始”菜单会自动关闭。

④ 帮助和支持：该命令可打开“帮助和支持中心”窗口，也可通过【F1】功能键打开。在帮助窗口中，可以通过两种方式获得帮助。

⑤ 常用项目：可以通过常用项目中的游戏、计算机、控制面板、设备和打印机等命令进行快速访问及其他操作。

⑥ 列表栏：列出用户最近使用过的文档或者程序。

⑦ 运行栏：可以使用该命令启动或者打开文档。

5.4.2 Windows 7 窗口

Windows 7 窗口在屏幕上呈一个矩形，是用户和计算机进行信息交换的界面。

1. 窗口的分类

窗口一般分为应用程序窗口、文档窗口和对话框窗口。

① 应用程序窗口：表示一个正在运行的应用程序。

② 文档窗口：在应用程序中用来显示文档信息的窗口。文档窗口顶部有自己的名字，但没有自己的菜单栏，它共享应用程序的菜单栏。

③ 对话框窗口：它是在程序运行期间，用来向用户显示信息或者让用户输入信息的窗口。

2. 窗口的组成

每一个窗口都有一些共同的组成元素，但并不是所有的窗口都具有相同的元素，如对话框无菜单栏。窗口一般包括 3 种状态：正常、最大化和最小化。正常窗口是 Windows 系统默认的大小；最大化窗口充满整个屏幕；最小化窗口则缩小为一个图标和按钮。当工作窗口处于正常或者最大化状态时，都由边界、工作区、标题栏、状态控制按钮等组成部分，如图 5.5 所示。

Windows 7 在应用工作区中设置了一个功能区，即位于窗口左边部分的列表框。通过“组织”→“布局”菜单调整是否显示菜单栏以及各种窗格，如图 5.6 所示。

图 5.5 Windows 7 窗口示意图

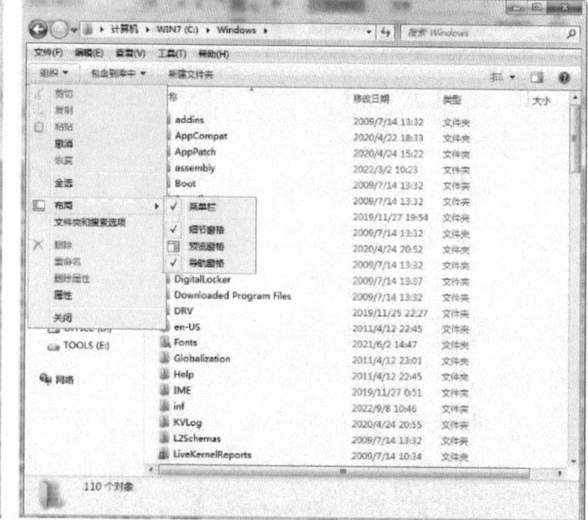

图 5.6 Windows 窗口“布局”菜单

① 控制菜单：位于窗口的左上角，其图标为该应用程序的图标。单击该图标，可弹出控制菜单，其中包括改变窗口的大小、最大化、最小化、恢复和关闭窗口等菜单项。

② 标题栏：位于窗口的顶部，单独占一行。其中显示的有当前文档的名称和应用程序的名称，两者之间用短横线隔开。拖动标题栏可以移动窗口的位置，双击它可最大化或恢复窗口。当标题栏为深蓝色显示时，表示当前窗口是活动窗口。非活动窗口的标题栏呈灰色显示。

③ 菜单栏：位于标题栏的下面，列出该应用程序可用的菜单。每个菜单都包含若干个菜

单项，通过选择菜单项可完成相应操作。不同的应用程序，其菜单的内容可能有所不同。

④ 工具栏：位于菜单栏的下面，其内容可由用户自己定义。工具栏上有一系列的小图标，单击它可完成相应的操作。工具栏的功能与菜单栏的功能是相同的，但使用工具栏更方便、快捷。

5.4.3　浏览计算机中的资源

为了很好地使用计算机，用户要对计算机的资源（主要是存放在计算机上的文件或者文件夹）进行了解，一般来说，是对相关的内容进行浏览和操作。在 Windows 7 中，资源管理器发生了很大的变化，从布局到内在都焕然一新。

打开资源管理器窗口的方法很多，最常用的方法如下：

双击桌面上的“计算机”图标，打开“计算机”窗口，如图 5.7 所示。

Windows 7 的资源管理器主要由地址栏、搜索栏、工具栏、导航窗格、资源管理器窗格、预览窗格以及细节窗格 7 部分组成。其中的预览窗格默认不显示。用户可以通过“组织”菜单中的“布局”来设置“菜单栏”、“细节窗格”、“预览窗格”和“导航窗格”是否显示。

① 地址栏：有“后退”“前进”“记录”、“上一位置”、“刷新”等按钮。其中，“记录”按钮的列表最多可以记录最近的 10 个项目。Windows 7 的地址栏引入了“按钮”的概念，用户能够更快地切换文件夹，地址栏同时具有搜索的功能。

② 搜索栏：输入内容的同时，系统就开始搜索。在搜索时，用户还可以设置搜索条件，如种类、修改日期、类型、大小、名称。

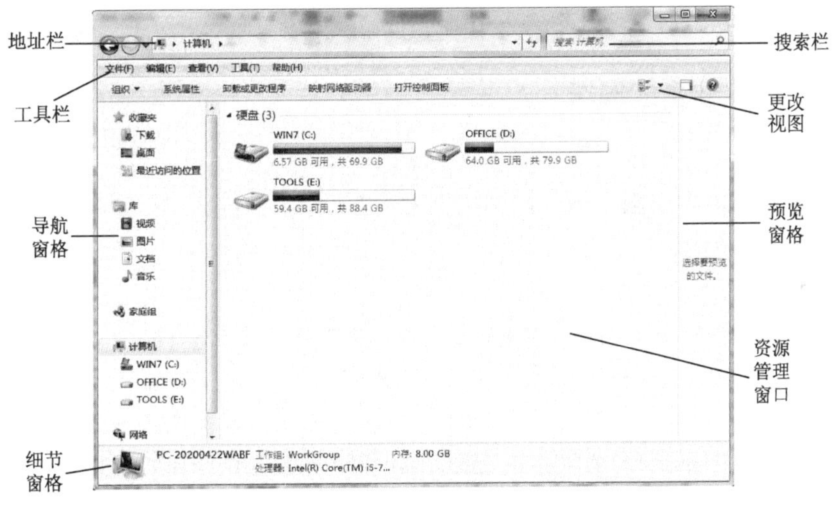

图 5.7　“计算机”窗口

③ 导航窗格：能够辅助用户在磁盘、库中切换。导航窗格中分为收藏夹、库、家庭组、计算机和网络 5 部分，其中的家庭组仅当加入某个家庭组后才会显示。

④ 细节窗格：用于显示一些特定文件、文件夹以及对象的信息。当在资源管理窗格中没有选中对象时，细节窗格显示的是本机的信息。

⑤ 预览窗格：它是 Windows 7 中的一项改进，在默认情况下不显示，这是因为大多数用户不会经常预览文件内容。可以通过单击工具栏右侧的“显示/隐藏预览窗格”按钮显示

或者隐藏预览窗格。Windows 7 资源管理器支持多种文件的预览，包括音乐、视频、图片、文档等。如果文件是比较专业的，则需要安装有相应的软件才能预览。

⑥ 工具栏：工具栏按钮会根据不同文件夹显示不同的内容。通过单击工具栏左边的“更改视图”切换资源管理器中对象的显示方式，也可单击其右边的“更多选项”直接选择某一显示方式。

⑦ 资源管理窗格：用户进行操作的主要地方。在此窗格中，用户可进行选择、打开、复制、移动、创建、删除、重命名等操作。同时，根据显示的内容，在资源管理窗格的上部会显示不同的相关操作。

5.4.4 执行应用程序

用户使用计算机，必须通过执行各种应用程序来完成。例如，播放视频，需要执行“暴风影音”等应用程序；上网，需要执行 Internet Explorer 等应用程序。

执行应用程序的方法有以下几种：

① 对 Windows 自带的应用程序，可以通过“开始”“所有程序”，再选择相应的菜单项来执行。

② 在“计算机”窗口中找到要执行的应用程序文件，双击（也可以选中之后按【Enter】键；也可以右击程序文件，然后选择“打开”命令）。

③ 双击应用程序对应的快捷方式图标。

④ 选择“开始”→“运行”命令，在命令行输入相应的命令后单击“确定”按钮。

5.4.5 文件和文件夹的操作

1. 文件的含义

文件是通过名字（文件名）来标识的存放在外存中的一组信息。在 Windows 7 中，文件是存储信息的基本单位。

2. 文件的命名

文件名用来标示每一个文件，实现按文件名存储文件。每个文件必须有一个唯一确定的名字，以区分每个文件。文件的名称格式为：文件名+扩展名。主文件名是必须有的，扩展名是可选的。主文件名是由用户命名的，是文件的描述和标记。扩展名大多是由文件类型来决定的，是在文件生成时由系统自动生成的，也可以由用户自己添加和改变。

在同一个文件夹内可以有两个相同主文件名、不同扩展名的文件，但是不能有两个主文件名和扩展名都相同的文件。文件名可以多达 255 个字符，字符可以是汉字、空格和特殊字符，但不能是“？、\、/、:、*、<、>、|”等。例如，文件名#abc123%.doc 是合法文件名；文件名 a<sd>.doc 是不合法文件名。

当创建文件时，必须按照文件命名规范设置该文件的合法文件名，各种文件系统的文件命名不尽相同。

3. 文件的类型

在计算机中存储的文件类型有多种，如图片文件、音乐文件、视频文件、可执行文件等。

不同类型的文件在存储时的扩展名是不同的，如音乐文件有.mp3、.wma 等，视频文件有.avi、.rmvb、.rm 等，图片文件有.jpg、.bmp 等。不同类型的文件在显示时图标也不同，如图 5.8 所示。Windows 7 默认将已知的文件扩展名隐藏。

图 5.8　不同的文件类型示意图

4. 文件夹

文件夹是用来存放文件或文件夹，与生活中的“文件夹”相似。在文件夹中还可以再存储文件夹。相对于当前文件夹来说，它里面的文件夹称为子文件夹，如图 5.9 所示。

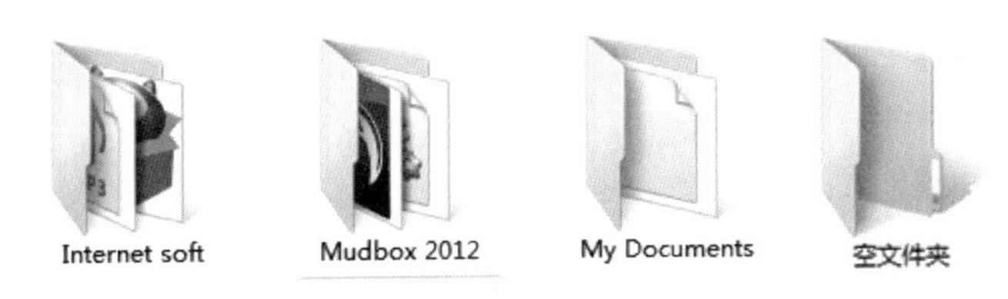

图 5.9　不同文件夹的图标

5. 文件的选择操作

在 Windows 中，对文件或文件夹操作之前，必须先将其选中。根据选择的对象，选中分单个的、连续的多个、不连续的多个 3 种情况。

① 选中单个文件：用鼠标单击即可。

② 选中连续的多个文件：先选第一个（方法同 1），然后按住【Shift】键的同时单击最后 1 个，则它们之间的文件全被选中。

③ 选中不连续的多个文件：先选中第一个，然后按住【Ctrl】键的同时再单击其余的每个文件。

如果想把当前窗口中的对象全部选中，则选择“编辑”→“全部选中”命令，也可按【Ctrl+A】组合键。

只有先选中文件，才可以进行各种操作。

6. 复制、移动和删除文件

复制文件的操作方法如下：

方法一：先选择“编辑”→“复制”命令（也可以用【Ctrl+C】组合键），然后转换到目标位置，再选择“编辑”→“粘贴”（也可用【Ctrl+V】组合键）。

方法二：用鼠标直接把文件拖动到目标位置松开即可（如果是在同一个磁盘内进行复制的，则在拖动的同时按住【Ctrl】键）。

方法三：如果把文件从硬盘复制到 U 盘或活动硬盘，可右击文件，在弹出的快捷菜单中选择“发送到”，然后选择一个盘符即可。

移动文件与复制文件的操作类似。

删除文件可以使用【Delete】键。若在删除文件的同时按住【Shift】键，文件则被直接彻底删除，而不放入回收站。

7. 文件重新命名

文件的复制、移动、删除操作一次可以操作多个对象。而文件的重命名只能一次操作一个文件。

方法一：右击图标，在弹出的快捷菜单中选择“重命名”命令，然后输入新的文件名即可。

方法二：选择“文件”→“重命名”命令，然后输入新的文件名即可。

方法三：单击图标标题，然后输入新的文件名即可。

方法四：按【F2】键，输入新的文件名即可。

8. 修改文件的属性

在 Windows 7 中，为了简化用户的操作和提高系统的安全性，只有“只读”和“隐藏”属性可以供用户操作。

修改属性的方法如下：

方法一：右击文件图标，在弹出的快捷菜单中选择“属性”命令。

方法二：选择“文件”→“属性”命令。

以上两种方法都会出现“属性”对话框，分别在属性前面的复选框中加以选择，然后单击“确定”按钮。

在文件属性对话框中，还可以更改文件的打开方式，查看文件的安全性和详细信息等。

9. 文件夹的操作

在 Windows 中，文件夹是一个存储区域，用来存储文件和文件夹等信息。

文件夹的选中、移动、删除、复制和重命名与文件的操作完全一样，在此不再重复。这里主要介绍与文件不同的操作。要特别注意：文件夹的移动、复制和删除操作，不仅仅是文件夹本身，而且还包括它所包含的所有内容。

（1）创建文件夹

先确定文件夹所在的位置，再选择“文件”→“新建”命令，或者在窗口的空白处右击，在弹出的快捷菜单中选择“新建”→“文件夹”命令，系统将生成相应的文件夹，用户只要在图标下面的文本框中输入文件夹的名字即可。系统默认的文件夹名是“新建文件夹”。

（2）修改文件夹选项

“文件夹选项”命令用于定义资源管理器中文件与文件夹的显示风格，选择“工具”→“文件夹选项”命令，打开“文件夹选项”对话框，包括“常规”、“查看”和“搜索”3 个选项卡。

①“常规”选项卡：包括 3 个选项：浏览文件夹、打开项目的方式和导航窗格，分别可以对文件夹显示的方式、窗口打开的方式以及文件和导航窗格的方式进行设置。

②“查看”选项卡（见图 5-10）中包括两部分的内容：“文件夹视图”和“高级设置”。

“文件夹视图”提供了简单的文件夹设置方式。单击“应用到文件夹”按钮，会使所有的文件夹的属性同当前打开的文件夹相同；单击“重置文件夹”按钮，将恢复文件夹的默认状态，用户可以重新设置所有的文件夹属性。

在“高级设置”列表框中可以对多种文件的操作属性进行设置和修改。

③“搜索”选项卡：可以设置搜索内容、搜索方式等。

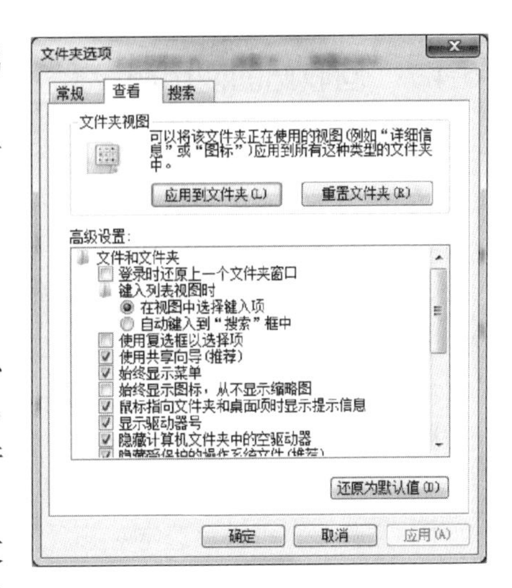

图 5.10　“查看”选项卡

5.4.6　库

库（Library）在前面已经提到，有视频库、图片库、文档库、音乐库等。库是 Windows 7 中的文件管理系统，也是 Windows 7 系统最大的亮点之一，它彻底改变文件管理方式，将死板的文件夹方式变得更加灵活和方便。

库可以集中管理视频、文档、音乐、图片和其他文件。在某些方面，库类似传统的文件夹，在库中查看文件的方式与文件夹完全一致。但与文件夹不同的是，库可以收集存储在任意位置的文件，这是一个细微但重要的差异。库仅是文件（夹）的一种映射，库中的文件并不位于库中。库实际上并没有真实存储数据，它只是采用索引文件的管理方式，监视其包含项目的文件夹，并允许用户以不同的方式访问和排列这些项目。库中的文件都会随着原始文件的变化而自动更新，并且可以同名的形式存在于文件库中。

不同类型的库，库中项目的排列方式也不尽相同，如图片库有月、日、分级、标记几个选项，文档库中有作者、修改日期、标记、类型、名称几大选项，如图 5.11 所示。

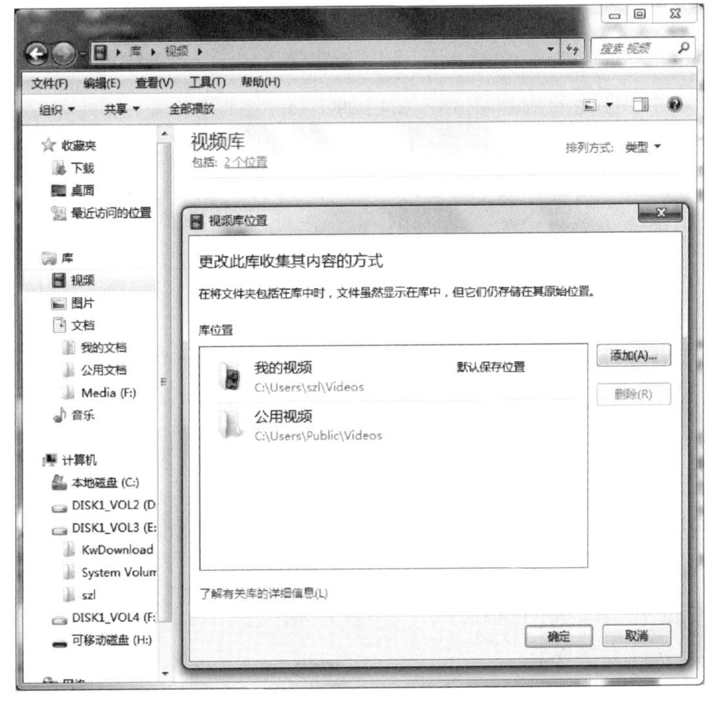

图 5.11　库操作示意图

5.4.7 回收站的使用和设置

回收站是一个比较特殊的文件夹，它的主要功能是临时存放用户删除的文件和文件夹，此时它们仍然存在于硬盘中。用户既可以在回收站中把它们恢复到原来的位置，也可以在回收站中彻底删除它们以释放硬盘空间。基本操作包括：

① 还原回收站中的文件和文件夹：要还原一个或多个文件夹，可以在选定对象后在菜单中选择“文件”→“还原”命令。要还原所有文件和文件夹，可单击工具栏中的“还原所有项目”。

② 彻底删除文件和文件夹：彻底删除一个或多个文件和文件夹，可以在选定对象后选择“文件”→“删除”命令。要彻底删除所有文件和文件夹，可清空回收站。当“回收站”中的文件所占用的空间达到回收站的最大容量时，“回收站”就会按照文件被删除的时间先后从回收站中彻底删除。

③ 回收站的设置：在桌面上右击“回收站”图标，在弹出的快捷菜单中选择“属性”命令，即可打开“回收站属性”对话框，如图 5.12 所示。

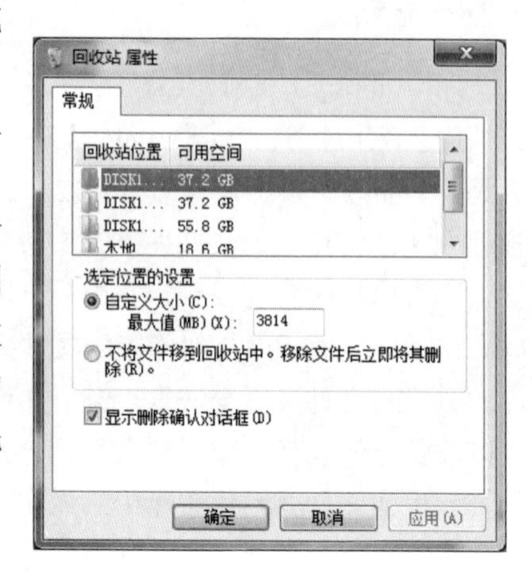

图 5.12 “回收站属性”对话框

5.4.8 中文输入法

在中文 Windows 7 中，中文输入法采用了非常方便、友好而又有个性化的用户界面，新增加了许多中文输入功能，使得用户输入中文更加灵活。

在安装 Windows 7 时，系统已默认安装了微软拼音、ABC 等多种输入方法，但在语言栏中只显示了一部分，此时，可以进行添加和删除操作。

① 单击“开始”→“控制面板”→“时钟、语言和区域”→“更改键盘或者其他输入法”命令，打开“区域和语言”对话框。

② 选择“键盘和语言”选项卡，单击“更改键盘”，打开如图 5.13 所示的对话框。

③ 根据需要，选中（或取消选中）某种输入法前的复选框，单击“确定”按钮即可。

对于计算机上没有安装的输入方法，可使用相应的输入法安装软件直接安装。

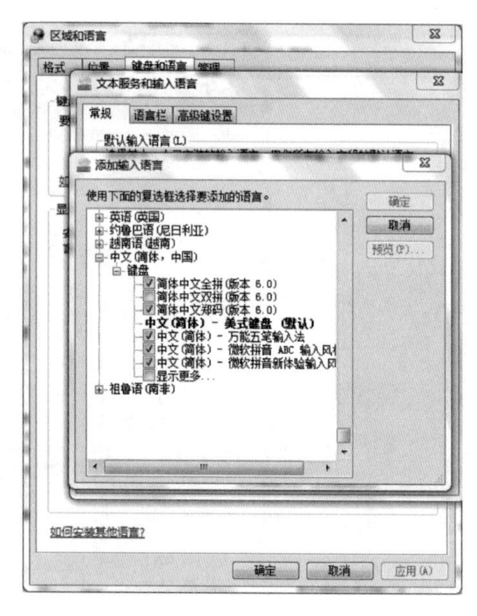

图 5.13 “区域和语言”对话框

5.4.9 磁盘管理

磁盘是计算机用于存储数据的硬件设备。Windows 7 的磁盘管理任务是以一组磁盘管理实用程序的形式提供给用户的，包括查错程序、磁盘碎片整理程序、磁盘整理程序等。

在 Windows 7 中没有提供一个单独的应用程序来管理磁盘，而是将磁盘管理集成到“计算机管理”程序中。选择“开始”→“控制面板”→“系统和安全”→“管理工具”→“计算机管理”命令（也可右击桌面上的“计算机”图标，在弹出的快捷菜单中选择“管理”命令），选择“存储”中的“磁盘管理”，打开“计算机管理”窗口，如图 5.14 所示。

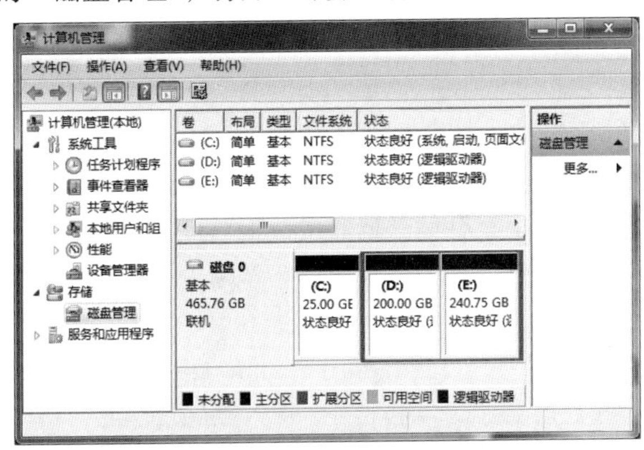

图 5.14 “计算机管理”窗口

在 Windows 7 中，几乎所有的磁盘管理操作都能够通过计算机管理中的磁盘管理功能来完成，而且这些磁盘管理大多是基于图形界面的。

1. 分区管理

在 Windows 7 中提供了方便快捷的分区管理工具，用户可在程序向导的帮助下轻松地完成删除已有分区、新建分区、扩展已有分区大小的操作。

① 删除已有分区：在磁盘分区管理的分区列表或者图形显示中，右击要删除的分区，在弹出的快捷菜单中选择“删除卷”命令，会弹出系统警告，单击“是”按钮，即可完成对分区的删除操作。删除选中的分区后，会在磁盘的图形显示中显示相应分区大小的未分配分区。

② 新建分区：选择未分配的分区，可以进行指定卷大小、分配驱动器号和路径、格式化分区等操作。

③ 扩展分区大小：这是 Windows 7 新增加的功能，可以在不用格式化已有分区的情况下，对其进行分区容量的扩展。扩展分区后，新的分区仍保留原有分区数据。在扩展分区大小时，磁盘需要有一个未分配空间才能为其他的分区扩展大小。

2. 磁盘操作

系统能否正常运转，能否有效利用内部和外部资源，并使系统达到高效稳定，在很大程度上取决于系统的维护管理。Windows 7 提供的磁盘管理工具使系统运行更可靠、管理更方便。

（1）格式化驱动器

格式化过程是把文件系统放置在分区上，并在磁盘上划出区域。通常可以用 FAT、FAT32 或者 NTFS 类型来格式化分区，Windows 7 系统中的格式化工具可以转化或者重新格式化现有分区。

注意：格式化操作会把当前盘上的所有信息全部抹掉，请谨慎操作。

（2）磁盘备份

为了防止磁盘驱动器损坏、病毒感染、供电中断等各种意外故障造成数据丢失和损坏，需要进行磁盘数据备份，在需要时可以还原，以避免出现数据错误或丢失造成的损失。在Windows 7中，利用磁盘备份向导可以快捷地完成备份工作，如图5.15所示。

（3）磁盘清理

用户在使用计算机的过程中进行大量的读/写及安装操作，使得磁盘上存留许多临时文件和已经没用的文件，其不但会占用磁盘空间，而且会降低系统的处理速度，降低系统的整体性能。因此，计算机要定期进行磁盘清理，以便释放磁盘空间，如图5.16所示。

（4）磁盘碎片整理

在计算机使用过程中，由于频繁地建立和删除数据，将会造成磁盘上文件和文件夹增多。而这些文件和文件夹可能被分割放在一个卷上的不同位置，Windows 系统需要额外的时间来读取数据。由于磁盘空间分散，存储时把数据存在不同的部分，也会花费额外时间，所以要定期对磁盘碎片进行整理。其原理为：系统将把碎片文件和文件夹的不同部分移动到卷上的相邻位置，使其拥有一个独立的连续空间。

图5.15　磁盘操作的“工具”界面图

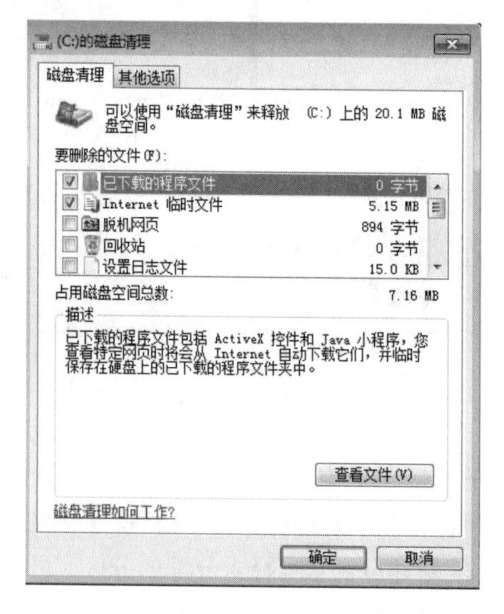

图5.16　“磁盘清理”对话框

5.4.10　Windows 7 控制面板和系统管理

1. 控制面板

在Windows 7系统中，几乎所有的硬件和软件资源都可设置和调整，用户可以根据自身的需要对其进行设置。Windows 7 中的相关软硬件设置以及功能的启用等管理工作都可以在控制面板中进行，控制面板是普通计算机用户使用较多的系统设置工具，如图5.17所示。

这些工具的功能几乎涵盖了Windows系统的所有方面，主要包括：

① 系统和安全：Windows系统的系统和安全主要实现对计算机状态的查看、计算机备份

以及查找和解决问题的功能，包括防火墙设置、系统信息查询、系统更新、磁盘备份整理等一系列系统安全的配置。

② 外观和个性化：Windows 系统的外观和个性化包括对桌面、窗口、按钮、菜单等一系列系统组件的显示设置，系统外观是计算机用户接触最多的部分。

③ 时钟、语言和区域设置：在控制面板中运行“时钟、语言和区域”程序，打开“时钟、语言和区域”对话框，用户可以设置计算机的时间和日期、所在的位置，也可以设置格式、键盘、语言等。

图 5.17　“控制面板”窗口

④ 程序：应用程序的运行是建立在 Windows 系统的基础上，目前，大部分应用程序都需要安装到操作系统中才能够使用。在 Windows 系统中安装程序很方便，既可以直接运行程序的安装文件，也可以通过系统的“程序和功能”工具更改和删除操作。通过“打开或关闭 Windows 功能”可以安装和删除 Windows 组件，此功能大大扩充了 Windows 系统的功能。在控制面板中打开“程序”窗口，包括 3 个属性：“程序和功能”、“默认程序”和“桌面小工具”。

⑤ 硬件和声音：在控制面板中选择“硬件和声音”可以实现对设备和打印机、自动播放、声音、电源选项和显示的操作。

⑥ 用户账户和家庭安全：Windows 7 支持多用户管理，可以为每一个用户创建一个用户账户并为每个用户配置独立的用户文件，从而使得每个用户登录计算机时，都可以进行个性化的环境设置。除此之外，Windows 7 内置的家长控制旨在让家长轻松放心地管理孩子能够在计算机上进行的操作。

⑦ 系统和安全：在控制面板中选择“系统和安全”，可设置 Windows 防火墙、Windows Update、备份和还原。

2. 系统管理

系统管理主要是指对一些重要的系统服务、系统设备、系统选项等涉及计算机整体性的参数进行配置和调整。在 Windows 7 中用户可设置的参数很多，为定制有个人特色的操作系统提供了很大的空间，使用户方便、快速地完成系统的配置。主要包括：

① 任务计划：定义任务计划主要是针对那些每天或定期都要执行某些应用程序的用户，通过自定义任务计划用户可省去每次都要手动打开应用程序的操作，系统将按照用户预先设置，自动在规定时间执行选定的应用程序。

任务计划程序（MMC）管理单元可帮助用户计划在特定时间或者在特定事件发生时执行操作的自动任务。该管理单元可以维护所有计划任务的库，从而提供了任务的组织视图以及用于管理这些任务的方便访问点。在该库中，可以运行、禁用、修改和删除任务。任务计划程序用户界面（UI）是一个 MMC 管理单元，它取代了以前版本 Windows 系统中的计划任务浏览器扩展功能。

② 系统属性：此项为设置各种不同的系统资源提供了大量的工具。在“系统属性”对话框中共有 5 个选项：计算机名、硬件、高级、系统保护和远程，在每个选项中分别提供了不同的系统工具。

③ 硬件管理：从安装和删除的角度划分，硬件可分为即插即用硬件和非即插即用硬件两类。即插即用硬件设备的安装和管理比较简单，而非即插即用设备需要在安装向导中进行繁杂的配置工作。

5.4.11 Windows 7 的网络功能

随着计算机的发展，网络技术的应用也越来越广泛。网络是连接个人计算机的一种手段，通过联网，能够彼此共享应用程序、文档和一些外围设备，还能让网上的用户互相交流和通信，使得物理上分散的微机在逻辑上紧密地联系起来。

1. 网络软硬件的安装

任何网络连接，除了需要安装一定的硬件外（如网卡），还必须安装和配置相应的驱动程序。如果在安装 Windows 7 前已经完成了网络硬件的物理连接，Windows 7 安装程序一般都能帮助用户完成所有必要的网络配置工作。但有些时候，仍然需要进行网络的手工配置。

（1）网卡的安装与配置

网卡的安装很简单，打开机箱，只要将它插入计算机主板上相应的扩展槽内即可。如果安装的是专为 Windows 7 设计的“即插即用”型网卡，Windows 7 在启动时，会自动检测并进行配置。Windows 7 在进行自动配置的过程中，如果没有找到对应的驱动程序，会提示插入包含该网卡驱动程序的盘片。

（2）IP 地址的配置

选择“控制面板”→“网络和 Internet”→“网络和共享中心”→“查看网络状态和任务”→“本地连接”，打开“本地连接状态”对话框，单击“属性”按钮，在打开的“本地连接属性”对话框中，选中“Internet 协议版本 4（TCP/IP）”选项，然后单击“属性”按钮，打开如图 5.18 所示的“Internet 协议版本 4（TCP/IP4）属性”对话框，填入相应的 IP 地址，同时配置 DNS 服务器。

2. Windows 7 选择网络位置

初次连接网络时，需要选择网络位置的类型（见图 5.19），为所连接的网络类型自动设置适当的防火墙和安全选项。在家庭、本地咖啡店或者办公室等不同位置连接网络时，选择一个合适的网络位置，可以确保将计算机设置为适当的安全级别。选择网络位置时，可以根据实际情况选择下列之一：家庭网络、工作网络、公用网络。

域类型的网络位置由网络管理员控制，因此无法选择或者更改。

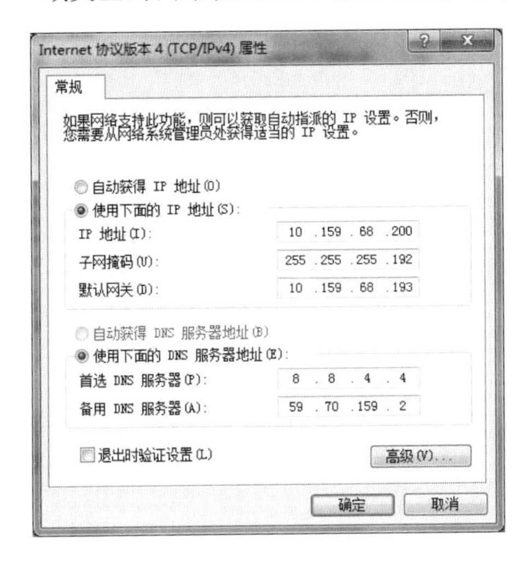

图 5.18 “（TCP/IP）属性”对话框

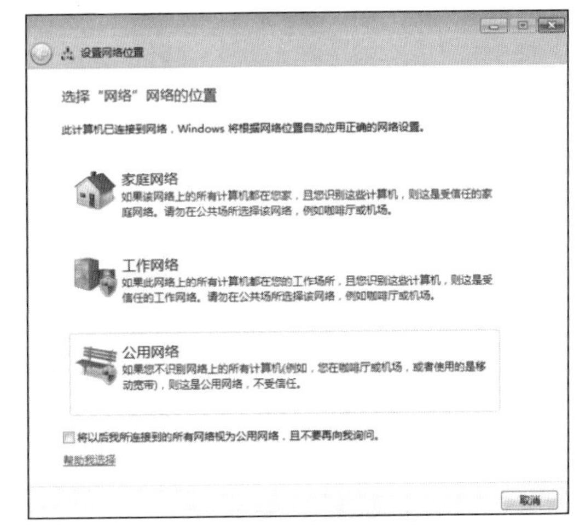

图 5.19 设置网络位置

3. 资源共享

计算机中的资源共享可分为以下 3 类：

① 存储资源共享：共享计算机系统中的硬盘、光盘等存储介质，以提高存储效率，方便数据的提取和分析。

② 硬件资源共享：共享打印机或者扫描仪等外围设备，以提高外围设备的使用效率。

③ 程序资源共享：网络上的各种程序资源。

共享资源可以采用以下 3 种类型访问权限进行保护：

① 完全控制：可以对共享资源进行任何操作，如同使用自己的资源一样。

② 更改：允许对共享资源进行修改操作。

③ 读取：对共享资源只能进行复制、打开或查看等操作，不能对它们进行移动、删除、修改、重命名及添加文件等操作。

在 Windows 7 中，用户主要通过配置家庭组、工作组中的高级共享设置实现资源共享，共享存储在计算机、网络以及 Web 上的文件和文件夹。

4. 在网络中查找计算机

由于网络中的计算机很多，查找自己需要访问的计算机非常麻烦，为此 Windows 7 提供了非常方便的方法来查找计算机。打开任意一个窗口，在窗口左侧单击“网络”选项即可完成网络中计算机的搜索，如图 5.20 所示。

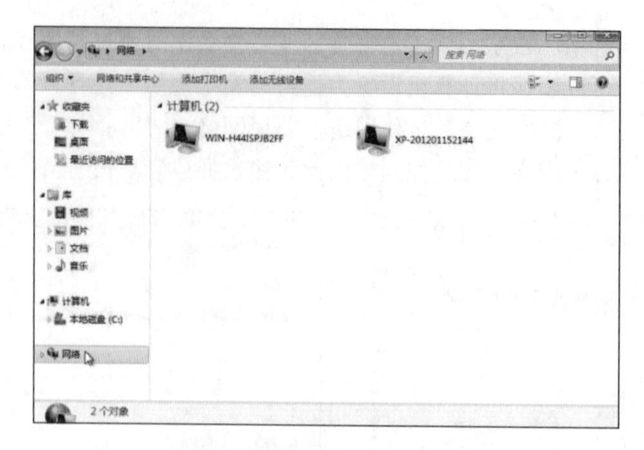

图 5.20 在网络中查找计算机

5.5 Linux 与国产操作系统介绍

5.5.1 Linux 的产生与发展

Linux 是一套免费使用和自由传播的类似UNIX的操作系统。Linux 最早由一位名叫Linus Torvalds 的芬兰赫尔辛基大学的学生开发，目的是设计一个可用在个人计算机上，并且具有UNIX 操作系统全部功能的开放式操作系统。

Linux 是基于 Intel x86 系列 CPU 的计算机，由世界各地成千上万的程序员共同设计和实现，其目的是建立不受任何商品化软件的版权制约、可以自由使用的操作系统。Linux 高效而灵活，能够在个人计算机上实现全部 UNIX 特性，具有多任务、多用户的功能，并可免费获得。Linux 操作系统软件包还包括文本编辑器、高级语言编译器等应用软件，以及X-Windows 图形用户界面，它允许使用窗口、图标和菜单。

Linux 是一套自由软件，用户可以无偿获得源代码和大量应用程序，可以自由修改和补充它们。Linux 的开放性为操作系统软件开发商提供了商机，多种基于 Linux 内核的操作系统平台，如 Linux 红旗、Linux 红帽子等得到广泛使用。

5.5.2 Red Hat Linux 9.0 简介

Red Hat Linux 是商业运作最成功的一个 Linux 发行套件，普及程度很高，由 Red Hat 公司发行。Red Hat Linux 9.0 版本发布后，Red Hat 公司就不再开发桌面版的 Linux 发行套件，而将全部力量集中在服务器版的开发上，也就是 Red Hat Enterprise Linux 版。2004 年 4 月 30 日，Red Hat 公司正式停止对 Red Hat Linux 9.0 版本的支持，标志着 Red Hat Linux 的正式完结。原本的桌面版 Red Hat Linux 发行套件与来自民间的 Fedora 计划合并，成为 Fedora Core 发行版本。

5.5.3 中标麒麟

2010 年 3 月份，中标软件推出中标普华 Linux 操作系统 5.0 正式版，这对于国内 Linux

操作系统的发展是一个非常积极的信号。

2010 年 12 月底，中标普华又与国防科技大学强强联手进行操作系统方面的技术合作，合作之后的中标普华 Linux 操作系统更名为“中标麒麟”（见图 5.21），而且也进一步更换了新操作系统的 Logo。此次合作，是民用“中标普华”操作系统的易操作性与军用的“银河麒麟”的高度安全性在技术上的深层次合作，双方分别将各自的特色性能融合到新操作系统中。

据了解，融合后的中标麒麟 Linux 操作系统推出桌面版、通用版、高级版和安全版等 4 个版本，分别针对安全云操作系统、服务器版、桌面和移动终端等 4 个领域。中标麒麟 Linux 操作系统已经广泛地使用在能源、金融、交通、政府、央企等行业领域。

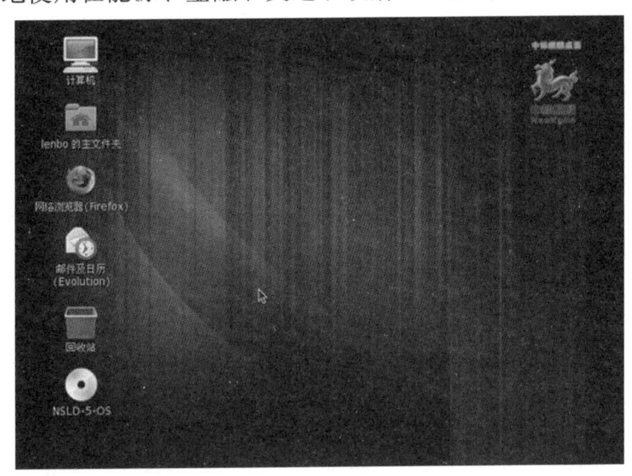

图 5.21　“中标麒麟”界面

5.5.4　其他国产操作系统

红旗 Linux 是由北京中科红旗软件技术有限公司开发的一系列 Linux 发行版，包括桌面版、工作站版、数据中心服务器版、HA 集群版和红旗嵌入式 Linux 等产品。用户可以从官方网站下载。红旗 Linux 是我国较大、较成熟的 Linux 发行版之一。

共创 Linux 桌面操作系统是由北京共创开源软件有限公司（简称共创开源）采用了国际较新的内核开发的一款 Linux 桌面操作系统。共创 Linux 桌面操作系统功能丰富，适用于政府和企业办公领域，可以部分替代现有常用的 Windows 桌面操作系统。它采用类似于 Windows 风格的图形用户界面，符合 Windows 的操作习惯，让用户使用起来感觉更熟悉，更易用。它还提供了优秀的中文支持能力，支持各种常用的中文和英文字体，字体显示效果十分美观。高度智能化的中文拼音输入法，使用方便、输入效率高，达到 Windows 下拼音输入法同等的水平。以往的 Linux 系统，安装时要选择复杂的磁盘分区，普通用户几乎不可能自行安装，而且安装时很容易导致磁盘分区损坏。共创 Linux 桌面系统开发了新的安装程序，一共只有 6 个步骤，普通用户也能很轻松地进行安装。

Linux Deepin 是中国最活跃的 Linux 发行版，是一个基于 Debian 的 Linux 操作系统，专注于用户对日常办公、学习、生活和娱乐的操作体验，适合笔记本计算机、桌面计算机和一体机。它包含了很多用户需要的应用程序，如网页浏览器、幻灯片演示、文档编辑、电子表格、娱乐、声音和图片处理软件，即时通信软件等。

5.6 能力拓展与训练案例：通过 Python 使用 Windows 7 典型功能的方法

学习了本书第 4 章程序设计基础后，下面内容应该十分容易掌握。本节将介绍 Python 中对文件的操作。

Python 提供了文件对象，并内置了 open()方法来获取一个文件对象。open()方法的使用：file_object = open(path, mode)。其中，file_object 是调用 open()方法后得到的文件对象；path 是一个字符串，代表要打开文件的路径；mode 是打开文件的模式。常用的模式如表 5.2 所示。

表 5.2 打开文件时的常用模式

文件模式	解释
r	以只读方式打开：只允许对文件进行读操作，不允许写操作（默认方式）
w	以写方式打开：文件不为空时清空文件，文件不存在时新建文件
a	追加模式：文件存在则在写入时将内容添加到末尾
r+	以读/写模式打开：打开的文件既可读又可写

在 os.py 中要打开 Taskl 文件进行读/写，需要使用 r+模式，实现如下：f=open('./Task1','r+')。简单一条语句便实现了打开文件的操作，之后对该文件的操作只需对新得到的文件对象 f，使用文件对象提供的方法即可。

假设文件对象 f 已经以 r+模式创建，即 f=open('./Task1.txt','r+')，./Task1.txt 文件的内容如下（请自己用如《记事本》的软件输入内容到 Task1.txt 文件中）：

```
1 this is a test file
2 Python can easily read files
3 10 5 19 20 37
```

表 5.3 所示为文件对象提供的常用方法，参数中的[ ]符号表示括号中的值可以传递也可以不传递。

表 5.3 文件打开模式

方法	作用/返回	参数
f.close()	关闭文件：用 open()打开文件后使用 close 关闭	无
f.read([count])	读出文件：读出 count 个字节。如果没有参数，读取整个文件	[count]
f.readline()	读出一行信息，保存于 list：每读完一行，移至下一行开头	无
f.readlines()	读出所有行，保存在字符串列表中	无
f.truncate([size])	截取文件，使文件的大小为 size	[size]
f.write(string)	把 string 字符串写入文件	一个字符串
f.writelines(list)	把 list 中的字符串写入文件，是连续写入文件，没有换行	字符串 list

读/写操作是文件最主要的操作，下面主要讲解表 5.3 中的 f.readline()、f.readlines()和

f.writelines(list)方法：

【例 1】 读取文件内容。

当小强打开文件 Taskl.txt 后，想要读取该文件的内容，并打印出来。那么，os.py 的实现如下：

```
#<程序: 读取文件 os.py>
f=open("./Task1.txt",'r'); fls=f.readlines()
for line in fls:
    line=line. strip(); print (line)
f.close()
```

使用 readlines()方法后，返回一个 list，该 list 的每一个元素为文件的一行信息。需要注意的是，文件的每行信息包括最后的换行符"\n"，在进行字符串处理时，通常需要使用 strip()方法将头尾的空白和换行符号等去掉。

【例 2】 将信息写入文件。

例 1 将文件 Task1 的内容全部读入到 fls 列表中。例 2 要将文件首字符为"3"的行中每一个数字加起来，不包括 3，即"10 5 19 20 37"；然后，将结果写入文件末尾。

分析：首先要获取首字符 3，为此，可以用 split()函数将每一行字符串按空格分解为每个元素不包含空格的 list，然后判断 list[0]是否为字符 3。然后，需要计算该 list 从 1 号元素开始的所有元素的和。最后，需要将结果写回文件，所以，文件的打开方式应为"r+"。该程序的具体实现如下：

```
#<程序: 读取文件 os.py, 计算并写回>
f=open("./Task1.txt",'r+');fls=f.readlines()
for line in fls:
    line=line. strip();lstr=line.split()
    if lstr[0]=='3':
        res=0
        for e in lstr[1:]:
            res+=int(e)
f.write('\n4'+str(res)); f.close()
```

需要注意的是，用 readlines()读取文件以及 split 字符串后，每一个元素均为字符串。所以，要进行加法计算，首先需要将字符串转化为 int 类型。而在写入文件时，需要将 int 类型的 res 转为字符串类型。

另外，open()与 close()是成对出现的，在使用文件操作时，首先需要使用 open()打开文件，每次对文件操作完成后，不要忘记 close()操作，将打开并操作完成的文件关闭。养成这个习惯可以避免程序出现很多奇怪的 bug。

事实上，每个进程打开文件的数量是有限的，每次系统打开文件后会占用一个文件描述符，而关闭文件时会释放这个文件描述符，以便系统打开其他文件。

习　　题

1. 什么是操作系统？它的主要作用是什么？
2. 简述操作系统的发展过程。

3. 中文 Windows 7 提供了哪些安装方法？各有什么特点？

4. 如何启动和退出 Windows 7?

5. 中文 Windows 7 的桌面由哪些部分组成？

6. 如何在“资源管理器”中进行文件的复制、移动、改名？共有几种方法？

7. 在资源管理器中删除的文件可以恢复吗？如果能，如何恢复？如果不能，请说明为什么。

8. 在中文 Windows 7 中，如何切换输入法的状态？

9. Windows 7 的控制面板有何作用？

10. 如何添加一个硬件？

11. 如何添加一个新用户？

12. 如何使用网络上其他用户所开放的资源？

第6章 数据库基础

数据库技术已经成为计算机应用中不可缺少的组成部分，数据库信息量的大小和使用频率已成为衡量一个国家信息化程度的重要标志之一。因此，本章首先对数据库系统做了整体概述，介绍数据库的基本概念、数据库的发展、数据库系统的结构体系、数据模型的描述，以及常见的数据库管理系统，然后详细介绍国产数据库和数据库开发技术等。

6.1 数据库系统概述

6.1.1 数据库的基本概念

数据库技术产生于20世纪60年代末70年代初，是通过研究数据库结构、存储、设计、管理以及应用的基本理论和实现方法，来实现对数据库中的数据处理、分析和理解的技术。数据库技术是研究、管理和应用数据库的一门软件科学。

要了解数据库技术，必须先理解与其相关的基本概念，包括数据库、数据库管理系统、数据库应用系统、数据库系统等，下面分别进行阐述。

1. 数据库

数据库（DataBase，DB）是指长期存储在计算机内、有组织、可共享的数据集合，它将数据按一定的数据模型组织、描述和存储，具有较小的冗余度、较高的数据独立性和易扩展性，可被多个不同的用户共享。形象地说，“数据库”就是为了实现一定目的，按某种规则组织起来的数据集合，在现实生活中这样的数据库随处可见。学校图书馆的所有藏书及借阅情况、公司的人事档案、企业的商务信息等都是“数据库”。

数据库是数据库系统的核心部分，是数据库系统的管理对象。它既是一个能够合理保管数据的“仓库”，又是数据管理的新方法和技术，能够更合理地组织数据，更方便地维护数据，更严密地控制数据和更有效地利用数据。

2. 数据库管理系统

数据库管理系统（DataBase Management System，DBMS）是专门用于管理数据库的计算机系统软件。它负责数据库中的数据组织、数据操作、数据维护、控制及保护和数据服务等，是数据系统的核心。其目标是让用户能够更方便、更有效、更可靠地建立数据库和使用数据库中的信息资源。

3. 数据库应用系统

数据库应用系统（DataBase Application System，DBAS）是利用数据库系统进行应用开发形成的系统。凡使用数据库技术管理其数据（信息）的系统都可以称为数据库应用系统。一个数据库应用系统应携带有较大的数据量，否则它就不需要数据库管理。数据库应用系统按其实现的功能可以划分为数据传递系统、数据处理系统和管理信息系统。

数据传递系统只具有信息交换功能，系统工作中不改变信息的结构和状态，如电话、程控交换系统都是数据传递系统。数据处理系统通过对输入的数据进行转换、加工、提取等一系列操作，从而得出更有价值的新数据，其输出的数据在结构和内容方面与输入的源数据相比有较大的改变。管理信息系统是具有数据的保存、维护、检索等功能的系统，其作用主要是数据管理，通常所说的事务管理系统就是典型的管理信息系统。

数据库应用系统的应用非常广泛，它可用于事务管理、计算机辅助设计、计算机图形分析和处理、人工智能等系统中。

4. 数据库系统

数据库系统是指带有数据库并利用数据库技术进行数据管理的计算机系统。一个数据库系统应由计算机硬件、相关软件系统和相关人员三部分构成。

数据库系统的软件中包括操作系统（Operating System，OS）、数据库管理系统（DBMS）、主语言编译系统、数据库应用开发系统及工具、数据库应用系统和数据库。它们的作用如下：

① 操作系统。操作系统是所有计算机软件的基础，在数据库系统中起着支持数据库管理系统及主语言编译系统工作的作用。如果管理的信息中有汉字，则需要中文操作系统的支持，以提供汉字的输入/输出方法和对汉字信息的处理方法。

② 数据库管理系统和主语言编译系统。数据库管理系统是为定义、建立、维护、使用及控制数据库而提供的有关数据管理的系统软件。主语言编译系统是为应用程序提供的诸如程序控制、数据输入/输出、功能方法、图形处理、计算方法等数据处理功能的系统软件。由于数据库的应用很广泛，它涉及的领域很多，其功能数据库管理系统是不可能全部提供的，因而，应用系统的设计与实现需要数据库管理系统和主语言编译系统配合才能完成。

③ 数据库应用开发系统及工具。数据库应用开发系统及工具是数据库管理系统为应用开发人员和最终用户提供的高效率、多功能的应用生成器、第四代计算机语言等各种软件工具，如报表生成器、表单生成器、查询和视图设计器等。它们为数据库系统的开发和使用提供了良好的环境和帮助。

④ 数据库应用系统和数据库。数据库应用系统包括为特定应用环境建立的数据库、开发的各类应用程序、编写的文档资料等内容，它们是一个有机的整体。

相关人员由软件开发人员、软件管理人员及软件使用人员三部分组成。

软件开发人员包括系统分析员、系统设计员及程序设计员，主要负责数据库系统的开发设计工作。

软件管理人员称为数据库管理员（DataBase Administrator，DBA），负责全面管理和控制数据库系统，主要工作是数据库设计、数据库维护、改善系统性能和提高系统效率。

软件使用人员即数据库的最终用户，他们利用功能选项、表格、图形用户界面等实现数据的查询及数据管理工作。

数据库中的数据独立于应用程序而不依赖于应用程序，其独立性一般分为物理独立性和逻辑独立性两种。物理独立性指用户的应用程序与存储在磁盘上的数据库中数据是相互独立的，如存储设备更换、存取方式改变等，应用程序不用改变；逻辑独立性指用户的应用程序与数据库的逻辑结构是相互独立的，如修改数据模式、增加数据类型等，用户程序不用改变。

5. 数据库、数据库管理系统和数据库应用系统的关系

① 数据库管理系统是位于用户与操作系统之间提供数据库管理的计算机系统软件，它可以让用户方便地实现数据库的建立和管理，为数据库应用系统提供了数据库的定义、存储和查询方法。

② 数据库应用系统是利用数据库技术开发的实现具体行业或部门的某种具体事务管理功能的计算机应用软件，其人性化的图形用户界面和所见即所得的操作风格，可以使一般用户在不熟悉数据库技术的情况下，方便、快速地实现数据增加、数据修改、数据删除、数据查询及报表生成等功能，它通过数据库管理系统管理其数据库。

③ 数据库、数据库管理系统和数据库应用系统之间组成一个有机的层级关系。数据库与数据库应用系统之间通过数据库管理系统连接，数据库管理系统建立在操作系统基础之上，负责处理数据库应用系统存取数据的各种请求，实现对数据库的底层操作，并把操作结果返回给数据库应用系统。

6.1.2　数据库的发展

1. 数据库的发展历史

计算机数据的管理是指如何对数据分类、组织、编码、存储、检索和维护。计算机数据管理随着计算机硬件、软件技术和计算机应用范围的发展而不断发展，数据管理技术经历了人工管理、文件系统和数据库技术 3 个发展阶段。

（1）人工管理阶段

20 世纪 50 年代中期以前，计算机主要用于科学计算。从当时的硬件看，外存只有纸带、卡片、磁带，没有直接存取的存储设备；从软件看（实际上，当时还未形成软件的整体概念），那时还没有操作系统，没有管理数据的软件；从数据看，数据量小，数据无结构，由用户直接管理，且数据间缺乏逻辑组织，数据依赖于特定的应用程序，缺乏独立性。数据处理是由程序员直接与物理的外围设备打交道，数据管理与外围设备高度相关，一旦物理存储发生变化，数据则不可恢复。

人工管理阶段的特点如下：

① 用户完全负责数据管理工作，如数据的组织、存储结构、存取方法、输入输出等。

② 数据完全面向特定的应用程序，每个用户使用自己的数据，数据不保存，用完就撤走。

③ 数据与程序没有独立性，一组数据对应一组程序，程序中存取数据的子程序随着存储结构的改变而改变。

这一阶段管理的优点是廉价地存放大容量数据；缺点是数据只能顺序访问，耗费时间和空间。

（2）文件系统管理阶段

1951 年出现了第一台商业数据处理电子计算机 UNIVAC（Universal Automatic Computer，通用自动计算机），标志着计算机开始应用于以加工数据为主的事务处理阶段。20 世纪 50 年代后期到 60 年代中期，出现了磁鼓、磁盘等直接存取数据的存储设备。这种基于计算机的数据处理系统也就从此迅速发展起来。

这种数据处理系统是把计算机中的数据组织成相互独立的数据文件，系统可以按照文件的名称对其进行访问，对文件中的记录进行存取，并可以实现对文件的修改、插入和删除，这就是文件系统。文件系统实现了记录内的结构化，即给出了记录内各种数据间的关系，但是，文件从整体来看却是无结构的。其数据面向特定的应用程序，因此数据的共享性、独立性差，且冗余度大，管理和维护的代价也很大。

文件系统阶段的特点如下：

① 系统提供一定的数据管理功能，即支持对文件的基本操作（增添、删除、修改、查询等），用户程序不必考虑物理细节。

② 数据的存取基本上是以记录为单位的，数据仍是面向应用的，一个数据文件对应一个或几个用户程序。

③ 数据与程序有一定的独立性，文件的逻辑结构与存储结构由系统进行转换，数据在存储上的改变不一定反映在程序上。

这一阶段管理的优点是，数据的逻辑结构与物理结构有了区别，文件组织呈现多样化；缺点是，存在数据冗余性，数据不一致性，数据联系弱。

（3）数据库技术管理阶段

20 世纪 60 年代后期，计算机性能得到提高，重要的是出现了大容量磁盘，存储容量大幅增加且价格下降。在此基础上，有可能克服文件系统管理数据时的不足，而去满足和解决实际应用中多个用户、多个应用程序共享数据的要求，从而使数据能为尽可能多的应用程序服务，这就出现了数据库这样的数据管理技术。数据库的特点是数据不再只针对某一特定应用，而是面向全组织，具有整体的结构性，共享性高，冗余度低，具有一定的程序与数据间的独立性，并且实现了对数据进行统一的控制。

数据库技术是在文件系统的基础上发展起来的新技术，它克服了文件系统的弱点，为用户提供了一种使用方便、功能强大的数据管理手段。数据库技术不仅可以实现对数据集中统一的管理，而且可以使数据的存储和维护不受任何用户的影响。数据库技术的发明与发展，使其成为计算机科学领域内的一个独立的学科分支。

数据库系统和文件系统相比具有以下主要特点：

① 面向数据模型对象。数据库设计的基础是数据模型。在进行数据库设计时，要站在全局需要的角度抽象和组织数据；要完整、准确地描述数据自身和数据之间联系的情况；要建立适合整体需要的数据模型。数据库系统是以数据库为基础的，各种应用程序应建立在数据库之上。数据库系统的这种特点决定了它的设计方法，即系统设计时应先设计数据库，再设计功能程序，而不能像文件系统那样，先设计程序，再考虑程序需要的数据。

② 数据冗余度小。数据冗余度小是指重复的数据少。减少冗余数据可以带来以下优点：

- 数据量小可以节约存储空间，使数据的存储、管理和查询都容易实现。
- 数据冗余小可以使数据统一，避免产生数据不一致的问题。
- 数据冗余小便于数据维护，避免数据统计错误。

③ 数据共享度高。数据库系统通过数据模型和数据控制机制提高数据的共享性。数据共享度高会提高数据的利用率，使数据更有价值，更容易、方便地被使用。数据共享度高使得数据库系统具有以下三方面的优点：

- 系统现有用户或程序可以共享数据库中的数据。
- 当系统需要扩充时，再开发的新用户或新程序还可以共享原有的数据资源。
- 多用户或多程序可以在同一时刻共同使用同一数据。

④ 数据和程序具有较高的独立性。由于数据库中的数据定义功能（即描述数据结构和存储方式的功能）和数据管理功能（即实现数据查询、统计和增删改的功能）是由 DBMS 提供的，因此数据对应用程序的依赖程度大幅降低，数据和程序之间具有较高的独立性。数据独立性高使程序在设计时不需要有关数据结构和存储方式的描述，从而减轻了程序设计的负担。当数据及结构变化时，如果数据独立性高，程序的维护也会比较容易。

⑤ 统一的数据库控制功能。数据库是系统中各用户的共享资源，数据库系统通过 DBMS 对数据进行安全性控制、完整性控制、并发控制、数据恢复等。

数据的安全性控制是指保护数据库，以防止不合法的使用所造成的数据泄露、破坏和更改。数据的完整性控制是指为保证数据的正确性、有效性和相容性，防止不符合语义的数据输入/输出所采用的控制机制。数据的并发控制是指排除由于数据共享，即用户并行使用数据库中的数据时，所造成的数据不完整或系统运行错误问题。数据恢复是通过记录数据库运行的日志文件和定期做数据备份工作，保证数据在受到破坏时，能够及时使数据库恢复到正确状态。

⑥ 数据的最小存取单位是数据项。在文件系统中，由于数据的最小存取单位是记录，这给使用和操作数据带来许多不便。数据库系统改善了其不足之处，它的最小数据存取单位是数据项，即使用时可以按数据项或数据项组存取数据，也可以按记录或记录组存取数据。这使得系统在进行查询、统计、修改及数据再组合等操作时，能以数据项为单位进行条件表达和数据存取处理，给系统带来了高效性、灵活性和方便性。

数据库发展 3 个阶段的对比如表 6.1 所示。

表 6.1　数据库发展 3 个阶段的对比

类　别	人工管理阶段	计算机管理阶段	
		文件系统管理阶段	数据库技术管理阶段
信息管理者	人	人、操作系统	人、操作系统、数据库管理系统
信息组织形式	手绘表格、卡片目录等	以文件和文件夹为信息单位	数据库
信息处理方式	手工逐个处理	联机实时处理、批处理	联机实时处理、分布式处理、批处理
管理功能	修改、删除、插入、复制、重组、检索与统计等操作麻烦，重复性工作多	修改、删除、插入、复制、重组、检索与统计等操作较麻烦，容易失误，比较容易查找到所需信息	信息分类排序，修改、删除、插入、复制、重组、检索与统计等操作简单，速度快、效率高
操作的共享性	同一时间仅供一人使用	可实现协同工作，但比较麻烦	同一时间可实现多人异地使用
适用范围	对软、硬件环境没有依赖性，有利于灵活管理	需要人与计算机的高度交互，适用于个人数字资源的管理	对软、硬件要求较高，适用于专门化的信息资源管理
管理方法	分类存放、目录索引	分类存储、目录管理	分类存储、目录管理、检索应用
特点	直观性强、存取不方便	灵活多样、层次明显	应用数据库、结构化存储、重视多种因素

续表

类　别	人工管理阶段	计算机管理阶段	
		文件系统管理阶段	数据库技术管理阶段
目的	方便个人使用、提高资源利用	提高效率、适合个性化管理	高效、准确提供信息资源、实现资源共享
合理性	简单方便，管理成本低，信息流通慢，利用率低	直观，查找效率低	数据共享性高，利用率高，存在安全问题
实例	个人藏书	资源管理器	学籍管理信息系统，搜索引擎

2. 数据库的发展趋势

从最早用文件系统存储数据算起，数据库的发展已经有50多年，其间经历了20世纪60年代的层次数据库（IBM的IMS）和网状数据库（GE的 IDS）的并存，20世纪70年代到80年代关系数据库的异军突起，20世纪90年代对象技术的影响。如今，关系数据库依然处于主流地位。未来数据库市场竞争的焦点已不再局限于传统的数据库，新的应用不断赋予数据库新的生命力，随着应用驱动和技术驱动相结合，也呈现出了一些新的趋势。

一些主流企业数据库厂商包括甲骨文、IBM、微软、Sybase认为，关系技术之后，对XML的支持、网格技术、开源数据库、整合数据仓库和BI应用以及管理自动化已成为下一代数据库在功能上角逐的焦点。

（1）XML数据库

可扩展标记语言（Extensible Markup Language，XML）是一种简单、与平台无关并被广泛采用的标准，是用来定义其他语言的一种元语言，其前身是SGML（标准通用标记语言）。简单地说，XML是提供一种描述结构化数据的方法，是为互联网世界提供了定义各行各业的“专业术语”的工具。

XML数据是Web上数据交换和表达的标准形式，与关系数据库相比，XML数据可以表达具有复杂结构的数据，如树结构的数据。正因如此，在信息集成系统中，XML数据经常被用作信息转换的标准。

基于XML数据的特点，XML数据的高效管理通常有以下应用：

① 复杂数据的管理。XML可以有效地表达复杂的数据。这些复杂的数据虽然利用关系数据库也可以进行管理，但是这样会带来大量的冗余。例如，文章和作者的信息，如果利用关系数据库，需要分别用关系表达文章和作者的信息，以及两者之间的关系，也就是要分别保存文章和作者对应的ID，如果仅为了表达文章和作者之间的关系，则该ID为冗余信息。在XML数据中对象之间的关系可以直接用嵌套或者ID-IDREF的指向来表达。此外，XML数据上的查询可以表达更加复杂的语义，如XPath可以表达比SQL更为复杂的语义。因此，利用XML对复杂数据进行管理是一项有前途的应用。

② 互联网中数据的管理。互联网上的数据与传统的事务数据库与数据仓库不同，其特点可以表现为模式不明显，经常有缺失信息，对象结构比较复杂。因此，和互联网相关的应用，特别是对从互联网采集和获取的信息进行管理时，如果使用传统的关系数据库，会存在产生过多的关系，关系中存在大量的空值等问题。而XML可以用来表达半结构数据，对模式不明

显、存在缺失信息和结构复杂的数据可以非常好地表达。特别在许多 Web 系统中，XML 已经是数据交换和表达的标准形式。因此，XML 数据的高效管理在互联网系统中有重要的应用。

③ 信息集成中的数据管理。现代信息集成系统超越了传统的数据库和数据集成系统，需要集成多种多样的数据源，包括关系数据库、对象–关系数据库以及网页和文本形式存在的数据。对于这样的数据进行集成，XML 既可以表达结构数据，也可以表达半结构数据的形式成为首选。而在信息集成系统中，为了提高系统的效率，需要建立一个 Cache，把一部分数据放到本地。在基于 XML 的信息集成系统中，这个 Cache 就是一个 XML 数据管理系统。因此，XML 数据的管理在信息集成系统中也有着重要应用。

（2）网格数据库

商业计算的需求使用户需要高性能的计算方式，而超级计算机的价格却阻挡了高性能计算的普及。于是造价低廉而数据处理能力超强的计算模式——网格计算应运而生。网格计算的定义包括三部分：一是共享资源，将可用资源汇集起来形成共享池；二是虚拟化堆栈的每一层，可以如同管理一台计算机一样管理资源；三是基于策略实现自动化负载均衡。数据库不仅是存储数据，而且要实现对信息整个生命周期的管理。数据库技术和网格技术相结合，就能产生一个新的研究内容，称为网格数据库。

在历史上，数据库系统曾经接受了 Internet 带来的挑战。毫无疑问，现在数据库系统也将应对网格带来的挑战。网格数据库当前的主要研究内容包括三方面：网格数据库管理系统、网格数据库集成和支持新的网格应用。网格数据库管理系统可以根据需要组合完成数据库管理系统的部分或者全部功能，这样做的好处除了可以降低资源消耗，更重要的是使得在整个系统规模的基础上优化使用数据库资源成为可能。

（3）整合数据仓库和 BI 应用

数据库应用的成熟，使得企业数据库中承载的数据越来越多。但数据的增多，随之而来的问题就是如何从海量的数据中抽取出具有决策意义的信息（有用的数据），更好地服务于企业当前的业务，这就需要商业智能（Business Intelligence，BI），商业智能以帮助企业决策为目的，是对数据进行收集、存储、分析、访问等处理的一大类技术及其应用，它是以数据仓库为基础的。

从用户对数据管理需求的角度看，可以划分两大类：一是对传统的、日常的事务处理，即经常提到的联机事务处理（OLTP）应用；二是联机分析处理（OLAP）与辅助决策，即商业智能。由于需要对大量的数据进行快速地查询和分析，传统的关系型数据库不能很好地满足这种要求。或者说数据库不仅要支持 OLTP 模型，还应该为业务决策、分析提供支持，更好地支持 OLAP，支持商业智能。因此，主流的数据库厂商都已经把支持 OLAP、商业智能作为关系数据库发展的另一大趋势。

（4）管理自动化

企业级数据库产品已经进入同质化竞争时代，在功能、性能、可靠性等方面差别已经不是很大。但是随着商业环境竞争日益加剧，目前企业面临着另外的挑战，即如何以最低的成本同时又高质量地管理其 IT 架构。这就带来了两方面的挑战：一方面系统功能日益强大而复杂；另一方面，对这些系统管理和维护的成本越来越高。正是意识到这些需求，能自动地对数据库自身进行监控、调整、修复等自我管理功能已成为数据库追求的目标。

6.1.3 数据库系统的内部结构体系

数据库系统的结构按考虑的层次和角度不同可分为两种：

① 从数据库管理系统角度看，数据库系统采用了三级模式和二级映射结构，它们构成了数据库系统内部的抽象结构体系。

② 从数据库最终用户角度看，数据库系统的结构分为集中式结构、分布式结构、客户/服务器结构和多层客户/服务器结构等。这种结构称为数据库系统的体系结构。

1. 数据库系统的三级模式

① 概念模式：也称逻辑模式，是对数据库系统中全局数据逻辑结构的描述，是全体用户（应用）公共数据视图。一个数据库只有一个概念模式。

② 外模式：也称子模式或用户模式，它是数据库用户能够看见和使用的局部数据的逻辑结构和特征的描述，由概念模式推导而来，是数据库用户的数据视图，是与某一应用有关的数据的逻辑表示。一个概念模式可以有若干个外模式。

③ 内模式：也称物理模式或存储模式，它给出了数据库物理存储结构与物理存取方法。一个数据库只有一个内模式，是数据库内部的表示方法，即数据库的内部视图。

内模式处于最底层，它反映了数据在计算机物理结构中的实际存储形式；概念模式处于中间层，它反映了设计者的数据全局逻辑要求；而外模式处于最外层，它反映了用户对数据的要求。

2. 数据库系统的两级映射

数据库系统的三级模式是对数据的 3 个级别的抽象，它把数据的具体物理实现留给了物理模式，使用户与全局设计者不必关心数据库的具体实现与物理背景；它通过两级映射，即概念模式到内模式的映射和外模式到概念模式的映射建立了模式间的联系与转换，使得概念模式与外模式虽然并不具备物理存在，但也能通过映射而获得其实体。此外，两级映射也保证了数据库系统中数据的独立性。

① 概念模式到内模式的映射。该映射给出了概念模式中数据的全局逻辑结构到数据的物理存储结构间的对应关系。

② 外模式到概念模式的映射。该映射给出了特定的外部视图和概念视图的对应关系。概念模式是一个全局模式，而外模式是用户的局部模式。一个概念模式中可以定义多个外模式，而每个外模式是概念模式的一个基本视图。

6.1.4 数据模型

数据是描述事物的符号记录，只有通过加工才能成为有用的信息。模型是现实世界的抽象。数据模型是数据特征的抽象，它不是描述个别的数据，而是描述数据的共性。它一般包括两方面：一是数据库的静态特性，包括数据的结构和限制；二是数据的动态特性，即在数据上所定义的运算或操作。数据库是根据数据模型建立的，因而数据模型是数据库系统的基础。

1. 数据模型的内容

数据模型是一组严格定义的概念集合，这些概念精确地描述了系统的数据结构、数据操作和数据完整性约束条件。也就是说，数据模型所描述的内容包括三部分：数据结构、数据操作和数据约束。

① 数据结构：用于描述系统的静态特性，如数据的类型、内容、性质、数据间的联系等。它是刻画数据模型性质的基础，是所研究的对象类型的集合，包括数据的内部组成和对外联系。在数据库系统中通常按照其数据结构的类型来命名数据模型，如网状结构、层次结构、关系结构对应的数据模型分别命名为网状模型、层次模型、关系模型。数据操作和约束都建立在数据结构上，不同的数据结构具有不同的操作和约束。

② 数据操作：用于描述系统的动态特性，它是指对数据库中各种数据对象允许执行的操作集合。数据模型中数据操作主要描述在相应的数据结构上的操作类型和操作方式两部分内容。数据库主要有检索和修改两大类操作，修改又包括插入、删除和更新等操作，数据模型必须定义这些操作的确切含义、操作符号、操作规则以及实现的操作语言。

③ 数据约束：数据约束条件是一组数据完整性规则的集合，它是数据模型中的数据及其联系所具有的制约和依存规则。数据模型中的数据约束主要描述数据结构内数据间的语法、词义联系，它们之间的制约和依存关系，以及数据动态变化的规则，以保证数据正确、有效和相容。

2. 数据模型的分类

数据模型按不同的应用层次分成 3 种类型：概念数据模型、逻辑数据模型和物理数据模型。

① 概念数据模型（Conceptual Data Model）：简称概念模型，是面向数据库用户的实现世界的模型，主要用来描述世界的概念化结构，它使数据库的设计人员在设计的初始阶段，摆脱计算机系统及 DBMS 的具体技术问题，集中精力分析数据以及数据之间的联系等，与具体的数据管理系统（Data Base Management System，DBMS）无关。概念数据模型必须换成逻辑数据模型，才能在 DBMS 中实现。在概念数据模型中最常用的是 E–R 模型、扩充的 E–R 模型、面向对象模型及谓词模型。

② 逻辑数据模型（Logical Data Model）：简称逻辑模型，这是用户从数据库所看到的模型，是具体的 DBMS 所支持的数据模型，如网状数据模型（Network Data Model）、层次数据模型（Hierarchical Data Model）等。此模型既要面向用户，又要面向系统，主要用于数据库管理系统（DBMS）的实现。在逻辑数据类型中最常用的是层次模型、网状模型和关系模型。

③ 物理数据模型（Physical Data Model）：简称物理模型，是面向计算机物理表示的模型，描述了数据在存储介质上的组织结构，它不但与具体的 DBMS 有关，而且还与操作系统和硬件有关。每一种逻辑数据模型在实现时都有其对应的物理数据模型。DBMS 为了保证其独立性与可移植性，大部分物理数据模型的实现工作由系统自动完成，而设计者只设计索引、聚集等特殊结构。

数据模型是数据库系统与用户的接口，是用户所看到的数据形式。人们希望数据模型尽可能自然地反映现实世界和接近人类对现实世界的观察与理解，也就是数据模型要面向用户。但是数据模型同时又是数据库管理系统实现的基础，它对系统的复杂性性能影响颇大。从这个意义来说，人们又希望数据模型能够接近在计算机中的物理表示，以期便于实现，减小开销，也就是说，数据模型还不得不在一定程度上面向计算机。

与程序设计语言相平行，数据模型也经历着从低向高的发展过程。从面向计算机逐步发展到面向用户；从面向实现逐步发展到面向应用；从语义甚少发展到语义较多；从面向记录逐步发展到面向多样化的、复杂的事物；从单纯直接表示数据发展到兼有推导数据的功能。总之，随着计算机及其应用的发展，数据模型也在不断地发展。

3. E-R 模型

（1）E-R 模型的基本概念

实体-联系模型简称 E-R（Entity-Relationship）模型，它是一个面向问题的概念模型，即用简单的图形方式描述现实世界中的数据。这种描述不涉及这些数据在数据库中如何表示、如何存取，描述方式非常接近人的思维方式。在描述时，需要了解 E-R 模型中相关的基本概念。

① 实体：现实世界中的事物可以抽象为实体，实体是概念世界中的基本单位，它们是客观存在的且又能相互区别的事物。

② 属性：现实世界中事物均有一些特性，这些特性可以用属性来表示。

③ 码：唯一标识实体的属性集称为码。

④ 域：属性的取值范围称为该属性的域。

⑤ 实体型：具有相同属性的实体必然具有共同的特征和性质。

⑥ 实体集：同型实体的集合称为实体集。

⑦ 联系：在现实世界中事物间的关联称为联系。

两个实体集间的联系实际上是实体集间的函数关系，这种函数关系可以有以下几种：一对一联系、一对多或多对一联系、多对多联系。

（2）E-R 模型的图示法

E-R 模型可以用 E-R 图来表示，E-R 图提供了实体集、属性和联系 3 个概念的图形表示方法以及它们间的连接关系。在 E-R 图中，用矩形表示实体集，在矩形内写上该实体集的名字；用椭圆形表示属性，在椭圆形内写上该属性的名称，并用无向边将其与相应的实体连接起来；用菱形表示联系，在菱形内写上联系名，并用无向边分别与有关实体连接起来，同时在无向边旁标上联系的类型。

4. 关系模型及关系代数

（1）关系模型

关系模型是目前广泛使用的一种数据组织形式，采用二维表来表示，简称表。二维表由表框架和表的元组组成。表的框架由 n 个命名的属性组成，n 称为属性元数。该二维表一般满足以下 7 个性质：

① 二维表中的元组个数是有限的——元组个数有限性。

② 二维表中的属性名各不相同——属性名唯一性。

③ 二维表中元组的次序可任意交换——元组的次序无关性。

④ 二维表中元组均不相同——元组的唯一性。

⑤ 二维表中元组的分量是不可分割的基本数据项——元组分量的原子性。

⑥ 二维表中属性与次序无关，可任意交换——属性的次序无关性。

⑦ 二维表属性的分量具有与该属性相同的值域——分量值域的统一性。

在二维表中唯一标识元组的最小属性集称为该表的键或码。二维表中可能有若干个键，它们称为表的候选码或候选键。从二维表的所有候选键选取一个作为用户使用的键称为主键或主码。例如，表 A 中的某属性集是某表 B 的键，则称该属性值为 A 的外键或外码。

关系模型的数据操作是建立在关系上的数据操作，一般包括选择、投影、连接、除、并、交、差，以及数据的查询、删除、插入和修改，其中查询是最主要的操作。关系模型还为其定义的关系提供了实体完整性、参照完整性和用户定义完整性三类数据约束。

（2）关系代数

关系和关系代数运算组成一个代数，即关系代数。它是用来表示关系模型的数据操作的著名数学理论。关系代数的运算可以分为两类：传统的集合运算和专门的关系运算。

传统的集合运算：

① 并运算（$R \cup S$）：关系 R 和关系 S 的并由属于 R 或属于 S 的元组组成。

② 差运算（$R-S$）：关系 R 与关系 S 的差由属于 R 而不属于 S 的所有元组组成。

③ 交运算（$R \cap S$）：关系 R 与关系 S 的交由既属于 R 又属于 S 的元组组成。

④ 笛卡儿积运算（$R \times S$）：设有 n 元关系 R 及 m 元关系 S，它们分别有 p、q 个元组，则关系 R 与 S 经笛卡儿积记为 $R \times S$，该关系是一个 $n+m$ 元关系，元组个数是 $p \times q$，由 R 与 S 的有序组组合而成，每个元组的前 n 个分量来自 R 的一个元组，后 m 个分量来自 S 的一个元组。

专门的关系运算：

① 投影运算：从 R 中选择出若干属性列组成新的关系。

② 选择运算：选择运算是一个一元运算，关系 R 通过选择运算（并由该运算给出所选择的逻辑条件）后仍为一个关系。设关系的逻辑条件为 F，则 R 满足 F 的选择运算可写成 $\sigma F(R)$。

③ 除运算：如果将笛卡儿积运算看作乘运算，除运算就是它的逆运算。当关系 $T=R \times S$ 时，则可将除运算写成 $T \div R=S$ 或 $T/R=S$，S 称为 T 除以 R 的商。除法运算不是基本运算，它可以由基本运算推导而出。

④ 连接与自然连接运算：连接也称为 θ 连接，它是从两个关系的笛卡儿积中选取属性间满足一定条件的元组。连接运算从 R 和 S 的笛卡儿积 $R \times S$ 中选取（R 关系）在 A 属性组上的值与（S 关系）在 B 属性组上的值满足比较关系 θ 的元组。连接运算中有两种最重要也最常用的连接，一种是等值连接，另一种是自然连接。θ 为“=”的连接运算称为等值连接，它是从关系 R 与 S 的笛卡儿积中选取 A、B 属性值相等的那些元组。自然连接是一种特殊的等值连接，它要求两个关系中进行比较的分量必须是相同的属性组，并且要在结果中把重复的属性去掉。

6.2 数据库管理系统

文件系统和数据库系统在数据管理方面有很大的区别。若直接通过文件系统存储管理数据，则关于数据结构的定义是附属于应用程序的，而非独立存在，用户需要为数据文件设计物理细节，并且一旦文件的物理结构发生变化，则需要修改或重写应用程序。在早期，一种格式的文件通常只能被特定的应用程序读/写，例如.doc 格式的文件就不能被 Notepad 这样的应用程序打开（打开之后为乱码），原因就在于 Notepad 不知道.doc 文件的物理结构，因此文件系统无法支持高度共享。此外，由于在文件系统中访问数据的方法事先由应用程序在代码中确定和固定，不能根据需要灵活改变，而此后出现的数据库技术成为比文件更为有效的数据管理技术。因此，数据库管理系统软件就成为现代数据管理的基础性、核心性软件。

6.2.1 数据库管理系统的功能

数据库管理系统主要负责将用户（应用程序）对数据库的一次逻辑操作，转换为对物理级数据文件的操作。其主要功能如下：

1. 数据定义功能

数据库管理系统能够提供数据定义语言（Data Description Language，DDL），并提供相应的建库机制，描述的内容包括数据的结构和操作、数据的完整性约束和访问控制条件等，并负责将这些信息存储在系统的数据字典中，供以后操作或控制数据时查用。当需要时，数据库管理系统能够根据其描述执行建库操作。

2. 数据操纵及优化功能

实现数据的插入、修改、删除、查询、统计等数据存取操作的功能称为数据操纵功能。数据操纵功能是数据库的基本操作功能，数据库管理系统通过提供数据操纵语言（Data Manipulation Language，DML）实现其数据操纵功能，用于实现对数据库中的数据进行存取、检索、插入、修改和删除等操作。例如，在一张表中查找信息或者在几个相关的表或文件中进行复杂的查找；使用相应的命令更新一个字段或多个记录的内容；用一个命令对数据进行统计，甚至可以使用数据库管理系统工具进行编程，以实现更加复杂的功能。

数据库管理系统在处理用户的操作请求时会启动优化机制，提高 DML 语句的执行效率，优化机制的好坏直接反映一个数据库管理系统的性能。

3. 数据库的建立和维护功能

数据库的建立功能是指数据的载入、转储、重组织功能及数据库的恢复功能。数据库管理系统为了解决因各种故障而导致系统崩溃或者硬件失灵的问题，采取了多种措施，其中之一就是日志。数据库管理系统将系统的运行状态和用户对系统的每一个操作都记录在日志中，一旦出现故障，根据这些历史可维护性信息就能够将数据库恢复到一致的状态。此外，当发现数据库性能严重下降或系统软硬件设备发生变化时也能重新组织或更新数据库。数据库的维护功能是指数据库结构的修改、变更及扩充功能。

4. 数据库的运行管理功能

数据库的运行管理功能是数据库管理系统的核心功能，包括并发控制、数据的存取控制、数据完整性条件的检查和执行、数据库内部的维护等。所有数据库的操作都要在这些控制程序的统一管理下进行，以保证计算机事务的正确运行，保证数据库的正确、有效，避免多个读/写操作并发执行可能引发的问题、重要数据被盗或安全性、完整性被破坏等一系列问题，充分实现共享。

5. 数据的组织、存储和管理功能

数据库中物理存在的数据包括两部分：一部分是元数据，即描述数据的数据；另一部分是原始数据。以关系数据库系统为例，元数据描述了一个数据库中包含多少个表（关系），每个表又是由哪些属性构成其关系框架的，还要描述每个属性的域，表示表和表之间联系的属性，每个表的主关键字以及合法用户的信息内容等，它们构成数据字典（Database Dictionary，DD）的主体，由数据库管理系统管理，并允许用户访问。数据库管理系统要分门别类地组织、存储和管理 DD、用户数据和存取路径等，它将所定义的数据库按一定的形式分类编目，对数据库中有关信息进行描述，以帮助数据库用户使用和管理数据库。

6. 提供数据库的多种接口和数据通信功能

为了满足不同类型用户的操作需求，数据库管理系统通常提供多种接口，用户可以通过不同的接口使用不同的方法和交互界面操作数据库。用户群包括常规用户、应用程序的开发者、DBA 等。主流的 DBMS 除了提供命令行式的交互式使用接口外，通常还提供图形化接口，用户使用 DBMS 时就像使用 Windows 操作系统一样方便。而且，数据库管理系统提供的数据通信功能，能够实现数据库管理系统与用户程序之间的通信。

6.2.2　常见的数据库管理系统

目前，流行的数据库管理系统有许多种，大致可分为文件、小型桌面数据库、大型商业数据库、开源数据库等。文件多以文本字符型方式出现，用来保存论文、公文、电子书等。小型桌面数据库主要是运行在 Windows 操作系统下的桌面数据库，如 Microsoft Access、Visual FoxPro 等，适合于初学者学习和管理小规模数据。以 Oracle 为代表的大型关系数据库，更适合大型中央集中式数据管理，这些数据库可存放几十吉字节（GB）至上百吉字节的大量数据，并且支持多客户端访问。开源数据库即“开放源代码”的数据库，如 MySQL，其在 WWW 网站建设中应用较广泛。

1. 小型桌面数据库 Access

Access 是 Microsoft Office 办公软件的组件之一，是当前 Windows 环境下非常流行的桌面型数据库管理系统。使用 Microsoft Access 数据库无须编写任何代码，只需通过直观的可视化操作就可以完成大部分的数据库管理工作。Access 是一个面向对象的、采用事件驱动的关系型数据库管理系统。通过 ODBC（Open DataBase Connectivity，开放数据库互联）可以与其他数据库相连，实现数据交换和数据共享，也可以与 Word、Excel 等办公软件进行数据交换和数据共享，还可以采用对象链接与嵌入（OLE）技术在数据库中嵌入和链接音频、视频、图像等多媒体数据。

Access 数据库的特点如下：

① 利用窗体可以方便地进行数据库操作。

② 利用查询可以实现信息的检索、插入、删除和修改，可以不同的方式查看、更改和分析数据。

③ 利用报表可以对查询结果和表中数据进行分组、排序、计算、生成图表和输出信息。

④ 利用宏可以将各种对象连接在一起，提高应用程序的工作效率。

⑤ 利用 Visual Basic for Application 语言，可以实现更加复杂的操作。

⑥ 系统可以自动导入其他格式的数据并建立 Access 数据库。

⑦ 具有名称自动纠正功能，可以纠正因为表的字段名变化而引起的错误。

⑧ 通过设置文本、备注和超链接字段的压缩属性，可以弥补因为引入双字节字符集支持

而对存储空间需求的增加。

⑨ 报表可以通过使用报表快照和快照查看相结合的方式，来查看、打印或以电子方式分发。

⑩ 可以直接打开数据访问页、数据库对象、图表、存储过程和 Access 项目视图。

⑪ 支持记录级锁定和页面级锁定。通过设置数据库选项，可以选择锁定级别。

⑫ 可以从 Microsoft Outlook 或 Microsoft Exchange Server 中导入或链接数据。

2. Microsoft SQL Server

SQL Server 是 Microsoft 公司推出的大型关系型数据库管理系统，适合中型企业使用。建立于 Windows NT 的可伸缩性和可管理性之上，提供功能强大的客户/服务器平台，高性能客户/服务器结构的数据库管理系统可以将 Visual Basic、Visual C++作为客户端开发工具，而将 SQL Server 作为存储数据的后台服务器软件。

Microsoft SQL Server 的主要特点如下：

① 高性能设计，可充分利用 WindowsNT 的优势。

② 系统管理先进，支持 Windows 图形化管理工具，支持本地和远程的系统管理和配置。

③ 强壮的事务处理功能，采用各种方法保证数据的完整性。

④ 支持对称多处理器结构、存储过程、ODBC，并具有自主的 SQL 语言。 SQLServer 以其内置的数据复制功能、强大的管理工具、与 Internet 的紧密集成和开放的系统结构为广大的用户、开发人员和系统集成商提供了一个出众的数据库平台。

Microsoft SQL Server 数据库引擎为关系型数据和结构化数据提供了更安全可靠的存储功能，可以构建和管理用于业务的高可用和高性能的数据应用程序。SQL Server 有多种实用程序允许用户来访问它的服务，用户可以用这些实用程序对 SQL Server 进行本地管理或远程管理。随着 SQL Server 产品性能的不断扩大和改善，它已经在数据库系统领域占有非常重要的地位。

3. Oracle

Oracle 是一种对象关系数据库管理系统（ORDBMS）。它提供了关系数据库系统和面向对象数据库系统这二者的功能。Oracle 是目前最流行的客户/服务器（Client/Server）体系结构的数据库之一，它在数据库领域一直处于领先地位。1984 年，首先将关系数据库转到了桌面计算机上。然后，Oracle 的版本 5，率先推出了分布式数据库、客户/服务器结构等崭新的概念。Oracle 是以高级结构化查询语言（SQL）为基础的大型关系数据库，通俗地说它是用方便逻辑管理的语言操纵大量有规律数据的集合，是目前最流行的客户/服务器体系结构的数据库之一，是目前世界上最流行的大型关系数据库管理系统，具有移植性好、使用方便、性能强大等特点，适合于各类大、中、小、微机和专用服务器环境。

Oracle 的主要特点如下：

① Oracle 8.x 以来引入了共享 SQL 和多线索服务器体系结构。这减少了 Oracle 的资源占用，并增强了 Oracle 的能力，使之在低档软硬件平台上用较少的资源就可以支持更多的用户，而在高档平台上可以支持成百上千个用户。

② 提供了基于角色（Role）分工的安全保密管理。在数据库管理功能、完整性检查、安全性、一致性方面都有良好的表现。

③ 支持大量多媒体数据，如二进制图形、声音、动画、多维数据结构等。

④ 提供了与第三代高级语言的接口软件 PRO*系列，能在 C、C++等语言中嵌入 SQL 语句及过程化（PL/SQL）语句，对数据库中的数据进行操纵。加上它有许多优秀的前台开发工具，如 Power Builder、SQL*FORMS、Visual Basic 等，可以快速开发生成基于客户端 PC 平台的应用程序，并具有良好的移植性。

⑤ 提供了新的分布式数据库功能。可通过网络较方便地读/写远端数据库中的数据，并有对称复制技术。

4. IBM DB2

DB2 是 IBM 公司的产品，起源于 System R 和 System R*。它支持从 PC 到 UNIX，从中小型机到大型机，从 IBM 到非 IBM（HP 及 SUN UNIX 系统等）各种操作平台。既可以在主机上以主/从方式独立运行，也可以在客户/服务器环境中运行。其中服务器平台可以是 OS/400、AIX、OS/2、HP-UNIX、SUN-Solaris 等操作系统，客户机平台可以是 OS/2 或 Windows、DOS、AIX、HP-UX、SUN Solaris 等操作系统。

DB2 数据库核心又称 DB2 公共服务器，采用多进程多线索体系结构，可以运行于多种操作系统之上，并分别根据相应平台环境进行调整和优化，以便能够达到较高的性能。

DB2 核心数据库的特色有以下几点：

① 支持面向对象的编程：DB2 支持复杂的数据结构，如无结构文本对象，可以对无结构文本对象进行布尔匹配、最接近匹配和任意匹配等搜索。

② 可以建立用户数据类型和用户自定义函数。

③ 支持多媒体应用程序：DB2 支持大型二进制对象（Binary Large Objects，BLOB），允许在数据库中存取 BLOB 和文本大对象。其中，BLOB 可以用来存储多媒体对象。

④ 备份和恢复能力。

⑤ 支持存储过程和触发器，用户可以在建表时显示定义复杂的完整性规则。

⑥ 支持 SQL 查询。

⑦ 支持异构分布式数据库访问。

⑧ 支持数据复制。

5. Sybase

它是 Sybase 公司研制的一种关系型数据库系统，是一种典型的 UNIX 或 Windows NT 平台上客户机/服务器环境下的大型数据库系统。Sybase 提供了一套应用程序编程接口和库，可以与非 Sybase 数据源及服务器集成，允许在多个数据库之间复制数据，适用于创建多层应用。系统具有完备的触发器、存储过程、规则以及完整性定义，支持优化查询，具有较好的数据安全性。一般关于网络工程方面都会用到，而且目前在其他方面应用也较广泛。

6. MySQL

MySQL 是一个小型关系型数据库管理系统，由瑞典 MySQL AB 公司开发。在 2008 年被 Sun 公司收购，目前属于 Oracle 旗下产品。MySQL 被广泛地应用在 Internet 上的中小型网站中，是最流行的关系型数据库管理系统之一。由于其体积小、速度快、总体拥有成本低，尤其是开放源码这一特点，许多中小型网站为了降低网站总体拥有成本而选择了 MySQL 作为网站数据库。因此，在 Web 应用方面，MySQL 是最好的关系数据库管理系统（Relational Database Management System，RDBMS）应用软件。

MySQL 将数据保存在不同的表中，而不是将所有数据放在一个大仓库内，这样就提高了存取速度和灵活性。MySQL 所使用的 SQL 语言是用于访问数据库的最常用标准化语言。同时，软件采用了双授权政策，分为社区版和商业版。其社区版性能卓越，搭配 PHP 和 Apache 可组成良好的开发环境。其主要特性如下：

① 使用的核心线程是完全多线程，支持多处理器。

② 有多种列类型。

③ 通过一个高度优化的类库实现 SQL 函数库，通常在查询初始化后不再有任何内存分配。

④ 全面支持 SQL 的 GROUP BY 和 ORDER BY 子句，支持聚合函数 COUNT()、COUNT(DISTINCT)、AVG()、STD()、SUM()、MAX()和 MIN()。

⑤ 支持 ANSI SQL 的 LEFT OUTER JOIN 和 ODBC。

⑥ 所有列都有默认值。

⑦ MySQL 可以工作在不同的平台上，支持 C、C + + 、Java、Perl、PHP、Python 和 TCL API。

当然，MySQL 也有不足，其安全系统复杂而非标准，没有一种存储过程语言，不支持热备份，价格也会随平台和安装方式的变化而变化。

6.3 国产数据库

数据库是信息化社会中信息资源管理与开发利用的基础，数据库软件是信息处理的核心软件，也是我国信息化建设中需求量最大、应用最广泛的基础性软件。

1. 达梦数据库 DM

达梦数据库有限公司成立于 2000 年，专业从事数据库管理系统研发、销售和服务。其前身是华中科技大学数据库与多媒体研究所，是国内最早从事数据库管理系统研发的科研机构。达梦数据库管理系统是达梦公司推出的具有完全自主知识产权的高性能数据库管理系统，简称 DM。DM8 是达梦公司在总结 DM 系列产品研发与应用经验的基础上，坚持开放创新、简洁实用的理念，推出的新一代自研数据库。DM8 吸收借鉴当前先进新技术思想与主流数据库产品的优点，融合了分布式、弹性计算与云计算的优势，对灵活性、易用性、可靠性、高安全性等方面进行了大规模改进，多样化架构充分满足不同场景需求，支持超大规模并发事务处理和事务-分析混合型业务处理，动态分配计算资源，能实现更精细化的资源利用、更低成本的投入，是理想的企业级数据管理与分析服务平台，目前较新的版本为 DM8.6。

2. 金仓数据库 KingbaseES

北京人大金仓数据库管理系统 KingbaseES（简称金仓数据库或 KingbaseES）是北京人大金仓信息技术股份有限公司经过多年努力，自主研制开发的具有自主知识产权的通用关系型数据库管理系统，它是一个大型通用跨平台系统，在各种操作系统平台上都易于安装，设置简单。KingbaseES 数据库按规模分为 3 种基本版本：企业版、标准版、工作组版。用户可以根据自己的实际需要选择相应的版本。KingbaseES V8R6 是其较新版本，提供了符合国际标准的 SQL 语言及丰富多样的数据访问接口，支持与流行的集成开发环境紧密集成，并对主流数据库高度兼容，自身的跨平台、多语言、国际化等产品特性也为应用程序开发者提供了便利。

3. OceanBase

OceanBase 是由阿里巴巴和蚂蚁集团完全自主研发的国产原生分布式数据库，始创于2010年。其创新地推出“三地五中心”城市级容灾新标准，在被誉为“数据库世界杯”的TPC-C和TPC-H测试上都刷新了世界纪录。产品采用自研的一体化架构，兼顾分布式架构的扩展性与集中式架构的性能优势，用一套引擎同时支持OLTP和OLAP的混合负载，具有数据强一致、高可用、高扩展、高性价比、高度兼容SQL标准和主流关系数据库、稳定可靠等特征，不断用技术降低企业使用数据库的门槛。现已助力金融、政府、运营商、零售、互联网等多个行业的客户实现核心系统升级。其分布式数据库主要有社区版、企业版和公有云，还提供一整套评估、迁移、开发和运维的工具体系，并提供图数据库和时序数据库等生态产品。2021年6月1日，OceanBase正式对外宣布开源，并成立OceanBase开源社区，社区官网同步上线，300万行核心代码向社区开放。

4. TDSQL

TDSQL是腾讯TDSQL团队基于MySQL分支（mariadb/percona）为金融联机交易场景自主研发的强一致企业级分布式数据库集群系统。其三大产品系列分别为：分析型数据库TDSQL-A、云原生数据库TDSQL-C和分布式数据库TDSQL，能全方位满足政企业务需求，形成了多引擎融合的完整数据库产品体系，100%兼容MySQL和PostgreSQL，对Oracle的兼容性达95%以上。具备金融级高可用、计算存储分离、数据仓库、企业级安全等能力，同时具备智能运维平台、Serverless版本等完善的产品服务体系。截至2021年，拥有超过50万客户，广泛覆盖游戏、电商、移动互联网、云开发等业务场景。

5. GaussDB

GaussDB(OpenGauss)是华为自研数据库品牌，是深度融合华为在数据库领域多年的经验，结合企业级场景需求，推出的新一代企业级分布式数据库。GaussDB基于统一架构，支持关系型与非关系型数据库引擎，支持集中式和分布式两种部署形态，满足政企全场景的数据智能管理需求。GaussDB是一个产品系列，在整体架构设计上，底层是分布式存储，中间是每个DB特有的数据结构，最外层则是各个生态的接口，体现了多模的设计理念，并且将AI能力植入数据库内核的架构和算法中，为用户提供更高性能、更高可用、更多算力支持，具有安全可靠、自由扩展、简单易用等优势。2020年，OpenGauss正式亮相，实现了开源。

6. TiDB

TiDB是北京平凯星辰科技发展有限公司（PingCAP）自主设计、研发的开源分布式关系型数据库，是一款同时支持在线事务处理与在线分析处理（Hybrid Transactional and Analytical Processing, HTAP）的融合型分布式数据库产品，具备水平扩容或者缩容、金融级高可用、实时HTAP、云原生的分布式数据库、兼容MySQL 5.7协议和MySQL生态等重要特性。其目标是为用户提供一站式OLTP、OLAP、HTAP解决方案，非常适合高可用、强一致要求较高、数据规模较大等各种应用场景。TiDB曾被评为最具影响力数据库奖，是国产开源数据库的璀璨之星，为其他国产开源数据库发挥了良好的示范性作用。

6.4 开发技术

6.4.1 数据库设计的基本步骤

目前，设计数据库系统主要采用的是以逻辑数据库设计和物理数据库设计为核心的规范设计方法。其中，逻辑数据库设计是根据用户要求和特定数据库管理系统的具体特点，以数据库设计理论为依据，设计数据库的全局逻辑结构和每个用户的局部逻辑结构。物理数据库设计是逻辑结构确定之后，设计数据库的存储结构及其他实现细节。各种规范设计方法在设计步骤上存在差别，通过分析、比较与综合各种常用的数据库规范设计方法，将数据库设计分为以下 6 个阶段：

① 需求分析阶段：准确了解与分析用户需求（包括数据与处理），是整个设计过程的基础。需求分析人员既要懂得数据库技术，又要熟悉应用环境的业务，一般由数据库专业人员和业务专家合作进行。需求分析首先收集数据，并对数据进行分析整理，画出数据流图，建立数据字典，并把设计的内容返回用户，让用户进行确认，最后形成文档资料。

② 概念结构设计阶段：整个数据库设计的关键，通过对用户需求进行综合、归纳与抽象，形成一个独立于具体 DBMS 的概念模型。该概念模型能够真实、充分地反映客观现实世界，应易于理解，易于修改，易于向关系、网状、层次等各种数据模型转换。描述概念模型的常用工具是 E-R 图和 UML 图。

③ 逻辑结构设计阶段：首先将 E-R 图转换成具体的 DBMS 支持的数据模型，如关系模型，形成数据库逻辑模式；然后根据用户处理的要求、安全的考虑，在基本表的基础上再建立必要的视图（View），形成数据的外模式，并对其进行优化。

④ 数据库物理设计阶段：为逻辑数据模型选取一个最适合应用环境的物理结构（包括存储结构和存取方法）。物理设计一般分为两个步骤：首先确定数据库的物理结构，在关系数据库中主要指存取方法和存储结构；然后对物理结构进行评价，评价的重点是时间和空间的效率。

⑤ 数据库实施阶段：运用 DBMS 提供的数据语言、工具及宿主语言，根据逻辑设计和物理设计的结果建立数据库，编制与调试应用程序，组织数据入库并进行试运行。

⑥ 数据库运行和维护阶段：数据库应用系统经过试运行后即可投入正式运行，在运行过程中不断对其进行评价、调整与修改。对数据库的维护工作由数据库管理员（DBA）来完成。

设计一个数据库应用系统往往是上述 6 个阶段不断反复的过程。

6.4.2 SQL 语言及其特点

结构化查询语言（Structured Query Language，SQL）是一种介于关系代数与关系演算之间的语言，是一种用来与关系数据库管理系统通信的标准计算机语言。

SQL 是 1974 年由 Boyce 和 Chamberlin 提出的，在 IBM 公司研制的关系数据库原型系统 System R 中实现了这种语言。由于其功能丰富、使用方式灵活、语言简洁易学等突出优点，在计算机业界和计算机用户中备受欢迎。1986 年 10 月，美国国家标准局（American National Standard Institute，ANSI）的数据库委员会批准了 SQL 作为关系数据库语言的美国标准。同年公布了标准 SQL 文本，这个标准也称为 SQL86。1987 年 6 月国际标准化组织（International Organization for Standardization，ISO）将其采纳为国际标准。之后，相继出现了 SQL89、SQL92 和 SQL3。SQL 成为国际标准后，它对数据库以外的领域也产生了很大影响，不少软件产品将 SQL 的数据查询功能与图形功能、软件工程工具、软件开发工具、人工智能程序结合起来。

目前，绝大多数流行的关系型数据库管理系统，如 Oracle、Sybase、SQL Server、Access 等都采用了 SQL 语言标准。虽然很多数据库都对 SQL 语句进行了再开发和扩展，但是包括 Select、Insert、Update、Delete、Create，以及 Drop 在内的标准 SQL 命令仍然可以用来完成几乎所有的数据库操作。利用 SQL，用户可以用几乎同样的语句在不同的数据库系统上执行同样的操作，也几乎可以不加修改地嵌入到如 Visual Basic、Power Builder 这样的前端开发平台上，利用前端工具的计算能力和 SQL 的数据库操纵能力，快速建立数据库应用程序。其主要功能包括数据查询、数据操作、数据定义和数据控制四方面。通过 SQL 命令，程序员或数据库管理员可以完成以下功能：

① 建立数据库的表格。

② 改变数据库系统环境设置。

③ 让用户自己定义所存储数据的结构，以及所存储数据各项之间的关系。

④ 让用户或应用程序可以向数据库中增加新的数据、删除旧的数据以及修改已有数据，有效地支持了数据库数据的更新。

⑤ 使用户或应用程序可以从数据库中按照自己的需要查询数据并组织使用它们，其中包括子查询、查询的嵌套、视图等复杂的检索。能对用户和应用程序访问数据、添加数据等操作的权限进行限制，以防止未经授权的访问，有效地保护数据库的安全。

⑥ 使用户或应用程序可以修改数据库的结构。

⑦ 使用户可以定义约束规则，定义的规则将保存在数据库内部，可以防止因数据库更新过程中的意外或系统错误而导致的数据库崩溃。

SQL 语言风格统一，充分体现了关系数据语言的特点和优点。

1. 综合统一

SQL 集数据定义语言（DDL）数据操作语言（DML）、数据控制语言（DCL）的功能于一体，语言风格统一，可以独立完成数据库生命周期中的全部活动，包括定义关系模式、录入数据以建立数据库、查询、更新、维护、数据库重构、数据库安全控制等一系列操作要求。

2. 高度非过程化

非关系数据模型的数据操作语言是面向过程的语言，用其完成某项请求，必须指定存取路径。用 SQL 进行数据操作，用户只需提出“做什么”，而不必指明“怎么做”，因此用户无须了解存取路径，存取路径的选择及 SQL 语句的操作过程由系统自动完成。这不但大大减轻了用户负担，而且有利于提高数据的独立性。所以，SQL 是高度非过程化的，即一条 SQL 语句可以完成过程语言多条语句的功能。

3. 面向集合的操作方式

非关系数据模型采用的是面向记录的操作方式，任何一个操作其对象都是一条记录。SQL 采用集合操作方式，不仅查找结果可以是元组的集合，而且一次插入、删除、更新操作的对象也可以是元组的集合。

4. 以同一种语法结构提供两种使用方式

SQL既是自含式语言，又是嵌入式语言，且在两种不同的使用方式下，SQL的语法结构基本上是一致的。作为自含式语言，它能够独立地用于联机交互的使用方式，用户可以在终端键盘上直接输入SQL命令对数据库进行操作。作为嵌入式语言，SQL语句能够嵌入到高级语言程序中，供程序员设计程序时使用。

5. 语言简捷，易学易用

SQL功能极强，设计巧妙，语言十分简洁。

6. SQL支持关系数据库三级模式结构

数据库三级模式：内模式对应于存储文件，模式对应于基本表，外模式对应于视图。基本表是独立存在的表；视图是从基本表或其他视图中导出的表，它本身不独立存储在数据库中，即数据库中只存放视图的定义而不存放视图对应的数据，这些数据仍存放在导出视图的基本表中，因此视图是一个虚表。用户可以用SQL对视图和基本表进行查询。对用户而言，视图和基本表都是关系，而存储文件对用户是透明的。

6.4.3 SQL语言的分类及语法

可执行的SQL语句的种类数目之多是惊人的。使用SQL，可以实现从一个简单的表查询，到创建表和存储过程，再到设置用户权限的所有步骤。本节将重点介绍如何使用SQL语句对关系数据库进行比较简单的插入、删除、更新和检索等操作，需要注意的是，SQL 对大小写不敏感。表6.2所示为SQL的9个核心动词和所属的类型。

表6.2 SQL核心动词

SQL功能	所使用的动词	SQL功能	所使用的动词
数据定义	CREATE、ALTER、DROP	数据操作	INSERT、UPDATE、DELETE
数据查询	SELECT	数据控制	GRANT、REVOKE

常用SQL语句及其功能如表6.3所示。

表6.3 常用的SQL语句

命　令	说　明
SELECT	从一个表或多个表或视图中检索列和行
INSERT	向一个表或视图中增加行
UPDATE	更新表中已存在的行的某几列
DELETE	从一个表中删除行
CREATE	创建一个新的对象，包括数据库、表、索引和视图等
DROP	删除对象，包括数据库、表、视图等
ALTER	在一个对象建立后，修改对象的结构设计，包括数据库、表等
GRANT	向数据库中的用户授以操作权限，可以实现数据库的安全控制
REVOKE	收回以前显式（使用GRANT）授予当前数据库中用户的权限

1. 数据检索

在 SQL 中 SELECT 语句通常用于检索数据库，或者检索满足设置条件的数据，以下是简单的 SELECT 语句的格式，表 6.4 所示为 SELECT 语句的组件。

表 6.4　SELECT 语句的组件

组　　件	说　　明
SELECT	指明要检索的数据的列
FROM	指明从哪（几）个表中进行检索
WHERE	指明返回数据必须满足的标准
GROUP BY	指明返回的列数据通过某些条件来形成组
HAVING	指明返回的集合必须满足的标准
ORDER BY	指明返回的行的排序顺序

例如：

```
SELECT "column1"[,"column2",etc] FROM "tablename"
[WHERE "condition"];
[]=optional
```

其中，列的名字跟着 SELECT 关键字，它决定了哪一列将作为结果返回。用户可以任意指定多个列，也可以使用“*”选择所有的列。表的名字是紧跟着 FROM 关键字的，它指出了哪个表格将作为最后结果被查询。而 WHERE 子句（可选）指出哪个数据或者行将被返回或者显示，它是根据关键字 WHERE 后面描述的条件而来的。

2. 创建表

CREATE TABLE 语句用于创建一个新的表格。以下是一个简单创建表格语句的格式：

```
CREATE TABLE "tablename"
("column1" "data type"[constraint],
"column2" "data type"[constraint],
"column3" "data type")[constraint];
[]=optional
```

表格和列名必须以字母开头，第二个字符开始可以是字母、数字或者下画线，但是要保证名字的总长度不要超过 30 个字符。在定义表格和列名不要使用 SQL 预定的用于表格或者列名的关键字（如 select、create、insert 等），以避免错误的发生。要确保每个列定义之间有逗号分隔，在 SQL 语句结束时加上分号“；”。

数据类型是指在特定的列使用什么样数据的类型。如果一个列的名字为 Last_Name，它是用来容纳人名的，所以这个特定列就应该采用 varcha（变长度的字符型）数据类型。

以下是几种常见的数据类型：

① char(size)：固定长度的字符串型。size 是圆括号中指定的参数，它可以由用户随意设置，但是不能超过 255 字节。

② varchar(size)：变长度的字符串型。它的最大长度是由括号中的参数 size 设置的。

③ number(size)：数值型。最大数字的位数由括号中的参数 size 设置。

④ date：日期数值型。

⑤ number(size,d)：数值型。它的最大数字的位数由括号中的参数 size 设置，而括号中的

参数 d 是设置小数点的位数。

当表被创建时，可以一列也可以多列共用一个约束。约束是一个跟列有关的基本准则，返回的数据必须遵循这个准则。例如，一个约束指定在一列中不能有两个记录共用一个数值，它们必须是单独的。

3. 插入数据到表

INSERT 语句用于往表格中插入或者增加一行数据，其格式如下：

```
INSERT INTO "tablename"
(first_column,...last_column)
values (first_value,...last_value);
[]=optional
```

例如，要往 employee 表格中插入以下数据："Zhang Weiguo,28,西安 101 信箱,陕西"。

```
INSERT INTO employee
(first, last, age, address, city)
values ('Zhang', 'Weiguo', 28, '西安101信箱', '陕西');
```

注意：每一个字符串必须用单引号引起来，而数字不用。在关键字 values 之后跟着一系列用圆括号括起的数值。这些数值是要往表格中填入的数据，它们必须与指定的列名相匹配。例如，'Zhang'必须与列 first 相匹配，而 28 必须与列 age 相匹配。

4. 删除表

DROP TABLE 命令用于删除一个表格或者表中的所有行。其语法格式如下：

```
DROP TABLE "tablename"
```

例如：

```
DROP TABLE employee;
```

为了删除整个表（包括所有的行），可以使用 DROP TABLE 命令后加上 tablename。DROP TABLE 命令与从表中删除所有记录是不一样的，删除表中的所有记录是留下表格（只是它是空的）以及约束信息；而 DROP TABLE 是删除表的所有信息，包括所有行、表格以及约束信息等。

5. 删除记录

DELETE 语句是用来从表中删除记录或者行，其语句格式如下：

```
DELETE FROM "tablename"
WHERE "columnname" OPERATOR "value" [and|or "column" OPERATOR "value"];
[]=optional
```

为了从表中删除一个完整的记录或者行，直接在"delete from"后面加上表的名字，并且利用 WHERE 指明符合什么条件的行要删除即可。如果没有使用 WHERE 子句，那么表中的所有记录或者行将被删除。

例如：

```
DELETE FROM employee;
```

如果只要删除其中一行或者几行，可以参考以下语句：

```
DELETE FROM employee
WHERE lastname='May';
```

这条语句是从 emplyee 表中删除 lastname 为'May'的行。

```
DELETE FROM employee
WHERE firstname='Mike' or firstname='Eric';
```

这条语句是从 emplyee 表中删除 firstname 为'Mike'或者'Eric'的行。

6. 更新记录

Update 语句用于更新或者改变匹配指定条件的记录，它是通过构造一个 WHERE 语句来实现的。其语句格式如下：

```
UPDATE "tablename"
set "columnname"="newvalue"[,"nextcolumn"="newvalue2"...]
WHERE "columnname" OPERATOR "value" [and|or "column" OPERATOR "value"];
[]=optional
```

例如：

```
UPDATE phone_book set area_code=623 WHERE prefix=979;
```

以上语句是在 phone_book 表中，在 prefix=979 的行中将 area_code 设置为 623。

```
pdate phone_book set last_name='Smith', prefix=555, suffix=9292
WHERE last_name='Jones';
```

而以上的这段语句是在 phone_book 中，在 last_name='Jones'的行中将 last_name 设置为'Smith', prefix 设置为 555, suffix 设置为 9292。

```
UPDATE employee
set age=age+1
WHERE first_name='Mary' and last_name='Williams';
```

这段语句是在 employee 表中，在 first_name='Mary' 和 last_name='Williams'的行中将 age 加 1。

6.4.4　数据挖掘

数据收集与数据存储技术的快速发展使得各种组织机构积累了海量数据。如何从这些海量数据中提取有价值的信息以辅助决策，成为一种巨大的挑战。面对这种挑战，一种数据处理的新技术——数据挖掘（Data Mining）应运而生。数据挖掘是一种将传统的数据分析方法与处理大量数据的复杂算法相结合的技术。

1. 数据挖掘的定义和特点

数据挖掘是从大量数据中提取有用信息的过程，最终得到数据与数据之间深层次关系的一种技术。其主要特点是对大量业务数据进行抽取、转换、分析和建模处理。例如，从网站的用户或用户行为数据中挖掘出用户潜在需求信息，从而对网站进行改善等。

2. 数据挖掘的任务与过程

数据挖掘任务分为预测型任务和描述型任务。预测型任务就是根据其他属性的值预测特定属性的值，如回归、分类、离群点检测等。描述型任务就是寻找概括数据中潜在联系的模式，如聚类分析、关联分析、烟花分析、序列模式挖掘等。数据挖掘的过程如下：

① 定义目标。

② 获取数据（常用的手段有通过爬虫采集或者下载一些统计网站发布的数据）。

③ 数据探索。

④ 数据预处理（数据清洗“去掉脏数据”、数据集成“集中”、数据变换“规范化”、数据规约“精简”）。

⑤ 挖掘建模（分类、聚类、关联、预测）。

⑥ 模型评价与发布。

3. 数据挖掘常用软件

常用的数据挖掘工具主要有两类：特定领域的数据挖掘工具与通用的数据挖掘工具。特定领域的数据挖掘工具针对某一个特定领域存在的问题而提供解决方案。一般在设计算法时，会充分考虑数据及需求的特殊性，并且进行优化。特定领域的数据挖掘工具具有较强的针对性，它们只能用于一种应用，也正是因为有这么强的针对性，所以往往采用特殊的算法，从而可以处理特殊的数据，最终实现特殊的目的。因此，特定领域数据挖掘工具的知识可靠度比较高。

通用的数据挖掘工具不区分具体的数据含义，一般采用通用的挖掘算法，并且处理常见的数据类型，一般提供 6 种模式。SGI 公司开发 MineSet 系统的目的就是集成多种数据挖掘算法和可视化工具，从而帮助用户直观实时地发掘大量数据背后的知识；IBM 公司 Almaden 研究中心开发 QUEST 系统的目的就是为新一代决策支持系统的应用开发提供高效的数据开采基本构件；加拿大 SimonFraser 大学开发 DBMiner 系统的目的就是把关系数据库与数据开采合成，以面向属性的多级概念为基础而发现各种知识。常用的数据挖掘工具可以开发多种模式的挖掘方法，至于挖掘什么，以及用什么来挖掘，都由用户根据各自的应用来选择。

6.5 能力拓展与训练案例：使用 Python 编程实现数据挖掘算法

与数据挖掘相关的 Python 模块主要有以下几种：

① NumPy 可以高效处理数据、提供数组支持，很多模块都依赖它，如 pandas、SciPy、Matplotlib 等，所以该模块是基础。

② pandas 主要用于进行数据探索和数据分析。

③ Matplotlib 为作图模块，用于解决可视化问题。

④ SciPy 主要进行数值计算，同时支持矩阵运算，并提供了很多高等数据处理功能，如积分、傅里叶变换、微分方程求解等。

⑤ statsmodels 主要用于统计分析。

⑥ gensim 主要用于文本挖掘。

⑦ sklearn、keras 分别为机器学习和深度学习模块。

1. K 近邻算法

该算法主要计算待分类样本与每个训练样本的距离，取距离最小的 K 个样本，这 K 个样本，哪个类别占大多数，则该样本属于这个类别。算法无须训练和估计参数，适合多分类和样本容量比较大的问题，但是对测试样本内存开销大，可解释性差，无法生成规则。对样本量小的问题，容易误分。例如：

```
import numpy as np
from sklearn import neighbors
knn=neighbors.KNeighborsClassifier()
```

```
knn.fit(x,y)
knn.predict()
```

2. 朴素贝叶斯

该算法对于待分类的项目，求解此项出现的条件下各类别出现的概率，哪个最大，待分类项就属于哪个类别。该算法分类速度快，对缺失值不敏感，准确度高，但需要知道先验概率。

```
from sklearn.naive_bayes import GaussianNB
model = GaussianNB()
model.fit(x, y)
model.predict()
```

3. Logistic 回归

该算法面对一个回归或者分类方法，建立一个代价方法，通过迭代法求解出最优模型参数。算法速度快，适合二分类问题，并且能直接看到各个特征的权重，更容易更新模型吸收新的数据，但对数据和场景的适应能力不强。例如：

```
from sklearn import metrics
from sklearn.linear_model import LogisticRegression
model=LogisticRegression()
model.fit(x,y)
#print(model)
expected=y
predicted=model.predict(x)
```

4. 支持向量机（SVM）

该算法通过最大化分类分界点到分类界面距离来实现分类。能解决小样本下机器学习，但是其可解释性并不强，对缺失数据敏感，内存消耗大。

```
from sklearn.svm import SVC
model=SVC()
model.fit(x,y)
#print(model)
expected=y
predicted=model.predict(x)
#print(predicted)
```

上述数据挖掘算法的实现采用了直接调用模块的方式，这样更加简洁和方便，但是不方便使用的人理解它的原理。

习　　题

一、选择题

1. 在数据库设计中，将 E-R 图转换成关系数据模型的过程属于（　　）。

   A. 需求分析阶段　　B. 概念设计阶段

   C. 逻辑设计阶段　　D. 物理设计阶段

2. 有 3 个关系 R、S 和 T 如下：

由关系 R 和 S 通过运算得到关系 T，则所使用的运算为（　　）。

R

B	C	D
a	0	k1
b	1	n1

S

B	C	D
f	3	h2
a	0	k1
n	2	x1

T

B	C	D
a	0	k1

A. 并　B. 自然连接　C. 笛卡儿积　D. 交

3. 设有表示学生选课的三张表，学生 S（学号，姓名，性别，年龄，身份证号），课程 C（课号，课名），选课 SC（学号，课号，成绩），则表 SC 的关键字（键或码）为（　　）。

A. 课号，成绩　B. 学号，成绩

C. 学号，课号　D. 学号，姓名，成绩

4. 在数据管理技术发展的 3 个阶段中，数据共享最好的是（　　）。

A. 人工管理阶段　B. 文件系统阶段

C. 数据库系统阶段　D. 3 个阶段相同

5. 数据库应用系统中的核心问题是（　　）。

A. 数据库设计　B. 数据库系统设计

C. 数据库维护　D. 数据库管理员培训

6. 数据库管理系统是（　　）。

A. 操作系统的一部分　B. 在操作系统支持下的系统软件

C. 一种编译系统　D. 一种操作系统

7. 在 E-R 图中，用来表示实体联系的图形是（　　）。

A. 椭圆形　B. 矩形　C. 菱形　D. 三角形

8. 数据库设计中反映用户对数据要求的模式是（　　）。

A. 内模式　B. 概念模式　C. 外模式　D. 设计模式

9. 下面描述中不属于数据库系统特点的是（　　）。

A. 数据共享　B. 数据完整性　C. 数据冗余度高　D. 数据独立性高

10. 若实体 *A* 和 *B* 是一对多的联系，实体 *B* 和 *C* 是一对一的联系，则实体 *A* 和 *C* 的联系是（　　）。

A. 一对一　B. 一对多　C. 多对一　D. 多对多

二、简答题

1. 简述数据库、数据库管理系统、数据库系统的概念。
2. 简述数据库、数据库管理系统和数据库应用系统的关系。
3. 简述数据库的发展阶段。
4. 什么是数据模型？包含了哪些内容？有哪几种类型？
5. 简述数据库系统的内部体系结构。

第 7 章 计算机网络基础

本章首先介绍计算机网络的定义及发展，阐述计算机网络的分类、拓扑结构及 OSI 和 TCP/IP 参考模型，讲解计算机网络的组成、常见的网络设备以及无线网络技术；然后，详细论述了 Internet 关键技术、相关服务及应用；最后介绍使用 Python 编程访问网络的方法。

7.1 计算机网络概述

7.1.1 计算机网络的定义

计算机网络是计算机技术与通信技术相融合、实现信息传送、达到资源共享的系统。随着计算机技术和通信技术的发展，其内涵也在发生变化。从资源共享的角度出发，计算机网络是以能够相互共享资源（硬件、软件、数据）的方式连接起来，并各自具备独立功能的计算机系统的集合。

在理解计算机网络定义时，要注意以下三点：

① 自主：计算机之间没有主从关系，所有计算机都是平等独立的。

② 互连：计算机之间由通信系统相连，提供多种资源的共享。

③ 集合：网络是计算机的群体。

计算机网络是计算机技术和通信技术紧密融合的产物，它涉及通信与计算机两个领域。它的诞生使计算机体系结构发生了巨大变化，在当今社会经济中起着非常重要的作用，它对人类社会的进步做出了巨大贡献。从某种意义上讲，计算机网络的发展水平不仅反映了一个国家的计算机科学和通信技术水平，而且已经成为衡量其国力及现代化程度的重要标志之一。

7.1.2 计算机网络的发展

计算机网络出现的历史不长，但发展速度很快。从 20 世纪 50 年代至今，它经历了一个从简单到复杂、从单机到多机的演变过程。发展过程大致可概括为 4 个阶段：具有通信功能的单机系统阶段；具有通信功能的多机系统阶段；以共享资源为主的计算机网络阶段；以局域网及其互联为主要支撑环境的分布式计算阶段。

1. 具有通信功能的单机系统

该系统又称终端-计算机网络，是早期计算机网络的主要形式。它是由一台中央主计算机连接大量地理位置上分散的终端。20 世纪 50 年代初，半自动地面防空系统 SAGE 就是将远距离的雷达和其他测量控制设备的信息，通过通信线路汇集到一台中心计算机进行集中处理，从而首次实现了计算机技术与通信技术的结合。

2. 具有通信功能的多机系统

在单机通信系统中，中央计算机负担较重，既要进行数据处理，又要承担通信控制，实际工作效率下降；而且主机与每一台远程终端都用一条专用通信线路连接，线路的利用率较低。由此出现了数据处理和数据通信的分工，即在主机前增设一个前端处理机负责通信工作，并在终端比较集中的地区设置集中器。集中器通常由微型机或小型机实现，它首先通过低速通信线路将附近各远程终端连接起来，然后通过高速通信线路与主机的前端处理机相连。这种具有通信功能的多机系统，构成了现代计算机网络的雏形，如图 7.1 所示。20 世纪 60 年代初，此网络在军事、银行、铁路、民航、教育等部门都有应用。

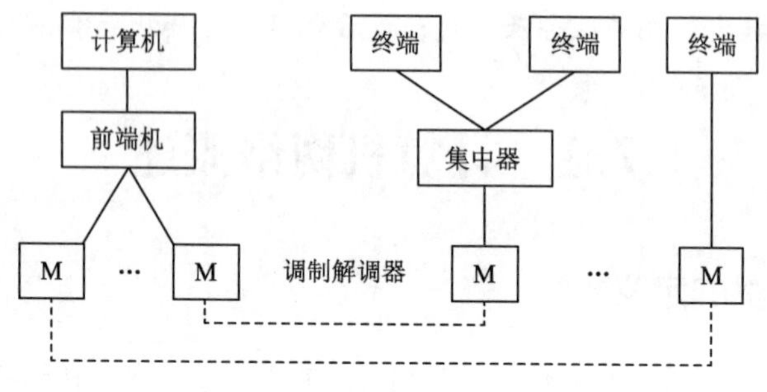

图 7.1　多机通信系统

3. 计算机网络

20 世纪 60 年代中期，出现了由若干个计算机互连的系统，开创了“计算机-计算机”通信的时代，并呈现出多处理中心的特点，即利用通信线路将多台计算机连接起来，实现了计算机之间的通信。

4. 局域网的兴起和分布式计算的发展

自 20 世纪 70 年代开始，随着大规模集成电路技术和计算机技术的飞速发展，硬件价格急剧下降，微机广泛应用，局域网技术得到迅速发展，尤其是以太网。

以太网又称 IEEE 802.3 标准网络。它最初由施乐（Xerox）公司研制成功，当时的传输速率只有 2.94 Mbit/s。后来以太网的标准由 IEEE 来制定，于是就有了 IEEE 802.3 协议标准，通常也称以太网标准。

早期的以太网采用同轴电缆作为传输介质，传输速率为 10 Mbit/s，最远传输距离为 500 m，最多可连接 100 台计算机。主要标准为 10Base-5 和 10Base-2，其中 Base 是指传输信号是基带信号。以太网 10Base-T 采用双绞线作为传输介质，在网络中引入集线器 Hub，网络拓扑采用树状、总线和星状混合结构，使得网络更加易于维护。随着数据业务的增加，1993 年诞生了快速以太网 100Base-T，在 IEEE 标准里为 IEEE 802.3u。快速以太网的出现大幅提升了网络速度，再加上快速以太网设备价格低廉，快速以太网很快成为局域网的主流。目前，正式的 100Base-T 标准定义了 3 种物理规范以支持不同介质：100Base-T 支持使用两对线的双绞线电缆，100Base-T4 支持使用四对线的双绞线电缆，100Base-FX 支持使用光纤。吉比特以太网是 IEEE 802.3 标准的扩展，在保持与以太网和快速以太网设备兼容的同时，提供 1 000 Mbit/s 的数据带宽。IEEE 802.3 工作组建立了 IEEE 802.3z 以太网小组来建立吉比特以太网标准。吉比特以太网在线路工作方式上进行了改进，提供了全新的全双工工作方式，并且可支持双绞线电缆、多模光纤、单模光纤等介质。目前吉比特以太网设备已经普及，主要用于网络的骨干部分。10 吉比特以太网遵循 IEEE 802.3ae 标准，目前支持 9 μm 单模、50 μm 多模和 62.5 μm 多模 3 种光纤，主要有 10GBase-S（850 nm 短波）、10GBase-L（1 310 nm 长波）、10GBase-E（1 550 nm 长波）3 种标准，最大传输距离分别为 300 m、10 km、40 km，另外，还包括一种可以使用 DWDM（密集型光波复用）技术的 10GBase-LX4 标准。

早期的计算机网络是以主计算机为中心的，计算机网络控制和管理功能都是集中式的，但随着个人计算机（PC）功能的增强，PC 方式呈现出的计算能力已逐步发展成为独立的平台，这就导致了一种新的计算结构——分布式计算模式的诞生。

目前，计算机网络的发展正处于第四阶段。这一阶段计算机网络发展的特点是互联、高速、智能，应用更加广泛。

7.1.3　计算机网络的分类

计算机网络的分类方法有很多种，根据网络分类的不同，在同一种网络中可能会有很多种不同的名词说法，如局域网、总线网、以太网或 Windows 网络等。其中最主要的 3 种方法如下：

① 根据网络所使用的传输技术分类。

② 根据网络的覆盖范围与规模分类。

③ 从网络的管理与使用者进行分类。

1. 根据网络传输技术进行分类

网络所使用的传输技术决定了网络的主要技术特点，因此根据网络所采用的传输技术对网络进行划分是一种很重要的方法。在通信技术中，通信信道的类型有两类：广播通信信道与点到点通信信道。在广播通信信道中，多个结点共享一个物理通信信道，一个结点广播信息，其他结点都能够接收这个广播信息。而在点到点通信信道中，一条通信信道只能连接一对结点，如果两个结点之间没有直接连接的线路，那么它们只能通过中间结点转接。显然，网络要通过通信信道完成数据传输任务，因此网络所采用的传输技术也只可能有两类：广播（Broadcast）方式和点到点（Point-to-Point）方式。这样，相应的计算机网络也可以分为两类：

（1）点到点式网络

点到点传播指网络中每两台主机、两台结点交换机之间或主机与结点交换机之间都存在一条物理信道，即每条物理线路连接一对计算机，如图 7.2 所示。机器（包括主机和结点交换机）沿某信道发送的数据确定无疑地只有信道另一端的唯一一台机器收到。假如两台计算机之间没有直接连接的线路，那么它们之间的分组传输就要通过中间结点的接收、存储、转发直至目的结点。

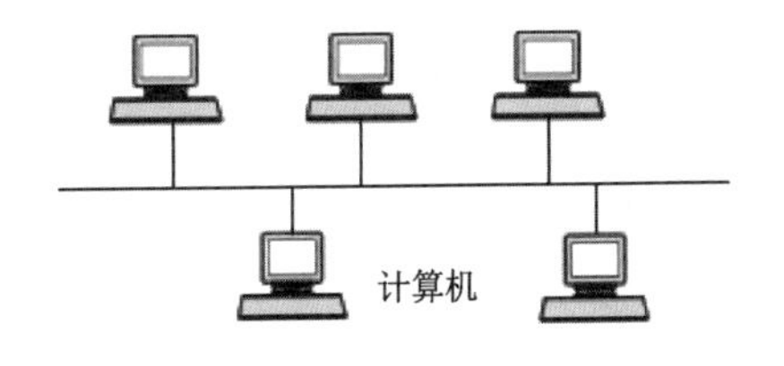

图 7.2　点对点式网络

由于连接多台计算机之间的线路结构可能是复杂的，因此从源结点到目的结点可能存在多条路由，决定分组从通信子网的源结点到达目的结点的路由需要有路由选择算法。采用分组存储转发是点到点式网络与广播式网络的重要区别之一。

在这种点到点的拓扑结构中，没有信道竞争，几乎不存在介质访问控制问题。点到点信道无疑可能浪费一些带宽，因为在长距离信道上一旦发生信道访问冲突，控制起来相当困难，所以广域网都采用点到点信道，而用带宽来换取信道访问控制的简化。

（2）广播式网络

广播式网络中的广播是指网络中所有联网计算机都共享一个公共通信信道，当一台计算机利用共享通信信道发送报文分组时，所有其他计算机都将会接收并处理这个分组。由于发送的分组中带有目的地址与源地址，网络中所有计算机接收到该分组的计算机将检查目的地址是否与本结点的地址相同。如果接收报文分组的目的地址与本结点地址相同，则接收该分组，否则将收到的分组丢弃。在广播式网络中，若分组是发送给网络中的某些计算机，则被称为多点播送或组播；若分组只发送给网络中的某一台计算机，则称为单播。在广播式网络中，由于信道共享可能引起信道访问错误，因此信道访问控制是要解决的关键问题。

2. 根据计算机网络规模和覆盖范围分类

按照计算机网络规模和所覆盖的地理范围对其分类，可以很好地反映不同类型网络的技术特征。由于网络覆盖的地理范围不同，所采用的传输技术也有所不同，因此形成了不同的网络技术特点和网络服务功能。按覆盖地理范围的大小，可以把计算机网络分为局域网、城域网和广域网，如表 7.1 所示。

表 7.1 计算机网络的一般分类

网络分类	分布距离	跨越地理范围
局域网（LAN）	10 m	房屋
	200 m	建筑物
	2 km	校园内
城域网（MAN）	100 km	城市
广域网（WAN）	1 000 km	国家、洲或者洲际

在表 7.1 中，大致给出了各类网络的分布距离。局域网一般采用基带传输，传输速率为 10 Mbit/s ~ 2 Gbit/s，延迟低，出错率低；城域网采用宽带/基带传输技术，传输速率为 100 Mbit/s 至数吉比特每秒。一般来说，传输速率是关键因素，它极大地影响着计算机网络硬件技术的各个方面。例如，广域网一般采用点对点的通信技术，而局域网采用广播式通信技术。在距离、传输速率和技术细节的相对关系中，距离影响传输速率，传输速率影响技术细节。下面分别做进一步说明。

（1）局域网

局域网（Local Area Network,LAN）主要用来构建一个单位的内部网络，如办公室网络、办公大楼内的局域网、学校的校园网、工厂的企业网、大公司及科研机构的园区网等，范围一般在 2 km 以内，最大距离不超过 10 km。局域网通常属于单位所有，单位拥有自主管理权，以共享网络资源和协同式网络应用为主要目的，如图 7.3 所示。它是在小型计算机和微型计算机大量推广使用之后逐渐发展起来的。一方面，它容易管理与配置；另一方面，容易构成简洁整齐的拓扑结构。局域网传输速率高（传输速率通常为10 Mbit/s），延迟小，因此，网络结点往往能对等地参与对整个网络的使用与监控。局域网按照采用的技术、应用范围和协议标准的不同，可分为共享局域网和交换局域网，它是目前计算机网络技术发展中最活跃的一个分支。局域网的物理网络通常只包含物理层和数据链路层。

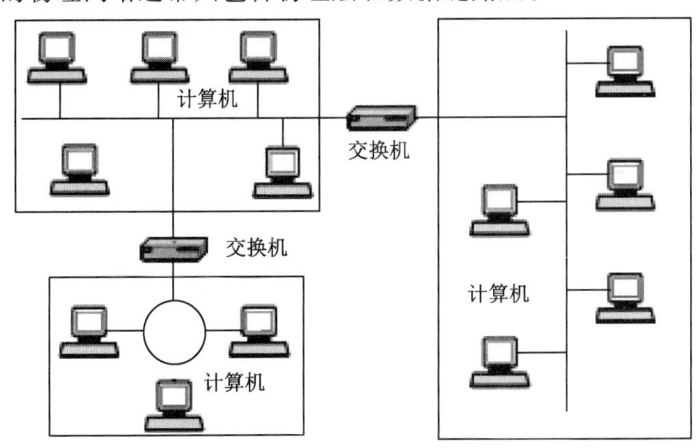

图 7.3　局域网

局域网的主要特点如下：

① 适应网络范围小。

② 传输速率高。

③ 组建方便、使用灵活。

④ 网络组建成本低。

⑤ 数据传输错误率低。

（2）城域网

城域网（Metropolitan Area Network,MAN）是介于广域网与局域网之间的一种大范围的高速网络，它的覆盖范围通常为几千米至几十千米，传输速率为100 Mbit/s以上，如图7.4所示。使用局域网带来的好处使人们逐渐要求扩大局域网的范围，或者要求将已经使用的局域网互相连接起来，使其成为一个规模较大的城市范围内的网络。因此，城域网设计的目标是要满足几十千米范围内的大量企业、机关、公司与社会服务部门的计算机联网需求，实现大量用户、多种信息传输的综合信息网络。城域网主要指在企业集团、ISP、电信部门、有线电视台和政府构建的专用网络和公用网络。

城域网的主要特点：

① 适合比LAN大的区域（通常用于分布在一个城市的大校园或企业之间）。

② 比LAN速度慢，但比WAN速度快。

③ 设备昂贵。

④ 中等错误率。

（3）广域网

广域网（Wide Area Network，WAN）的覆盖范围很大，几个城市、一个国家、几个国家甚至全球都属于广域网的范畴，从几十千米到几千或几万千米，如图7.5所示。此类网络起初是出于军事、国防和科学研究的需要。例如，美国国防部的ARPANET网络，1971年在全美推广使用并已延伸到世界各地。由于广域网分布距离较远，通常其传输速率比局域网低，而信号的传播延迟却比局域网要大得多。另外在广域网中，网络之间连接用的通信线路大多租用专线，当然也有专门铺设的线路。物理网络本身往往包含一组复杂的分组交换设备，通过通信线路连接起来，构成网状结构。由于广域网一般采用点对点的通信技术，所以必须解决寻径问题，这也是广域网的物理网络中心包含网络层的原因。互联网在范畴上属于广域网，但它并不是一种具体的物理网络技术，它是将不同的物理网络技术按某种协议统一起来的一种高层技术。正是广域网与广域网、广域网与局域网、局域网与局域网之间的互联，才形成了局部处理与远程处理、有限地域范围资源共享与广大地域范围资源共享相结合的互联网。目前，世界上发展最快、最大、最热门的网络就是 Internet。国内这方面的代表主要有：中国电信的 CHINANET 网、中国教育科研网（CERNET）、中国科学院系统的 CSTNET 和金桥网（GBNET）等。

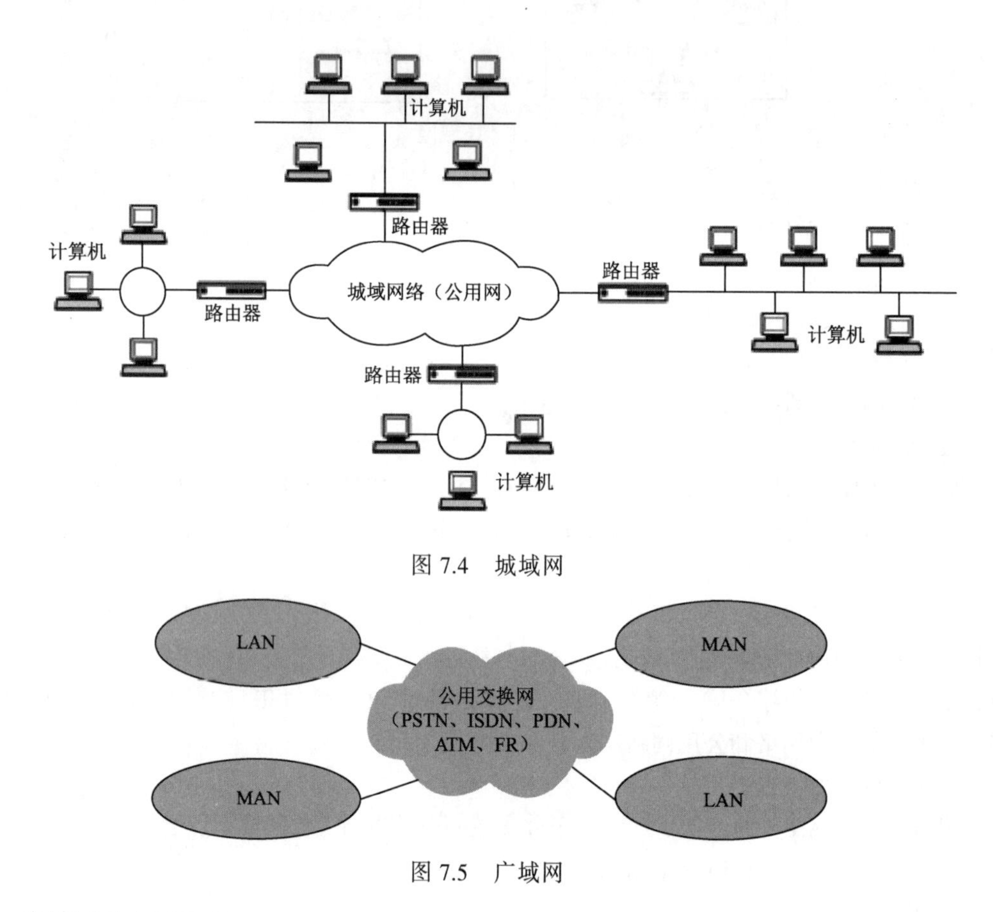

图 7.4　城域网

图 7.5　广域网

广域网的主要特点：

① 覆盖范围大。

② 一般比 LAN 和 MAN 慢很多。

③ 网络传输错误率最高。

④ 昂贵的网络设备。

3. 从网络的管理与使用者进行分类

（1）公用网

由电信部门或其他提供通信服务的经营部门组建、管理和控制，网络内的传输和转接装置可供任何部门和个人使用；公用网常用于广域网络的构造，支持用户的远程通信。例如，我国的电信网、广电网、联通网等。

（2）专用网

由用户部门组建经营的网络，不允许其他用户和部门使用；由于投资的因素，专用网常为局域网或者是通过租借电信部门的线路而组建的广域网络。例如，由学校组建的校园网、由企业组建的企业网等。

（3）利用公用网组建专用网

许多部门直接租用电信部门的通信网络，并配置一台或者多台主机，向社会各界提供网络服务，这些部门构成的应用网络称为增值网络（或增值网），即在通信网络的基础上提供了增值的服务。例如，中国教育科研网 CERNET，全国各大银行的网络等。

7.1.4　计算机网络的拓扑结构

抛开网络中的具体设备，把网络中的计算机等设备抽象为点，把网络中的通信媒体抽象为线，这样从拓扑学的观点去看计算机网络，就形成了由点和线组成的几何图形，从而抽象出网络系统的具体结构。这种采用拓扑学方法描述各个计算机结点之间的连接方式称为网络的拓扑结构。计算机网络常采用的基本拓扑结构有总线结构、环状结构、星状结构、网状结构和树状结构。

1. 总线拓扑结构

总线拓扑结构的所有结点都通过相应硬件接口连接到一条无源公共总线上，任何一个结点发出的信息都可沿着总线传输，并被总线上其他任何一个结点接收。它的传输方向是从发送点向两端扩散传送，是一种广播式结构。在 LAN 中，采用带有冲突检测的载波侦听多路访问控制方式，即 CSMA / CD 方式。每个结点的网卡上有一个收发器，当发送结点发送的目的地址与某一结点的接口地址相符，该结点即接收该信息。总线结构的优点是安装简单，易于扩充，可靠性高，一个结点损坏不会影响整个网络工作；缺点是一次仅能由一个端用户发送数据，其他端用户必须等到获得发送权，才能发送数据，介质访问获取机制比较复杂。总线拓扑结构如图 7.6 所示。

2. 星状拓扑结构

星状拓扑结构也称为辐射网，它将一个点作为中心结点，该点与其他结点均有线路连接。具有 N 个结点的星状网至少需要 N-1 条传输链路。星状网的中心结点就是转接交换中心，其余 N-1 个结点间相互通信都要经过中心结点来转接，中心结点可以是主机或集线器，因而该设备的交换能力和可靠性会影响网内所有用户。星状拓扑的优点是：利用中心结点可方便地提供服务和重新配置网络；单个连接点的故障只影响一个设备，不会影响全网，容易检测和隔离故障，便于维护；任何一个连接只涉及中心结点和一个站点，因此介质访问控制的方法很简单，从而访问协议也十分简单。星状拓扑的缺点是：每个站点直接与中心结点相连，需要大量电缆，因此费用较高；如果中心结点产生故障，则全网不能工作，所以对中心结点的可靠性和冗余度要求很高，中心结点通常采用双机热备份来提高系统的可靠性。星状拓扑结构如图 7.7 所示。

3. 环状拓扑结构

环状拓扑结构中的各结点通过有源接口连接在一条闭合的环型通信线路中，是点对点结构。环状网中每个结点发送的数据流按环路设计的流向流动。为了提高可靠性，可采用双环或多环等冗余措施来解决。目前的环状结构中，采用了一种多路访问部件 MAU，当某个结点发生故障时，可以自动旁路，隔离故障点，这也使可靠性得到了提高。环状结构的优点是实时性好，信息吞吐量大，网的周长可达 200 km，结点可达几百个。但因环路是封闭的，所以扩充不便。IBM 于 1985 年率先推出令牌环网，目前的 FDDI 网就使用这种双环结构。环状拓扑结构如图 7.8 所示。

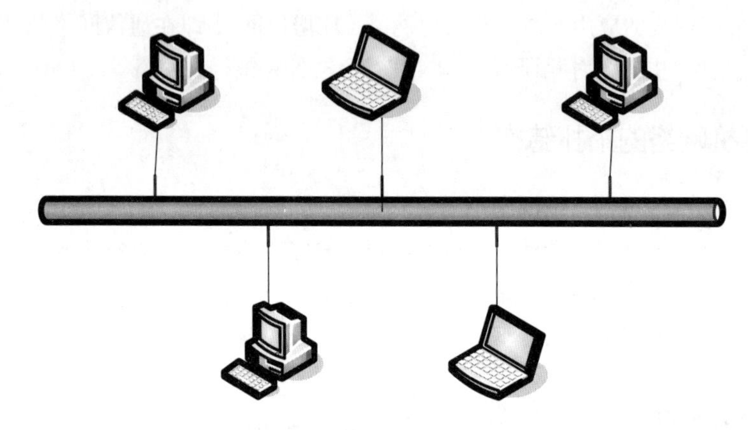

图 7.6　总线拓扑结构示意图

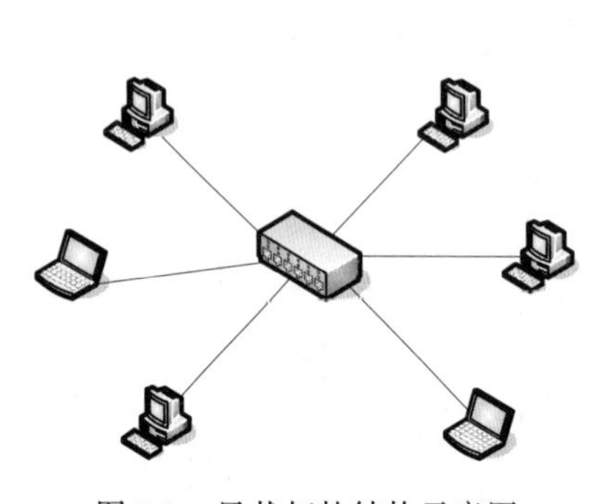

图 7.7　星状拓扑结构示意图

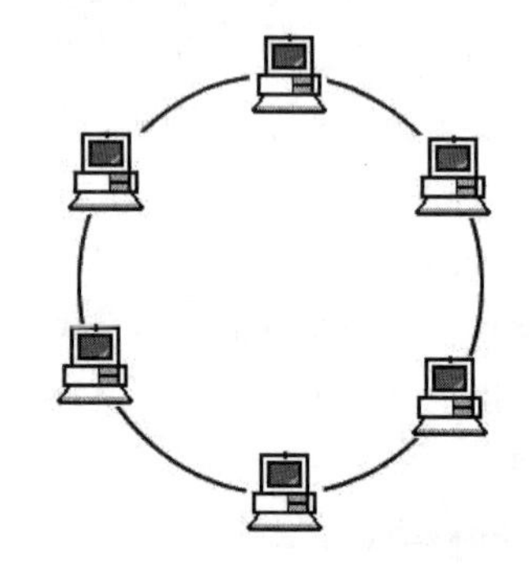

图 7.8　环状拓扑结构示意图

4. 网状拓扑结构

在网状拓扑结构中，节点之间的连接是任意的，没有规律。网状拓扑结构的主要优点是系统可靠性高，但是结构复杂，必须采用路由选择算法与流量控制方法。目前实际存在与使用的广域网，基本上都采用网状拓扑结构型。网状拓扑结构如图 7.9 所示。

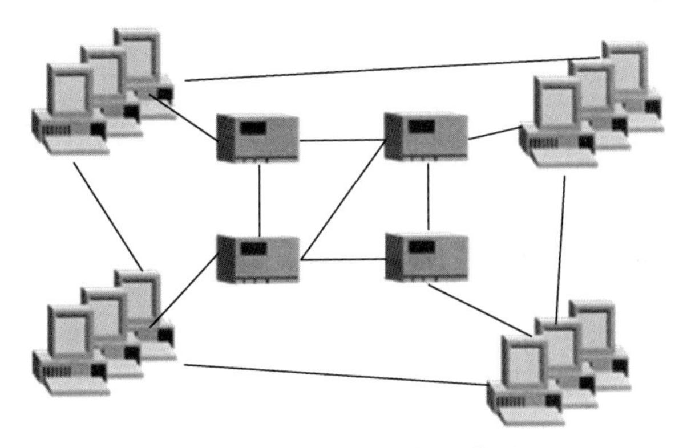

图 7.9　网状拓扑结构示意图

5. 树状拓扑结构

树状拓扑结构是分级的集中控制式网络，与星状拓扑结构相比，它的通信线路总长度短，成本较低，结点易于扩充，寻找路径比较方便，但除了叶结点及其相连的线路外，任一结点或其相连的线路故障都会使系统受到影响。

7.1.5　计算机网络体系结构和 TCP/IP 参考模型

1. 计算机网络体系结构

1974 年，IBM 公司首先公布了世界上第一个计算机网络体系结构（System Network Architecture，SNA），凡是遵循 SNA 的网络设备都可以很方便地进行互联。1977 年 3 月，国际标准化组织（ISO）的技术委员会 TC97 成立了一个新的技术分委会 SC16 专门研究“开放系统互连”，并于 1983 年提出了开放系统互连参考模型，即著名的 ISO 7498 国际标准（我国相应的国家标准是 GB 9387），记为 OSI/RM。在 OSI 中采用了三级抽象：参考模型（即体系结构）、服务定义和协议规范（即协议规格说明），自上而下逐步求精。OSI/RM 并不是一般的工业标准，而是一个为制定标准用的概念性框架。

经过各国专家的反复研究，在 OSI/RM 中，采用了如表 7.2 所示的 7 个层次的体系结构，由低到高分别是物理层、数据链路层、网络层、传输层、会话层、表示层和应用层。每层完成一定的功能，每层都直接为其上层提供服务，并且所有层次都互相支持。第 4 层到第 7 层主要负责互操作性，而第 1 层到第 3 层则用于创造两个网络设备间的物理连接。

表 7.2　OSI/RM7 层协议模型

层号	名称	主要功能简介
7	应用层	作为与用户应用进程的接口，负责用户信息的语义表示，并在两个通信者之间进行语义匹配。它不仅要提供应用进程所需要的信息交换和远地操作，而且还要作为互相作用的应用进程的用户代理来完成一些为进行语义上有意义的信息交换所必需的功能
6	表示层	对源站点内部的数据结构进行编码，形成适合于传输的比特流，到了目的站再进行解码，转换成用户所要求的格式并进行解码，同时保持数据的意义不变。主要用于数据格式转换
5	会话层	提供一个面向用户的连接服务，它给合作的会话用户之间的对话和活动提供组织和同步所必需的手段，以便对数据的传送提供控制和管理。主要用于会话的管理和数据传输的同步

续表

层号	名称	主要功能简介
4	传输层	从端到端经网络透明地传送报文，完成端到端通信链路的建立、维护和管理
3	网络层	分组传送、路由选择和流量控制，主要用于实现端到端通信系统中间结点的路由选择
2	数据链路层	通过一些数据链路层协议和链路控制规程，在不太可靠的物理链路上实现可靠的数据传输
1	物理层	实行相邻计算机结点之间比特数据流的透明传送，尽可能屏蔽掉具体传输介质和物理设备的差异

OSI/RM 参考模型对各个层次的划分遵循下列原则：

① 网中各结点都有相同的层次，相同的层次具有同样的功能。

② 同一结点内相邻层之间通过接口通信。

③ 每一层使用下层提供的服务，并向其上层提供服务。

④ 不同结点的同等层按照协议实现对等层之间的通信。

2. TCP/IP 参考模型

TCP/IP 使用范围极广，是目前异种网络通信使用的唯一协议体系，适用于连接多种机型，既可用于局域网，又可用于广域网，许多厂商的计算机操作系统和网络操作系统产品都采用或含有 TCP/IP。TCP/IP 已成为目前事实上的国际标准和工业标准。TCP/IP 也是一个分层的网络协议，不过它与 OSI 模型所分的层次有所不同。TCP/IP 从底至顶分为网络接口层、网际层、传输层、应用层共 4 个层次。各层功能如下：

① 网络接口层：这是 TCP/IP 的最低一层，包括有多种逻辑链路控制和媒体访问协议。网络接口层的功能是接收 IP 数据报并通过特定的网络进行传输，或从网络上接收物理帧，抽取出 IP 数据报并转交给网际层。

② 网际层（IP 层）：该层包括以下协议：IP（Internet Protocol，网际协议）、ICMP（Internet Control Message Protocol，因特网控制报文协议）、ARP（Address Resolution Protocol，地址解析协议）、RARP（Reverse Address Resolution Protocol，反向地址解析协议）。该层负责相同或不同网络中计算机之间的通信，主要处理数据报和路由。在 IP 层中，ARP 用于将 IP 地址转换成物理地址，RARP 用于将物理地址转换成 IP 地址，ICMP 用于报告差错和传送控制信息。IP 在 TCP/IP 中处于核心地位。

③ 传输层：该层提供 TCP（Transmission Control Protocol，传输控制协议）和 UDP（User Datagram Protocol，用户数据报协议）两个协议，它们都建立在 IP 的基础上，其中，TCP 提供可靠的面向连接服务，UDP 提供简单的无连接服务。传输层提供端到端，即应用程序之间的通信，主要功能是数据格式化、数据确认和丢失重传等。

④ 应用层：TCP/IP 的应用层相当于 OSI 模型的会话层、表示层和应用层，它向用户提供一组常用的应用层协议，其中包括 Telnet、SMTP、DNS 等。此外，在应用层中还包含用户应用程序，它们均是建立在 TCP/IP 之上的专用程序。

OSI 参考模型与 TCP/IP 都采用了分层结构，都是基于独立的协议栈的概念。OSI 参考模型有 7 层，而 TCP/IP 只有 4 层，即 TCP/IP 没有表示层和会话层，并且把数据链路层和物理层合并为网络接口层。

7.2　计算机网络硬件

7.2.1　计算机网络的组成

计算机网络由三部分组成：网络硬件、通信线路和网络软件。其组成如图 7.10 所示。

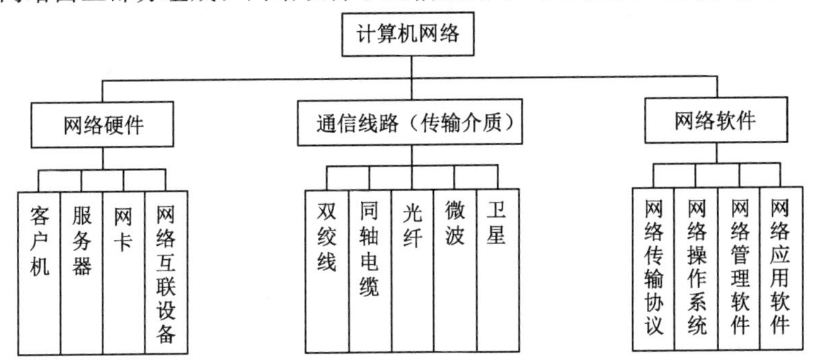

图 7.10　计算机网络的组成

1. 网络硬件

网络硬件包括客户机、服务器、网卡和网络互联设备。

① 客户机指用户上网使用的计算机，也可理解为网络工作站、结点机和主机。

② 服务器是提供某种网络服务的计算机，由运算功能强大的计算机担任。

③ 网卡是计算机与传输介质连接的接口设备。

④ 网络互联设备包括集线器、中继器、网桥、交换机、路由器、网关等。

2. 传输介质

物理传输介质是计算机网络最基本的组成部分，任何信息的传输都离不开它。传输介质分为有线介质和无线介质两种。有线传输介质包括同轴电缆、双绞线、光纤；无线传输介质包括微波和卫星等。

3. 网络软件

网络软件有网络传输协议、网络操作系统、网络管理软件和网络应用软件四部分。

① 网络传输协议：就是连入网络的计算机必须共同遵守的一组规则和约定，以保证数据传送与资源共享能顺利完成。

② 网络操作系统：控制、管理、协调网络上的计算机，使之能方便有效地共享网络上硬件、软件资源，为网络用户提供所需的各种服务的软件和有关规程的集合。网络操作系统除具有一般操作系统的功能外，还具有网络通信功能和多种网络服务功能。目前，常用的网络操作系统有 Windows、UNIX、Linux 和 NetWare。

③ 网络管理软件：网络管理软件的功能是对网络中大多数参数进行测量与控制，以保证用户安全、可靠、正常地得到网络服务，使网络性能得到优化。

④ 网络应用软件：就是能够使用户在网络中完成相应功能的一些工具软件。例如，能够实现网上漫游的浏览器，能够收发电子邮件的 Outlook Express 等。随着网络应用的普及，将会有越来越多的网络应用软件，为用户带来很大的方便。

7.2.2 网络传输介质

传输介质是网络连接设备间的中间介质，也是信号传输的媒体，常用的介质有双绞线、同轴电缆、光纤以及微波、卫星等。图 7.11 所示为几种传输介质的外观。

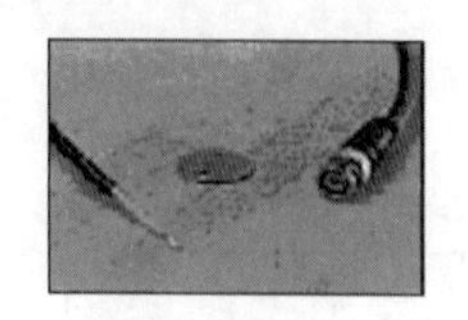

（a）同轴电缆

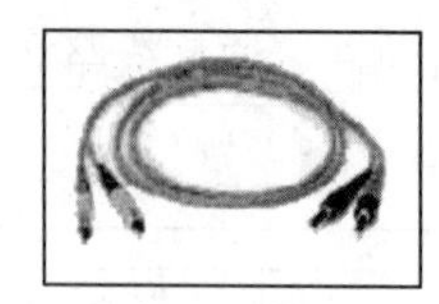

（b）光纤

（c）非屏蔽双绞线

图 7.11　几种传输介质的外观

1. 双绞线

双绞线（Twisted-Pair）是现在最普通的传输介质，它由两条相互绝缘的铜线组成，典型直径为 1 mm。两根线绞接在一起是为了防止其电磁感应在邻近线对中产生干扰信号。现行双绞线电缆中一般包含 4 个双绞线对（见图 7.12），具体为橙白/橙、蓝白/蓝、绿白/绿、棕白/棕。计算机网络使用 1—2、3—6 两组线对分别来发送和接收数据。EIA/TIA-568 标准中，将双绞线按电气特性分为：三类、四类、五类、六类。网络中最常见的是五类和超五类。EIA/TIA 的布线标准中规定两种线序：568A 和 568B。568A 线序为：绿白-1、绿-2、橙白-3、蓝-4、蓝白-5、橙-6、棕白-7、棕-8；568B 线序为：橙白-1、橙-2、绿白-3、蓝-4、蓝白-5、绿-6、棕白-7、棕-8；一般情况下，同种设备相连使用以线序 568A 制作的双绞线，如交换机连接交换机，不同设备相连使用线序 568B 制作的双绞线，如交换机连接计算机。双绞线接头为具有国际标准的 RJ-45 插头（见图 7.13）和插座。双绞线分为屏蔽双绞线（STP）和非屏蔽双绞线（UTP）。非屏蔽双绞线由线缆外皮作为屏蔽层，适用于网络流量不大的场合；屏蔽式双绞线具有一个金属甲套，对电磁干扰具有较强的抵抗能力，适用于网络流量较大的高速网络协议应用。

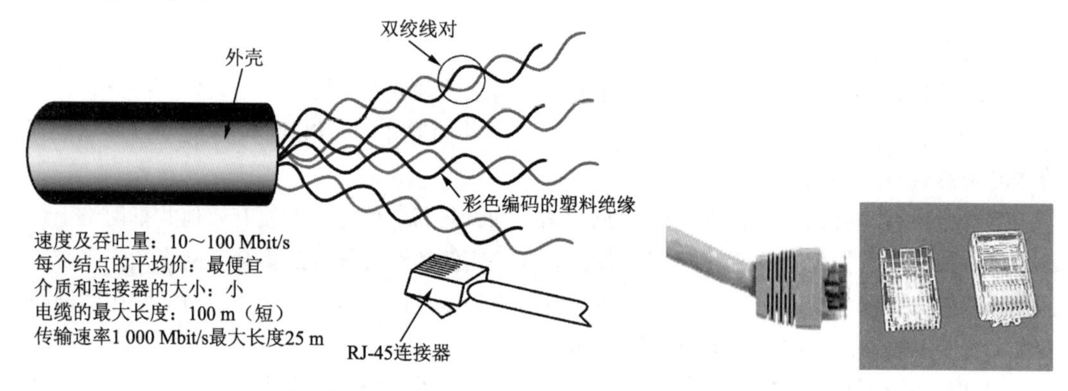

图 7.12　双绞线的内部结构

图 7.13　RJ-45 插头

双绞线最多应用于基于载波感应多路访问/冲突检测（Carrier Sense Multiple Access/Collision Detection，CSMA/CD）的技术，即 10Base-T（10 Mbit/s）和 100Base-T（100 M Mbit/s）的以太网。具体规定如下：

① 一段双绞线的最大长度为 100 m，只能连接一台计算机。

② 双绞线的每端需要一个 RJ-45 插件（头或座）。

③ 各段双绞线通过集线器（Hub 的 10Base-T 重发器）互连，利用双绞线最多可以连接 64 个站点到重发器（Repeater）。

④ 10Base-T 重发器可以利用收发器电缆连到以太网同轴电缆上。

2. 同轴电缆

广泛使用的同轴电缆有两种：一种为 50 Ω（指沿电缆导体各点的电磁电压对电流之比）同轴电缆，用于数字信号的传输，即基带同轴电缆；另一种为 75 Ω 同轴电缆，用于宽带模拟信号的传输，即宽带同轴电缆。同轴电缆以单根铜导线为内芯，外裹一层绝缘材料，外覆密集网状导体，最外面是一层保护性塑料，如图 7.14 所示。金属屏蔽层能将磁场反射回中心导体，同时也使中心导体免受外界干扰，故同轴电缆比双绞线具有更高的带宽和更好的噪声抑制特性。

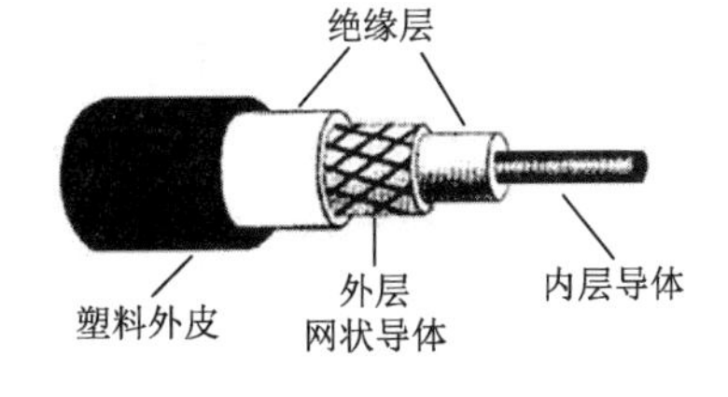

图 7.14　同轴电缆的结构图

现行以太网同轴电缆的接法有两种：直径为 0.4 cm 的 RG-11 粗缆采用凿孔接头接法；直径为 0.2 cm 的 RG-58 细缆采用 T 形头接法。粗缆要符合 10Base-5 介质标准，使用时需要一个外接收发器和收发器电缆，单根最大标准长度为 500 m，可靠性强，最多可接 100 台计算机，两台计算机的最小间距为 2.5 m。细缆按 10Base-2 介质标准直接连到网卡的 T 形头连接器（即 BNC 连接器）上，单段最大长度为 185 m，最多可接 30 个工作站，最小站间距为 0.5 m。

3. 光纤

光纤是软而细的、利用内部全反射原理来传导光束的传输介质，有单模和多模之分。单模光纤多用于通信业，多模光纤多用于网络布线系统。

光纤为圆柱状，由 3 个同心部分组成——纤芯、包层和护套，如图 7.15 所示。每一路光纤包括两根，一根接收，另一根发送。用光纤作为网络介质的 LAN 技术主要是光纤分布式数据接口（Fiber-optic Data Distributed Interface，FDDI）。与同轴电缆比较，光纤可提供极宽的频带且功率损耗小，传输距离长（2 km 以上）、传输速率高（每秒可达数千兆比特）、抗干扰性强（不会受到电子监听），是构建安全性网络的理想选择。

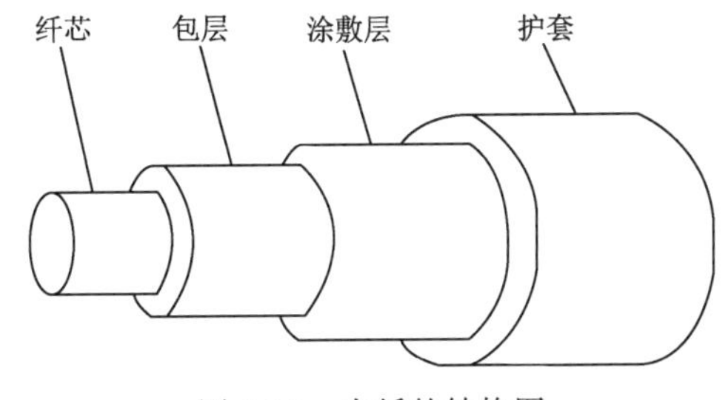

图 7.15　光纤的结构图

4. 微波传输和卫星传输

这两种传输都属于无线通信，传输方式均以空气为传输介质，以电磁波为传输载体，联网方式比较灵活，适合应用在不易布线、覆盖面积大的地方。通过一些硬件的支持，可实现点对点或点对多点的数据、语音通信，通信方式分别如图 7.16 和图 7.17 所示。

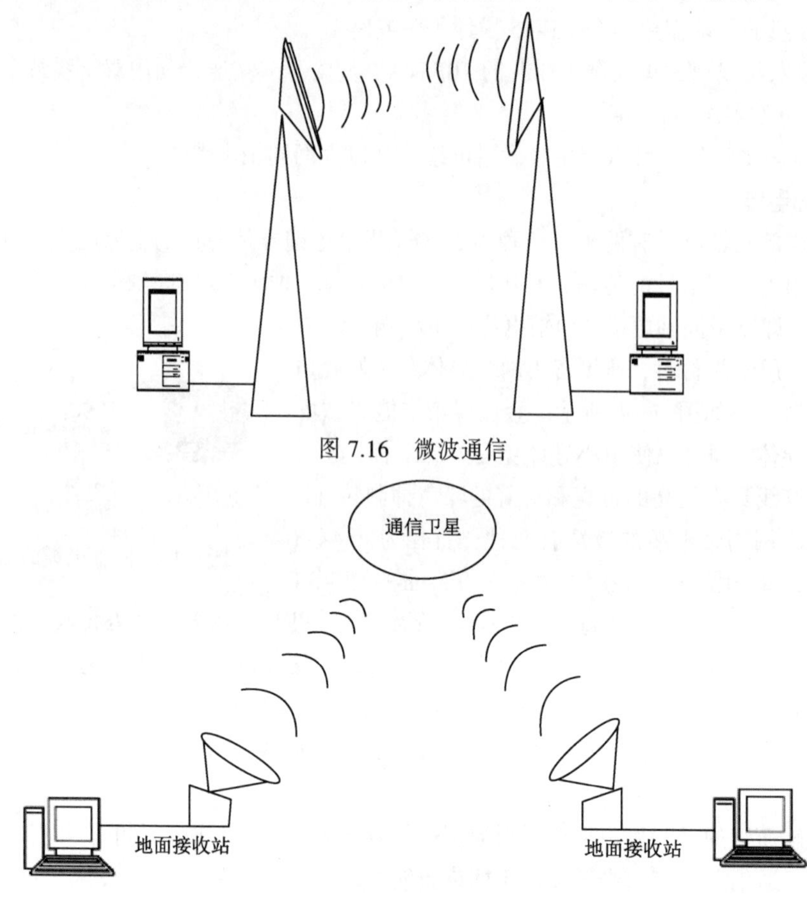

图 7.16　微波通信

图 7.17　卫星通信

7.2.3　网卡

网卡也称网络适配器或网络接口卡（Network Interface Card，NIC），在局域网中用于将用户计算机与网络相连，大多数局域网采用以太网卡，如 NE2000 网卡、PCMCIA 卡等。

网卡是一块插入微机 I/O 槽中，发出和接收不同的信息帧、计算帧检验序列、执行编码译码转换等以实现微机通信的集成电路卡。它主要完成如下功能：

① 读入由其他网络设备（路由器、交换机、集线器或其他 NIC）传输过来的数据包（一般是帧的形式），经过拆包，将其变成客户机或服务器可以识别的数据，通过主板上的总线将数据传输到所需 PC 设备中（CPU、内存或硬盘）。

② 将 PC 设备发送的数据，打包后输送至其他网络设备中。网卡按总线类型可分为 ISA 网卡、EISA 网卡、PCI 网卡等，如图 7.18 所示。其中，ISA 总线接口的网卡的使用越来越少，EISA 网卡速度虽然快，但价格较贵，市场很少见。目前主流的 PCI 规范有 PCI2.0、PCI2.1 和 PCI2.2 三种，PC 上用的 32 位 PCI 网卡，3 种接口规范的网卡外观基本上差不多，主板上的 PCI 插槽也一样。服务器上用的 64 位 PCI 网卡外观与 32 位的有较大差别，主要体现在金手

指的长度较长。

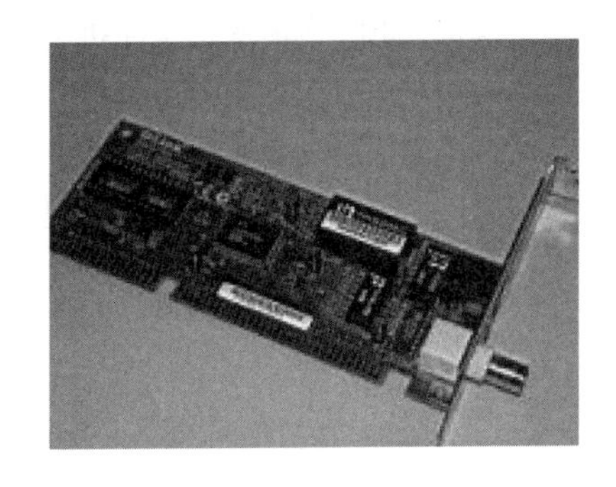

（a）EISA 网卡

（b）PCI 网卡

图 7.18　网卡外观

网卡有 8 位、16 位、32 位和 64 位之分，16 位网卡的代表产品是 NE2000，市面上非常流行其兼容产品，一般用于工作站；32 位网卡的代表产品是 NE3200，一般用于服务器，市面上也有兼容产品出售；64 位网卡的代表产品是千兆光纤网卡 NC6134 102324-001。

网卡的接口大小不一，其旁边还有红、绿两个小灯。网卡的接口有 3 种规格：粗同轴电缆接口（AUI 接口）；细同轴电缆接口（BNC 接口）；无屏蔽双绞线接口（RJ-45 接口）。一般的网卡仅一种接口，但也有 2 种甚至 3 种接口的，称为二合一或三合一网卡。红、绿小灯是网卡的工作指示灯，红灯亮时表示正在发送或接收数据，绿灯亮时则表示网络连接正常，否则就不正常。值得说明的是，倘若连接两台计算机线路的长度大于规定长度（双绞线为 100 m，细电缆是 185 m），即使连接正常，绿灯也不会亮。

7.2.4　交换机

交换机可以根据数据链路层信息做出帧转发决策，同时构造自己的转发表。交换机运行在数据链路层，可以访问 MAC 地址，并将帧转发至该地址。交换机的出现，导致了网络带宽的增加。

1. 三种数据交换模式

① Cut-through（直通式）：封装数据帧进入交换引擎后，不做检查，在规定时间内丢到背板总线（CoreBus）上，直接送到目的端口，这种方式交换速度快，但容易出现丢包现象，同时，没有对数据帧进行错误检查，会造成出错的数据帧也会被转发出去的情况。

② Store & Forward（存储转发）：封装数据包进入交换引擎后被存在一个缓冲区，交换机对数据帧进行检查，丢弃错误的数据帧，检查正确的数据帧由交换引擎转发到背板总线上，这种交换方式克服了丢包现象，降低了转发的错误率，但也降低了交换速度。

③ Fragment Free（碎片隔离）：介于上述两者之间的一种解决方案。交换机对数据帧进行存储、简单检查，明显的错误帧丢弃，其余立刻转发。

2. 背板带宽与端口速率

交换机将每一个端口都挂在一条背板总线上，背板总线的带宽即背板带宽，端口速率即端口每秒吞吐多少数据包。

3. 模块化与固定配置

交换机从设计理念上讲只有两种：一种是机箱式交换机（也称为模块化交换机）；另一种是独立式固定配置交换机。

机箱式交换机最大的特色就是具有很强的可扩展性，它能提供一系列扩展模块，如吉比特以太网模块、FDDI 模块、ATM 模块、快速以太网模块、令牌环模块等，所以能够将具有不同协议、不同拓扑结构的网络连接起来。其最大的缺点就是价格昂贵。机箱式交换机一般作为骨干交换机来使用。

固定配置交换机，一般具有固定端口的配置，如图 7.19 所示。固定配置交换机的可扩充性不如机箱式交换机，但是成本低得多。

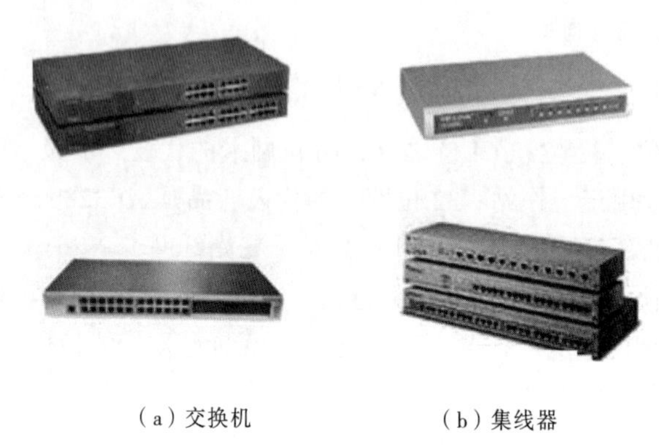

（a）交换机　　（b）集线器

图 7.19　集线器与交换机

7.2.5 路由器

路由器（Router）是工作在 OSI 第三层（网络层）上、具有连接不同类型网络的功能并能够选择数据传送路径的网络设备，如图 7.20 所示。路由器有 3 个特征：工作在网络层上、能够连接不同类型的网络、具有路径选择功能。

图 7.20　路由器

1. 路由器工作在网络层上

路由器是第三层网络设备，为此先介绍一下集线器和交换机。集线器工作在第一层（即物理层），它没有智能处理功能，对它来说，数据只是电流而已。当一个端口的电流传到集线器中时，它只是简单地将电流传送到其他端口，而不管其他端口连接的计算机是否接收这些数据。交换机工作在第二层（即数据链路层），它要比集线器智能一些，对它来说，网络上的数据就是 MAC 地址的集合，它能分辨出帧中的源 MAC 地址和目的 MAC 地址，因此可以在任意两个端口间建立联系。但是，交换机并不懂得 IP 地址，它只知道 MAC 地址。路由器工作在第三层（即网络层），它比交换机还要"聪明"一些，它能理解数据中的 IP 地址，如果它接收到一个数据包，就检查其中的 IP 地址，如果目标地址是本地网络的就不理会，如果是其他网络的，就将数据包转发出本地网络。

2. 路由器能连接不同类型的网络

常见的集线器和交换机一般都是用于连接以太网的，但是如果将两种网络类型连接起来，如以太网与 ATM 网，集线器和交换机就派不上用场了。路由器能够连接不同类型的局域网和广域网，如以太网、ATM 网、FDDI 网、令牌环网等。不同类型的网络，其传送的数据单元——帧的格式和大小是不同的，就像公路运输是以汽车为单位装载货物，而铁路运输是以车皮为单位装载货物一样，从汽车运输改为铁路运输，必须把货物从汽车上放到火车车皮上。网络中的数据也是如此，数据从一种类型的网络传输至另一种类型的网络，必须进行帧格式转换。路由器就具有这种功能，而交换机和集线器则没有。实际上，互联网，就是由各种路由器连接起来的，因为互联网上存在各种不同类型的网络，集线器和交换机根本不能胜任这个任务，所以必须由路由器来担当这个角色。

3. 路由器具有路径选择功能

在互联网中，从一个结点到另一个结点，可能有许多路径，路由器可以选择通畅快捷的近路，会大幅提高通信速度，减轻网络系统通信负荷，节约网络系统资源，这是集线器和二层交换机所不具备的性能。

7.3　无线网络

7.3.1　无线网络概述

除了大多数常用的有线网络外，还有各种不需要有线电缆就可以进行信息传输的技术，这些都称为无线网络。

无线网络的范围比较广，既包括用户建立远距离无线连接的全球语音数据网络和卫星网络，也包括近距离无线连接的红外线技术及无线局域网技术。无线技术使用电磁波在设备之间传输信息。具有不同的波长和频率，电磁频谱有不同的能量范围，如表 7.3 所示。

表 7.3　电磁频谱

—	伽马射线	X 射线	紫外线	可见光	红外线	雷达	电视和 FM 广播	短波	AM 广播
波长 (m)	10^{-14}~10^{-12}	10^{-12}~10^{-10}	10^{-10}~10^{-8}	10^{-8}~10^{-6}	10^{-6}~10^{-4}	10^{-4}~10^{-2}	10^{-2}~1	1~10^{2}	10^{2}~10^{4}

其中，在光谱中波长自 0.76 ~ 400 μ m 的一段称为红外线（IR），是不可见光线。在现代电子工程应用中，红外线经常被用作近距离视线范围内的通信载波，最典型的应用就是电视的遥控器。使用红外线做信号载波的优点很多：成本低，传播范围和方向及距离可以控制（不会穿过墙壁，对隔壁家的电视造成影响），不产生电磁辐射干扰，也不受干扰，等等。红外线只支持一对一的通信。

无线通信大部分使用的频段在红外线以外，波长比红外线长。这些频段的波可以穿透墙壁和建筑物，传输距离更远。射频（Radio Frequency，RF）表示可以辐射到空间的电磁频率，频率范围从 300 kHz~30 GHz。

不同频段的波用途也不一样，如表 7.4 所示。其中音频在 300~3 400 Hz，我国公众调频广播使用 87~108 MHz 频段，无线电话一般使用 902~928 MHz 频段，GPS 一般使用 1.575/1.227 GHz 频段，IEEE802.11B/G 使用 2.400~2.4835 GHz 频段，蓝牙和无绳电话也使用 2.400~2.4835 GHz 频段，IEEE802.11A 使用 5.725~5.850 GHz。

表 7.4　用于无线通信的无线频段

波名称	符号	频率	波段	主 要 用 途
特低频	ULF	300~3 000 Hz	特长波	音频
甚低频	VLF	3~30 kHz	超长波	海岸潜艇通信；远距离通信；超远距离导航
低频	LF	30~300 kHz	长波	越洋通信，中距离通信；地下岩层通信；远距离导航
中频	MF	0.3~3 MHz	中波	船用通信，业余无线电通信；短波通信；中距离导航
高频	HF	3~30 MHz	短波	远距离短波通信；国际定点通信
甚高频	VHF	30~300 MHz	米波	人造电离层通信（30~144 MHz）；对空间飞行体通信
超高频	UHF	0.3~3 GHz	分米波	手机（900 MHz），GPS（1.575/1.227 GHz），无线局域网（2.4 GHz）
特高频	SHF	30~300 GHz	厘米波	数字通信；卫星通信；国际海事卫星通信（1 500~1 600 MHz）
极高频	EHF	30~300 GHz	毫米波	波导通信

7.3.2　蓝牙技术

Internet 和移动通信的迅速发展，使人们对计算机以外的各种数据源和网络服务的需求日益增长。蓝牙作为一个全球开放性无线应用标准，通过把网络中的数据和语音设备用无线链路连接起来，使人们能够随时随地实现个人区域内语音和数据信息的交换与传输，从而实现快速灵活的通信。

1. 蓝牙出现的背景

早在 1994 年，瑞典的 Ericsson 公司便已着手蓝牙技术的研究开发工作，意在通过一种短程无线链路，实现无线电话与 PC、耳机及台式设备等之间的互联。1998 年 2 月，Ericsson、Nokia、Intel、Toshiba 和 IBM 共同组建特别兴趣小组。在此之后，3COM、朗讯、微软和摩托罗拉也相继加盟蓝牙计划，目标是开发一种全球通用的小范围无线通信技术，即蓝牙（Bluetooth）。近距离通信应用红外线收发器连接虽然能免去电线或电缆的连接，但通信距离只限于 1 ~ 2 m，而且必须在视线上直接对准，中间不能有任何阻挡，同时只限于在两个设备之间进行连接，不能同时连接更多的设备。“蓝牙”技术就是要使特定的移动电话、便携式计算机以及各种便携式通信设备的主机之间在近距离内实现无缝的资源共享。因此，蓝牙是一种支持设备短距离通信的无线电技术。

作为一个开放性的无线通信标准，蓝牙技术通过统一的短程无线链路，在各信息设备之间可以穿过墙壁或公文包，实现方便快捷、灵活安全、低成本小功耗的话音和数据通信，使网络中的各种数据和语音设备能互联互通，从而实现个人区域内快速灵活的数据和语音通信，推动和扩大了无线通信的应用范围。

2. 蓝牙中的主要技术

蓝牙技术的实质内容是要建立通用的无线电空中接口及其控制软件的公开标准，使通信和计算机进一步结合，使不同厂家生产的便携式设备在没有电线或电缆相互连接的情况下，能在近距离范围内具有互用、互操作的性能。

① 蓝牙的载频选用在全球都可用的 2.45 GHz 工科医学（ISM）频带，其收发器采用跳频扩谱技术，在 2.45 GHz ISM 频带上以 1600 跳/s 的速率进行跳频，大幅减少了其他不可预测的干扰源对通信造成的影响。依据各国的具体情况，以 2.45 GHz 为中心频率，最多可以得到 79 个 1 MHz 带宽的信道。在发射带宽为 1 MHz 时，其有效传输率为 721 kbit/s，并采用低功率时分复用方式发射，适合约 10 m 范围内的通信。数据包在某个载频上的某个时隙内传递，不同类型的数据（包括链路管理和控制消息）占用不同信道，并通过查询和寻呼过程来同步跳频频率和不同蓝牙设备的时钟。除采用跳频扩谱的低功率传输外，蓝牙还采用鉴权和加密等措施来提高通信的安全性。与其他工作在相同频段的系统相比，蓝牙跳频更快，数据包更短，这使蓝牙比其他系统都更稳定。

② 蓝牙支持点到点和点到多点的连接，可采用无线方式将若干蓝牙设备连成一个微微网，多个微微网又可互联成特殊分散网，形成灵活的多重微微网的拓扑结构，从而实现各类设备之间的快速通信。它能在一个微微网内寻址 8 个设备（实际上互联的设备数量是没有限制的，只不过在同一时刻只能激活 8 个，其中 1 个为主，7 个为从）。

除此之外，蓝牙技术还涉及一系列软硬件技术、方法和理论，包括无线通信与网络技术，软件工程、软件可靠性理论，协议的正确性验证、形式化描述和一致性与互联测试技术，嵌入式实时操作系统，跨平台开发和用户界面图形化技术，软硬件接口技术（如 RS232、UART、USB 等），高集成、低功耗芯片技术等。

3. 蓝牙系统的组成

蓝牙系统一般由天线单元、链路控制（固件）单元、链路管理（软件）单元和蓝牙软件（协议栈）单元 4 个功能单元组成。

（1）天线单元

蓝牙要求其天线部分体积十分小巧、重量轻，因此，蓝牙天线属于微带天线。蓝牙空中接口是建立在天线电平为 0 dB 的基础上的。空中接口遵循美国联邦通信委员会（FCC）有关电平为 0 dB 的 ISM 频段的标准。如果全球电平达到 100 mW 以上，可以使用扩展频谱功能来增加一些补充业务。频谱扩展功能是通过起始频率为 2.420 GHz，终止频率为 2.480 GHz，间隔为 1 MHz 的 79 个跳频频点来实现的。出于某些本地规定的考虑，法国和西班牙都缩减了带宽。最大的跳频速率为 1 660 跳/s。理想的连接范围为 100 mm ~ 10 m，但是通过增大发送电平可以将距离延长至100m。

（2）链路控制（固件）单元

在目前蓝牙产品中，人们使用了3个集成电路芯片分别作为连接控制器、基带处理器以及射频传输/接收器，此外还使用了30～50个单独调谐元件。

链路控制单元负责处理基带协议和其他一些低层常规协议。它有3种纠错方案：1/3比例前向纠错（FEC）码、2/3比例前向纠错码和数据的自动请求重发方案。采用FEC方案的目的是减少数据重发的次数，降低数据传输负载。但是，要实现数据的无差错传输，FEC就必然要生成一些不必要的开销位而降低数据的传输效率。这是因为数据包对于是否使用FEC是弹性定义的。报头总有占1/3比例的FEC码起保护作用，其中包含了有用的链路信息。

在无编号的自动重传请求方案中，在一个时隙中传送的数据必须在下一个时隙得到“收到”的确认。只有数据在接收端通过了报头错误检测和循环冗余检测后认为无错才向发送端发回确认消息，否则返回一个错误消息。例如，蓝牙的话音信道采用连续可变斜率增量调制技术（CVSD）话音编码方案，获得高质量传输的音频编码。CVSD编码擅长处理丢失和被损坏的语音采样，即使比特错误率达到4%，CVSD编码的语音也是可听的。

（3）链路管理（软件）单元

链路管理（软件）单元携带了链路的数据设置、鉴权、链路硬件配置和其他一些协议。它能够发现其他远端链路管理单元，并通过链路管理协议与之通信。链路管理单元提供如下服务：发送和接收数据、请求名称、链路地址查询、建立连接、鉴权、链路模式协商和建立、决定帧的类型等。

① 连接类型：同步定向连接（Synchronous Connection Oriented，SCO）类型，该连接为对称连接，利用保留时隙传送数据包。连接建立后，主机和从机可以不被选中就发送SCO数据包，主要用于传送话音，也可以传送数据。但在传送数据时，只用于重发被损坏的那部分的数据。异步无连接（Asynchronous Connectionless，ACL）类型，就是定向发送数据包，它既支持对称连接，也支持不对称连接。主机负责控制链路带宽，并决定微微网中的每个从机可以占用多少带宽和连接的对称性。从机只有被选中时才能传送数据。该连接也支持接收主机发给网中所有从机的广播消息，主要用于传送数据包。同一个微微网中不同的主从设备可以使用不同的连接类型，而且在一个阶段内还可以任意改变连接类型。每个连接类型最多可以支持16种不同类型的数据包，其中包括4个控制分组，这一点对SCO和ACL来说都是相同的。两种连接类型都使用时分双工传输方案实现全双工传输。

② 鉴权和保密：蓝牙基带部分在物理层为用户提供保护和信息保密机制。鉴权基于“请求-响应”运算法则，是蓝牙系统中的关键部分，它允许用户为个人的蓝牙设备建立一个信任域，如只允许主人自己的笔记本计算机通过主人自己的移动电话通信。加密被用来保护连接的个人信息。密钥由程序的高层来管理。网络传送协议和应用程序可以为用户提供一个较强的安全机制。

③ 链路工作模式：链路管理单元可以在连接状态下将设备设为激活、呼吸、保持和暂停4种工作模式。

- 激活模式：从机侦测主机传向它的时段上有无封包（用指定协议传输的数据包），为了保持主从机同步，即使无信息需要传输，主机也需要周期性地传送封包至从机，若从机未被主机寻址，它可以睡眠至下一个新的主机传向从机的时段。从机可导出主机预定传向从机的时段数目。

- 呼吸模式：在这种模式下，为了节省能源，从机降低了从微微网“收听”消息的速率，“呼吸”间隔可以按应用要求做适当的调整。主机可经由链路管理单元发出呼吸指令，指令中包含呼吸的长度与开始时钟差异。这样，主机只能有规律地在特定的时段发送数据。若从机正使用 ACL 链路连接，则从机组件必须侦测每一主机传向从机的时段。
- 保持模式：如果微微网中已经处于连接的设备在较长一段时间内没有数据传输，主机就把从机设置为保持模式，在这种模式下，只有一个内部计数器在工作。从机仍保有其激活成员组件地址，每一次激活链路，都由链路管理单元定义，链路控制单元具体操作，从机不提供 ACL 链路服务，但仍提供 SCO 链路服务，因此释放出的能量可让从机进行寻呼、查询或加入另一微微网。从机也可以主动要求被置为该模式。保持模式一般用于连接几个微微网或者耗能低的设备，如温度传感器。
- 暂停模式：当设备不需要传送或接收数据但仍需保持同步时，将设备设为暂停模式：处于暂停模式的设备周期性地激活并跟踪同步，同时检查主机使用的引导频道中是否有广播信息，建立网络连接，但没有数据传送。

如果把这几种工作模式按照节能效率以升序排队，依次是激活模式、呼吸模式、保持模式和暂停模式。

（4）蓝牙软件（协议栈）单元

蓝牙的软件（协议栈）单元是一个独立的操作系统，不与任何操作系统捆绑。它必须符合已经制定好的蓝牙规范。蓝牙规范是为个人区域内的无线通信制定的协议，它包括两部分：第一部分为核心部分，用以规定诸如射频、基带、连接管理、业务搜寻、传输层以及与不同通信协议间的互用、互操作性等组件；第二部分为协议子集部分，用以规定不同蓝牙应用（也称使用模式）所需的协议和过程。

蓝牙规范的协议栈仍采用分层结构，分别完成数据流的过滤和传输、跳频和数据帧传输、连接的建立和释放、链路的控制、数据的拆装、业务质量、协议的复用和分用等功能。在设计协议栈，特别是高层协议时的原则就是最大限度地重用现存的协议，而且其高层应用协议（协议栈的垂直层）都使用公共的数据链路和物理层。

蓝牙协议可以分为 4 层，即核心协议层、电缆替代协议层、电话控制协议层和采纳的其他协议层。

① 核心协议：蓝牙的核心协议由基带、链路管理、逻辑链路控制与适应协议和业务搜寻协议等四部分组成。从应用的角度看，基带和链路管理可以归为蓝牙的低层协议，它们对应用而言是十分透明的，主要负责在蓝牙单元间建立物理射频链路，构成微微网。此外，链路管理还要完成像鉴权和加密等安全方面的任务，包括生成和交换加密键、链路检查、基带数据包大小的控制、蓝牙无线设备的电源模式和时钟周期、微微网内蓝牙单元的连接状态等。逻辑链路控制与适应协议完成基带与高层协议间的适配，并通过协议复用、分用及重组操作为高层提供数据业务和分类提取，它允许高层协议和应用接收或发送长达 64 000 字节的逻辑链路控制与适应协议数据包。业务搜寻协议是极其重要的部分，它是所有使用模式的基础。通过该协议，可以查询设备信息、业务及业务特征，并在查询之后建立两个或多个蓝牙设备

间的连接。业务搜寻协议支持 3 种查询方式：按业务类别搜寻、按业务属性搜寻和业务浏览。

② 电缆替代协议：串行电缆仿真协议像业务搜寻协议一样位于逻辑链路控制与适应协议之上，作为一个电缆替代协议，它通过在蓝牙的基带上仿真 RS232 的控制和数据信号，为那些将串行线用作传输机制的高级业务（如 OBEX 协议）提供传输能力。该协议由蓝牙特别兴趣小组在 ETSI 的 TS07.10 基础上开发而成。

③ 电话控制协议：包括电话控制规范二进制（TCS BIN）协议和一套电话控制命令（AT-commands）。其中，TCS BIN 定义了在蓝牙设备间建立话音和数据呼叫所需的呼叫控制信令；AT-commands 则是一套可在多使用模式下用于控制移动电话和调制解调器的命令，它由蓝牙特别兴趣小组在 ITU-T Q.931 的基础上开发而成。

④ 采纳的其他协议：电缆替代层、电话控制层和被采纳的其他协议层可归为应用专用协议。在蓝牙中，应用专用协议可以加在串行电缆仿真协议之上或直接加在逻辑链路控制与适应协议之上。被采纳的其他协议有 PPP、UDP/TCP/IP、OBEX、WAP、WAE、vCard、vCalendar 等。在蓝牙技术中，PPP 运行于串行电缆仿真协议之上，用以实现点到点的连接。UDP / TCP / IP 由 IETF 定义，主要用于 Internet 上的通信。irOBEX 是红外数据协会（IrDA）开发的一个会话协议，能以简单自发的方式交换目标，OBEX 则采用客户/服务器模式提供与 HTTP 相同的基本功能。WAP 是由 WAP 论坛创建的一种工作在各种广域无线网上的无线协议规范，其目的就是要将 Internet 和电话业务引入数字蜂窝电话和其他无线终端。vCard 和 vCalendar 则定义了电子商务卡和个人日程表的格式。

在蓝牙协议栈中，还有一个主机控制接口（HCI）和音频（Audio）接口。HCI 是到基带控制器、链路管理器以及访问硬件状态和控制寄存器的命令接口。利用音频接口，可以在一个或多个蓝牙设备之间传递音频数据，该接口与基带直接相连。

蓝牙技术是作为一种“电缆替代”的技术提出来的，发展到今天已经演化成了一种个人信息网络的技术。它将内嵌蓝牙芯片的设备互联起来，提供话音和数据的接入服务，实现信息的自动交换和处理。蓝牙主要针对三大类的应用：话音 / 数据的接入、外围设备互联和个人局域网。其中最为广泛的应用当属蓝牙耳机，另外私家车市场的成熟也是促使蓝牙发展的一个重要因素。

7.3.3 Wi-Fi 技术

1. Wi-Fi 的概念

Wi-Fi 是 IEEE 定义的无线网技术，是一种可以将个人计算机、手持设备（如 PDA、手机）等终端以无线方式互相连接的技术。该技术使用的是 2.4 GHz 附近的频段（目前尚属不用许可的无线频段），属于办公室和家庭使用的短距离无线技术。其目前可使用的标准为 IEEE 802.lla 和 IEEE 802.llb，传输速率可以达到 11 Mbit/s，在开放性区域，通信距离可达 305 m，在封闭性区域，通信距离为 76 ~ 122 m，非常方便与现有的有线以太网络整合，组网的成本更低，可靠性更高。

2. Wi-Fi 的技术优势

① 无线电波的覆盖范围广。基于蓝牙技术的电波覆盖范围非常小，半径大约只有 15 m，

而基于 Wi-Fi 技术的电波覆盖半径可达 100 m 左右，相比其他无线互联技术覆盖范围更广。

② 传输速度快。虽然由 Wi-Fi 技术传输的无线通信质量不是很好，数据安全性能比蓝牙差一些，传输质量也有待改进，但传输速度非常快。根据无线网卡使用标准的不同，Wi-Fi 的 IEEE 802.llb 标准最高可达到 11 Mbit/s（部分厂商在设备配套的情况下可以达到 22 Mbit/s）；IEEE 802.lla 和 IEEE802.llg 可达到 54 Mbit/s，符合个人和社会信息化的需求。

③ 厂商进入该领域的门槛比较低。Wi-Fi 技术实质是由 Wi-Fi 联盟所持有的无线网络通信技术的商业品牌，只要缴纳专利费，任何厂商都可以改善基于此标准的无线网络产品的互通性，因此，厂商可以在机场、车站、咖啡店、图书馆等人员较密集的地方设置“热点”，并通过高速线路将因特网接入上述场所，用户只需将支持无线 LAN 的笔记本计算机或 PDA 拿到 Wi-Fi 覆盖区域即可高速接入因特网，而厂商不用额外耗费资金进行网络布线。

④ 无须布线。Wi-Fi 不需要布线，其基本配置就是无线网卡及一台 AP（Access Point），因此非常适合移动办公用户的需要。目前它已经从传统的医疗保健、库存控制和管理服务等特殊行业向更多行业拓展，甚至开始进入家庭以及教育机构等领域。

⑤ 健康安全。IEEE 802.11 规定的发射功率不可超过 100 mW，实际发射功率为 60 ~ 70 mW。

3. Wi-Fi 的连接结构

一个 Wi-Fi 连接结点的网络成员和结构如下：

① 站点：这是网络最基本的组成部分。

② 基本服务单元：也是网络最基本的服务单元。最简单的服务单元可以只由两个站点组成，站点可以动态连接到基本服务单元中。

③ 分配系统：用于连接不同的基本服务单元。分配系统使用的媒质逻辑上是与基本服务单元使用的媒质截然分开的，尽管它们物理上可能会是同一个媒质，如同一个无线频段。

④ 接入点：既有普通站点的身份，又有接入到分配系统的功能。

⑤ 扩展服务单元：由分配系统和基本服务单元组合而成。这种组合是逻辑上而非物理上的，不同的基本服务单元有可能在地理位置上相去甚远。

⑥ 关口：用于将无线局域网与有线局域网或其他网络联系起来。

4. Wi-Fi 技术的应用

Wi-Fi 作为一种无线接入技术，一直是世界关注的焦点，加之近几年人们对网络信息化、数字化要求的不断升级，也进一步推动了 Wi-Fi 技术的发展，使得 Wi-Fi 在家庭、企业用户以及许多公共场所，诸如咖啡厅、机场、体育场等都得到了迅速发展。现在，Wi-Fi 的应用领域还在不断地朝着电子消费方面迅猛地发展，从笔记本计算机到照相机再到游戏机、手机，甚至钢琴都内置了 Wi-Fi 技术，Wi-Fi 技术正在改变人们的生活方式。

凭借 Wi-Fi 技术，用户再也不需要为了把缆线接入各个房间而在家中或公司的墙壁上钻孔。相反，用户只要安装一个无线 AP（无线接入点），并在每台手提计算机上插入无线网卡（或使用内建无线模组的手提计算机）就可以在家中或办公室内轻轻松松地使用无线上网。有些企业也会架设无线局域网以降低运作成本和增加生产力。

由于 Wi-Fi 不具有方向性且可以实现对多设备的互相匹配，所以再也不会遇到找不到某个遥控器的尴尬。Wi-Fi 技术会将多个遥控器集成为一个多功能遥控器，用户可以在家里的任何一个角落随时打开音响播放时尚美妙的音乐，或者打开热水器放满一缸热水。

在家里或者办公室内可以利用 Wi-Fi 实现高速无线上网以及拨打 IP 电话。对于运营商而言，这样的服务带来了对频谱资源更加有效的利用以及差异化的竞争优势。

5. Wi-Fi 技术的展望

近年来，无线接入点（AP）的数量迅猛增长，无线网络的方便与高效使其能够得到迅速普及。除了在一些公共场所有 AP 之外，国外已经有先例以无线标准来建设城域网，因此，Wi-Fi 的无线地位将会日益牢固。

（1）Wi-Fi 是高速有线接入技术的补充

目前，有线接入技术主要包括以太网、xDSL 等。Wi-Fi 技术作为高速有线接入技术的补充，具有可移动、价格低廉的优点。Wi-Fi 技术广泛应用于有线接入需要无线延伸的领域，如临时会场等。由于数据速率、覆盖范围和可靠性的差异，Wi-Fi 技术在宽带应用上将作为高速有线接入技术的补充，而关键技术无疑决定着 Wi-Fi 的补充力度。现在 OFDM（正交频分复用）、MIMO（多入多出）、智能天线和软件无线电等，都开始应用到无线局域网中以提升 Wi-Fi 性能，例如，802.11n 将 MIMO 与 OFDM 相结合，使数据传输速率成倍提高。另外，天线及传输技术的改进使得无线局域网的传输距离大幅增加，可以达到几千米。

（2）Wi-Fi 是蜂窝移动通信的补充

蜂窝移动通信覆盖广、移动性高，可提供中低数据传输速率，它可以利用 Wi-Fi 高速数据传输的特点来弥补自己数据传输速率受限的不足。Wi-Fi 不仅可利用蜂窝移动通信网络完善的鉴权与计费机制，而且可结合蜂窝移动通信网络覆盖广的特点进行多接入切换功能，这样就可实现 Wi-Fi 与蜂窝移动通信的融合，使蜂窝移动通信的运营锦上添花，进一步扩大其业务量。

当然，Wi-Fi 与蜂窝移动通信也存在少量竞争。一方面，用于 Wi-Fi 的 IP 语音终端已经进入市场，这对蜂窝移动通信起一部分替代作用；另一方面，随着蜂窝移动通信技术的发展，热点地区的 Wi-Fi 公共应用也可能被蜂窝移动通信系统部分取代。

但是总的来说，它们是共存的关系，例如，一些特殊场合的高速数据传输必须借助于 Wi-Fi，如波音公司提出的飞机内部无线局域网；而另外一些场合，使用 Wi-Fi 较为经济，如高速列车内部的无线局域网。所以，Wi-Fi 技术与最新的蜂窝移动通信技术相结合会有广阔的发展前景。

（3）卫星与 Wi-Fi 的集成应用

卫星与 Wi-Fi 的集成应用能启动仅依靠单个技术而不能提供很好服务的新型市场。与每个用户都配置卫星终端相比较，卫星与 Wi-Fi 的集成应用对于终端用户来说大幅降低了交付业务的成本，从而进入更多的对价格敏感的市场，例如为农村地区提供宽带接入；而且卫星允许 Wi-Fi“热点”配置在地面因特网连接无法到达的地方。

随着无线技术的快速发展，Wi-Fi、3G、WiMAX 等无线技术被越来越多的人所熟悉，尽管它们很多时候都被人拿出来做一些技术的对比，被认为是一种竞争，但实质上，它们更多的将是走向一种融合。在 Intel 的大力支持下，出现了全面兼容现有 Wi-Fi 的 WiMAX。对比于 Wi-Fi 的 802.llx 标准，WiMAX 就是 802.16x。与前者相比，WiMAX 具有更远的传输距离、更宽的频段选择以及更高的接入速度。在我国，嘉定新成路街道已经建成了采用 Wi-Fi 与

WiMAX 技术的无线视频监控系统试点，提供图像传输带宽，借助视频终端监控街道状况，未来可以扩展到智能交通等方面。

从城市应用的复杂性与覆盖范围的广阔性角度看，依托 Wi-Fi 作为无线传输方式的多模块 Mesh（网状网格）无线网络系统是具有高性能、多业务融合和高机动灵活性的无线设备系统，并且已成为能否成功建设“无线城市”的关键技术标准。

7.4　Internet 的基本技术

7.4.1　Internet 概述

1. Internet 的概念

Internet（因特网）是一个全球性的互联网络，它采用 TCP/IP 作为共同的通信协议，将分布在世界各地的、类型各异的、规模大小不一的、数量众多的计算机网络互联在一起而形成网络集合体。与 Internet 相连，一方面能主动地获取并利用其中的共享资源，还能以各种方式和其他 Internet 用户交流信息；另一方面又需要将精力和财力投入到 Internet 中进行开发、运用和服务。

Internet 正逐步深入到社会生活的各个角落，成为人们生活中不可缺少的部分。据统计，在 2021 年我国各类互联网应用用户规模和使用率中,用户规模和使用率排名前三的应用领域分别为即时通信、网络影视和短视频领域，用户规模分别达 10.07 亿人、9.75 亿人和 9.34 亿人，网民使用率均超过 90%，其中即时通信应用网民使用率更是达到 97.5%。目前我国市场上主要的即时通信应用产品分为三大类：应用于私人通信领域的产品、应用于企业通信领域的产品和其他即时通信软件产品。知名品牌有微信、钉钉、QQ 和 Talkline 等。其中微信注册用户量超 12 亿人，钉钉用户量也超 4 亿人。除此之外，网络新闻、搜索引擎、网络游戏、电子邮件、电子政务、网络购物、网上支付、网上银行、网上求职、网络教育等也通过 Internet 为用户提供便利。Internet 改变了人类的生活方式和生活理念，使全世界真正成了一个“地球村”和“大家庭”。

2. Internet 的起源和发展

Internet是由美国国防部高级研究计划署(ARPA)1969年12月建立的实验性网络ARPAnet发展演化而来的。ARPAnet 是全世界第一个分组交换网，是一个实验性的计算机网，用于军事目的。其设计要求是支持军事活动，特别是研究如何建立网络才能经受战争的破坏或其他灾害性破坏，当网络的一部分（某些主机或部分通信线路）受损时，整个网络仍然能够正常工作。Internet 的真正发展是从 NSFnet 的建立开始的。20 世纪 80 年代是网络技术取得巨大进展的年代，不仅大量涌现出诸如以太网电缆和工作站组成的局域网，而且奠定了建立大规模广域网的技术基础。此时，美国国家自然科学基金会（National Science Foundation，NSF）提出了发展 NSFnet 计划。最初，他们曾试图用 ARPANet 作为 NSFnet 的通信干线，但这个决策没有取得成功。1988 年底，NSF 把美国建立的五大超级计算机中心用通信干线连接起来，组成美国科学技术网 NSFnet，并以此作为 Internet 的基础，实现同其他网络的连接。

采用Internet的名称是在MILnet（由ARPAnet分离出来）实现和NSFnet连接后开始的。此后，其他部门的计算机网相继并入Internet，如能源科学网Esnet、航天技术网NASAnet、商业网COMnet等。Internet的用途也由最初的军事目的转向科学与教育，进而转到其他民用领域，为一般用户服务，成为非常开放的网络。ARPAnet模型为网络设计提供了一种思想：网络的组成成分可能是不可靠的，当从源计算机向目标计算机发送信息时，应该对承担通信任务的计算机而不是对网络本身赋予一种责任——保证把信息完整无误地送达目的地，这种思想始终体现在以后计算机网络通信协议的设计以至Internet的发展过程中。

随着信息高速公路建设的不断完善，Internet在商业领域的应用得到了迅速发展，加之个人计算机的普及，越来越多的个人用户也加入进来。至今，Internet已开通到全世界大多数国家和地区，网络连接数、入网计算机数和使用人数日新月异。

3. Internet在我国的发展

1994年4月20日，以“中科院—北大—清华”为核心的“中国国家计算与网络设施”（The National Computing and Network Facility Of China，NCFC，国内也称中关村教育与科研示范网）通过Sprint公司连入Internet的64 kbit/s国际专线，实现了与Internet的全功能连接。从此中国成为真正拥有全功能Internet的国家，也成为第71个国家级网加入Internet的国家。此事被中国新闻界评为1994年中国十大科技新闻之一，被国家统计公报列为中国1994年重大科技成就之一。

Internet在我国的发展历程可以划分为3个阶段：

第一阶段为1986年6月—1993年3月，是研究试验阶段。

在此期间我国一些科研部门和高等院校开始研究Internet联网技术，并开展了科研课题和科技合作工作。这个阶段的网络应用仅限于小范围内的电子邮件服务，而且仅为少数高等院校、研究机构提供电子邮件服务。

第二阶段为1994年4月—1996年，是起步阶段。

1994年4月，中关村教育与科研示范网络工程进入Internet，开通了Internet全功能服务。之后，ChinaNet、CERnet、CSTnet、ChinaGBnet等多个Internet网络项目在全国范围相继启动，Internet开始进入公众生活，并得到迅速发展。

第三阶段从1997年至今，是快速增长阶段。

国内Internet用户自1997年以后基本保持每半年翻一番的增长速度，截至2022年6月，我国网民规模达10.51亿，互联网普及率达74.4%；我国即时通信用户规模达10.27亿，占网民整体的97.7%；网络新闻用户规模达7.88亿，占网民整体的75.0%；网络直播用户规模达7.16亿，占网民整体的68.1%；短视频用户规模为9.62亿，占网民整体的91.5%。同时，我国5G网络规模持续扩大，已经累计建成开通5G基站185.4万个，实现“县县通5G、村村通宽带”。为更好地满足老年和特殊人群需求，工业和信息化部已组织完成对452家网站和App的适老化、无障碍化改造和评测，让智能生活有温度、无障碍。2022年上半年，我国移动互联网接入流量达1 241亿GB，同比增长20.2%；1000 Mbit/s及以上接入速率的固定互联网宽带接入用户达6 111万户，占固定互联网宽带接入用户总数的10.9%。

4. IPV6与下一代Internet

5G、物联网、无线网络、大数据、AI等快速发展，深入企业业务与日常生活。万物智联时代中的 AI、大数据、云计算、物联网等信息技术，都与 TCP/IP 协议有着重要联系，其中 IP 是网络层协议，规范着互联网中分组信息的交换和选路。IPv6 作为基础设施，构建了新的互联网时代。

下一代互联网作为承载“数字产业”的核心信息基础设施，其重要性不言而喻。在“十四五”《纲要》中明确提出“加快信息基础设施优化升级，全面推动 IPv6 应用的规模部署”。进一步强调了未来五年基于 IPv6 下一代互联网的升级和发展方向。

7.4.2 Internet 的接入

Internet 允许用户随意访问任何连入其中的计算机，用户的计算机一般都是通过 ISP（Internet Service Provider）接入 Internet。

与 Internet 的连接方法有很多，随着互联网的发展，有些接入方式受传输速率、传输质量等因素的影响已经退出历史舞台，以下简要介绍其中的 5 种：

1. ISDN

ISDN（Integrated Service Digital Network，综合业务数字网）接入技术俗称“一线通”，它采用数字传输和数字交换技术，将电话、传真、数据、图像等多种业务综合在一个统一的数字网络中进行传输和处理。用户利用一条 ISDN 用户线路，可以在上网的同时拨打电话、收发传真，就像两条电话线一样。ISDN 基本传输接口有两条 64 kbit/s 的信息通路和一条 16 kbit/s 的信令通路，简称 2B+D，当有电话拨入时，它会自动释放一个 B 信道来进行电话接听。

就像普通拨号上网要使用 Modem 一样，用户使用 ISDN 也需要专用的终端设备，主要由网络终端 NT1 和 ISDN 适配器组成。网络终端 NT1 好像数字电视上的机顶盒一样必不可少，它为 ISDN 适配器提供接口和接入方式。ISDN 适配器和 Modem 一样又分为内置和外置两类，内置的一般称为 ISDN 内置卡或 ISDN 适配卡，外置的 ISDN 适配器则称为 TA。用户采用 ISDN 拨号方式接入需要申请开户，各种测试数据表明，双线上网速度并不能翻番，从发展趋势来看，窄带 ISDN 已不能满足高质量的 VOD（视频点播）等宽带应用。

2. DDN

DDN（Digital Data Network，数字数据网络）是随着数据通信业务发展而迅速发展起来的一种新型网络。DDN 的主干网传输介质有光纤、数字微波、卫星信道等，用户端多使用普通电缆和双绞线。DDN 将数字通信技术、计算机技术、光纤通信技术以及数字交叉连接技术有机地结合在一起，提供了高速度、高质量的通信环境，可以向用户提供点对点、点对多点透明传输的数据专线出租电路，为用户传输数据、图像、声音等信息。DDN 的通信速率可根据用户需要在 N×64 kbit/s（N=1～32）之间进行选择，当然速度越快租用费用也越高。DDN 主要面向集团公司等需要综合运用的单位。

3. ADSL

ADSL（Asymmetrical Digital Subscriber Line，非对称数字用户线路）是一种能够通过普通电话线提供宽带数据业务的技术，素有“网络快车”之美誉，因其下行速率高、频带宽、性能优、安装方便、不需要缴纳电话费等特点而深受广大用户喜爱，成为继 Modem、ISDN 之后的又一种全新的高效接入方式。

ADSL 接入方式如图 7.21 所示。ADSL 方案的最大特点是不需要改造信号传输线路，完全可以利用普通铜质电话线作为传输介质，配上专用的 Modem 即可实现数据高速传输。ADSL 支持上行速率为 640 kbit/s ~ 1 Mbit/s，下行速率为 1 ~ 8 Mbit/s，其有效的传输距离为 3 ~ 5 km。在 ADSL 接入方案中，每个用户都有单独的一条线路与 ADSL 局端相连，它的结构可以看作是星状结构，数据传输带宽是由每一个用户独享的。

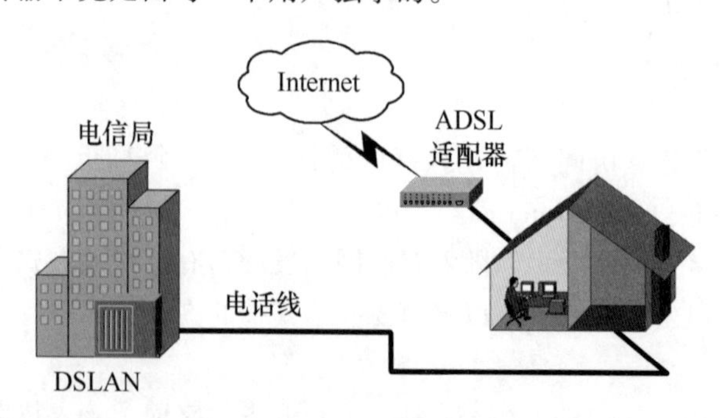

图 7.21　ADSL 接入方式

4. VDSL

VDSL（Very High Bit Rate DSL，极高位速率 DSL）比 ADSL 还要快。使用 VDSL，短距离内的最大下传速率可达 55 Mbit/s，上传速率可达 2.3 Mbit/s 最高可达 19.2 Mbit/s 的有效传输距离可超过 1 000 m。

目前有一种基于以太网方式的 VDSL，接入技术使用正交振幅调制方式，它的传输介质也是一对铜线，在 1.5 km 之内传输速率能够达到双向对称的 10 Mbit/s，即达到以太网的传输速率。如果这种技术用于宽带运营商社区的接入，可以大幅降低成本。方案是在机房增加 VDSL 交换机，在用户端放置客户终端设备（Customer Premise Equipment，CPE），二者之间通过室外 5 类线连接，每栋楼只放置一个 CPE，而室内部分采用综合布线方案。

5. 光纤接入

光纤接入（Fiber To The Building）是指局端与用户之间完全以光纤作为传输媒体，可分为有源光接入和无源光接入。不同的光纤接入技术有不同的使用场合，有源光接入技术适用带宽需求大、对通信保密性要求高的企事业单位，也可以用在接入网的馈线段和配线段，并与基于无线或铜线传输的其他接入技术混合使用。无源光接入技术是一种点对多点的光纤传输和接入技术，下行采用广播方式，上行采用时分多址方式，可以灵活地组成树状、星状、总线等拓扑结构，在光分支点不需要结点设备，只需要安装一个简单的光分支器即可，具有节省光缆资源、带宽资源共享、节省机房投资、设备安全性高、建网速度快、综合建网成本低等优点。其中的 ATM 无源光接入网络既可用来解决企事业用户的接入，也可解决住宅用户的接入；窄带无源光接入网络主要面向住宅用户，也可以用来解决中小型企事业用户的接入。光纤接入能够确保向用户提供 10 Mbit/s、100 Mbit/s、1 000 Mbit/s 的高速带宽，传输的距离相比之前电缆接入方式更远。其特点是传输容量大，传输质量好、损耗小、距离长，扩容便捷等。目前，越来越多的混合组网方案正服务于用户。

7.4.3　IP 地址与 MAC 地址

1. 网络 IP 地址

由于网际互联技术是将不同物理网络技术统一起来的高层软件技术，因此在统一的过程中，首先要解决的就是地址的统一问题。

TCP/IP 对物理地址的统一是通过上层软件完成，确切地说，是在网际层中完成的。IP 提供一种在 Internet 中通用的地址格式，并在统一管理下进行地址分配，保证一个地址对应网络中的一台主机，这样物理地址的差异被网际层所屏蔽。网际层所用到的地址就是经常所说的 IP 地址。

IP 地址是一种层次型地址，携带关于对象位置的信息。它所要处理的对象比广域网要庞杂得多，无结构的地址是不能担此重任的。Internet 在概念上分 3 个层次，如图 7.22 所示。

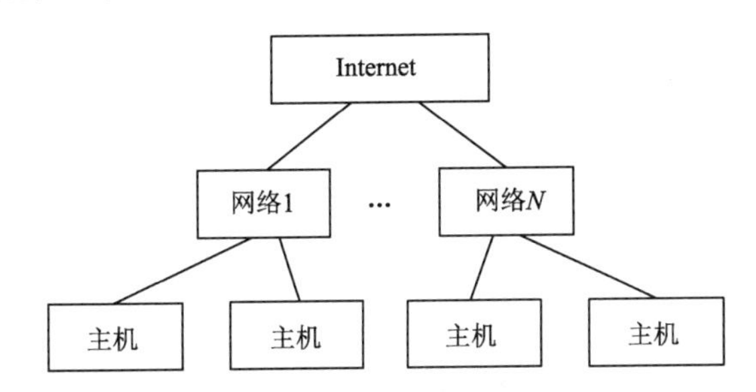

图 7.22　Internet 在概念上的三个层次

IP 地址正是对上述结构的反映，Internet 是由许多网络组成，每一个网络中有许多主机，因此必须分别为网络主机加以标识，以示区别。这种地址模式明显地携带位置信息，给出主机的 IP 地址，就可以知道它位于哪个网络。

IP 地址是一个 32 位的二进制数，是将计算机连接到 Internet 的网际协议地址，它是 Internet 主机在全世界范围内的唯一数字型标识。IP 地址一般用小数点隔开的十进制数表示，如 171.180.45.120，事实上，为了便于寻址，IP 地址由网络标识（netid）和主机标识（hostid）两部分组成，即先找到网络号，然后在该网络中找到计算机的地址。其中，网络标识用来区分 Internet 上互联的各个网络，主机标识用来区分同一网络上的不同计算机（即主机）。

IP 地址中的四部分数字，每部分都不大于 256，各部分之间用小数点分开。例如，某 IP 地址的二进制表示为

11001100 . 11000011 . 00000110 . 01101100

则十进制表示为 204.195.6.108。

IP 地址分类如图 7.23 所示。最常用的为以下三类：

A 类：IP 地址的前 8 位为网络号，其中第 1 位为“0”，后 24 位为主机号，其有效范围为 1.0.0.1~126.255.255.254。此类地址的网络全世界仅可有 126 个，每个网络可接的主机结点为

$$2^8\times2^8\times(2^8-2)=16\ 646\ 144\text{ 个}$$

所以，通常供大型网络使用。

B 类：IP 地址的前 16 位为网络号，其中第 1 位为“1”，第 2 位为“0”，后 16 位为主机

号，其有效范围为 126.0.0.1~191.255.255.254。该类地址的网络全球共有

$$2^6 \times 2^8 = 16\,384 \text{ 个}$$

每个可连接的主机数为

$$2^8 \times (2^8 - 2) = 65\,024 \text{ 个}$$

所以，通常供中型网络使用。

C 类：IP 地址的前 24 位为网络号，其中第一位为“1”，第二位为“1”，第三位为“0”，后 8 位为主机号，其有效范围为 192.0.0.1~222.255.255.254。该类地址的网络全球共有

$$2^5 \times 2^8 \times 2^8 = 2\,097\,152 \text{ 个}$$

每个可连接的主机数为 254 台，所以通常供小型网络使用。

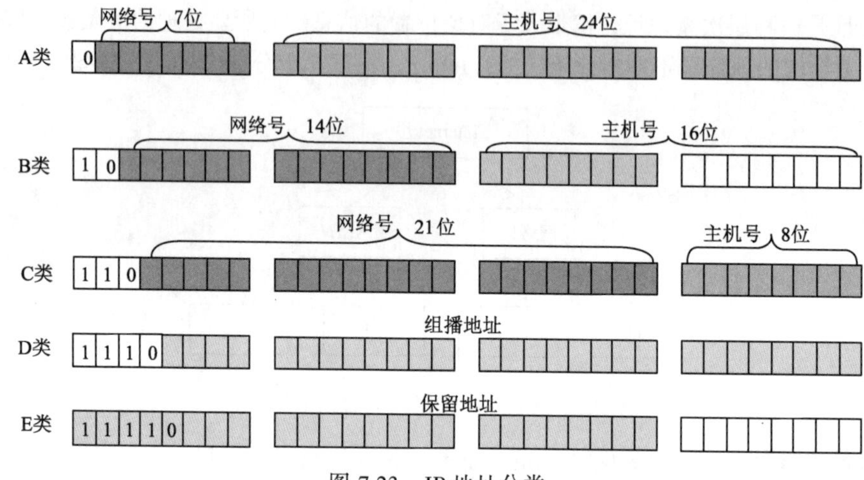

图 7.23 IP 地址分类

2. 子网掩码

从 IP 地址的结构中可知，IP 地址由网络地址和主机地址两部分组成。这样 IP 地址中具有相同网络地址的主机应该位于同一网络内，同一网络内的所有主机的 IP 地址中网络地址部分应该相同。在 A、B 或 C 类网络中，具有相同网络地址的所有主机构成了一个网络。

通常一个网络本身并不只是一个大的局域网，它可能是由许多小的局域网组成。因此，为了维持原有局域网的划分便于网络的管理，允许将 A、B 或 C 类网络进一步划分成若干个相对独立的子网。A、B 或 C 类网络通过 IP 地址中的网络地址部分来区分。在划分子网时，将网络地址部分进行扩展，占用主机地址的部分数据位。在子网中，为识别其网络地址与主机地址，引出一个新的概念：子网掩码（Subnet Mask）或网络屏蔽字（Netmask）。

子网掩码的长度也是 32 位，其表示方法与 IP 地址的表示方法一致。其特点是：它的 32 位二进制数可以分为两部分，第一部分全部为“1”，第二部分则全部为“0”。子网掩码的作用在于，利用它来区分 IP 地址中的网络地址与主机地址。其操作过程为：将 32 位的 IP 地址与子网掩码进行二进制的逻辑与操作，得到的便是网络地址（即子网地址）。例如，IP 地址为 171.121.80.18，子网掩码为 255.255.240.0，则该 IP 地址所属的网络地址为 171.121.80.0，而 171.121.129.22 子网掩码为 255.255.240.0，则该 IP 地址所属的网络地址为 171.121.128.0，原本为同在一个 B 类网络的两台主机被划分到两个不同的子网中。由 A、B 以及 C 类网络的定义可知，它

们具有默认的子网掩码。A 类地址的子网掩码为 255.0.0.0，B 类地址的子网掩码为 255.255.0.0，而 C 类地址的子网掩码为 255.255.255.0。

这样，便可以利用子网掩码来进行子网的划分。例如，某单位拥有一个 B 类网络地址 171.121.0.0，其默认的子网掩码为 255.255.0.0。如果需要将其划分成 256 个子网，则应该将子网掩码设置为 255.255.255.0。于是，就产生了 171.121.0.0～171.121.255.0 共 256 个子网地址（子网号全为“0”和全为“1”的子网不可用），而每个子网最多只能包含 254 台主机。此时，便可以为每个部门分配一个子网地址。

子网掩码通常是用来进行子网的划分，它还有另外一个用途，即进行网络的合并，这一点对于新申请 IP 地址的单位很有用处。由于 IP 地址资源的匮乏，如今 A、B 类地址已分配完，即使具有较大的网络规模，所能够申请到的也只是若干个 C 类地址（通常会是连续的）。当用户需要将这几个连续的 C 类地址合并为一个网络时，就需要用到子网掩码。例如，某单位申请到连续 4 个 C 类网络合并成一个网络，可以将子网掩码设置为 255.255.252.0。

3. IP 地址的申请组织及获取方法

IP 地址必须由国际组织统一分配。五类地址中 A 类为最高级 IP 地址。

分配最高级 IP 地址的国际组织——国际网络信息中心（Network Information Center，NIC），负责分配 A 类 IP 地址、授权分配 B 类 IP 地址的组织（自治区系统）、有权重新刷新 IP 地址。

分配 B 类 IP 地址的国际组织——ENIC、InterNIC 和 APNIC。目前全世界有 3 个自治区系统组织：ENIC 负责欧洲地区的分配工作，InterNIC 负责北美地区，APNIC 负责亚太地区（设在东京大学）。我国属 APNIC，被分配 B 类地址。

分配 C 类地址：由各国和地区的网管中心负责分配。

4. MAC 地址

在网络中，硬件地址又称为物理地址、MAC 地址或 MAC 位址（因为这种地址用在 MAC 帧中），用来定义网络设备的位置。在 OSI 模型中，第三层网络层负责 IP 地址，第二层数据链路层则负责 MAC 地址。

在所有计算机系统的设计中，标识系统是一个核心问题。在标识系统中，地址就是为识别某个系统的一个非常重要的标识符。MAC 地址就是用来表示互联网上每一个站点的标识符，采用十六进制数表示，共 6 个字节（48 位）。其中，前 3 个字节是由 IEEE 的注册管理机构 RA 负责给不同厂家分配的代码，也称为“机构唯一标识符”，世界上凡要生产局域网网卡的厂家都必须向 IEEE 购买由这 3 个字节构成标识符，例如，3Com 公司生产的网卡的 MAC 地址的前 3 个字节是 02-60-8C；后 3 个字节由各厂家自行指派给生产的适配器接口，称为扩展标识符，只要保证生产出的网卡没有重复地址即可（唯一性），可见用一个地址块可以生成 2^{24} 个不同的地址。用这种方式得到的 48 位地址称为 MAC-48，它的通用名称是 EUL-48。这里 EUI 表示扩展的唯一标识符，EUI-48 的使用范围不限于硬件地址，还用于软件接口。MAC 地址通常由网卡生产厂家固化在 EPROM（可擦除可编程只读存储器）中。

MAC 地址和 IP 地址是有区别的。如果把 IP 地址比作一个职位，MAC 地址则好像是去应聘这个职位的求职者，职位既可以给甲，同样也可以给乙。如果连接在网上的一台计算机的网卡坏了而更换了一个新的网卡，虽然这台计算机的地理位置没有变化，MAC 地址却改变了，所接入的网络没有任何改变；如果将位于南京的网络上的一台计算机转移到北京，连接在北京的网络上，虽然计算机的地理位置改变了，但只要计算机中的网卡不变，那么MAC地址也不变。因此IP地址和MAC地址的相同点是都唯一，不同点是长度不同，分配依据不同，寻址协议层不同，而且对于同一网络中的网络设备IP地址可以改变，MAC地址不可以改变。

5. IPv6

IP是Internet的核心协议。现在使用的IP（即IPv4）是在20世纪70年代末期设计的，无论从计算机本身发展还是从Internet规模和网络传输速率来看，现在IPv4已很不适用了。这里最主要的问题就是32位的IP地址不够用。

要解决IP地址耗尽的问题，可以采用以下3个措施：

① 采用无分类编址（CIDR），使IP地址的分配更加合理。

② 采用网络地址转换（NAT）方法，可节省许多全球IP地址。

③ 采用具有更大地址空间的新版本的IP，即IPv6。

尽管上述前两项措施的采用使得IP地址耗尽的日期退后了不少，但却不能从根本上解决IP地址即将耗尽的问题。因此，根本的方法是上述的第三种方法。

IETF（因特网工程任务组）早在1992年6月就提出要制定下一代的IP，即IPng（IP Next Generation），也就是所谓的IPv6。1998年12月发表的RFC 2460/2463已成为Internet草案标准协议。

IPv6仍支持无连接的传送，但将协议数据单元（PDU）称为分组，而不是IPv4的数据报。为了方便，本书仍采用数据报这一名词。

（1）IPv6所引进的主要变化。

① 更大的地址空间。IPv6将地址从IPv4的32位增大到了128位，使地址空间增大到原来的2^{96}倍。这样大的地址空间在可预见的将来是不会用完的。

② 扩展的地址层次结构。IPv6由于地址空间很大，因此可以划分为更多的层次。

③ 灵活的首部格式。IPv6数据报的首部和IPv4的并不兼容。IPv6定义了许多可选的扩展首部，不仅可提供比IPv4更多的功能，而且还可提高路由器的处理效率，这是因为路由器对扩展首部不进行处理。

④ 改进的选项。IPv6允许数据报包含选项的控制信息，因而可以包含一些新的选项。IPv4所规定的选项是固定不变的。

⑤ 允许协议继续扩充。这一点很重要，因为技术总是在不断地发展（如网络硬件的更新），而新的应用也还会出现，但IPv4的功能是固定不变的。

⑥ 支持即插即用（即自动配置）。

⑦ 支持资源的预分配。IPv6支持实时视像等，要求保证一定的带宽和时延的应用。

IPv6将首部长度变为固定的40位，称为基本首部。取消了不必要的功能，首部的字段数减少到只有8个（虽然首部长度增大一倍）。此外，还取消了首部的检验和字段（考虑到数据链路层和传输层部有差错检验功能）。这样就加快了路由器处理数据报的速度。

IPv6数据报在基本首部的后面允许有零个或多个扩展首部，再后面是数据。但要注意，所有的扩展首部都不属于数据报的首部，所有的扩展首部和数据合起来称为数据报的有效载荷或净负荷。

（2）IPv6 地址及其表示方案

IPv6 地址有三类：单播、组播和泛播地址。单播和组播地址与 IPv4 的地址非常类似，但 IPv6 中不再支持 IPv4 中的广播地址（IPv6 对此的解决办法是使用一个“所有结点”组播地址来替代那些必须使用广播的情况，同时，对那些原来使用了广播地址的场合，则使用一些更加有限的组播地址），而增加了一个泛播地址。本节介绍的是 IPv6 的寻址模型、地址类型、地址表达方式以及地址中的特例。

一个 IPv6 的 IP 地址由 8 个地址节组成，节与节之间用冒号分隔。其基本表达方式是 X:X:X:X:X:X:X:X，其中 X 是一个 4 位十六进制整数（16 个二进制位），共计 128 位（16 × 8 = 128）。地址中的每个整数都必须表示出来，但起始的 0 可以不必表示。

这是一种比较标准的 IPv6 地址表达方式，此外还有另外两种更加清楚和易于使用的方式。某些 IPv6 地址中可能包含一长串的 0，当出现这种情况时，标准中允许用“空隙”来表示这一长串的 0。换句话说，地址 2000:0000:0000:0000:AAAA:0000:0000:0001 可以被表示为 2000::AAAA:0000:0000:0001。其中的两个冒号表示该地址可以扩展到一个完整的 128 位地址。在这种方法中，只有连续的段位的 0 才能简化，其前后的 0 都要保留，如例中 2000 的后三个 0 不能被简化，而且两个冒号在地址中只能出现一次，如例中 AAAA 后面的两个连续段位的 0000 不能再次简化，当然也可以在 AAAA 后面使用::，这样 AAAA 之前的 0 就不能简化。

在 IPv4 和 IPv6 的混合环境中可能有第三种方法。IPv6 地址中的最低 32 位可以用于表示 IPv4 地址，该地址可按照一种混合方式表达，即 X:X:X:X:X:X:d.d.d.d，其中 X 表示一个 16 位整数，而 d 表示一个 8 位十进制整数。例如，地址 0:0:0:0:0:0:10.0.0.1 就是一个合法的 IPv4 地址。把两种可能的表达方式组合在一起，该地址也可以表示为::10.0.0.1。

（3）IPv4 向 IPv6 的过渡

由于现在整个 Internet 上使用 IPv4 的路由器的数量太大，因此，“规定一个日期，从这一天起所有的路由器一律都改用 IPv6”，显然是不可行的。这样，向 IPv6 过渡只能采用逐步演进的办法，同时，还必须使新安装的 IPv6 系统能够向后兼容。这就是说，IPv6 系统必须能够接收和转发 IPv4 分组，并且能够为 IPv4 分组选择路由。及早开始过渡到 IPv6 的好处是：有更多的时间来规划平滑过渡；有更多的时间培养 IPv6 的专门人才；及早提供 IPv6 服务比较便宜。

下面介绍两种向 IPv6 过渡的策略，即使用双协议栈和使用隧道技术。

① 双协议栈：指在完全过渡到 IPv6 之前，使一部分主机（或路由器）装有两个协议栈，一个 IPv4 和一个 IPv6。因此，双协议栈主机（或路由器）既能够和 IPv6 的系统通信，又能够和 IPv4 的系统进行通信。双协议栈的主机（或路由器）记为 IPv6/IPv4，表明它具有两种 IP 地址：一个 IPv6 地址和一个 IPv4 地址。双协议栈主机在和 IPv6 主机通信时采用 IPv6 地址，而和 IPv4 主机通信时则采用 IPv4 地址。它是使用域名系统 DNS 来查询。若 DNS 返回的是 IPv4 地址，双协议栈的源主机就使用 IPv4 地址。但当 DNS 返回的是 IPv6 地址时，源主机就使用 IPv6 地址。需要注意的是，IPv6 首部中的某些字段无法恢复。例如，原来 IPv6 首部中的流标号 X 在最后恢复出的 IPv6 数据报中只能变为空缺。这种信息的损失是使用首部转换方法所不可避免的。

② 隧道技术：这种方法的要点就是在 IPv6 数据报要进入 IPv4 网络时，将 IPv6 数据报封装成 IPv4 数据报（整个的 IPv6 数据报变成了 IPv4 数据报的数据部分），然后 IPv6 数据报就

在 IPv4 网络的隧道中传输，当 IPv4 数据报离开 IPv4 网络中的隧道时再将其数据部分（即原来的 IPv6 数据报）交给主机的 IPv6 协议栈。要使双协议栈的主机知道 IPv4 数据报中封装的数据是一个 IPv6 数据报，就必须将 IPv4 首部的协议字段的值设置为 41（41 表示数据报的数据部分是 IPv6 数据报）。

7.4.4 域名系统

1. 域名系统的概念

IP 地址由 32 位数字组成，是 Internet 上互联的若干主机进行内部通信时，区分和识别不同主机的数字型标志，对于这种数字型地址，用户很难记忆和理解。为了向用户提供一种直观明白的主机标识符，TCP/IP 开发了一种命名协议，即域名系统（Domain Name System，DNS），用于实现主机名与主机地址间的映射。主机名采用字符形式，称为域名。

2. 域名的解析

DNS 被设计成为一个联机分布式数据库系统，并采用客户/服务器方式。它使大多数域名都在本地解析，仅少量解析需要在 Internet 上通信，因此系统效率很高。而且，由于 DNS 是分布式系统，即使单个计算机出现故障，也不会妨碍整个系统的正常运行。域名的解析是由若干个域名服务器程序完成的，这些程序在专设的结点上运行，通常把运行该程序的机器称为域名服务器。

域名的解析过程如下：当某一个应用进程需要将域名解析为 IP 地址时，该应用进程就成为 DNS 的一个客户，并将待解析的域名放在 DNS 请求报文中，以 UDP 数据报方式发给本地域名服务器（使用 UDP 是为了减少开销）。本地的域名服务器在查找域名后，将对应的 IP 地址放在回答报文中返回。应用进程获得目的主机的 IP 地址后即可进行通信。若本地域名服务器不能回答该请求，则此域名服务器就暂时成为 DNS 中的另一个客户，并向其他域名服务器发出查询请求。这种过程直至找到能够回答该请求的域名服务器为止。

3. Internet 的域名结构

随着 Internet 上的用户数急剧增加，用非等级的名字空间来管理一个很大的而且是经常变化的名字集合是非常困难的。为了便于管理域名的分配、确认、回收和与 IP 地址之间的映射，Internet 采用了层次树状结构的命名方法，与 Internet 网络体系结构相对应。在这种命名方法中，首先由中央管理机构将最高一级域名空间划分为若干部分，并将各部分的管理权授予相应机构，各管理机构可以将自己管辖的域名空间再进一步划分成若干子域，并将这些子域的管理权再授予若干子机构。

域名的结构由若干个分量组成，各分量之间用点隔开：

…. 三级域名 . 二级域名 . 顶级项名

各分量分别代表不同级别的域名。每一级的域名都由英文字母和数字组成（不超过 63 个字符，并且不区分字母大小写），级别最低的域名写在最左边，级别最高的顶级域名则写在最右边。完整的域名不超过 255 个字符。从右到左的各子域名分别说明不同国家或地区的名称、组织类型、组织名称、分组织名称和计算机名等。DNS 既不规定一个域名需要包含多少个下级域名，也不规定每一级的域名代表什么意思。以 shanxi@qw.glxy.xjtu.edu.cn 为例，顶级域名 cn

代表中国，子域名 edu 表明这台主机属于教育部门，xjtu 具体指明是西安交通大学，其余的子域名是管理学院的一台名为 qw 的主机。在 Internet 地址中不得有任何空格存在，作为一般的原则，在使用 Internet 地址时，最好全用小写字母。

顶级域名可以分成两大类：一类是组织性顶级域名；另一类是地理性顶级域名。组织性顶级域名是为了说明拥有并对 Internet 主机负责的组织类型；地理性顶级域名用两个字母的缩写形式表示某个国家或地区。为了缓解域名资源的紧张，2000 年 11 月国际域名管理机构（ICANN）新增加了 7 个国际通用顶级域名，分别是 biz（公司企业）、aero（航空运输企业）、coop（合作团体）、name（个人）、info（各种情况）、museum（博物馆）和 pro（会计、律师和医师等自由职业者）。常用组织性顶级域名及地理性顶级域名如表 7.5 所示。

表 7.5　组织性顶级域名及地理性顶级域名表

组织性顶级域名		地理性顶级域名			
域　名	含　义	域　名	含　义	域　名	含　义
Com	商业组织	au	澳大利亚	jp	日本
Edu	教育机构	ca	加拿大	sg	新加坡
Gov	政府机构	cn	中国	uk	英国
Int	国际性组织	de	德国	us	美国
Mil	军队	fr	法国		
Net	网络技术组织	in	印度		
Org	非营利组织	it	意大利		

在我国，网络域名的顶级域名为 cn，二级域名分为类别域名和行政区域名两类。二级类别域名如表 7.6 所示；行政区域名共 34 个，如表 7.7 所示。

表 7.6　我国的二级类别域名

域　名	含　义	域　名	含　义
Ac	科研机构	Gov	政府部门
Com	工、商、金融等企业	Net	因特网络，接入网络的信息中心和运行中心
Edu	教育机构	Org	非营利性的组织

表 7.7　我国的二级行政区域名

Bj：北京市	Sh：上海市	Tj：天津市	Cq：重庆市	He：河北省	Sx：山西省
Ln：辽宁省	Jl：吉林省	Hl：黑龙江	Js：江苏省	Zj：浙江省	Ah：安徽省
Fj：福建省	Jx：江西省	Sd：山东省	Ha：河南省	Hb：湖北省	Hn：湖南省
Gd：广东省	Gx：广西	Hi：海南省	Sc：四川省	Gz：贵州省	Yn：云南省
Xz：西藏	Sn：陕西省	Gs：甘肃省	Qh：青海省	Nx：宁夏	Xj：新疆
Nm：内蒙古	Tw：台湾省	Hk：香港特别行政区	Mo：澳门特别行政区		

用户需要使用 IP 地址或域名地址时，必须通过电子邮件向网络信息中心 NIC 提出申请。

目前世界上有 3 个网络信息中心：InterNIC（负责美国及其他地区）、RIPENIC（负责欧洲地区）和 APNIC（负责亚太地区）。在中国，由 CERNET 网络中心受理二级域名 EDU 下的三级域名注册申请，CNNIC 网络中心受理其余二级域名下的三级域名注册申请。

从技术上讲，域名只是一个 Internet 中用于解决地址对应问题的一种方法，可以说只是一个技术名词。但是，由于 Internet 已经成了全世界人的 Internet，域名也自然地成了一个社会科学名词。从社会科学的角度看，域名已成了 Internet 文化的组成部分。从商业领域，域名已被誉为“企业的网上商标”，没有一家企业不重视自己产品的标识——商标。域名的重要性和其价值，已经被全世界所认同。

7.5 Internet 应用

7.5.1 WWW 服务

1. WWW 服务概述

WWW（World Wide Web）一般称为“环球网”、“万维网”。WWW 是一个基于超文本方式的信息浏览服务，它为用户提供了一个可以轻松驾驭的图形化用户界面，以查阅 Internet 上的文档。这些文档与它们之间的链接一起构成了一个庞大的信息网，称为 WWW 网。

现在 WWW 服务是 Internet 上最主要的应用，通常所说的上网、看网站一般来说就是使用 WWW 服务。WWW 技术最早是在 1992 年由欧洲粒子物理实验室（CERN）研制的，它将位于全世界 Internet 上不同地点的不同数据信息有机地结合在一起，允许用户通过超链接从某一页跳到其他页。如果把 Web 比作一个巨大的图书馆，那么 Web 结点就像一本本书，而 Web 页好比书中特定的页。Web 页可以包含新闻、图像、动画、声音、3D 世界以及其他任何信息，而且能存放在全球任何地方的计算机上。只要操纵计算机的鼠标进行简单的操作，就可以通过 Internet 从全世界任何地方调出用户所希望得到的各类信息。另外，它还制定了标准的、易为人们掌握的超文本标记语言（HTML）、统一资源定位符（URL）和超文本传送协议（HTTP）等。

随着技术的发展，传统的 Internet 服务如 Telnet、FTP、Gopher 和 Usenet News（Internet 的电子公告板服务）也可以通过 WWW 的形式实现。通过使用 WWW，一个不熟悉网络的人也可以很快成为 Internet 的行家，自由地使用 Internet 的资源。

2. WWW 的工作原理

万维网有如此强大的功能，那么 WWW 是如何运作的呢？

WWW 中的信息资源主要由一篇篇的 Web 文档（或称 Web 页）为基本元素构成。这些 Web 页采用超文本的格式，即可以含有指向其他 Web 页或其本身内部特定位置的超链接，或简称链接。可以将链接理解为指向其他 Web 页的“指针”。链接使得 Web 页交织为网状，这样，如果 Internet 上的 Web 页和链接非常多，就构成了一个巨大的信息网。

当用户从 WWW 服务器取到一个文件后，用户需要在自己的屏幕上将它正确无误地显示出来。由于将文件放入 WWW 服务器的人并不知道将来阅读这个文件的人到底会使用哪一种类型的计算机或终端，要保证每个人在屏幕上都能读到正确显示的文件，必须以一种各类型的计算机或终端都能“看懂”的方式来描述文件，于是就产生了 HTML。

HTML 对 Web 页的内容、格式及 Web 页中的超链接进行描述，而 Web 浏览器的作用就在于读取 Web 网点上的 HTML 文档，再根据此类文档中的描述组织并显示相应的 Web 页面。

HTML 文档本身是文本格式的，用任何一种文本编辑器都可以对它进行编辑。HTML 有一套相当复杂的语法，专门提供给专业人员用来创建 Web 文档，一般用户并不需要掌握它。由于文件名受 7.3 格式限制，在 DOS 和 Windows 3.x 环境下，HTML 文档的扩展名只能是“.htm”，但在 Windows 95 和 Windows NT 以上版本的环境下，HTML 文档的扩展名可以是“.html”或“.htm”，在 UNIX 系统中，HTML 文档的扩展名必须采用“.html”。图 7.24 和图 7.25 所示分别为搜狐网的 Web 页面及其对应的 HTML 文档。

图 7.24　搜狐网的 Web 页面

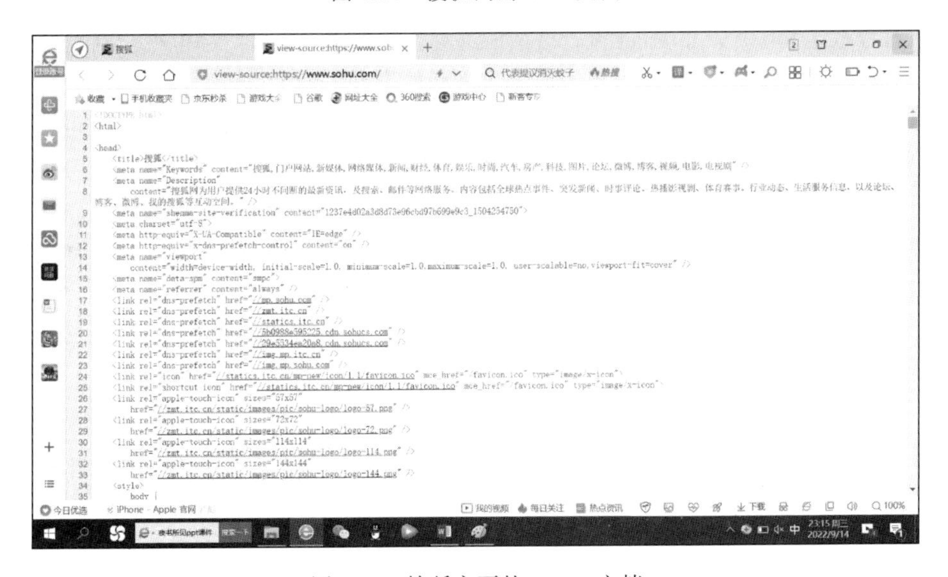

图 7.25　搜狐主页的 HTML 文档

3. WWW 服务器

WWW 服务器是任何可以运行 Web 服务器软件、提供 WWW 服务的计算机。理论上说，这台计算机应该有一个非常快的处理器、一个巨大的硬盘和大容量的内存。但是，所有这些技术需要的基础就是它能够运行 Web 服务器软件。

下面给出服务器软件的详细定义：

① 支持 WWW 的协议：HTTP（基本特性）。

② 支持 FTP、USENET、Gopher 和其他的 Internet 协议（辅助特性）。

③ 允许同时建立大量的连接（辅助特性）。

④ 允许设置访问权限和其他不同的安全措施（辅助特性）。

⑤ 提供一套健全的例行维护和文件备份的特性（辅助特性）。

⑥ 允许在数据处理中使用定制的字体（辅助特性）。

⑦ 允许俘获复杂的错误和记录交通情况（辅助特性）。

应用比较广泛的 Web 服务器软件主要有 Pws、Apache、Nginx、Lighttpd、Tomcat、IBM WebSphere 以及 Microsoft IIS 等。

4. WWW 的应用领域

WWW 是 Internet 发展最快、最吸引人的一项服务，它的主要功能是提供信息查询，不仅图文并茂，而且范围广、速度快。所以，WWW 几乎应用在人类生活、工作的所有领域。最突出的有如下几方面：

① 交流科研进展情况，这是最早的应用。

② 宣传单位。企业、学校、科研院所、商店、政府部门，都通过主页介绍自己。许多个人也拥有自己的主页、空间、博客、微博等，让世界了解自己。

③ 介绍产品与技术。通过主页介绍本单位开发的新产品、新技术，并进行售后服务，越来越成为企业、商家的促销渠道。

④ 远程教学和医疗。Internet 流行之前的远程教学方式主要是广播电视。有了 Internet，在一间教室安装摄像机，全世界都可以听到该教师的讲课。学生也可以在教师不联网的情况下，通过 Internet 获取自己感兴趣的内容。例如，搜狐和新浪的公开课，使大家可以近距离了解世界名校；世界各地的优秀医疗工作者也可以通过 Internet 对同一病人的病情进行会诊。

⑤ 新闻发布。各大报纸、杂志、通信社、体育、科技都通过 WWW 发布最新消息。例如，“嫦娥三号”登陆月球的情况，世界各地都可以及时通过 WWW 获取。世界杯足球赛、NBA、奥运会，都通过 WWW 提供图文动态信息。

⑥ 网上旅游。世界各大博物馆、艺术馆、美术馆、动物园、自然保护区和旅游景点介绍自己的珍品，成为人类共有资源。

⑦ 休闲娱乐。相亲交友、打游戏、下棋、打牌、看电影，丰富了人们的业余生活。

⑧ 电子商务。人们通过 WWW 网上购物、企业通过 WWW 网络营销，2021 年天猫“双 11”总成交额为 5 403 亿元，京东“双 11”累计下单金额超 3 114 亿元。

⑨ 电子政务。政府部门通过 WWW 公开政务，并在 WWW 上配置相关应用，使人们可以足不出户办理相关业务。

5. WWW 浏览器

在 Internet 上发展最快、人们使用最多、应用最广泛的是 WWW 浏览服务，比较流行的浏览器软件主要有 IE（Internet Explorer）和 Edge、Chrome、Safari、Opera、Firefox 等。

科技调查公司 NetMarketShare 在 2021 年 4 月份公布了主流浏览器市场份额的调查数据，显示 Chrome 仍然是个人计算机桌面浏览器的首选，市场占有率达到 58.64%。毫无疑问，排名第二的是微软的 IE，虽然 Windows 10 自带的 Edge 已经扩大了其市场占有率，但是 Windows 7 还保持着很大的市场份额。据悉，IE 的市场占有率达到 18.95%，排名第三的则是 Firefox 火狐浏览器，其市占率为 11.79%，Edge 则以 5.61%的市占率排名第四。而苹果 Mac 系统的默认浏览器 Safari 排名第五。

在图文浏览体验方式方面，UC 浏览器、QQ 浏览器、2345 浏览器不仅支持模式种类最多，在计算机适配上会有更好的体验。值得一提的是，QQ 浏览器和 UC 浏览器有着不错的表现。在在线视频播放方面，据市场调研显示，在使用娱乐类功能的情况中，使用视频功能的用户占 61%，尤其是在 PC 端，视频播放功能有着很高的要求。此外，视频在线播放不仅考验浏览器对 HTML5 的支持程度，而且检验了浏览器针对各大视频网站的优化方案是否到位。在这方面，这几款浏览器也都有着不错的表现。

6. Web 2.0 简介

Internet 上的资源，可以在一个网页里比较直观的表示出来，而且资源之间可以在网页上互相链接。这种以内容为中心，以信息的发布、传输、分类、共享为目的的 Internet 称为 Web 1.0。在这种模式中绝大多数网络用户只充当了浏览者的角色，话语权掌握在各大网站的手里。

如果说 Web 1.0 是以数据（信息）为核心，那 Web 2.0 是以人为核心，旨在为用户提供更人性化的服务。Web 1.0 到 Web 2.0 的转变，具体地说，从模式上是单纯的“读”向“写”发展，由被动地接收 Internet 信息向主动创造 Internet 信息迈进；从基本构成单元上，是由“网页”向“发表/记录信息”发展；从工具上，是由 Internet 浏览器向各类浏览器、RSS 阅读器等内容发展；运行机制上，由 Client Server 向 Web Services 转变；作者由程序员等专业人士向全部普通用户发展。

在 Web 2.0 中用户可读/写。在 Web 1.0 阶段，大多数用户只是信息的读者，而不是作者，一个普通的用户只能浏览新浪网的信息而不能进行编辑；在 Web 2.0 阶段人人都可以成为信息的提供者，每个人都可以在自己的 BLOG 上发表言论而无须经过审核，从而完成了从单纯的阅读者到信息提供者角色的转变。

Web 2.0 倡导个性化服务。在 Web 1.0 阶段，Internet 的交互性没有得到很好的发挥，网络提供的信息没有明确的针对性，最多是对信息进行了分类，使信息针对特定的人群，没有针对到具体的个人。Web 2.0 中允许个人根据自己的喜好进行订阅，从而获取自己需要的信息与服务。

Web 2.0 实现人的互连。在 Web 1.0 中实质上是数据（信息）的互联，是以数据（信息）为中心的；而 Web 2.0 中最终连接的是用户，如以用户为核心来组织内容的 BLOG 就是个典型代表，每个人在网络上都可以是一个结点，BLOG 的互联本质上是人的互联。

目前，关于 Web 3.0 的讨论已经在不断被提出，其开发者的目标是建造一个能针对简单问题给出合理、完全答复的系统。其核心条例是继承 Web 2.0 的所有特性，具备更清晰可行的盈利模式等。在 Web 2.0 还未被人们广泛接受的今天，Web 3.0 还有很长的路要走。

表 7.8 所示为 Web 1.0 和 Web 2.0 的对比情况。

表 7.8 Web 1.0 和 Web 2.0 对比

—	Web 1.0	Web 2.0
核心理念	用户只是浏览者，以内容为中心，广播化	用户可读/写，个性化服务，社会互联，以人为本
典型应用	新闻发布、信息搜索	BLOG、RSS
代表网站	http://www.sohu.com http://www.baidu.com	各种 BLOG 网站

7.5.2 电子邮件

电子邮件（E-mail）是 Internet 应用最广的服务之一，通过网络的电子邮件系统，用户可以用非常低廉的价格（不管发送到哪里，都只需负担网费即可），以非常快速的方式（几秒钟之内可以发送到世界上任何指定的目的地），与世界上任何一个角落的网络用户联系。这些电子邮件可以是文字、图像、声音等各种文件。同时，可以得到大量免费的新闻、专题邮件，并实现轻松的信息搜索。正是由于电子邮件的使用简易、投递迅速、收费低廉、易于保存、全球畅通无阻，使得电子邮件被广泛地应用，它使人们的交流方式得到了极大的改变。

随着 Internet 的普及和发展，万维网上出现了很多基于 Web 页面的免费电子邮件服务，用户可以使用 Web 浏览器访问和注册自己的用户名与密码，一般可以获得存储容量达数吉字节（GB）的电子邮箱，并可以立即按注册用户登录，收发电子邮件。

用户使用 Web 电子邮件服务时几乎无须设置任何参数，直接通过浏览器收发电子邮件，阅读与管理服务器上个人电子信箱中的电子邮件（一般不在用户计算机上保存电子邮件），大部分电子邮件服务器还提供了自动回复功能。电子邮件具有使用简单方便、安全可靠、便于维护等优点，但是用户在编写、收发、管理电子邮件的全过程都需要联网。

7.5.3 文件传输

文件传输就是指把文件通过网络从一个计算机系统复制到另一个计算机系统的过程。在 Internet 中，实现这一功能的是 FTP 协议。像大多数的 Internet 服务一样，FTP 也采用客户机/服务器模式，当用户使用一个名为 FTP 的客户程序时，就和远程主机上的服务程序相连了。若用户输入一个命令，要求服务器传送一个指定的文件，服务器就会响应该命令，并传送这个文件；用户的客户程序接收这个文件，并把它存入用户指定的目录中。从远程计算机上复制文件到自己的计算机上，称为“下载”文件；从自己的计算机上复制文件到远程计算机上，称为“上传”文件。使用 FTP 程序时，用户应输入 FTP 命令和想要连接的远程主机的地址。一旦程序开始运行并出现提示符“ftp”后，就可以输入命令，复制文件，或做其他操作。例如，可以查询远程计算机上的文档，也可以变换目录等。远程登录是由本地计算机通过网络，连接到远端的另一台计算机上作为这台远程主机的终端，可以实地使用远程计算机上对外开放的全部资源，也可以查询数据库、检索资料或利用远程计算机完成大量的计算工作。

在实现文件传输时，需要使用 FTP 程序。UNIX 或 Windows 系统都包含这一协议文件，IE 和 Chrome 浏览器都带有 FTP 程序模块。可在浏览器窗口的地址栏直接输入远程主机的 IP

地址或域名，浏览器将自动调用 FTP 程序。

若用户没有账号，则不能正式使用 FTP，但可以匿名使用 FTP。匿名 FTP 允许没有账号和密码的用户以 anonymous 或 FTP 特殊名来访问远程计算机，当然，这样会有很大的限制。匿名用户一般只能获取文件，不能在远程计算机上建立文件或修改已存在的文件，对可以复制的文件也有严格的限制。当用户以 anonymous 或 FTP 登录后，FTP 可接受任何字符串作为密码，但一般要求用电子邮件的地址作为密码，这样服务器的管理员就能知道谁在使用，当需要时可及时联系。

7.5.4　搜索引擎

随着网络的普及，Internet 日益成为信息共享的平台。各种各样的信息充满整个网络，既有很多有用信息，也有很多垃圾信息。如何快速准确地在网上找到真正需要的信息已变得越来越重要。搜索引擎（Search Engine）是一种网上信息检索工具，在浩瀚的网络资源中，它能帮助用户迅速而全面地找到所需要的信息。

1. 搜索引擎的概念和功能

搜索引擎是指根据一定的策略、运用特定的计算机程序在 Internet 上搜索信息，在对信息进行组织和处理后，为用户提供检索服务，将用户检索相关的信息展示给用户的工具和系统。

搜索引擎的主要功能包括以下几方面：

（1）信息搜集

各个搜索引擎都拥有蜘蛛（Spider）或机器人（Robots）这样的"页面搜索软件"，在各网页中爬行，访问网络中公开区域的每一个站点，并记录其网址，将它们带回到搜索引擎，从而创建出一个详尽的网络目录。由于网络文档的不断变化，机器人也不断把以前已经分类组织的目录进行更新。

（2）信息处理

将"网页搜索软件"带回的信息进行分类整理，建立搜索引擎数据库，并定时更新数据库内容。在进行信息分类整理阶段，不同的搜索引擎会在搜索结果的数量和质量上产生明显的差异。有的搜索引擎把"网页搜索软件"发往每一个站点，记录下每一页的所有文本内容，并收入到数据库中，从而形成全文搜索引擎；而另一些搜索引擎只记录网页的地址、篇名、特点的段落和重要的词。因此，有的搜索引擎数据库很大，而有的则较小。当然，最重要的是数据库的内容必须经常更新、重建，以保持与信息世界的同步发展。

（3）信息查询

每个搜索引擎都必须向用户提供一个良好的信息查询界面，一般包括分类目录及关键词两种信息查询途径。分类目录查询是以资源结构为线索，将网上的信息资源按内容进行分类，使用户能按线性结构逐层逐类检索信息。关键词查询是利用建立的网络资源索引数据库向网上用户提供查询"引擎"。用户只要把想要查找的关键词或短语输入查询框中，并单击"搜索"（Search）按钮，搜索引擎就会根据输入的提问，在索引数据库中查找相应的词语，并进行必要的逻辑运算，最后给出查询的命中结果（均为超文本链接形式）。用户只要通过搜索引擎提供的链接，就可以立刻访问到相关信息。

2. 搜索引擎的类型

搜索引擎可以根据不同的方式分为多种类型，主要包括全文搜索引擎、目录式分类搜索引擎、分类全文搜索引擎、智能搜索引擎、独立搜索引擎、元搜索引擎等。

（1）根据组织信息的方式分类

① 全文搜索引擎。全文搜索引擎实质是能够对网站的每个网页中的每个单字进行搜索的引擎。最典型的全文搜索引擎如百度等。全文搜索引擎的特点是查全率高，搜索范围较广，提供的信息多而全，缺乏清晰的层次结构，查询结果中重复链接较多。

② 目录式分类搜索引擎。目录式分类搜索引擎将信息系统加以归类，利用传统的信息分类方式来组织信息，用户按类查找信息。由于网络目录中的网页是专家人工精选得来的，故有较高的查准率，但查全率低，搜索范围较窄，适合那些希望了解某一方面信息但又没有明确目的的用户。

③ 分类全文搜索引擎。分类全文搜索引擎是综合全文搜索引擎和目录式分类搜索引擎的特点而设计的，通常是在分类的基础上，再进一步进行全文检索。现在大多数搜索引擎都属于分类全文搜索引擎。

④ 智能搜索引擎。这种搜索引擎具备符合用户实际需要的知识库。搜索时，引擎根据知识库来理解检索词的意义，并以此产生联想，从而找出相关的网站或网页。同时还具有一定的推理能力，它能根据知识库的知识，运用人工智能方法进行推理，这样就大幅提高了查全率和查准率。

（2）根据搜索范围分类

① 独立搜索引擎。独立搜索引擎建有自己的数据库，搜索时检索自己的数据库，并根据数据库的内容反馈出相应的查询信息或链接站点。

② 元搜索引擎。元搜索引擎是一种调用其他独立搜索引擎的引擎。搜索时，它使用用户的查询词同时查询若干其他搜索引擎，做出相关度排序后，将查询结果显示给用户。它的注意力集中在改善用户界面，以及用不同的方法过滤从其他搜索引擎接收到的相关文档，包括消除重复信息。典型的元搜索引擎有搜魅网（someta）、比比猫（bbmao）、觅搜（MetaSoo）等。用户利用这种引擎能够获得更多、更全面的网址。

3. 常用搜索引擎

（1）百度

百度是国内最大的商业化全文搜索引擎，占国内 80% 的市场份额。其搜索页面如图 7.26 所示。百度功能完备，搜索精度高，是目前国内技术水平最高的搜索引擎。百度目前主要提供中文（简/繁体）网页搜索服务。如无限定，默认以关键词精确匹配方式搜索。支持“-”“.”“|”“link:”“《》”等特殊搜索命令。在搜索结果页面，百度还设置了关联搜索功能，方便访问者查询与输入关键词有关的其他方面的信息。其他搜索功能包括新闻搜索、MP3 搜索、图片搜索、Flash 搜索等。

图 7.26　百度的搜索页面

（2）中国搜索

中国搜索的搜索页面如图 7.27 所示。中国搜索是人民日报、新华社、中央电视台、光明日报、经济日报、中国日报、中国新闻社新推出的产品，和普通商业搜索相比增加国情、理论等垂直搜索内容。中国搜索于 2013 年 10 月开始筹建， 2014 年 3 月 1 日上线测试，首批推出新闻、报刊、网页、图片、视频、地图、网址导航七大类综合搜索服务，以及国情、社科、理论、法规、时政、地方、国际、军事、体育、财经、房产、汽车、家居、购物、食品、智慧城市等 16 个垂直频道和“中国新闻”等移动客户端产品和服务。

图 7.27　中国搜索的搜索页面

（3）搜狐

搜狐公司于 1998 年推出中国首家大型分类查询搜索引擎，经过数年的发展，现在已经发展成为中国影响力较大的分类搜索引擎。搜狐的搜索引擎叫作 Sogou，如图 7.28 所示。搜狐的目录导航式搜索引擎完全是由人工加工而成，相比机器人加工的搜索引擎来讲具有很高的精确性、系统性和科学性。分类专家层层细分类目，组织成庞大的树状类目体系。利用目录导航系统可以很方便地查找到一类相关信息。搜狐的搜索引擎可以查找新闻、网页、音乐、图片、视频、地图、知识等信息。

图 7.28　搜狐的搜索页面

7.6　能力拓展与训练案例：使用 Python 通过常用协议访问网络

在 TCP/IP 网络环境中，Socket（套接字）是应用程序与底层通信驱动程序之间运行的开发接口，它可以将应用程序与具体的 TCP/IP 隔离开，使应用程序不需要了解协议的具体细节，就可以建立网络连接、实现主机之间的数据传输。

TCP 是基于连接的通信协议，两台计算机之间需要建立稳定可靠的连接，并在该连接上实现可靠的数据传输。如果 Socket 通信是基于 UDP 的，则数据传输之前并不需要建立连接，就好像发电报或发短信一样，即使对方不在线，也可以发送数据，但并不能保证对方一定会收到数据。UDP 提供了超时和重试机制。

1. 基于 TCP 的 Socket 编程

Python 可以通过 socket 模块实现 Socket 编程。在开始 Socket 编程之前，需要导入 socket 模块，代码如下：

```
import socket
```

面向连接的 Socket 通信是基于 TCP 的。网络中的两个进程以客户机/服务器模式进行通信。

服务器程序要先于客户机程序启动，每个步骤中调用的 Socket()方法如下：

① 调用 socket()方法创建一个流式套接字，返回套接字号 s。

② 调用 bind()方法将套接字 s 绑定到一个已知的地址，通常为本地 IP 地址。

③ 调用 listen()方法将套接字 s 设置为监听模式，准备好接收来自各个客户机的连接请求。

④ 调用 accept()方法等待接收客户端的连接请求。

⑤ 如果接收到客户端的请求，则 accept()方法返回，得到新的套接字 ns。

⑥ 调用 recv()方法接收来自客户端的数据，调用 send()方法向客户端发送数据。

⑦ 与客户端的通信结束后，服务器程序可以调用 shutdown()方法向通知对方不再发送或接收数据，也可以由客户端程序断开连接。断开连接后，服务器进程调用 closesocket()方向关闭套接字 ns。此后服务器程序返回第④步，继续等待客户端进程的连接。

⑧ 如果要退出服务器程序，则调用 closesocket()函数关闭最初的套接字 s。

客户端程序在每一个步骤中使用的方法如下：

① 调用 WSAStartup()方法加载 Windows Sockets 动态库，然后调用 socket()函数创建一个流式套接字，返回套接字号 s。

② 调用 connect()方法将套接字 s 连接到服务器。

③ 调用 send()方法向服务器发送数据，调用 recv()方法接收来自服务器的数据。

④ 与服务器的通信结束后，客户端程序可以调用 close()方法关闭套接字。

【例 1】使用 Socket 进行通信的简易服务器。

```
if _name_=='_main_':
    import socket
    # 创建socket对象
    sock=socket.socket(socket.AF_INET,socket.SOCK_STREAM)
    # 绑定到本地的8001端口
    sock.bind(('localhost',8001))
    # 在本地的8001端口上监听，等待连接队列的最大长度为5
    sock.listen(5)
    while True:
        # 接收来自客户端的连接
        connection,address=sock.accept()
        try:
            connection.settimeout(5)
            buf=connection.recv(1024).decode('utf-8') # 接收客户端的数据
            if buf=='1':  # 如果接收到'1'
                connection.send(b'welcome to server!')
            else:
                connection.send(b'please go out!')
        except socket.timeout:
            print('time out')
        connection.close()
```

服务器程序在本地('localhost')的 8001 端口上监听，如果有客户端连接，并且发送数据'1'，则向客户端发送'welcome to server!'，否则发送'please go out!'。

【例 2】 使用 Socket 进行通信的简易客户端。

```
if _name_=='_main_':
    import socket
    # 创建 socket 对象
    sock=socket.socket(socket.AF_INET,socket.SOCK_STREAM)
    # 连接到本地的 8001 端口
    sock.connect(('localhost',8001))
    import time
    time.sleep(2)
    # 向服务器发送字符'1'
    sock.sent(b'1')
    # 打印从服务器接收的数据
    print(sock.recv(1024).decode('utf-8'))
    sock.close ()
```

程序连接到本地('localhost')的 8001 端口。连接成功后发送数据'1'，然后打印服务器回传的数据。

2. 基于 UDP 的 Socket 编程

服务器端的步骤如下：

① 建立流式套接字，返回套接字号 s。

② 套接字 s 与本地地址绑定。

③ 在套接字 s 上读/写数据，直接结束。

④ 关闭套接字 s。

客户端的步骤如下：

① 建立流式套接字，返回套接字号 s。

② 在套接字 s 上读/写数据，直接结束。

③ 关闭套接字 s。

可以看到，面向非连接的 Socket 通信流程比较简单，在服务器程序中不需要调用 listen()和 accept()方法来等待客户端的连接；在客户端程序中也不需要与服务器建立连接，而是直接向服务器发送数据。

【例 3】 使用 sendto()方法发送数据报。

```
import socket
# 创建 UDP SOCKET
s=socket.socket(socket.AF_INET,socket.SOCK_DGRAM)
port=8000 # 服务器端口
host='192.168.0.101'          #服务器地址
while True:
    msg=input()               #接收用户输入
    if not msg:
        break
    # 发送数据
    s.sendto(msg.encode(),(host,port))
s.close()
```

在创建基于UDP的SOCKET对象时，需要使用socket.SOCK_DGRAM参数。程序调用input()方法接受用户输入，然后调用sendto()方法将用户输入的字符串发送至服务器。

【例 4】使用recvfrom()方法接收数据报。

```
import socket
# 创建UDP SOCKET
s=socket.socket(socket.AF_INET,socket.SOCK_DGRAM)
s.bind(('192.168.0.101',8000))
while True:
    data,addr=s.recvfrom(1024)
    if not data:
        print('client has exited!')
        break
    print('received:',data,'from',addr)
s.close()
```

程序首先创建一个基于 UDP 的 SOCKET 对象，然后绑定到 192.168.0.101，监听端口为8000。循环调用 recvfrom()方法接收客户端发送来的数据。

习　题

1. 名词解释

（1）TCP/IP；（2）IP 地址；（3）域名系统；（4）子网掩码

2. 简述 Internet 发展史。说明 Internet 都提供哪些服务，接入 Internet 有哪几种方式？

3. 什么是 WWW？简述 WWW 的应用领域。

4. IP 地址和域名的作用是什么？

5. 分析以下域名的结构

（1） www.sina.com.cn；（2） www.tup.tsinghua.edu.cn。

6. 如何判断两个 IP 地址在同一子网？举例说明。

7. 什么是计算机网络？其主要功能是什么？

8. 从网络的地理范围来看，计算机网络如何分类？

9. 常用的 Internet 连接方式是什么？

10. 什么是网络的拓扑结构？常用的网络拓扑结构有哪几种？

11. 简述 MAC 地址与 IP 地址的区别。

12. 搜索信息时，如何选择搜索引擎？

13. 信息安全的含义是什么？

14. 信息安全有哪些属性？

15. 什么是计算机病毒？

16. 计算机病毒的特点是什么？

第 8 章 信息处理

信息处理是在计算机软硬件和网络的支持下，对现代各种业务包括办公自动化、企业管理、报刊编排处理等涉及的信息进行收集、存储、分析、加工、传输和应用。信息处理的软件主要包括 Office、Photoshop 等诸多软件。

8.1 Word 2019 入门

8.1.1 Word 2019 基本功能和新特色

1. Word 2019 简介

Word 2019 在继承 Word 以前版本优点的基础上做了很多改进，使其操作界面更加友好，同时还增加了许多新的功能。Word 2019 为用户提供了丰富的文档格式设置工具，利用它能够更加轻松、高效地组织和编写文档，并能轻松地与他人协同工作。其基本功能包括：审查批阅文档、文字处理、编写长文档、使用表格、在 Word 中插入图表、进行数据分析、制作并茂的文档等。

2. Word 2019 新特色

与 Word 2016 相比，Word 2019 在界面上没有大的变化，依然采用了基于 Ribbon 的工作界面。Ribbon 由选项卡形式的多个功能区组成，还有快速访问栏和应用程序菜单作为辅助组成部分。图 8.1 所示为 Word 2019 主题选项界面。

Word 2019 最主要的新功能，都是偏向阅读类的，主要有横式翻页、沉浸式学习工具、语音朗读等。

① 横式翻页。打开 Word 文档，切换至“视图”选项卡，在“页面移动”组内单击“翻页”按钮即可开启横式翻页，这是模拟翻书的阅读体验，非常适合使用平板计算机的用户。

② 沉浸式学习工具。在 Word 2019 的新功能里，“学习工具”可以说是一大亮点，切换至“视图”选项卡，在“沉浸式”组内单击“学习工具”按钮，即可开启“学习工具”模式。

③ 语音朗读。除了在“学习工具”模式下可以将文字转为语音朗读以外，用户也可以切换至“审阅”选项卡，单击“语音”组内的“朗读”按钮开启“语音朗读”功能。

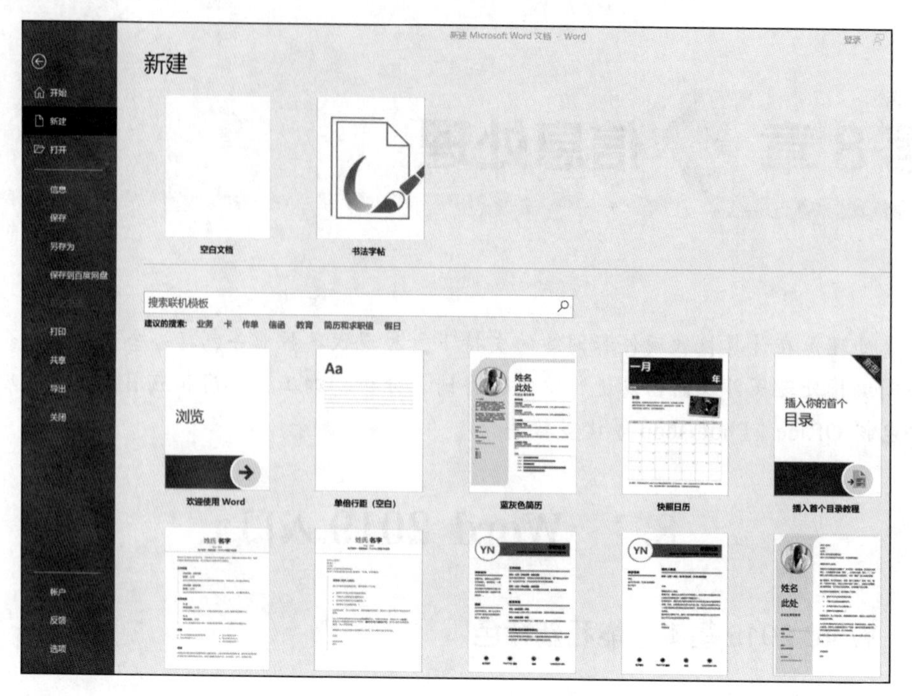

图 8.1　Word 2019 主题选项界面

8.1.2　Word 2019 文档的输入与编辑

文档编辑是 Word 2019 的基本功能，主要完成文本的录入、选择以及移动、复制等基本操作，并且也为用户提供了查找和替换、撤销和重复功能。

1. 输入内容

要想熟练操作文档中的文本，首先要学会如何向文档中输入文本。输入文档的方法如下：

① 使用键盘输入文档。

② 使用语音输入：根据操作者的讲话，利用语音识别系统辨识汉字或词组。

③ 将现成的文档内容添加到 Word 中：在文档中插入一个完整的文件时，可以使用 Word 提供的插入文件功能来实现，还可以插入网页，插入记事本文件。

④ 联机手写输入：将输入设备（如输入板或鼠标）模仿成一支笔进行书写，主要解决两个问题：一是输入生僻字或“只知其形、不知其音”的字；二是要求对电子文档进行手写体签名。

⑤ 扫描输入：利用扫描仪将纸介质上的字符图形数字化后输入到计算机，再经过光学字符识别软件对输入的字符图形进行判断，转换成文字并以.TXT 格式保存。

2. 选择文本

（1）使用鼠标快速选择

要选择文本对象，最常用的方法是通过鼠标选取。采用这种方法可以选择文档中的任意文字，这是最基本、最灵活的选取文本的方法。具体包括：

① 拖动鼠标选中文本：从要选择文本的起点处按下鼠标左键，一直拖动至终点处松开鼠

标即可选择文本，选中的文本将以蓝底黑字的形式出现。

② 双击鼠标选择文本：可以选中某个字符、词语或者词组。

③ 三击鼠标选择文本：选择整句或整段文本。

（2）使用鼠标和键盘快速选择

如果要选择的是篇幅比较大的连续文本，可以在要选择的文本起点处单击，然后将鼠标移至选取终点处，同时按下【Shift】键与鼠标左键即可。在 Word 2019 中，还可以将鼠标移到文档左侧的空白处，使其变为指向右上方向的箭头：

① 单击鼠标，选定当前行文字。

② 双击鼠标，选定当前段文字。

③ 三击鼠标，选中整篇文档。

此外，按下【Alt】键的同时拖动鼠标左键可以选中矩形区域。

3. 编辑文本对象

在编辑文档的过程中，如果发现某些句子和段落在文档中所处的位置不合适、要多次重复出现或者需要删除，就要用到复制、粘贴或删除命令。

（1）复制和粘贴文本

复制是将文档中的某些文本放入剪贴板，操作时用户可以通过粘贴的形式直接将该文本从剪贴板放到文档中，并且可以多次重复粘贴操作。复制内容可以是文档中的任何部分，而且可以将复制的内容粘贴到同一文档或不同文档的任何位置。

（2）移动与删除文本

移动文本最常用的方法是通过鼠标选取、拖动。

如果要删除某些已经输入的内容，可以选中该内容后按【Delete】键或【Backspace】键直接删除。在不选择内容的情况下，按【Backspace】键可以删除光标左侧的字符，按【Delete】键删除光标右侧的字符。

（3）撤销和恢复

Word 2019 的快速访问工具栏中提供的“撤销自动更正”按钮可以帮助用户撤销前一步或前几步的错误操作，而“恢复键入”按钮则可以重复执行上一步被撤销的操作。

如果是撤销前一步操作，可以直接单击“撤销自动更正”按钮，若要撤销前几步操作，则可以单击“撤销自动更正”按钮旁的下拉按钮，在弹出的下拉列表框中选择要撤销的操作即可。

4. 文本的查找、替换和定位

（1）查找文本

利用查找功能可以方便快速地在文档中找到指定的文本。选择“开始”选项卡，单击“编辑”组中的“查找”按钮，在文本编辑区的左侧会显示如图 8.2 所示的“导航”窗格，在显示“在文档中搜索”文本框中输入查找关键字后按【Enter】键，即可列出整篇文档中所有包含该关键字的匹配结果项，并在文档中高亮显示相匹配的关键词，单击某个搜索结果能快速定位到正文中的相应位置。

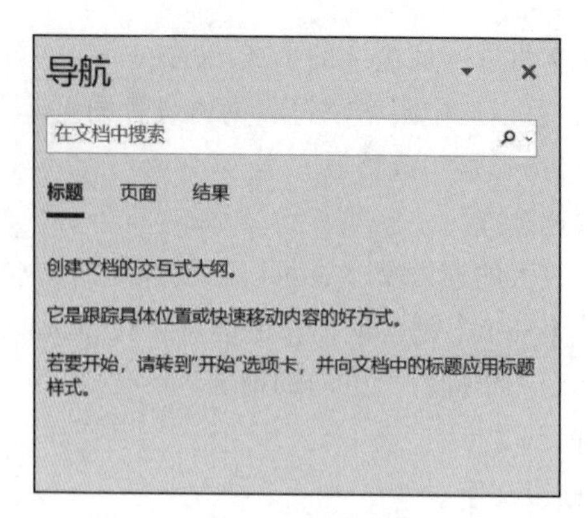

图 8.2 “导航”窗格

也可以选择“查找”下拉列表框中的“高级查找”选项，在弹出的“查找和替换”对话框的“查找内容”文本框中输入查找关键字，如“Word 2019”，然后单击“查找下一处”按钮即能定位到正文中匹配该关键字的位置，如图 8.3 所示。通过该对话框中的“更多”按钮，能看到更多的查找功能选项，如是否区分大小写、是否全字匹配以及是否使用通配符等，利用这些选项能完成更多功能的查找操作。

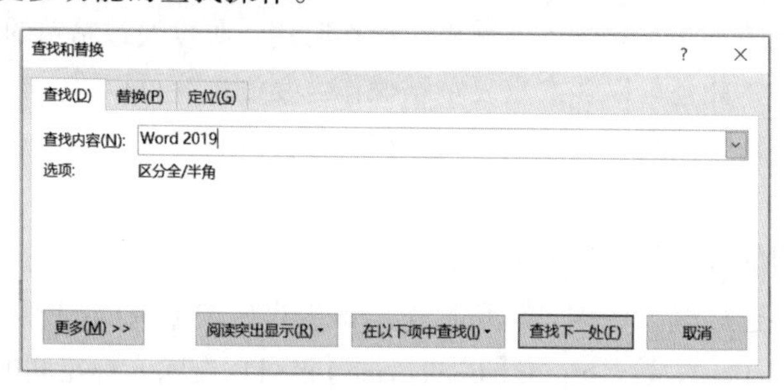

图 8.3 “查找”对话框

（2）替换文本

替换操作是在查找的基础上进行的（见图 8.4），单击“替换”选项卡，在对话框的“替换为”文本框中输入要替换的内容，单击“替换”或者“全部替换”按钮即可。

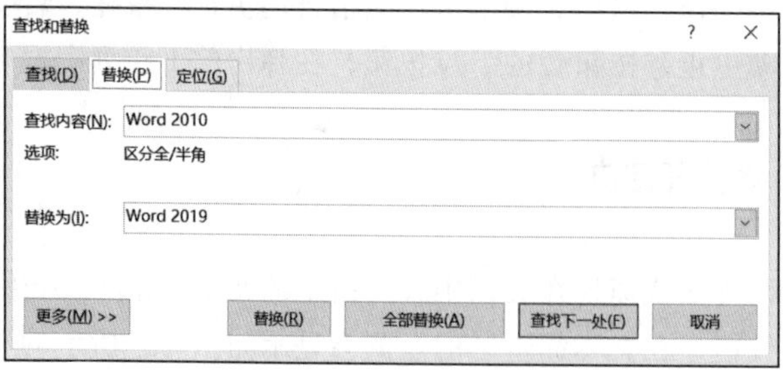

图 8.4 “替换”对话框

（3）定位文本

定位也是一种查找，它可以定位到一个指定位置，而不是指定的内容，如某一行、某一页或某一节等，如图 8.5 所示。

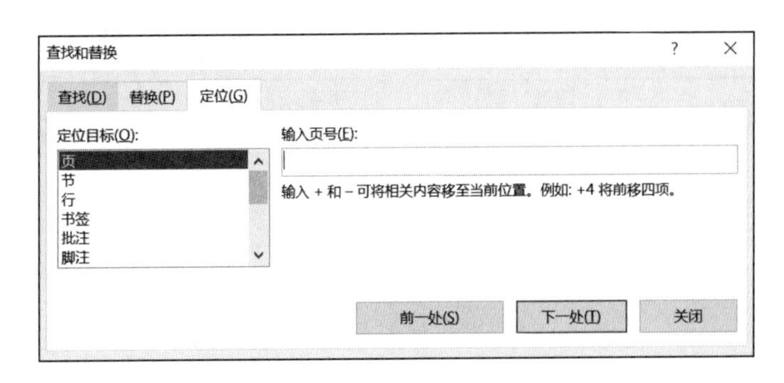

图 8.5 “定位”选项卡

8.1.3 基本排版操作

文档编辑完成之后，就要对整篇文档进行排版以使文档具有美观的视觉效果。

1. 页面设置

（1）设置页边距

页边距是页面四周的空白区域，要设置页边距，先切换到“布局”选项卡，（见图 8.6），单击“页面设置”组中的“页边距”按钮，在弹出的下拉列表框中选择相关的选项。

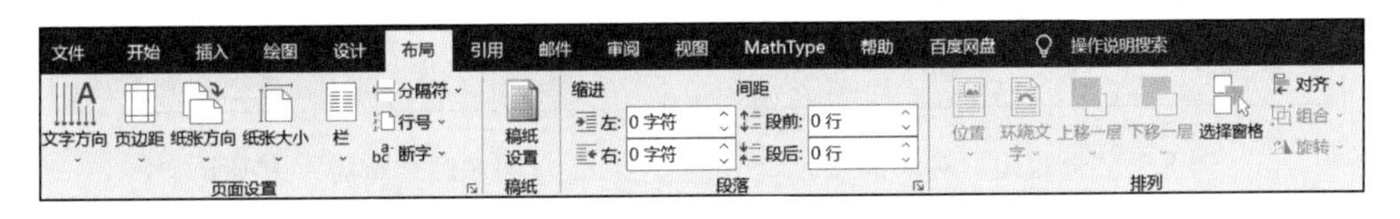

图 8.6 设置页边距

也可以选择“自定义页边距”选项，在弹出的“页面设置”对话框中进行设置，如图 8.7 所示。在“页边距”区域中的“上”“下”“左”“右”数值框中输入要设置的数值，或者通过数值框右侧的上下微调按钮进行设置。如果文档需要装订，则可以在该区域的“装订线”数值框中输入装订边距，并在“装订线位置”框中选择是在左侧还是上方进行装订。

（2）设置纸张

通常在进行文字编辑排版之前，就要先设置好纸张大小和方向。切换至“页面布局”选项卡，单击“页面设置”组中的“纸张方向”按钮。直接在下拉列表框中选择“纵向”或“横向”；单击“纸张大小”按钮，可以在下拉列表框中选择一种已经列出的纸张大小，或者选择“其他页面大小”选项，在弹出的“页面设置”对话框中进行纸张大小的选择。

（3）设置布局

布局即页面格式，具体指的是开本、版心和周围空白的尺寸等项的排法。单击“页面设置”组中的“布局”选项卡进行设置，如图 8.8 所示。

2. 字体格式

字符格式设置包括汉字、字母、数字、符号及各种可见字符，当它们出现在文档中时，就可以通过设置其字体、字号、颜色等对其进行修饰。对字符格式的设置决定了字符在屏幕上显示和打印输出的样式。字符格式设置可以通过功能区、对话框和浮动工具栏 3 种方式来完成。不管使用哪种方式，都需要在设置前先选择字符，即先选中再设置。

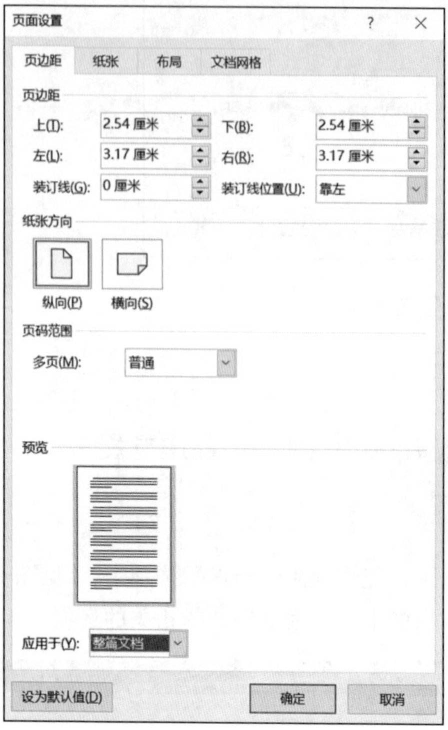

图 8.7 “页边距”对话框

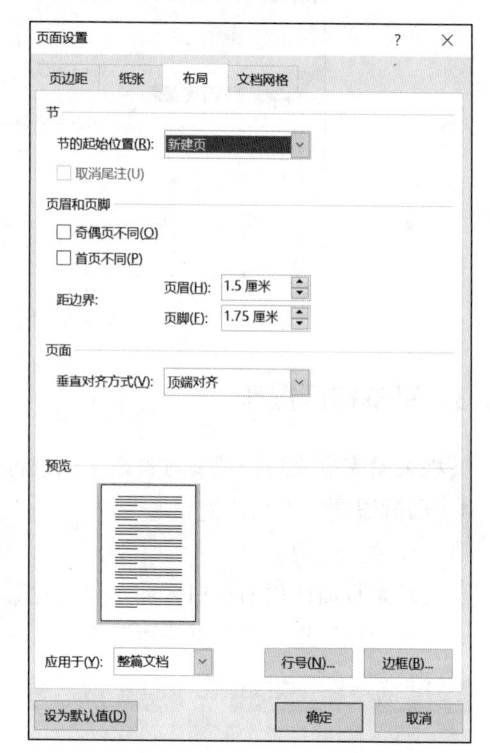

图 8.8 “布局”选项卡

（1）通过功能区进行设置

单击功能区中的“开始”选项卡，利用“字体”组中的相关命令选项，（图 8.9）即可完成对字符的格式设置。

（2）通过对话框进行设置

选中要设置的字符后，单击图 8.9 右下角的对话框启动器按钮，弹出如图 8.10 所示的“字体”对话框。

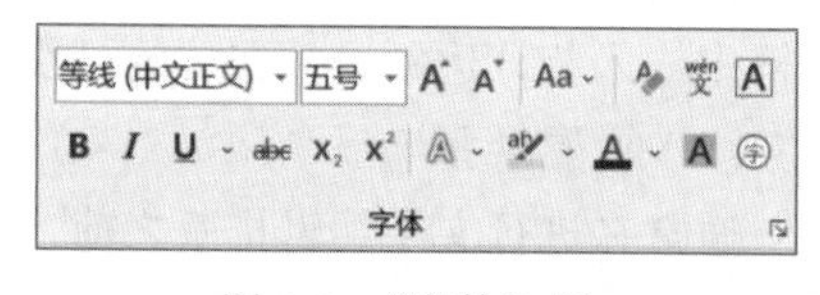

图 8.9 “字体”组

在“字体”选项卡中，可以通过“中文字体”和“西文字体”下拉列表框中的选项为所选择字符中的中、西文字符设置字体，还可以为所选字符进行字形（常规、倾斜、加粗或加粗倾斜）、字号、颜色等的设置。通过“着重号”下拉列表框中的“着重号”选项可以为选定字符加着重号，通过“效果”区中的复选框可以进行特殊效果设置，如为所选文字加删除线或将其设为上标、下标等。

在“高级”选项卡中，可以通过“缩放”下拉列表框中的选项放大或缩小字符，通过“间距”下拉列表框中的“加宽”“紧缩”选项使字符之间的间距加大或缩小，还可通过“位置”下拉列表框中的“提升”“降低”选项使字符向上提升或向下降低显示。

（3）通过浮动工具栏进行设置

选中字符后，在选中字符的右上角会出现如图 8.11 所示的浮动工具栏，利用它进行设置的方法与通过功能区的命令按钮进行设置的方法相同，不再详述。

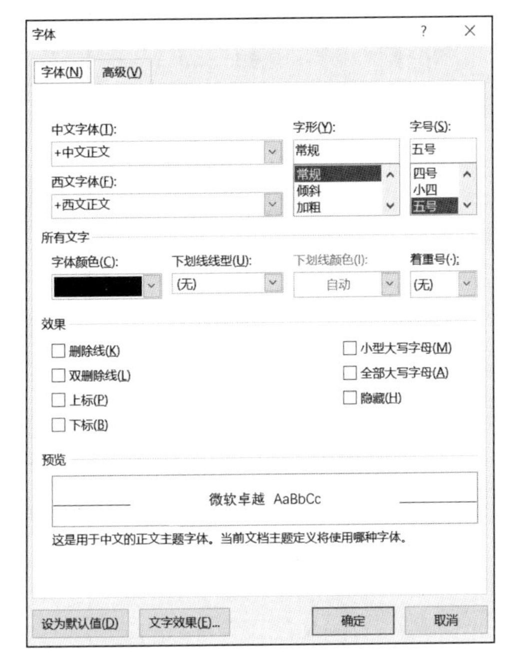

图 8.10　“字体”对话框

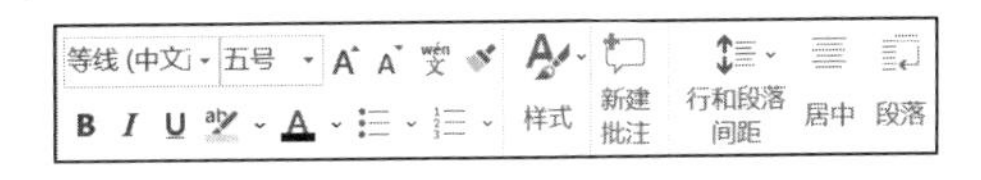

图 8.11　浮动工具栏

3. 段落格式

在 Word 中，通常把两个回车换行符之间的部分称为一个段落。段落格式的设置包括对段落对齐方式、段落缩进、段落行间距以及段前和段后间距等的设置。

（1）段落对齐方式

段落的对齐方式分为 5 种，如图 8.12 所示。单击“开始”选项卡“段落”组右下角的对话框启动器按钮，弹出如图 8.13 所示的“段落”对话框，选择“对齐方式”下拉列表框中的选项即可进行段落对齐方式设置。

（2）段落缩进

缩进决定了段落到左右页边距的距离，段落的缩进方式分为 4 种。通过图 8.13 所示的“段落”对话框可以精确地设置所选段落的缩进方式和距离。左缩进和右缩进可以通过调整“缩进”区域中的“左侧”“右侧”设置框中的上下微调按钮设置；首行缩进和悬挂缩进可以从“特殊”下拉列表框中进行选择，缩进量通过“缩进值”选项进行精确设置。

此外，还可以通过水平标尺工具栏来设置段落的缩进。首先，需要把 Word 标尺调出来，默认的 Word 文档是不显示 Word 标尺的，需要单击 Word 中的“视图”按钮，选中“显示”组中的“标尺”复选框，将其显示出来。将光标放到设置段落中或选中该段落，之后拖动如图 8.14 所示的缩进方式按钮即可调整对应的缩进量，但此种方式只能模糊设置缩进量。

（3）段落间距与行间距

通过对图 8.13 所示对话框中的“段前”和“段后”选项可以设置所选段落与上一段落之间的距离以及该段与下一段落之间的距离。通过“行距”选项可以修改所选段落相邻两行之间的距离，共有 6 个选项供用户选择。

图 8.12 “段落”组

图 8.13 “段落”对话框

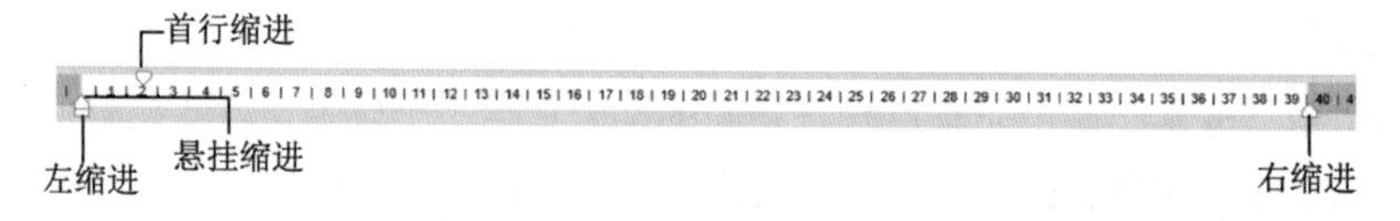

图 8.14 水平标尺

4. 格式刷

使用格式刷可以快速地将某文本的格式设置应用到其他文本上，操作步骤如下：

① 选中要复制样式的文本。

② 单击“开始”选项卡“剪贴板”组中的“格式刷”按钮，之后将鼠标移动到文本编辑区，会看到鼠标旁出现一个小刷子的图标。

③ 用格式刷扫过（即按下鼠标左键拖动）需要应用样式的文本即可。

单击“格式刷”按钮，使用一次后格式刷功能就自动关闭。如果需要将某文本的格式连续应用多次，可以双击“格式刷”按钮，之后直接用格式刷扫过不同的文本即可。要结束使用格式刷功能，再次单击“格式刷”按钮或按【Esc】键。

5. 项目符号和编号

对于一些内容并列的相关文字，用户可以使用项目符号或编号对其进行格式化设置，这样可以使内容看起来更加条理清晰。首先选中要添加项目符号或编号的文字，然后单击“开始”选项卡“段落”组中的“项目符号”按钮，也可单击该按钮旁的下拉按钮，在弹出的下拉列表框中选择其他的项目符号样式，如图 8.14 所示；若要为所选文字添加编号，可单击“段落”组中的“编号”按钮，也可单击该按钮旁的下拉按钮，在弹出的下拉列表框中选择其他的编号样式，如图 8.15 所示。

图 8.14　“项目符号”列表框

图 8.15　“编号”列表框

8.1.4　高级排版操作

1. 设置页眉与页脚

（1）插入页眉和页脚

单击“插入”选项卡 “页眉和页脚”组中的“页眉”按钮，在弹出的下拉列表框中选择内置的页眉样式或者选择“编辑页眉”项，之后输入页眉内容。

要插入页脚，可单击“页眉和页脚”组中的“页脚”按钮，在弹出的下拉列表框中选择内置的页脚样式或者选择“编辑页脚”选项，之后输入页脚内容。

（2）设置页眉和页脚

在进行页眉和页脚设置的过程中，页眉和页脚的内容会突出显示，而正文中的内容则变为灰色，同时在功能区中会出现用于编辑页眉和页脚的选项卡，如图 8.16 所示。

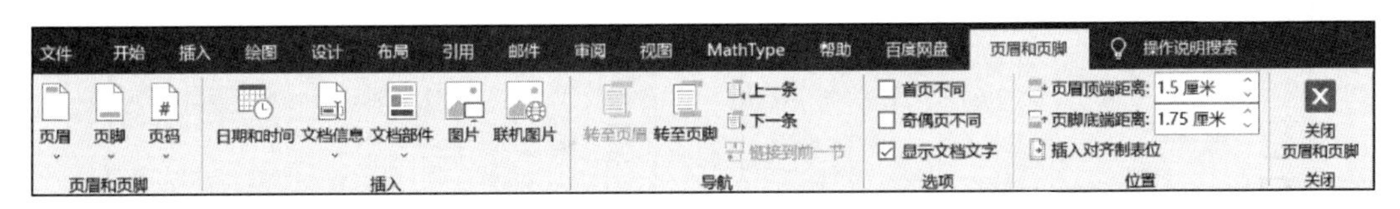

图 8.16　页眉和页脚工具

2. 分栏设置

分栏设置就是将文字分成几栏排列，是常见于报纸、杂志的一种排版形式。先选择需要分栏排版的文字（若不选择，则系统默认对整篇文档进行分栏排版），再单击“布局”选项卡，在“页面设置”组中单击“栏”按钮，在弹出的下拉列表框中选择某个选项即可将所选内容进行相应的分栏设置，如图 8.17 所示。

需要注意的是，分栏排版只有在页面视图下才能够显示出来。

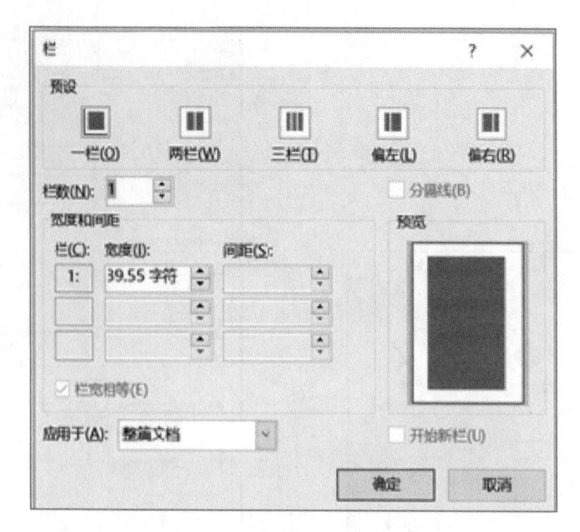

图 8.17 “栏”对话框

3. 边框与底纹设置

边框与底纹能增加读者对文档内容的兴趣和注意程度，并能对文档起到一定美化效果。

（1）添加边框

选中要添加边框的文字或段落后，单击“开始”选项卡“段落”组中“下框线”按钮右侧的下拉列表按钮，在弹出的下拉列表框中选择“边框和底纹”选项，弹出如图 8.18 所示的对话框，在此对话框的“边框”选项卡下可以进行边框设置。

（2）添加页面边框

为文档添加页面边框要通过如图 8.19 所示的“页面边框”选项卡来完成，页面边框的设置方法与为段落添加边框的方法基本相同。除了可以添加线型页面边框外，用户还可以添加艺术型页面边框。打开“页面边框”选项卡中的“艺术型”下拉列表框，选择喜欢的边框类型，单击“确定”按钮即可。

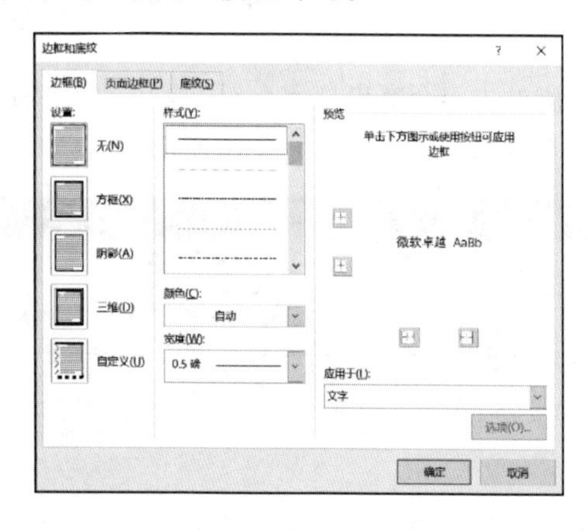

图 8.18 “边框”选项卡

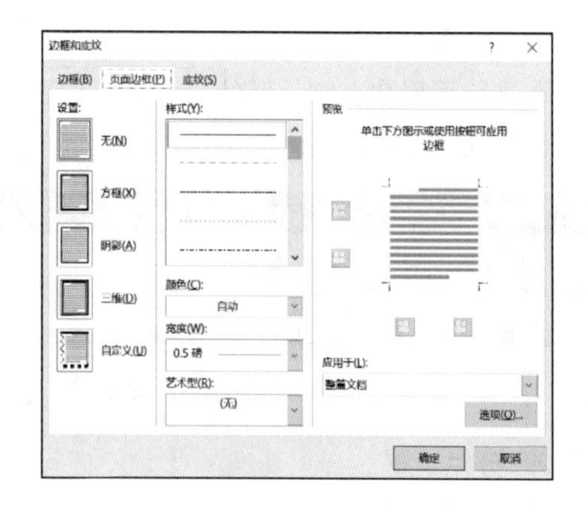

图 8.19 “页面边框”选项卡

（3）添加底纹

单击图 8.20 所示中的“底纹”选项卡，选择填充色、图案样式和颜色以及应用的范围，单击“确定”按钮即可。也可通过“段落”组中的“底纹”按钮为所选内容设置底纹。

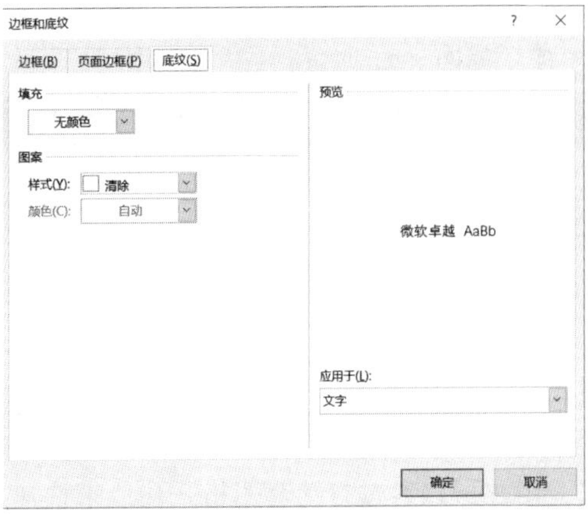

图 8.20　“底纹”选项卡

8.1.5　表格

1. 创建表格

要在文档中插入表格，先将光标定位到要插入表格的位置，单击“插入”选项卡“表格”组中的“表格”按钮，新建有规律的表格。也可以选择“表格”下拉列表框中的“绘制表格”选项直接画自由表格。还可以选择“文本转换成表格”选项将文本转换成表格。

2. 编辑表格文本

（1）表格内容的输入和编辑

表格中的每一个小格称为单元格，在每一个单元格中都有一个段落标记，可以把每一个单元格当作一个小的段落来处理。要在单元格中输入内容，需要先将光标定位到单元格中，可以单击单元格或者使用方向键将光标移至单元格中。例如，可以对新创建的空表进行内容填充，得到如表 8.1 所示的表格。

当然，也可以修改录入内容的字体、字号、颜色等，这与文档的字符格式设置方法相同，都需要先选中内容再设置。

表 8.1　成绩表

姓　　名	英　　语	计 算 机	高　　数
李明	86	80	93
王芳	92	76	89
张楠	78	87	88

（2）表格内容的对齐方式

由于表格中每个单元格都相当于一个小文档，因此可以对选定的单个单元格、多个单元格、块或行以及列中的文本进行文本的对齐操作，包括左对齐、两端对齐、居中、右对齐和分散对齐等。默认情况下，表格文本对齐方式为靠上居左对齐。

3. 编辑表格结构

一般情况下，不可能一次就创建出完全符合要求的表格，这就需要对表格的结构进行适当调整。此外，由于内容等的变更也需要对表格进行一定的修改。编辑表格结构可以使用“表格工具–布局”选项卡来实现，如图 8.21 所示。

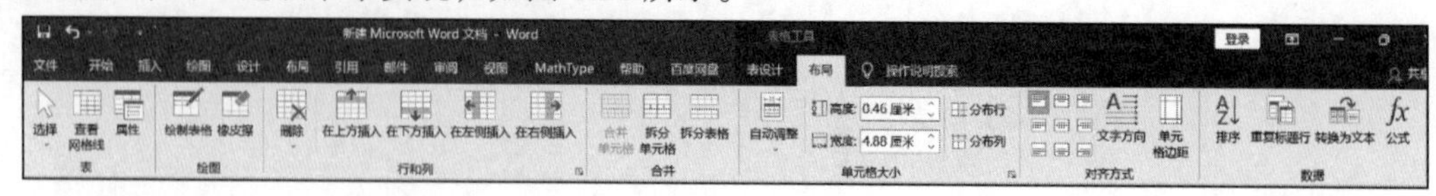

图 8.21 “表格布局”选项卡

4. 设置表格格式

（1）表格自动套用格式

表格格式直接影响着表格的美观程度，为表格设置格式也称格式化表格。Word 2019 提供了多种预置的表格格式，用户可以通过自动套用格式功能来快速地编辑表格，可以在“表格工具–表设计”选项卡中进行设置，如图 8.22 所示。

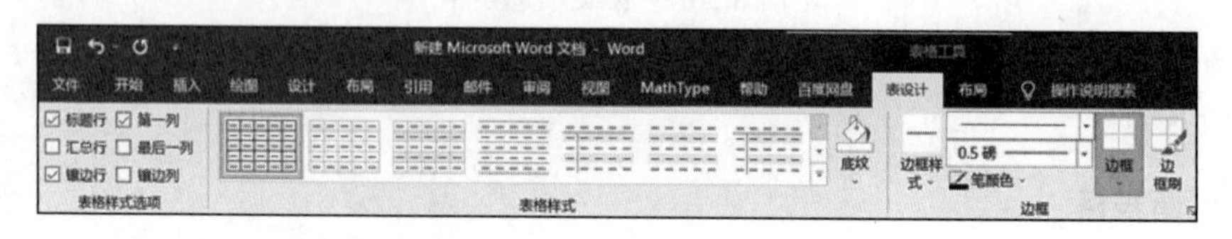

图 8.22 “表格工具–表设计”选项卡

（2）修改表格框线

如果要对已创建表格的框线颜色或线型等进行修改，可先选中要更改的单元格；如果是对整个表格进行更改，将光标定位在任一单元格均可，之后切换到功能区的“设计”选项卡，单击“边框”组中右下方的按钮，在弹出的“边框和底纹”对话框中分别选择边框的样式、颜色和宽度，如图 8.23 所示。根据需要在该对话框的右侧“预览”区中选择上、下、左、右等图示按钮将该种设置应用于不同边框，设置完成后单击“确定”按钮。

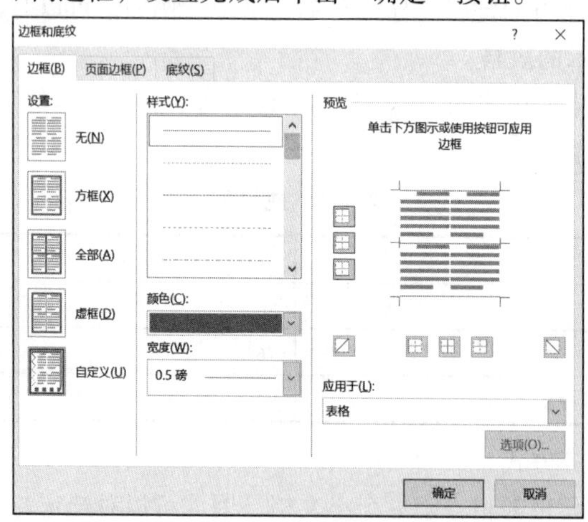

图 8.23 “边框和底纹”对话框

（3）添加底纹

为表格添加底纹，先选中要添加底纹的单元格，若是为整个表格添加，则需要选中整个表格，之后切换到“表格工具–表设计”选项卡，单击“表格样式”组中的“底纹”下拉按钮从弹出的下拉列表框中选择颜色即可。

8.1.6 图文并茂

1. 绘制图形

（1）图形的绘制

Word 2019 提供了很多自选图形绘制工具，其中包括各种线条、矩形、基本形状（圆、椭圆以及梯形等）、箭头和流程图等，单击 “插入”选项卡中“插图”组中的“形状”按钮，在弹出的形状选择下拉列表框中选择所需的自选图形。移动鼠标到文档中要显示自选图形的位置，按下鼠标左键并拖动至合适的大小后松开即可绘出所选图形。

自选图形插入文档后，在功能区中显示出“绘图工具–形状格式”选项卡，可以对自选图形更改边框、填充色、阴影、发光、三维旋转以及文字环绕等设置。

（2）图形的编辑

在文档中创建好图形后，有时需要对绘制好的图形做适当的修改和调整。首先选中该图形，图形周围会出现 8 个控制点，可以通过鼠标拖动的方式对其进行设置，调整图形大小、调整图形的位置、调整图形的颜色，组合多个图形并调整其叠放次序以及对齐和排列图形等。

（3）图形效果的设置

为了使绘制的图形更加美观，可以设置图形效果，给图形填充颜色、绘制边框以及添加阴影和三维效果等。具体包括：图形的线型设置、图形的阴影设置以及图形的三维设置等。

2. 插入图片

在文档中插入图片可以使文档更加生动形象，插入的图片可以是一张照片或一幅图画。用户可以从其他的程序或位置插入图片，也可以直接插入来自扫描仪和数码照相机的图片。Word 2019 不仅可以接受以多种格式保存的图形，而且提供了对图片进行处理的工具。

（1）插入来自文件的图片

在文档中插入图片，可以将光标定位到文档中要插入图片的位置，单击功能区“插入”选项卡“插图”组中的“图片”按钮。

（2）图片的编辑和美化

图片插入文档中后，四周会出现 8 个蓝色的控制点，把鼠标移动到控制点上，当鼠标指针变成双向箭头时，拖动鼠标可以改变图片的大小。同时功能区中出现用于图片编辑的“图片格式”选项卡，如图 8.24 所示。在该选项卡中有“调整”“图片样式”“辅助功能”“排列”“大小”5 个组，利用其中的命令按钮可以对图片进行亮度、对比度、位置、环绕方式等设置。

3. 插入艺术字

艺术字是具有特殊效果的文字，艺术字不是普通的文字，而是图形对象，可以像处理其他图形那样对其进行处理。用户可以在文档中插入 Word 2019 艺术字库中所提供的任一效果的艺术字。

将光标定位到文档中要显示艺术字的位置。单击“插入”选项卡“文本”组中的“艺术字”按钮，在弹出的艺术字样式框中选择一种样式，在文本编辑区中“请在此放置您的文字”框中输入文字即可。

图 8.24 图片工具

4. 插入 SmartArt 图形

SmartArt 图是用来表现结构、关系或者过程的图表，以非常直观的方式与读者交流信息，它包括图形列表、流程图、关系图和组织结构图等各种图形。Word 2019 中的 SmartArt 工具有大量模板，提供丰富多彩的各种图表绘制功能，能帮助用户制作出精美的文档图表对象。使用 SmartArt 工具，可以非常方便地在文档中插入用于演示流程、层次结构、循环或者关系的 SmartArt 图形。单击 “插入”选项卡“插图”组中的 SmartArt 按钮，即可选择插入相应的 SmartArt 图形。

当文档中插入组织结构图后，在功能区会显示用于编辑 Smart Art 图形的“SmartArt 设计”和“格式”选项卡，如图 8.25 所示。通过 SmartArt 工具可以为 Smart Art 图形进行添加新形状、更改布局、更改颜色、更改形状样式（包括填充、轮廓以及阴影、发光等效果设置），还能为文字更改边框、填充色以及设置发光、阴影、三维旋转和转换等效果。

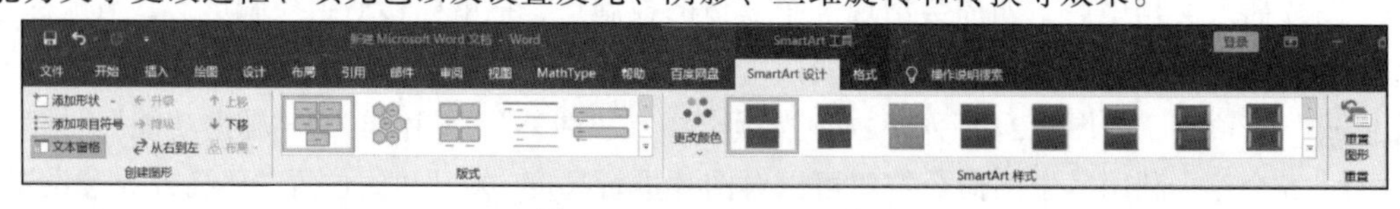

图 8.25 Smart Art 工具

5. 插入文本框

文本框是存放文本的容器，也是一种特殊的图形对象。单击“插入”选项卡“文本”组的“文本框”按钮，即可选择插入横排或竖排文本框。

文本框插入文档后，在功能区中显示出绘图工具“格式”选项卡，文本框的编辑方法与艺术字类似，可以对文本框及其上文字设置边框、填充色、阴影、发光、三维旋转等。若想更改文本框中的文字方向，可单击“文本”组中的“文字方向”按钮，在弹出的下拉列表框中进行选择即可。

8.2　Excel 2019 入门

Excel 2019 是微软公司出品的 Office 2019 系列办公软件中的另一个组件，可以用来制作电子表格、完成许多复杂的数据运算、进行数据的统计和分析等，并且具有强大的制作图表的功能。

8.2.1　Excel 2019 的窗口组成

Excel 2019 提供了全新的应用程序操作界面，其窗口组成如图 8.26 所示。

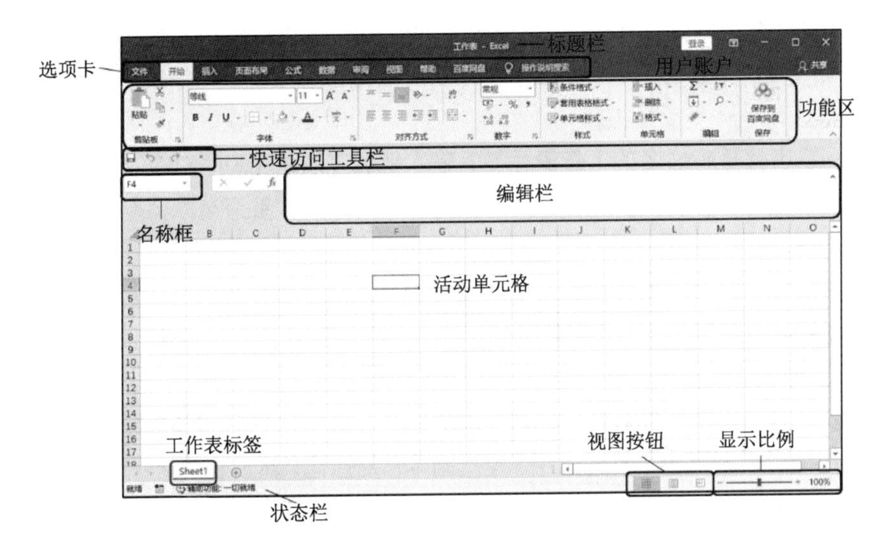

图 8.26　Excel 2019 窗口的组成

工作簿：在 Excel 中用来存储并处理工作数据的文件，扩展名为.xlsx，它由若干张工作表组成，默认为 3 张，以 Sheet1 ~ Sheet3 来表示，可改名；工作表可根据需要增加或删除，一个工作簿最多有 255 张工作表。

工作表：Excel 窗口的主体，由若干行（行号 1 ~ 104 8576）、若干列（列号 A、B、……共 16 384 列）组成。

单元格：行和列的交叉为单元格，输入的数据保存在单元格中。

活动单元格：正在编辑的单元格。工作表由行和列组成，工作表中的方格称为“单元格”。用户可以在工作表中输入或编辑数据。

8.2.2　工作表的基本操作

1. 选定工作表

① 选定单个工作表，只需要将其变成当前活动工作表，即在其工作表标签上单击。

② 选定多个工作表时，标题栏内就会出现“组”字样，这时，在其中任意一个工作表内的操作都将同时在所有所选的工作表中进行。选定多个工作表的方法如下：

方法一：要选定两个或多个相邻的工作表，先单击该组中第一个工作表标签，然后按住【Shift】键，并单击该组中最后一个工作表标签。

方法二：要选定两个或多个非相邻的工作表，先单击第一个工作表标签，然后按住【Ctrl】键，并单击其他的工作表标签。

方法三：要选定全部的工作表，右击任意工作表，在弹出的工作表标签快捷菜单中选择“选定全部工作表”命令即可。

方法四：要取消多个工作表的选定，可在任意一个工作表标签上单击，或选择工作表标签快捷菜单中的“取消组合工作表”命令。

2. 工作表重命名

在创建新的工作簿时，只有一个新的工作表 Sheet1，点击工作表标签旁边的“新工作表”按钮 ⊕，可新增工作表。在实际操作中，为了更有效地进行管理，可用以下两种方法对工作表重命名。

方法一：双击要重新命名的工作表标签，输入新名字后按【Enter】键即可。

方法二：右击某工作表标签，在弹出的快捷菜单中选择“重命名”命令。

3. 移动工作表

单击要移动或复制的工作表标签，拖动到需要移动的位置释放即可；或者从快捷菜单中选择“移动或复制”命令，在移动或复制对话框中选择好移动位置后单击“确定”按钮即可。

4. 复制工作表

在需要复制的工作表标签上右击，在弹出的快捷菜单中选择“移动或复制”命令，弹出“移动或复制工作表”对话框，首先选中“建立副本”复选框，然后在“下列选定工作表之前”列表框中单击需要移动到其位置之前的选项，单击“确定”按钮即可。或单击需要复制的工作表标签，按住【Ctrl】键再拖动到新位置完成工作表的复制，拖动时标签行上方出现一个小黑三角形，指示当前工作表所要插入的新位置。

5. 插入工作表

选定新工作表插入位置之前的一个工作表，右击选择“插入”→“工作表”命令。

6. 删除工作表

右击要删除的工作表，在弹出快捷菜单中选择“删除”命令。

7. 添加工作表

单击工作表标签右侧的添加工作表按钮，单击一次添加一个工作表。

8.2.3 Excel 2019 的数据输入

1. 单元格中数据的输入

（1）文本的输入

单击需要输入文本的单元格直接输入即可，输入的文字会在单元格中自动以左对齐方式显示。

若需要将纯数字作为文本输入，可以在其前面加上单引号，如'450002，然后按【Enter】键；也可以先输入一个等号，然后在数字前后加上双引号，如="450002"。

（2）数值的输入

数值是指能用来计算的数据。可向单元格中输入整数、小数、分数或科学计数法。在 Excel 2019 中能用来表示数值的字符有 0 ~ 9、+、－、( )、/、$、%、,、.、E、e。

在输入分数时应注意，要先输入 0 和空格。例如，输入 6/7，正确的输入是：0 空格 6/7，按【Enter】键后在编辑栏中可以看到其分数形式，否则会将分数当成日期，按【Enter】键后单元格中将显示 6 月 7 日，在编辑栏中可以看到 2019-6-7；再如，要输入 $6\frac{3}{7}$，正确的输入是：6 空格 3/7，若不加空格按【Enter】键后单元格中将显示 Jul-63，在编辑栏中可以看到 1963-7-1，单元格内容被转换成了日期。

输入负数时可直接输入负号和数据，也可以不加负号而为数据加上小括号。

默认情况下，输入到单元格中的数值将自动右对齐。

（3）日期和时间的输入

在工作表中可以输入各种形式的日期和时间数据。在“开始”选项卡“数字”组“数字格式”下拉列表框中单击“日期”选项。也可以单击“数字”组右下角的按钮，在弹出的“设置单元格格式”对话框中对日期格式进行设置，如图 8.27 所示。

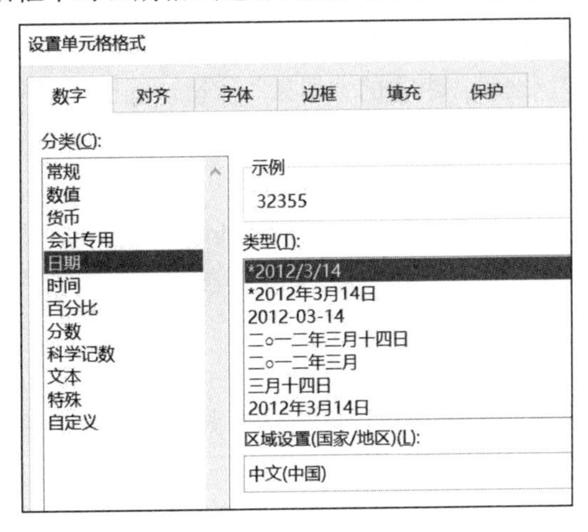

图 8.27　“设置单元格格式”对话框

输入日期时，其格式最好采用 YYYY-MM-DD 的形式，可在年、月、日之间用“/”或“－”连接，如 2019/9/9 或 2019-9-9。

时间数据由时、分、秒组成。输入时，时、分、秒之间用冒号分隔，如 8:23:46 表示 8 点 23 分 46 秒。Excel 时间是以 24 小时制表示的，若要以 12 小时制输入时间，请在时间后加一空格并输入 AM 或 PM（或 A 及 P），分别表示上午和下午。

如果要在单元格中同时输入日期和时间，应先输入日期后输入时间，中间以空格隔开。例如，输入 2019 年 9 月 9 日下午 9 点 9 分，则可用 2019-9-9　9:9 PM 或 2019-9-9　21:9 表示。

在单元格中要输入当天的日期，按【Ctrl+;】组合键，输入当前时间，按【Shift+Ctrl+；】组合键。

（4）批注的输入与删除

在 Excel 2019 中用户可以为单元格输入批注内容，对单元格中的内容做进一步的说明和解释。右击选定的活动单元格，选择“插入批注”命令；也可以切换到“审阅”选项卡，单击“批注”组中的“新建批注”按钮，在选定的单元格右侧弹出一个批注框，用户可以在此框中输入对单元格做解释和说明的文本内容。单元格的右上角出现一个红色小三角，表示该单元格含有批注。

2. 自动填充数据

在表格中输入数据时，往往有些栏目是由序列构成的，如编号、序号、星期等，在 Excel 2019 中，序列值不必一一输入，可以用“自动填充”在某个区域快速建立序列。

（1）自动重复列中已输入的项目

如果在单元格中输入的前几个字符与该列中已有的项相匹配，Excel 会显示其余的字符，这时如果接受建议的输入内容，按【Enter】键；如果不想采用自动提示的字符，就继续输入所需的内容。但【Excel】只能自动完成包含文字或文字与数字组合的项，只包含数字、日期或时间的项不能自动完成。

（2）使用“填充”命令填充相邻单元格

选中包含要填充的数据的单元格以及要填充的此单元格上下左右某一个方向的空白单元格，单击“开始”选项卡“编辑”组中的“填充”按钮，选择“向上”、“向下”、“向左”或“向右”，可以实现单元格某一方向所选区域的复制填充。

（3）实现单元格序列填充

选定要填充区域的第一个单元格并输入数据序列中的初始值；选定含有初始值的单元格区域；单击“开始”选项卡“编辑”组中的“填充”按钮，选择“序列”选项，弹出“序列”对话框。

（4）使用填充柄填充数据

填充柄是位于选定区域右下角的小黑方块。将鼠标指向填充柄时，鼠标指针更改为黑十字。

对于数字、数字和文本的组合、日期或时间段等连续序列，首先选定包含初始值的单元格，然后将鼠标移到单元格区域右下角的填充柄上，按下鼠标左键，在要填充序列的区域上拖动填充柄，在拖动过程中，可以观察到序列的值；松开鼠标左键，即释放填充柄之后会出现“自动填充选项”按钮，单击该按钮后会弹出填充选项。例如，可以选择“复制单元格”实现数据的复制填充，也可以选择“填充序列”实现数值的连续序列填充。

如果填充序列是不连续的（如数字序列的步长值不是 1），则需要在选定填充区域的第一个和下一个单元格中分别输入数据序列中的前两个数值作为初始值，两个数值之间的差决定数据序列的步长值，同时选中作为初始值的两个单元格，然后拖动填充柄直到完成填充工作。效果如图 8.28 和图 8.29 所示。

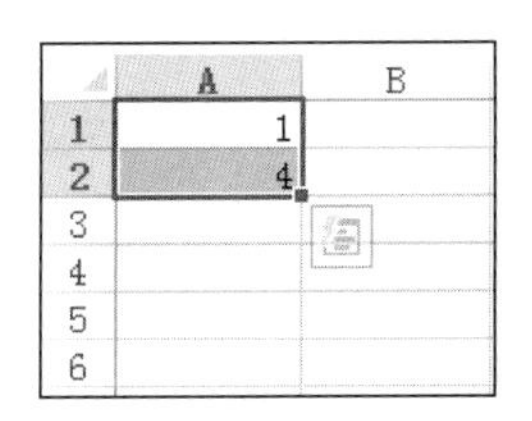

图 8.28　选中单元格并拖动填充柄

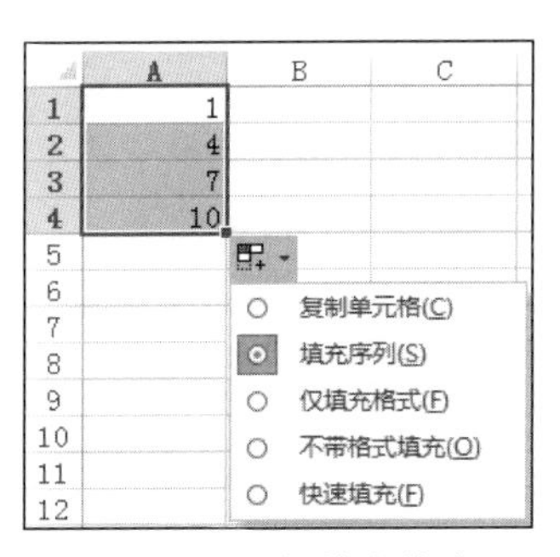

图 8.29　选择填充格式

8.2.4　Excel 2019 工作表的格式化

1. 设置工作表的行高和列宽

为使工作表表格在屏幕上或打印出来有一个比较好的效果，用户可以对列宽和行高进行适当调整。

（1）使用鼠标调整

将鼠标指向列号或行号，鼠标指针变成双向箭头÷✢，按住鼠标拖动，松开鼠标，表格将调整到拖动位置处。

（2）使用菜单调整

选定单元格区域，单击“开始”选项卡“单元格”组中的“格式”按钮，在下拉列表中选择“列宽”或“行高”、“自动调整列宽”或“自动调整行高”选项，分别在对话框中设置列宽值和行高值。

2. 单元格的操作

在 Excel 2019 中，工作主要是围绕工作表展开的。无论是在工作表中输入数据还是在使用 Excel 命令之前，一般都应首先选定单元格或者对象，然后再执行输入、删除等操作。

（1）选定单元格或区域

① 选定一个单元格：将鼠标指针指向要选定的单元格单击。若要选定不连续的单元格，按下【Ctrl】键的同时单击需要选定的单元格。

② 选定一行：单击行号。将鼠标指针放在需要选定行单元格左侧的行号位置处，单击即可选定该行。如果要选定连续多行，选中第一行然后向下拖动；如果要选定不连续的多行，则需要按【Ctrl】键的同时选定行号。

③ 选定一列：单击列标。将鼠标指针放在需要选定列单元格的列号位置，此时鼠标呈向下的箭头状，单击即可选定该列单元格。

④ 选定整个表格：单击工作表左上角行号和列号的交叉按钮，即“全选”按钮。

⑤ 选定一个矩形区域：在区域左上角的第一个单元格内单击，按住鼠标沿着对角线方向拖动到区域右下角的最后一个单元格，松开鼠标。

⑥ 选定不相邻的矩形区域：按住【Ctrl】键，单击选定的单元格或拖动鼠标选择矩形区域。

（2）插入行、列、单元格

在需要插入单元格的位置单击相应的单元格，单击“开始”选项卡“单元格”组中的“插入”下拉按钮，出现如图 8.30 所示下拉列表，在列表中选择“插入单元格”选项，弹出“插入”对话框，如图 8.31 所示。选择插入单元格的方式，单击“确定”按钮完成插入操作。插入行、列的操作与插入单元格类似。

图 8.30　插入单元格

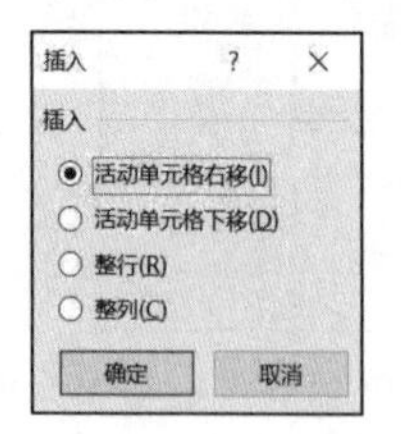

图 8.31　“插入”对话框

（3）删除行、列、单元格

单击要删除的单元格，单击“开始”选项卡“单元格”组中的“删除”下拉按钮，在展开的下拉列表中选择“删除单元格”选项，弹出“删除”对话框，选择选项，再单击“确定”按钮，单元格即被删除。

如果要删除整行或整列，应先单击相应的行号或列号将其选定，再进行以上操作。

也可在单击相应的行号或列号将其选定后右击，通过快捷菜单删除。

3. 单元格内容的复制与粘贴

① 鼠标移动。选定要复制的单元格，将鼠标指针指向选定单元格的黑边框上，同时按下【Ctrl】键，按下鼠标并拖动选定的单元格到目标位置，释放鼠标，完成复制操作。拖动时鼠标指针会变成箭头右上方加一个“+”号的形状。

② 利用剪贴板完成。单击需要复制内容的单元格，单击“开始”选项卡“剪贴板”组中的“复制”按钮，单击需要粘贴的单元格，再单击“剪贴板”组中的“粘贴”按钮即可。还可以单击“剪贴板”组中的“粘贴”下拉按钮，在展开的下拉列表中选择“选择性粘贴”选项，弹出“选择性粘贴”对话框，如图 8.32 所示，选择相应的选项，再单击“确定”按钮，复制即被完成。也可以利用快捷菜单进行以上操作。

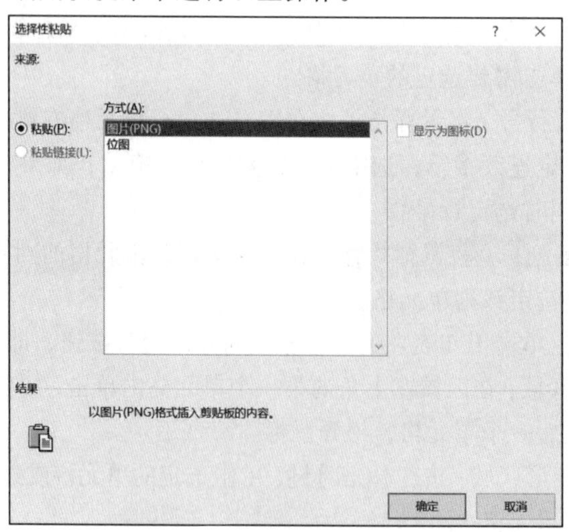

图 8.32　“选择性粘贴”对话框

4. 清除单元格

选定要清除的单元格，单击“开始”选项卡“编辑”组中的“清除”按钮，在展开的下拉列表中选择“清除内容”选项，单元格中内容即被删除。如果单元格进行了格式设置，要想清除格式，应在下拉列表中选择“清除格式”选项。

5. 设置单元格格式

（1）字符的格式化

选定设置字体格式的单元格后，可以通过以下两种方法进行相应的设置。

可以直接利用“开始”选项卡“字体”组中的相关选项，对字体、字号、字形、字体颜色等进行修饰，如图 8.33 所示。

图 8.33 设置字体格式

还可以单击“开始”选项卡“字体”列表框右侧的下拉按钮，从下拉列表中选择一种字体；单击“字号”列表框右侧的下拉按钮，从下拉列表中选择字号大小；加粗按钮 B、倾斜按钮 I、下画线按钮 U，可以改变选中文本的字形；单击字体颜色按钮 A 右侧的下拉按钮，从下拉列表中选择所需要的颜色；也可点击“字体”组右下角的 按钮，在“设置单元格格式”对话框进行格式设置，如图 8.34 所示。

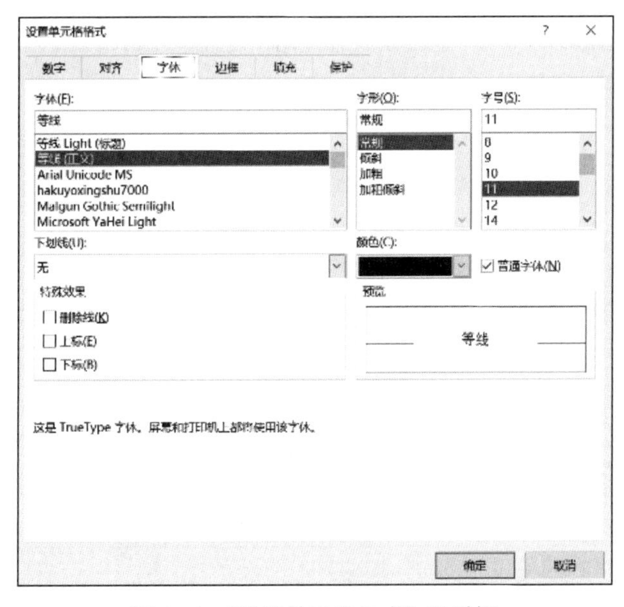

图 8.34 “设置单元格格式”对话框

（2）数字格式化

在 Excel 中数字是最常用的单元格内容，所以系统提供了多种数字格式，当对数字格式化后，单元格中表现的是格式化后的结果，而编辑栏中表现的是系统实际存储的数据。

在“开始”选项卡的“数字”组中，提供了 5 种快速格式化数字的按钮，即货币样式按钮、百分比样式按钮 %、千分位分隔按钮 ,、增加小数位数按钮和减少小数位数按钮。设置数字样式时，只要选定单元格区域，单击相应的按钮即可完成，如图 8.35 所示。当然，也可以通过如图 8.36 所示的“设置单元格格式”对话框进行更多、更详尽的设置。

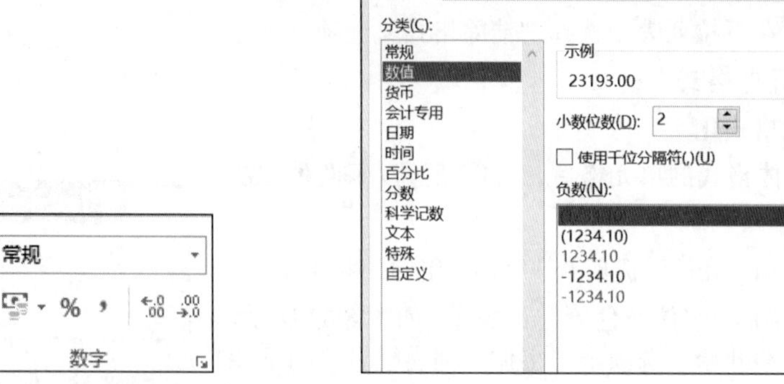

图 8.35 设置单元格图　　　　图 8.36 “设置单元格格式”对话框

（3）对齐及缩进设置

默认情况下，在单元格中文本左对齐、数值右对齐，特殊时可改变字符对齐方式。

在“开始”选项卡“对齐方式”组中提供了几个对齐和缩进按钮，如顶端对齐、垂直居中、底端对齐、自动换行、文本左对齐、文本右对齐、居中、合并后居中、减少缩进量、增加缩进量、方向，如图 8.37 所示。也可以通过使用“设置单元格格式”对话框进行详细设置，如图 8.38 所示。具体方法如下：

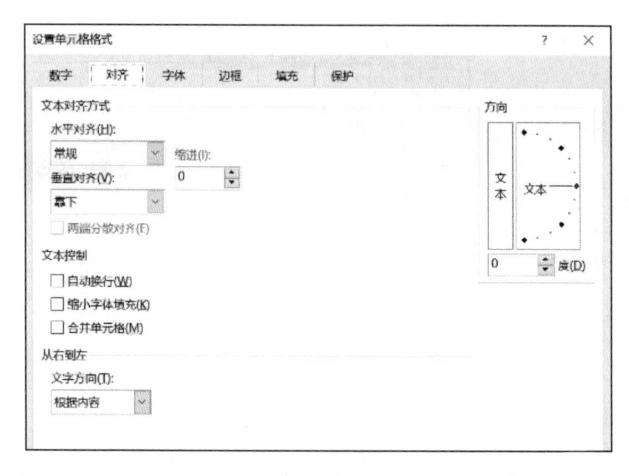

图 8.37 设置对齐方式　　　　图 8.38 “设置单元格格式”对话框

① 选定要格式化的单元格或区域。

② 在“开始”选项卡的“对齐方式”组中，选择对齐的选项。“对齐方式”组中，除了可以设置水平对齐方式和缩进外，还可以设置文本的垂直对齐方式，此外还有一些其他的设置。

- 方向：沿对角或垂直方向旋转文字，通常用于标志较窄的列。
- 自动换行：通过多行显示使单元格所有内容都可见，可以按下【Alt+Enter】组合键来强制换行。
- 合并后居中：将选择的多个单元格合并成较大的一个，并将新单元格内容居中。

（4）边框和底纹

屏幕上显示的网格线是为用户输入和编辑方便而预设的，在打印和显示时，可以全部用它作为表格的格线，也可以全部取消它，自己定义边框样式和底纹颜色。

设置边框的方法是选定要格式化的单元格或区域，单击“开始”选项卡“字体”组中的边框下拉按钮，在弹出的下拉列表中选择所需要的边框线型，也可手绘边框。

设置底纹的方法是选定要格式化的单元格或区域，单击“开始”选项卡“字体”组中的填充颜色下拉按钮，在弹出的下拉列表中选择所需的填充颜色。

另外，通过设置“单元格格式”对话框也可以设置边框和底纹。选定要格式化的单元格区域，单击“开始”选项卡“单元格”组中的“格式”下拉按钮，在下拉列表框中选择“设置单元格格式”选项，弹出“设置单元格格式”对话框，单击“边框”选项卡，显示关于线型的各种设置。

在对话框中单击“填充”选项卡，可以设置区域的底纹样式和填充色。

8.2.5　公式和函数

1. 公式的使用

在 Excel 中，公式是对工作表中的数据进行计算操作最为有效的手段之一。在工作表中输入数据后，运用公式可以对表格中的数据进行计算并得到需要的结果。

（1）公式运算符与其优先级

在构造公式时，经常要使用各种运算符，常用的有 4 类，如表 8.2 所示。

表 8.2　运算符及其优先级

优先级	类　别	运　算　符
高 ↓ 低	引用运算	:（冒号）、,（逗号）、空格
	算术运算	-（负号）、%（百分号）、^（乘方）、* 和 /、+和 -
	字符运算	&（字符串连接）
	比较运算	=、<、<=、>、>=、<>（不等于）

引用运算是电子表格特有的运算，可将单元格区域合并计算。

① 冒号（:）：引用运算符，指由两对角的单元格围起的单元格区域，如 A2：B4”，指定了 A2、B2、A3、B3、A4、B4 这 6 个单元格。

② 逗号（,）：联合运算符，表示逗号前后单元格同时引用，如“A2，B4，C5”指定 A2、B4、C5 这 3 个单元格。

③ 空格：交叉运算符，引用两个或两个以上单元格区域的重叠部分，如“B3：C5 C3：D5”指定 C3、C4、C5 这 3 个单元格，如果单元格区域没有重叠部分，就会出现错误信息“#NULL!”。

字符连接符“&”的作用是将两串字符连接成为一串字符，如果要在公式中直接输入文本，文本需要用英文双引号引起来。

Excel 2019 中，计算并非简单地从左到右执行，运算符的计算顺序如下：冒号、逗号、空格、负号、百分号、乘方、乘除、加减、&、比较。使用括号可以改变运算符执行的顺序。

（2）公式的输入

输入公式操作类似于输入文本类型数据，不同的是，在输入一个公式时，必须以等号“=”开头，然后才是公式的表达式。

通过拖动填充柄，可以复制引用公式。利用“公式”选项卡“公式审核”组中的“显示公式”，可以对被公式引用的单元格及单元格区域进行追踪，如图 8.39 所示。

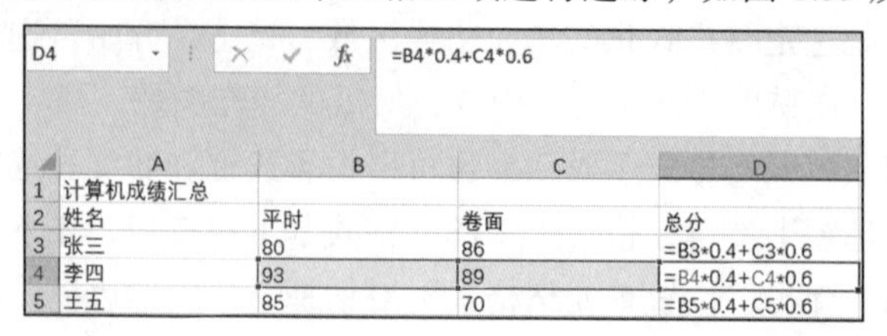

图 8.39　公式追踪

2. 单元格的引用

在公式中可以引用本工作簿或其他工作簿中任何单元格区域的数据。公式中输入的是单元格区域地址，引用后，公式的运算值随着被引用单元格的变化而自动地变化。

单元格地址根据被复制到其单元格时是否改变，可分为相对引用、绝对引用和混合引用 3 种类型。

① 相对引用：指当前单元格与公式所在单元格的相对位置。运用相对引用，当公式所在单元格的位置发生改变时，引用也随之改变。图 8.40 所示的 B5 和 C5 代表相对引用单元格。

② 绝对引用：指向工作表中固定位置的单元格，它的位置与包含公式的单元格无关。如果在列号与行号前面均加上$符号，如图 8.41 所示的$B$2 和$C$2 就代表绝对引用单元格。

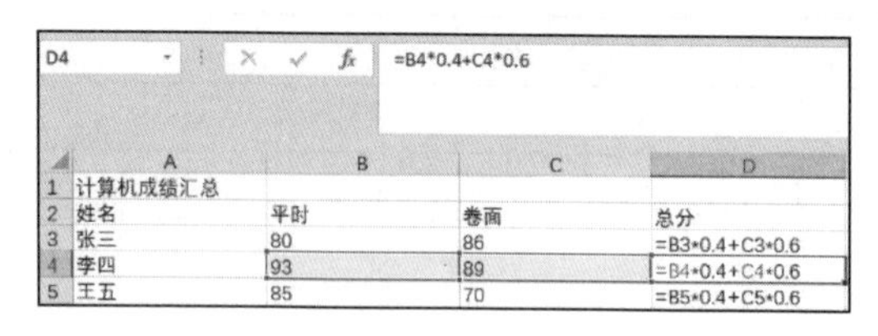

图 8.40　相对引用示例

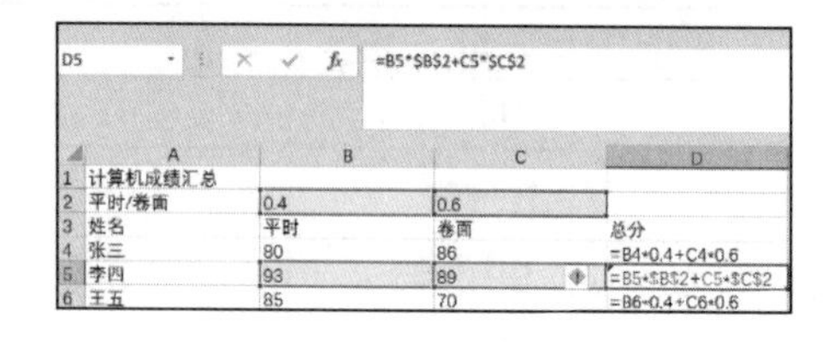

图 8.41　绝对引用示例

③ 混合引用：指在一个单元格地址中，用绝对列和相对行，或者相对列和绝对行，如$A1 或 A$1。当含有公式的单元格因复制等原因引起行、列引用的变化时，公式中相对引用部分会随着位置的变化而变化，而绝对引用部分不随位置的变化而变化。

3. 函数的使用

函数实际上是一些预定义的公式，运用一些称为参数的特定的顺序或结构进行计算。Excel 2019 提供了财务、统计、逻辑、文本、日期与时间、查找与引用、数学和三角、工程、多维数据集和信息函数共 10 类函数。运用函数进行计算可大幅简化公式的输入过程，只需设置函数相应的必要参数即可进行正确的计算。

函数的结构：一个函数包含函数名称和函数参数两部分。函数名称表达函数的功能，每一个函数都有唯一的函数名，函数中的参数是函数运算的对象，可为数字、文本、逻辑值、表达式、引用或者其他的函数。要插入函数可以切换到 Excel 2019 窗口中的“公式”选项卡下进行选择，如图 8.42 所示。

图 8.42　公式的使用

若熟悉使用的函数及其语法规则，可在“编辑框”中直接输入函数形式。建议使用“公式”选项卡下的“插入函数”对话框输入函数。

① 选定要输入函数的单元格。

② 单击“公式”选项卡“函数库”组中的“插入函数”按钮，弹出“插入函数”对话框。

③ 在选择类别中选择常用函数或函数类别，然后在“选择函数”中选择要用的函数，如图 8.43 所示。单击“确定”按钮，弹出“函数参数”对话框，如图 8.44 所示。

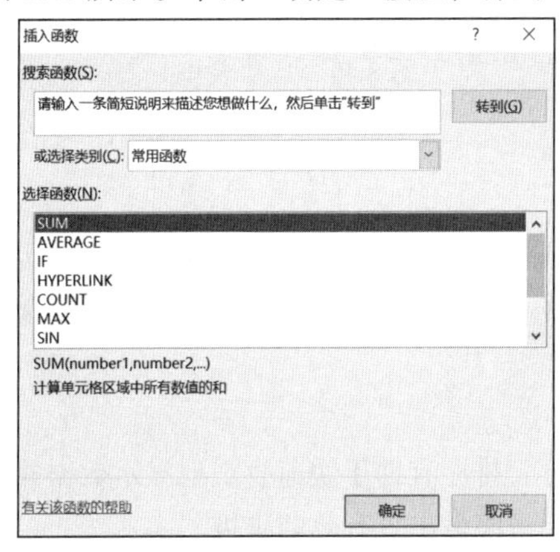

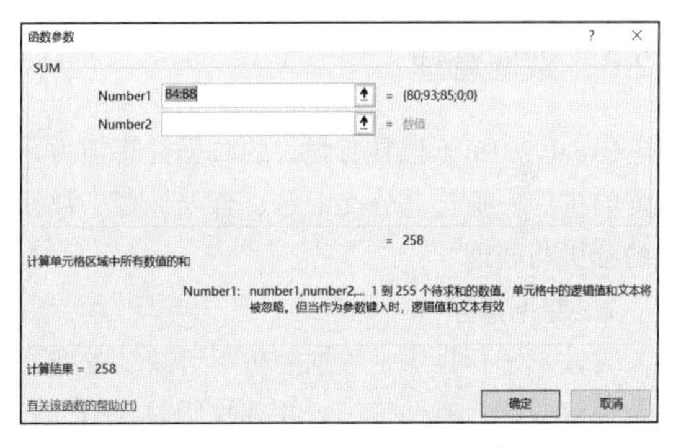

图 8.43　“插入函数”对话框　　　　图 8.44　“函数参数”对话框

④ 在“函数参数”对话框中输入参数。如果选择单元格区域作为参数，则单击参数框右侧的折叠对话框按钮来缩小公式选项板，选择结束后，单击参数框右侧的展开对话框按钮恢复公式选项板。

4. 快速计算与自动求和

（1）快速计算

在分析、计算工作表的过程中，有时需要得到临时计算结果而无须在工作表中表现出来，则可以使用快速计算功能。

方法：用鼠标选定需要计算的单元格区域，即可得到选定区域数据的平均值、计数个数及求和结果，并显示在窗口下方的状态栏中，如图 8.45 所示。

（2）自动求和

由于经常用到的公式是求和、平均值、计数、最大值和最小值，所以可以使用“开始”选项卡“编辑”组中的“自动求和”，也可以使用“公式”选项卡“函数库”组中的“自动求和”按钮。

① 选定存放求和结果的单元格，一般选中一行或一列数据末尾的单元格。

② 单击“公式”选项卡“函数库”组中的“自动求和”按钮，将自动出现求和函数以及求和的数据区域，如图 8.46 所示。

③ 如果求和的区域不正确，可以用鼠标重新选取。如果是连续区域，可用鼠标拖动的方法选取区域；如果是对单个不连续的单元格求和，可用鼠标选取单个单元格后，从键盘输入“,”用于分隔选中的单元格引用，再继续选取其他单元格。

④ 确认参数无误后，按【Enter】键确定。

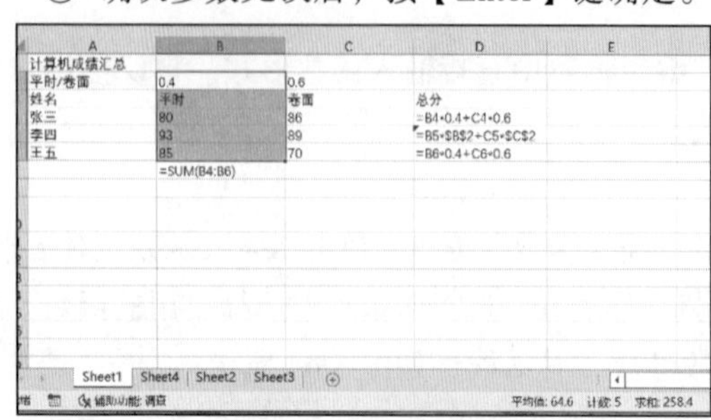

图 8.45 快速计算

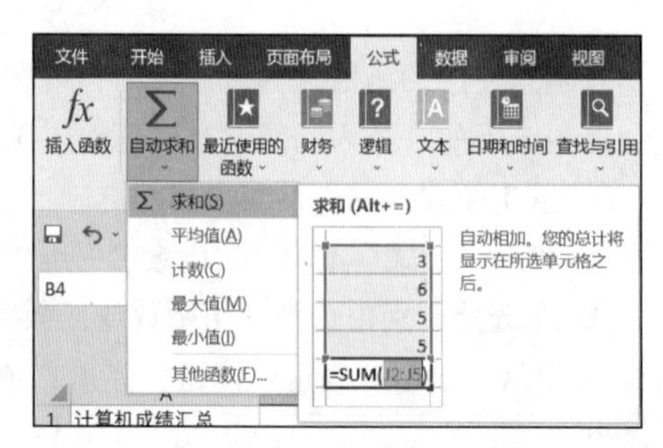

图 8.46 自动求和

8.2.6 数据管理

Excel 2019 不但具有强大的数据计算能力，而且提供了强大的数据管理功能。可以运用数据的排序、筛选、分类汇总、合并计算、数据透视表等各项处理操作功能，实现对复杂数据的分析与处理。

1. 数据排序

对数据进行排序是数据分析不可缺少的组成部分，排序有助于快速直观地显示数据并更好地理解数据，有助于组织并查找所需数据，有助于最终做出更有效的决策。

（1）快速排序

如果只对单列进行排序，首先单击所要排序字段内的任意一个单元格，然后单击“数据”选项卡“排序和筛选”组中的升序按钮 或降序按钮 ，则数据表中的记录就会按所选字段为排序关键字进行相应的排序操作。

（2）自定义排序

复杂排序是指通过设置“排序”对话框中的多个排序条件对数据表中的数据内容进行排序。操作方法如下：

① 单击需要排序的数据表中的任一单元格，再单击“数据”选项卡“排序和筛选”组中的“自定义排序”按钮，弹出“排序”对话框，如图 8.47 所示。

② 单击“主要关键字”下拉按钮，在展开的下拉列表中选择主关键字，然后设置排序依据和次序。

③ 单击添加条件按钮，以同样方法设置此关键字，还可以设置第三关键字等。

首先按照主关键字排序，对于主关键字相同的记录，则按次要关键字排序。当记录的主关键字和次要关键字都相同时，才按第三关键字排序。

排序时，如果要排除第一行的标题行，则选中“数据包含标题”复选框；如果数据表没有标题行，则不选“数据包含标题”复选框。

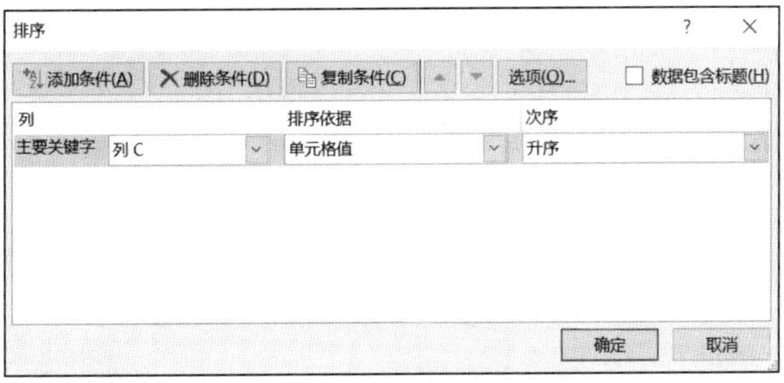

排序
添加条件(A)
删除条件(D)
复制条件(C)
选项(O)...
数据包含标题(H)
列
排序依据
次序
主要关键字
列 C
单元格值
升序
确定
取消

图 8.47　“排序”对话框

2. 数据筛选

数据筛选的主要功能是将符合要求的数据集中显示在工作表上，不符合要求的数据暂时隐藏，从而从数据表中检索出有用的数据信息。Excel 2019 中常用的筛选方式有自动筛选、自定义筛选和高级筛选。

（1）自动筛选

自动筛选是进行简单条件的筛选，方法如下：

① 选中数据表中的任一单元格，单击“数据”选项卡下“排序和筛选”组中的“筛选”按钮，此时，在每个列标题的右侧出现一个下拉列表按钮，如图 8.48 所示。

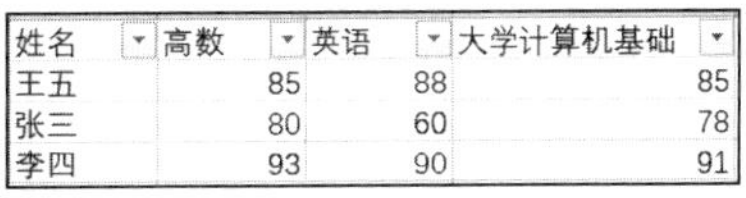

姓名	高数	英语	大学计算机基础
王五	85	88	85
张三	80	60	78
李四	93	90	91

图 8.48　自动筛选

② 在列中单击某字段右侧的下拉按钮，其中列出了该列中的所有项目，从下拉菜单中选择需要显示的项目。

如果要取消筛选，可单击“数据”选项卡“排序和筛选”组中的“筛选”按钮。

（2）自定义筛选

自定义筛选提供了多条件定义的筛选，可使在筛选数据表时更加灵活，筛选出符合条件的数据内容。

在数据表自动筛选的条件下，单击某字段右侧的下拉按钮，在下拉列表框中选择“数字筛选”选项，并单击“自定义筛选”选项。

在弹出的“自定义自动筛选”对话框中填充筛选条件，如图 8.49 所示。

自定义自动筛选
显示行:
英语
等于
与(A)
或(O)
可用 ? 代表单个字符
用 * 代表任意多个字符
确定
取消

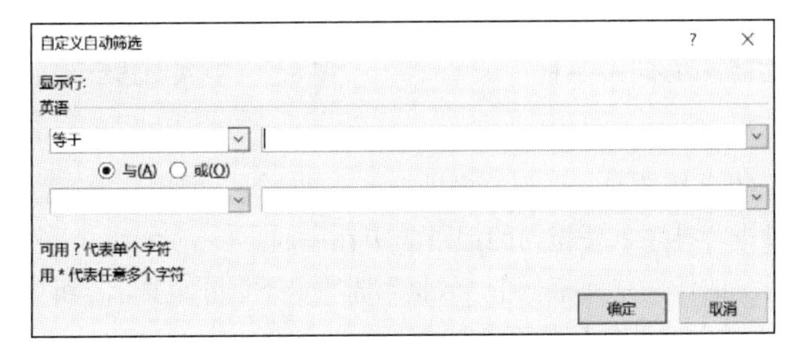

图 8.49　“自定义自动筛选”对话框

（3）高级筛选

高级筛选是以用户设置的条件对数据表中的数据进行筛选，可以筛选出同时满足两个或两个以上条件的数据。

在工作表中设置条件区域，条件区域至少为两行，第一行为字段名，第二行以下为查找的条件。设置条件区域前，先将数据表的字段名复制到条件区域的第一行单元格中，当作查找时的条件字段，然后在其下一行输入条件。同一条件行不同单元格的条件为“与”逻辑关系，同一列不同行单元格中的条件互为“或”逻辑关系。条件区域设置完成后进行高级筛选的具体操作步骤如下：

① 单击数据表中的任一单元格。

② 切换到“数据”选项卡下，单击“排序和筛选”组中的“高级”按钮，弹出“高级筛选”对话框，如图 8.50 所示。

③ 在“方式”选项区域中选择“在原有区域显示筛选结果”或“将筛选结果复制到其他位置”。一般选择“将筛选结果复制到其他位置”。

④ 此时需要设置筛选数据区域，可以单击“列表区域”文本框右边的折叠对话框按钮，将对话框折叠起来，然后在工作表中选定数据表所在单元格区域，再单击展开对话框按钮，返回到“高级筛选”对话框。

⑤ 单击“条件区域”文本框右边的折叠对话框按钮，将对话框折叠起来，然后在工作表中选定条件区域。再单击展开对话框按钮，返回到“高级筛选”对话框。

⑥ 单击“复制到”文本框右边的折叠对话框按钮，将对话框折叠起来，然后在工作表中选定复制区域。再单击展开对话框按钮，返回到“高级筛选”对话框，单击“确定”按钮完成筛选。若选择“在原有区域显示筛选结果”，则不需要设置复制区域。

利用高级筛选后的示例效果如图 8.51 所示。

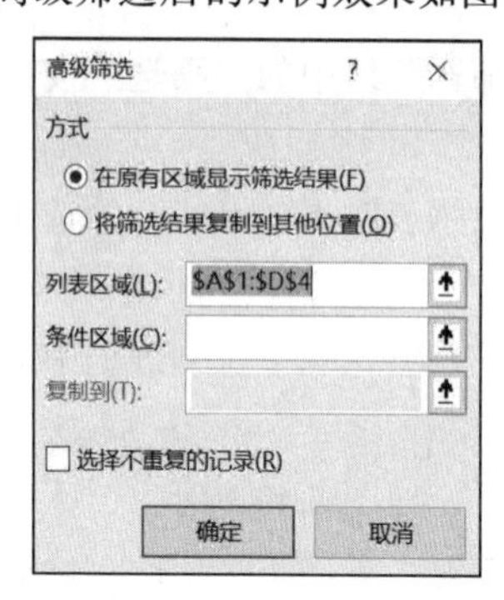

图 8.50 “高级筛选”对话框

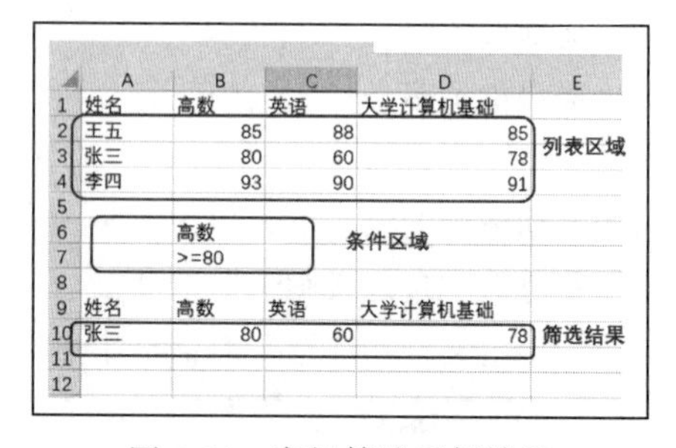

图 8.51 高级筛选示例效果

3. 分类汇总

在实际工作中，往往需要对一系列数据进行小计和合计，使用分类汇总功能十分方便。

① 对分类字段进行排序，使相同的记录集中在一起。

② 单击数据表中的任一单元格，在“数据”选项卡下”分级显示”组中单击“分类汇总”按钮，弹出“分类汇总”对话框，如图 8.52 所示。

- 分类字段：选择分类排序字段。
- 汇总方式：选择汇总计算方式，默认汇总方式为“求和”。

- 选定汇总项：选择与需要对其汇总计算的数值列对应的复选框。

③ 设置完成后，单击“确定”按钮。分类汇总示例效果如图 8.53 所示。

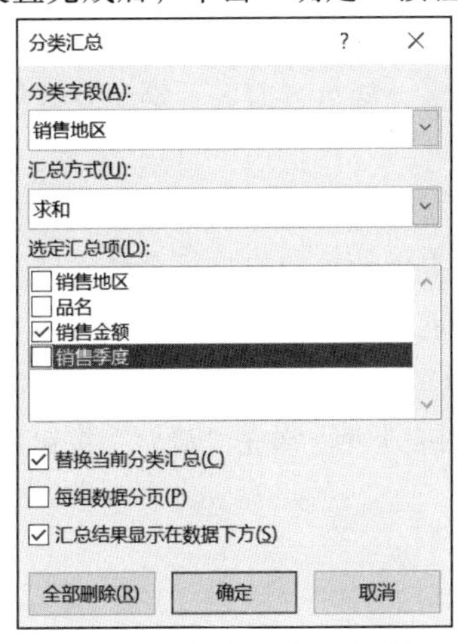

图 8.52 “分类汇总”对话框

销售地区	品名	销售金额	销售季度
北京	显示器	3847	1
北京	显示器	3534	2
北京	液晶电视	4422	1
北京	液晶电视	3455	2
北京	液晶电视	4566	3
北京	液晶电视	3355	4
北京 汇总		23179	
西安	显示器	7888	1
西安	显示器	6655	2
西安	液晶电视	7467	1
西安	液晶电视	7743	2
西安	液晶电视	4678	3
西安	液晶电视	5677	4
西安 汇总		40108	
杭州	显示器	5577	1
杭州	显示器	6677	2
杭州	液晶电视	5545	1
杭州	液晶电视	3233	2
杭州	液晶电视	5566	3
杭州	液晶电视	7846	4
杭州 汇总		34444	
总计		97731	

图 8.53　分类汇总示例效果

8.2.7　图表

为使表格中的数据关系更加直观，可以将数据以图表的形式表示出来。通过创建图表可以更加清楚地了解各个数据之间的关系和数据之间的变化情况，方便对数据进行对比和分析。在 Excel 2019 中，只需选择图表类型、图表布局和图表样式，便可以很轻松地创建具有专业外观的图表。

1. 创建图表

根据数据特征和观察角度的不同，Excel 2019 提供了包括柱形图、折线图、饼图、条形图、面积图、XY 散点图、股价图、曲面图、圆环图、气泡图和雷达图共 11 类图表供用户选用，每一类图表又有若干个子类型。

（1）图表基本概念

① 图表：由图表区和绘图区组成。

② 图表区：整个图表的背景区域。

③ 绘图区：用于绘制数据的区域，在二维图表中，是指通过轴来界定的区域，包括所有数据系列；在三维图表中，同样是通过轴来界定的区域，包括所有数据系列、分类名、刻度线标志和坐标轴标题。

④ 数据系列：在图表中绘制的相关数据点，这些数据源自数据表的行或列。图表中的每个数据系列具有唯一的颜色或图案并且在图表的图例中表示。可以在图表中绘制一个或多个数据系列。饼图只有一个数据系列。

⑤ 坐标轴：界定图表绘图区的线条，用作度量的参照框架。x 轴通常为水平轴并包含分类，y 轴通常为垂直坐标轴并包含数据。

⑥ 图表标题：说明性的文本，可以自动与坐标轴对齐或在图表顶部居中。

⑦ 数据标签：为数据标记提供附加信息的标签，数据标签代表源于数据表单元格的单个

数据点或值。

⑧ 图例：一个方框，用于标志图表中的数据系列或分类指定的图案或颜色。

建立图表以后，可通过增加图表项，如数据标记、标题、文字等来美化图表及强调某些信息。大多数图表可被移动或调整大小，也可以用图案、颜色、对齐、字体及其他格式属性来设置这些图表项的格式。

（2）创建图表

① 用鼠标（或配合【Ctrl】键）选择要包含在图表中的单元格或单元格区域。

② 单击“插入”选项卡“图表”组右下角的按钮，打开“插入图表”对话框，如图 8.54 所示。在“所有图表”选项卡中选择所需图表样式；也可直接单击“图表”组中所需图表类型右侧的下拉按钮，在弹出的下拉列表框中选择所需的图表类型，单击“确定”按钮后即创建了原始图表，如图 8.55 所示。

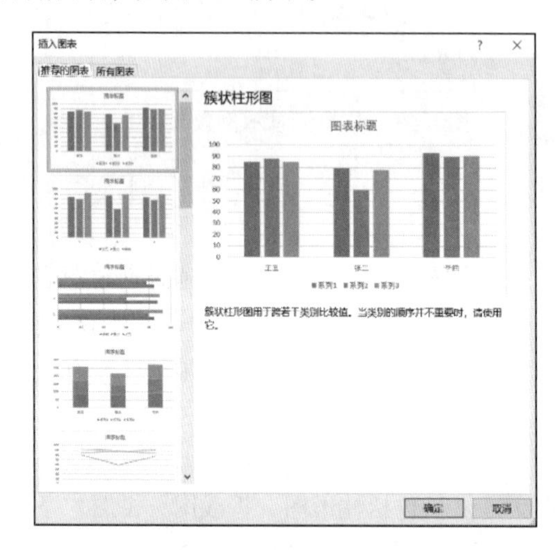

图 8.54 “插入图表”对话框

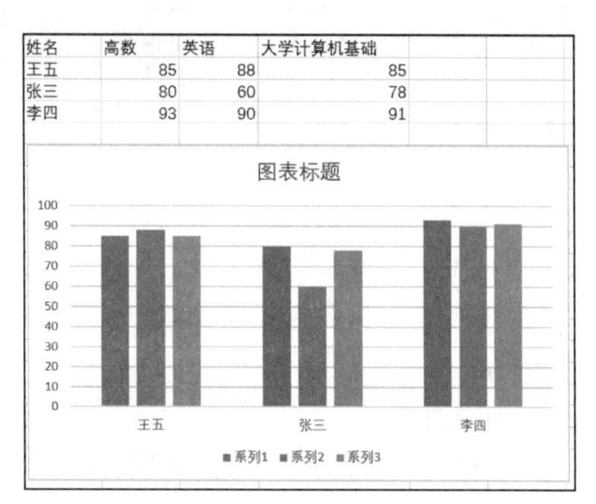

图 8.55 创建图表

无论建立哪一种图表，都要经过以下几步：指定需要用图表表示的单元格区域，即图表数据源；选定图表类型；根据所选定的图表格式，指定一些项目，如图表的方向、图表的标题、是否要加入图例等；设置图表位置，可以直接嵌入到原工作表中，也可以放在新建的工作表中。

2. 图表的编辑

选中已经创建的图表，在 Excel 2019 窗口原来选项卡的位置右侧同时增加了“图表设计”选项卡，可在“图表样式”组中更换不同的图表样式进行设置与美化，如图 8.56 所示。

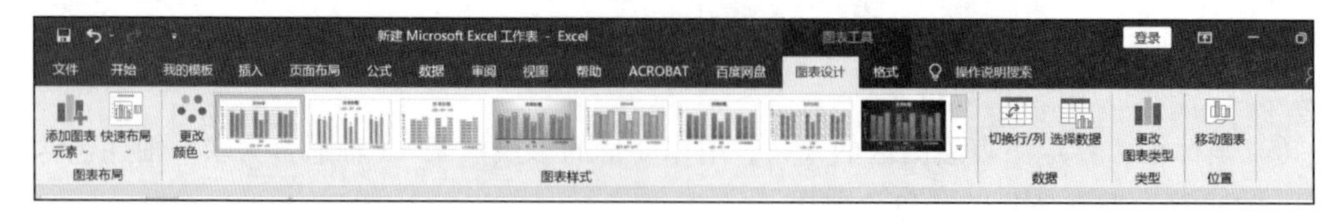

图 8.56 图表工具“设计”选项卡

8.3　PowerPoint 2019 入门

8.3.1　PowerPoint 2019 的基本操作

1. 创建新的演示文稿

启动 PowerPoint 2019 后，用户可以选择用“空白演示文稿”选项来创建新的演示文稿，也可以自行新建。具体操作步骤如下：

选择“文件”→“新建”命令，系统会显示如图 8.57 所示的新建演示文稿窗口。在该窗口中可以选择适合的内容来创建空白演示文稿。

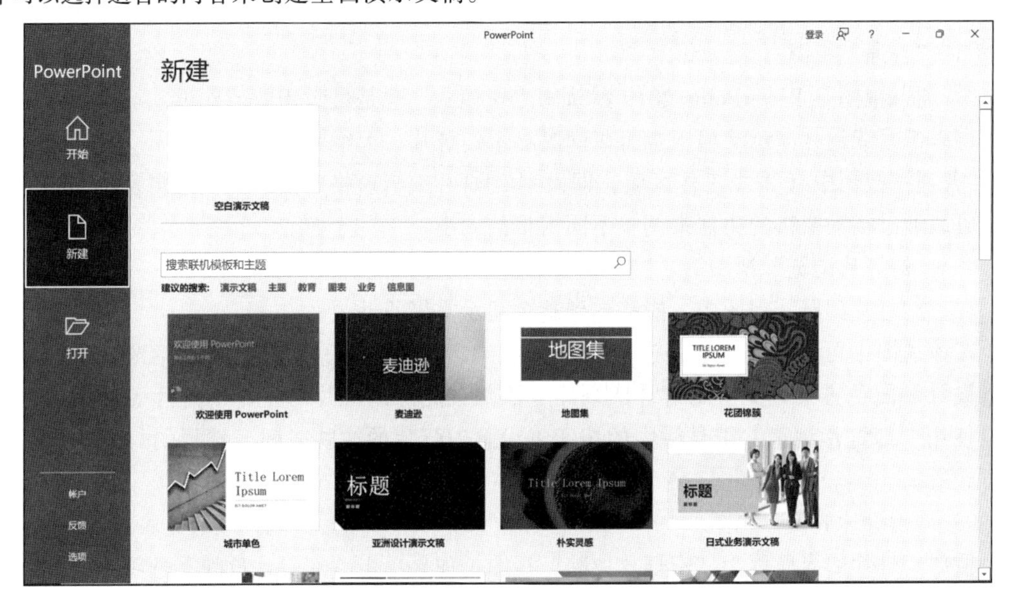

图 8.57　“新建演示文稿”对话框

可用的模板和主题：

① 空白演示文稿。系统默认的是“空白演示文稿”，这是一个不包含任何内容的演示文稿。推荐初学者使用这种方法。

② 主题。单击该选项，在窗口中间的列表框中即可显示该主题对应的主题变体，用户可根据喜好需要选择。

2. 保存演示文稿

演示文稿需要保存起来以备后用。用户可以使用下面的方法保存演示文稿。

① 通过“文件”菜单：单击窗口左上角的“文件”按钮，在弹出的菜单中选择“保存”命令。

② 通过“快速访问工具栏”：直接单击“快速访问工具栏”中的“保存”按钮。

③ 通过键盘：按【Ctrl+S】组合键。

类似 Word、Excel，如果演示文稿是第一次保存，则系统会显示“另存为”对话框，由用户选择保存文件的位置和名称（如果演示文稿的第一张幻灯片包含“标题”，那么默认文件名就是该“标题”)。需要注意，PowerPoint 2019 生成的文档文件的默认扩展名是“.pptx”。这是一个非向下兼容的文件类型，也就是说，无法用早期的 PowerPoint 版本打开这种类型的文件。如果希望将演示文稿保存为使用早期的 PowerPoint 版本可以打开的文件，可以通过“文件”按钮，选择其中的“另存为”命令，在“保存类型”下拉列表框中选择其中的“PowerPoint 97－2003 演示文稿”选项。

3. 视图方式的切换

PowerPoint 2019 提供了 6 种主要的视图模式，即“普通”视图、“幻灯片浏览”视图、“幻灯片放映”视图、“阅读”视图、“大纲”视图、“备注页”视图。

在视图模式之间进行切换可以使用窗口下方的视图模式切换按钮，也可以通过“视图”选项卡中相应的视图模式命令按钮。

(1)“普通”视图

“普通”视图是 PowerPoint 2019 默认的工作模式，也是最常用的工作模式。在此视图模式下可以编写或设计演示文稿，也可以同时显示幻灯片、大纲和备注内容。

“普通”视图中有 3 个工作区域，即大纲/幻灯片编辑窗格、演示文稿编辑窗格和备注窗格，可以通过拖动窗格的边框来调整不同窗格的大小。

(2)“幻灯片浏览”视图

在“幻灯片浏览”视图中，能够看到整个演示文稿的外观。

在该视图中可以对演示文稿进行编辑(但不能对单张幻灯片编辑)，包括改变幻灯片的背景设计和配色方案、调整幻灯片的顺序、添加或删除幻灯片、复制幻灯片等。另外，还可以使用“幻灯片浏览”工具栏中的按钮来设置幻灯片的放映时间、选择幻灯片的动画切换方式等。

(3)“幻灯片放映”视图

播放幻灯片的界面称为“幻灯片放映”视图。如果单击“幻灯片放映”选项卡“开始放映幻灯片”中的“从头开始”按钮(或者按下【F5】键)，无论当前幻灯片的位置在哪里，都将从第一张幻灯片开始播放。如果单击“从当前幻灯片开始”按钮(或者单击状态栏右侧的“幻灯片放映”视图按钮)，幻灯片就会从当前开始播放。幻灯片放映视图将占据整个计算机屏幕。在播放过程中，单击可以换页，也可以按【Enter】键、空格键等。按【Esc】键可以退出“幻灯片放映”视图。或者通过右击，在弹出的快捷菜单中选择“结束放映”命令退出“幻灯片放映”视图。

(4)“阅读”视图

选择“视图”选项卡“演示文稿视图”组中的“阅读”按钮，即可切换到备注页视图中。备注页方框会出现在幻灯片图片的下方，用户可以用来添加与每张幻灯片内容相关的备注，备注一般包含演讲者在讲演时所需的一些提示重点。

(5)“大纲”视图

“大纲”视图主要用于查看、编排演示文稿的大纲。它含有大纲窗格、幻灯片缩图窗格和幻灯片备注页窗格。在大纲窗格中显示演示文稿的文本内容和组织结构，不显示图形、图像、图表等对象。在大纲视图下编辑演示文稿，可以调整各幻灯片的前后顺序，在一张幻灯片内可以调整标题的层次级别和前后次序，可以将某幻灯片的文本复制或移动到其他幻灯片中。与普通视图相比，其大纲栏和备注栏被扩展，而幻灯片栏被压缩。

（6）“备注页”视图

“备注页”视图主要用于为演示文稿中的幻灯片添加备注内容或对备注内容进行编辑修改，在该视图模式下无法对幻灯片的内容进行编辑。切换到备注页视图后，页面上方显示当前幻灯片的内容缩览图，下方显示备注内容占位符。

8.3.2 PowerPoint 2019 演示文稿的设置

1. 编辑幻灯片

（1）输入文本

在幻灯片中添加文字的方法有很多，最简单的方式就是直接将文本输入到幻灯片的占位符和文本框中。

占位符就是一种带有虚线或阴影线的边框。在这些边框内可以放置标题、正文、图表、表格、图片等对象。

当创建一个空演示文稿时，系统会自动插入一张“标题幻灯片”。在该幻灯片中，共有两个虚线框，这两个虚线框就是占位符，占位符中显示“单击此处添加标题”和“单击此处添加副标题”的字样。将光标移至占位符中，单击即可输入文字。

如果要在占位符之外的其他位置输入文本，可以在幻灯片中插入文本框。

单击“插入”选项卡“文本”组中的“文本框”按钮，在幻灯片的适当位置拖出文本框，此时就可在文本框的插入点处输入文本。选择文本框时默认为“横排文本框”，如果此时需要的是“竖排文本框”，可以单击“文本框”下拉按钮，然后进行选择。

将鼠标指针指向文本框的边框，按住鼠标左键可以移动文本框到任意位置。

另外，涉及文本的操作还包括自选图形和艺术字中的文本。

在 PowerPoint 中涉及对文字的复制、粘贴、删除、移动的操作和对文字字体、字号、颜色等的设置，以及对段落的格式设置等操作，均与 Word 中的相关操作类似，在此不再详细叙述。请读者同 Word 中的相关操作进行比较，掌握其操作方法。

（2）插入幻灯片

在“普通”视图或者“幻灯片浏览”视图中均可以插入空白幻灯片。可以有以下 4 种方法实现该操作。

方法一：单击“开始”选项卡“幻灯片”组中的“新建幻灯片”按钮。

方法二：在“大纲/幻灯片浏览窗格”中选中一张幻灯片，按【Enter】键。

方法三：按【Ctrl+M】组合键。

方法四：在“大纲/幻灯片浏览窗格”中右击，在弹出的快捷菜单中选择“新建幻灯片”命令。

（3）幻灯片的复制、移动和删除

在 PowerPoint 中对幻灯片的复制、移动、删除等操作均与 Word 中对文本对象的相关操作类似，在此不再详细叙述，请读者同 Word 中的相关操作进行比较，掌握其操作方法。

2. 编辑图片、图形

演示文稿中只有文字信息是远远不够的。在 PowerPoint 2019 中，用户可以插入剪贴画和图片，并且可以利用系统提供的绘图工具，绘制自己需要的简单图形对象。另外，用户还可以对插入的图片进行修改。

（1）编辑“剪贴画”

Office 剪辑库自带了大量的剪贴画，其中包括人物、植物、动物、建筑物、背景、标志、保健、科学、工具、旅游、农业及形状等图形类别。用户可以在“插入”选项卡中选择“联机图片”选项，搜索“剪贴画”，将这些剪贴画插入到演示文稿中。

在幻灯片上插入一幅剪贴画后，一般都要对其进行编辑。对图片所做的编辑，大都通过图片的“尺寸控制点”和“图片工具–图片格式”选项卡中的命令按钮来进行。

（2）编辑来自文件的图片

在“插入”选项卡中单击“图片”按钮，系统会显示“插入图片”对话框。选择所需的图片后，单击“插入”按钮，可以将文件插入到幻灯片中。

对图片的位置、大小尺寸、层次关系等的处理界面如图 8.58 所示。

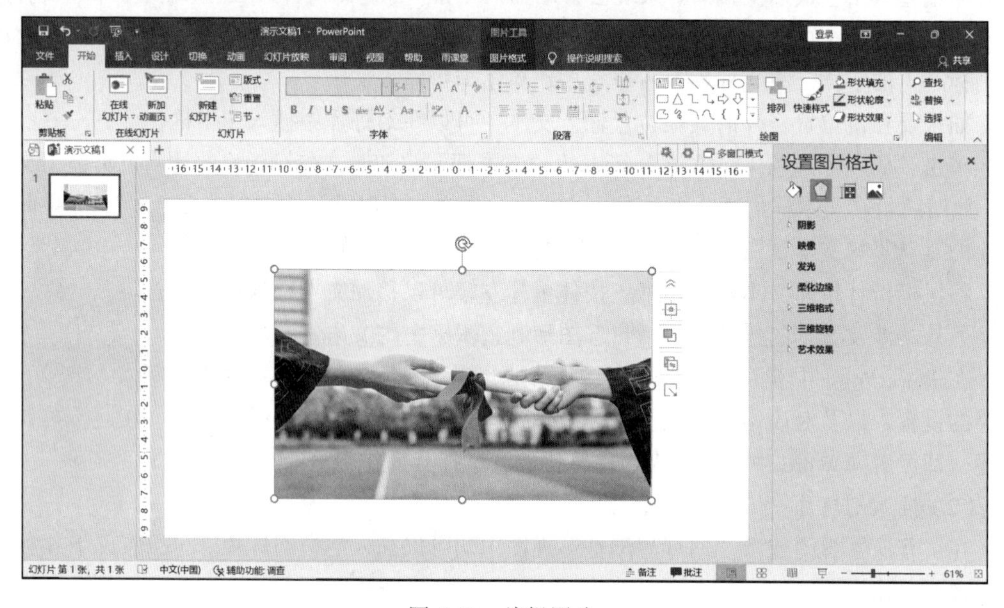

图 8.58　编辑图片

（3）编辑自选图形

单击“插入”选项卡“插图”组中的“形状”按钮，系统会显示自选图形对话框，其中包括线条、矩形、基本形状、箭头总汇、公式形状、流程图、星与旗帜、标注、动作按钮等。单击选择所需图片，然后在幻灯片中拖出所选形状。

对自选图形的位置、层次关系等的处理类似于对剪贴画的处理，在此不再详细叙述。

（4）编辑 Smart Art 图形

单击“插入”选项卡“插图”中的 Smart Art 按钮，弹出“选择 Smart Art 图形”对话框，如图 8.59 所示。用户可以在列表、流程、循环、层次结构、关系、矩阵、棱锥图中选择。选择所需图形，然后根据提示输入图形中所需的必要文字。

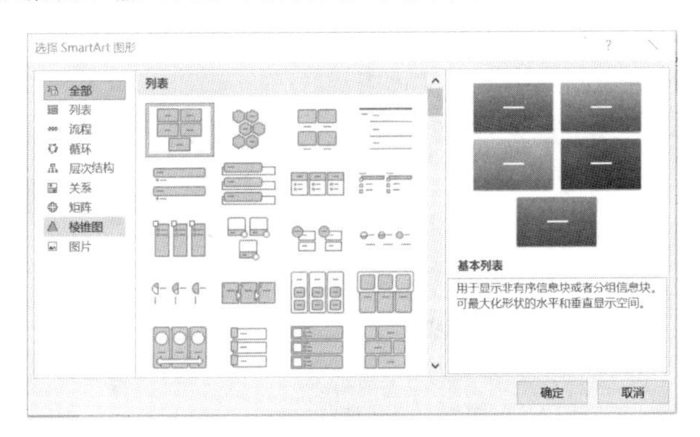

图 8.59　“选择 Smart Art 图形”对话框

（5）编辑图表

单击“插入”选项卡“插图”组中的“图表”按钮，即可在弹出“插入图表”对话框中看到所有图表的分类及其样式。用户根据需要在对话框左侧选择图表的类别，然后在右侧样式列表中选择图表样式，最后单击“确定“按钮。系统会显示一个类似 Excel 编辑环境的界面，用户可以使用类似 Excel 中的操作方法编辑处理相关图表。

（6）编辑艺术字

艺术字就是以普通文字为基础，经过一系列的加工，使输出的文字具有阴影、形状、色彩等艺术效果。但艺术字是一种图形对象，它具有图形的属性，不具备文本的属性。

单击“插入”选项卡“文本”组中的“艺术字”按钮，会弹出艺术字形状选择框，如图 8.60 所示。选择所需的艺术字类型即可在 PPT 中插入艺术字，可以在“设置形状格式“选项卡中对艺术字进行编辑。

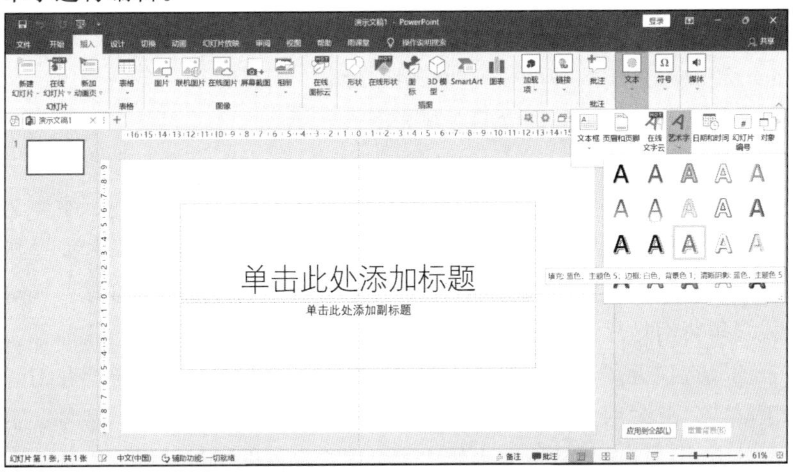

图 8.60　对艺术字进行形状格式设置

3. 应用幻灯片主题

为了改变演示文稿的外观，最容易、最快捷的方法就是应用另一种主题。PowerPoint 2019 提供了几十种专业模板，它可以快速地帮助生成完美动人的演示文稿。

单击“设计”选项卡，会在“主题”组中看到系统提供的部分主题，如图 8.61 所示。当鼠标指向一种模板时，幻灯片窗格中的幻灯片就会以这种模板的样式改变，当选择一种模板单击后，该模板才会被应用到整个演示文稿中。

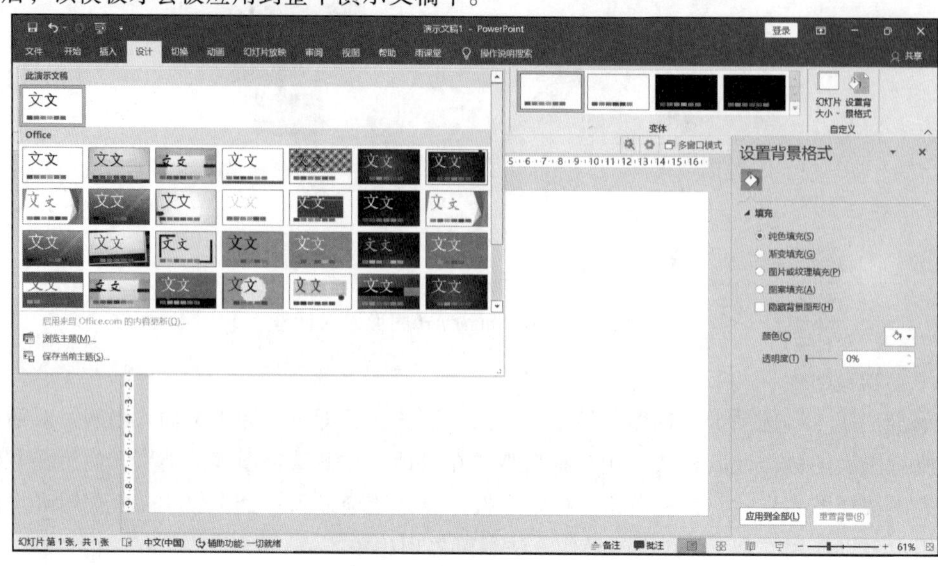

图 8.61 主题模板选择框

4. 应用幻灯片版式

当创建演示文稿后，可能需要对某一张幻灯片的版面进行更改，这在演示文稿的编辑中是比较常见的事情，最简单的改变幻灯片版面的方法就是用其他的版面去替代它。

单击“开始”选项卡“幻灯片”组中的“版式”下拉按钮，选择所需的版式类型后，当前幻灯片的版式就被改变了。

5. 使用母版

PowerPoint 2019 提供了 3 种母版，即幻灯片母版、讲义母版和备注母版，利用它们可以分别控制演示文稿的每一个主要部分的外观和格式。

（1）幻灯片母版

幻灯片母版是一张包含格式占位符的幻灯片，这些占位符是为标题、主要文本和所有幻灯片中出现的背景项目而设置的。用户可以在幻灯片母版上为所有幻灯片设置默认版式和格式。如果更改幻灯片母版，会影响所有基于幻灯片母版的演示文稿幻灯片。在幻灯片母版视图下，可以设置每张幻灯片上都要出现的文字或图案，如公司的名称、徽标等。

单击“视图”选项卡“母版视图”中的“幻灯片母版”按钮，系统会在幻灯片窗格中显示幻灯片母版样式。此时用户可以改变标题的版式，设置标题的字体、字号、字形、对齐方式等，用同样的方法可以设置其他文本的样式。用户也可以通过“插入”选项卡将对象（如剪贴画、图表、艺术字等）添加到幻灯片母版上。例如，在幻灯片母版上加入一张剪贴画，如图 8.62 所示。单击“幻灯片母版”选项卡“关闭”组中的“关闭母版视图”按钮。在切换到幻灯片浏览视图以后，在所有的幻灯片上就都出现了幻灯片母版上插入的剪贴画，如图 8.63 所示。

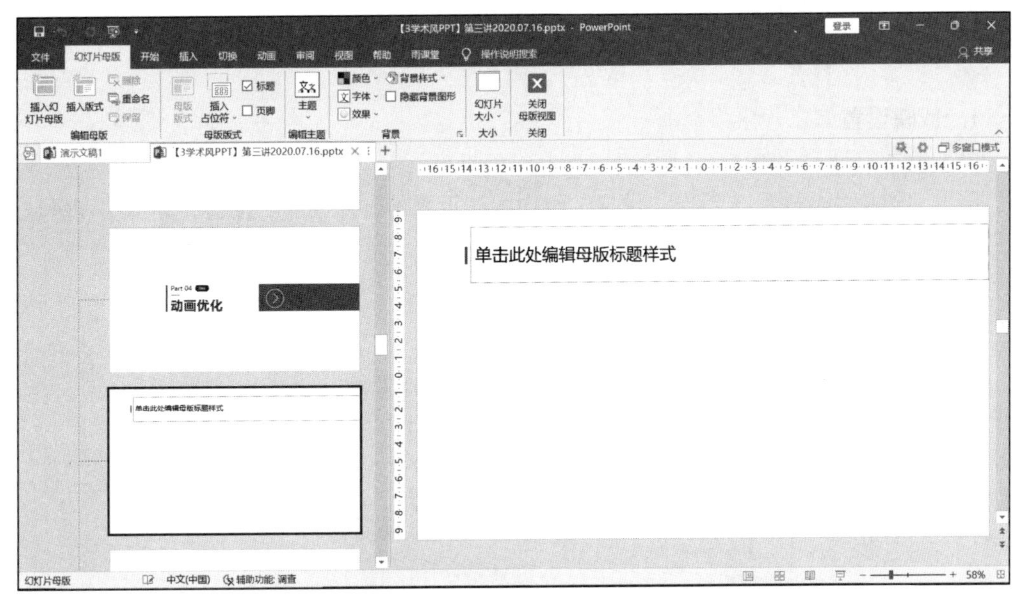

图 8.62 编辑幻灯片母版

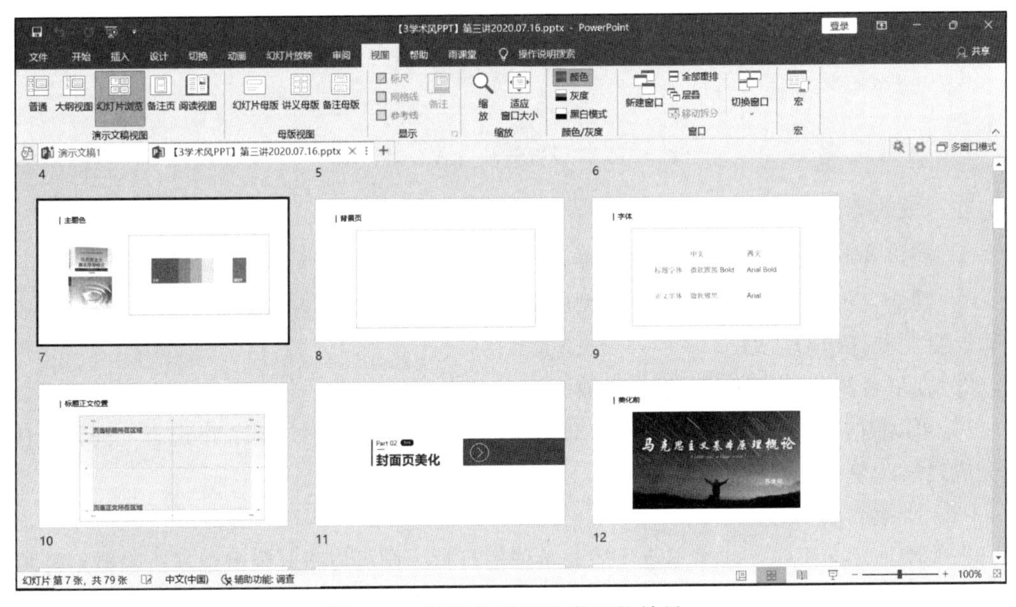

图 8.63 幻灯片母版改变后的效果

（2）讲义母版

讲义是演示文稿的打印版本，为了在打印出来的讲义中留有足够的注释空间，可以设置在每一页中打印幻灯片的数量。也就是说，讲义母版用于编排讲义的格式，它还包括设置页眉页脚、占位符格式等。

（3）备注母版

备注母版主要控制备注页的格式。备注页是用户输入的对幻灯片的注释内容，利用备注母版，可以控制备注页中输入的备注内容与外观。另外，备注母版还可以调整幻灯片的大小和位置。

8.3.3 PowerPoint 2019 演示文稿的放映

1. 放映设置

（1）设置幻灯片放映

单击“幻灯片放映”选项卡“设置”组中的“设置幻灯片放映”按钮，弹出“设置放映方式”对话框，如图 8.64 所示。

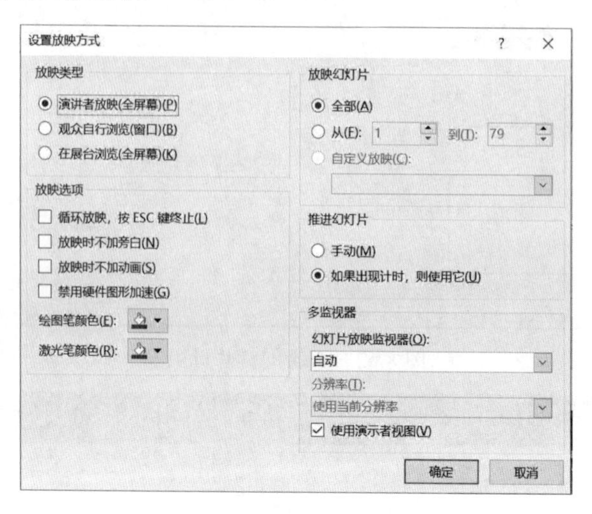

图 8.64 “设置放映方式”对话框

在“放映类型”框架中有 3 个选项。

① 演讲者放映：该类型将以全屏幕方式显示演示文稿，这是最常用的演示方式。

② 观众自行浏览：该类型将在小型的窗口内播放幻灯片，并提供操作命令，允许移动、编辑、复制和打印幻灯片。

③ 在展台浏览：该类型可以自动放映演示文稿。

用户可以根据需要在“放映类型”“放映幻灯片”“放映选项”“换片方式”中进行选择，所有设置完成之后，单击“确定”按钮即可。

（2）隐藏或显示幻灯片

在放映演示文稿时，如果不希望播放某张幻灯片，则可以将其隐藏起来。隐藏幻灯片并不是将其从演示文稿中删除，只是在放映演示文稿时不显示该张幻灯片，其仍然保留在文件中。隐藏或显示幻灯片的操作步骤如下：

① 单击“幻灯片放映”选项卡“设置”组中的“隐藏幻灯片”按钮，系统会将选中的幻灯片设置为隐藏状态。

② 如果要重新显示被隐藏的幻灯片，则在选中该幻灯片后，再次单击“幻灯片放映”选项卡“设置”组中的“隐藏幻灯片”按钮，或者右击幻灯片缩略图，在弹出的快捷菜单中选择“隐藏幻灯片”命令。

（3）放映幻灯片

启动幻灯片放映的方法有很多，常用的有以下几种：

① 单击“幻灯片放映”选项卡“开始放映幻灯片”中的“从头开始”、“从当前幻灯片开始”或者“自定义幻灯片放映”按钮。

② 按【F5】键。

③ 单击窗口右下角的“幻灯片放映”按钮。

其中，按【F5】键将从第一张幻灯片开始放映，单击窗口右下角的“幻灯片放映”按钮，将从演示文稿的当前幻灯片开始放映。

2. 使用幻灯片的切换效果

幻灯片的切换就是指当前页以何种形式消失，下一页以什么样的形式出现。设置幻灯片的切换效果，可以使幻灯片以多种不同的形式出现在屏幕上，并且可以在切换时添加声音，从而增加演示文稿的趣味性。

设置幻灯片切换效果的操作步骤如下：

① 选中要设置切换效果的一张或多张幻灯片。

② 选择“切换”选项卡，在“切换到此幻灯片”组中，选择某种切换方式，如图 8.65 所示。

③ 可以选择切换的“声音”、“持续时间”、“应用范围”和“切换方式”。如果在此设置中没有选择“全部应用”，则前面的设置只对选中的幻灯片有效。

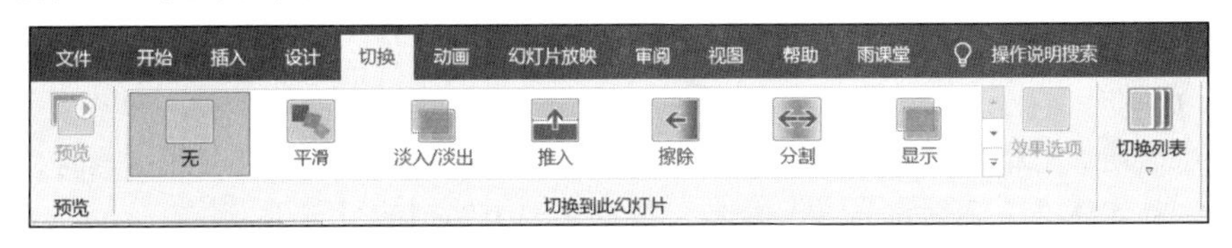

图 8.65 “切换到此幻灯片”组

8.4 多媒体技术

8.4.1 多媒体技术概述

媒体（Media）又称媒介、媒质，是信息表示和传输的载体，是人与人之间沟通及交流观念、思想或意见的中介物。在计算机信息领域中，媒体具有两种含义：一是信息的存储实体，如磁带、磁盘、光盘和半导体存储器；二是信息的表现形式或表示信息的逻辑载体，概括为声（声音）、文（文字）、图（静止图像和动态视频）、形（波形、图形、动画）、数（各种采集或生成的数据）5 类。

多媒体一词译自英文 Multimedia，核心词是媒体。多媒体技术中的“媒体”更多地是指后者。

1. 多媒体技术的定义

多媒体技术从不同的角度有着不同的定义。例如，定义为“多媒体计算机是一组硬件和软件设备；结合了各种视觉和听觉媒体，能够产生令人印象深刻的视听效果。在视觉媒体上，包括图形、动画、图像、文字等媒体，在听觉媒体上，则包括语言、立体声响和音乐等媒体。

用户可以从多媒体计算机同时接触到各种各样的媒体来源”。还可以定义多媒体是“传统的计算媒体——文字、图形、图像以及逻辑分析方法等与视频、音频，以及为了知识创建和表达的交互式应用的结合体”。

总之，多媒体技术是指将文本、音频、图形图像、动画、视频等多种媒体信息通过计算机进行数字化采集、编码、存储、传输、处理和再现等，使多种媒体信息建立起逻辑连接，并集成为一个具有交互性的系统的技术。简言之，多媒体技术就是具有集成性、实时性和交互性的计算机综合处理声文图信息的技术。在应用上，多媒体一般泛指多媒体技术。

2. 多媒体技术的特点

（1）多样性

多样性指信息载体的多样性，即信息多维化，同时，也符合人是从多个感官接收信息这一特点。多样性表现在两方面：一是信息表现媒体类型的多样；二是媒体输入、传播、再现和展示手段的多样。以输入数据的手段为例，20 世纪 60 到 70 年代使用穿孔纸带，80 年代改用键盘，到了多媒体时代，不但可以继续使用键盘，也可以用鼠标、触摸屏、扫描、语音、手势、表情等较为自然的输入方式。

多媒体技术的引入将计算机所能处理的信息空间扩展和放大，使人们的思维表达不再局限于顺序、单调、狭小的范围内，而有了更充分、更自由的表现余地。多媒体技术为这种自由提供了多维信息空间下的交互手段和获得多维化信息的方法。

（2）交互性

交互可以增加对信息的注意力和理解力，延长信息保留的时间。当交互引入时，“活动”本身作为一种媒体介入到数据转变为信息、信息转变为知识的过程中。

交互性是指实现媒体信息的双向处理，即用户与计算机的多种媒体进行交互式操作，从而为用户提供更有效控制和使用信息的手段，同时也为应用开辟了更加广阔的领域。计算机与人之间的交互由早期的键盘和屏幕发展到后来的鼠标和图形用户界面。当今随着多媒体技术的飞速发展，信息的输入/输出也由单一媒体转变为多种媒体，人与计算机之间的交互手段多样化，还可以使用语音输入、手势输入等；而信息的输出也多样化了，既可以字符显示，又可以图像、声音、视频等形式出现，让用户与计算机之间的交互变得和谐自然。其中，虚拟现实（Virtual Reality）是交互式应用的高级阶段，可以让人们完全进入一个与信息环境一体化的虚拟信息空间中。

（3）集成性

多媒体技术的集成性包括两方面：一是多媒体信息媒体的集成；二是处理这些媒体的设备与设施的集成。多媒体技术将各类媒体的设备集成在一起，同时也将多媒体信息或表现形式以及处理手段集成在同一个系统之中。对计算机的发展来说，这是一次系统级的飞跃。

（4）实时性

由于多媒体系统需要处理各种复合的信息媒体，决定了多媒体技术必须支持实时处理。接收到的各种信息媒体在时间上必须是同步的，其中以声音和活动的图像的同步尤为严格。例如，电视会议系统等多媒体应用。

8.4.2　多媒体技术的发展

多媒体技术经历了以下重要历程：

1982 年 2 月，国际无线电咨询委员会（CCIR）通过了用于演播室的彩色电视信号数字编码标准，即 CCIR601 建议。

1984 年，苹果（Apple）公司在更新换代的 Macintosh 个人计算机（Mac）上使用基于图形界面的窗口操作系统，并在其中引入位图概念进行图像处理，随后增加了语音压缩和真彩色图像系统，使用 Macromedia 公司（已于 2005 年被 Adobe 公司收购）的 Director 软件进行多媒体创作，成为当时最好的多媒体个人计算机。

1986 年，Philips 公司和 Sony 公司联合推出交互式紧凑光盘系统（Compact Disc Interactive，CDI），能够将声音、文字、图形图像、视频等多媒体信息数字化存储到光盘上。

1987 年，RCA 公司推出了交互式数字视频系统（Digital Video Interactive，DVI），使用标准光盘存储、检索多媒体数据。

1990 年，Philips 等 10 多家厂商联合成立了多媒体市场委员会并制定了 MPC（多媒体计算机）的市场标准，建立了多媒体个人计算机系统硬件的最低功能标准，利用 Windows 操作系统，以 PC 现有的广大市场作为推动多媒体技术发展的基础。

1995 年，由 Microsoft 公司开发的功能强大的 Windows 95 操作系统问世，使多媒体计算机的用户界面更容易操作，功能更为强劲。奔腾系列 CPU 开始应用于个人计算机，个人计算机市场已经占据主导地位，多媒体技术得到蓬勃发展。Internet 的兴起，也促进了多媒体技术的发展。

进入 21 世纪，多媒体技术朝着多样化、集成化、网络化、快速化和智能化方向快速发展。这一技术极大地改变了人们获取信息的传统方法，迎合了人们读取信息方式的需求。多媒体技术的发展促进了计算机的使用领域改变，使计算机搬出了办公室、实验室，拓展了巨大的适用空间；进入了人类社会活动的诸多领域，包括工业生产管理、学校教育、公共信息咨询、商业广告、军事指挥与训练，甚至家庭生活与娱乐等领域都得到了广泛应用，成了信息社会的通用工具。

随着多媒体技术的标准、硬件、操作系统和应用软件等的变革，特别是大容量存储设备、数据压缩技术、高速处理器、高速通信网、人机交互方法及设备的改进，为多媒体技术的发展提供了必要的条件，计算机、广播电视和通信等领域正在互相渗透，趋于融合，多媒体技术越来越成熟，应用越来越广泛。

8.4.3　多媒体信息在计算机中的表示与处理

多媒体技术的特点是计算机交互式综合处理图文信息。这里着重介绍声音媒体和视觉媒体在计算机中的表示和处理。

1. 声音媒体的数字化

（1）音频技术常识

声音是携带信息的重要媒体。音乐和解说使静态图像变得更加丰富多彩，音频和视频的同步使视频图像更具真实性。

声音在物理学上称为声波，声波是由机械振动产生的压力波。当声波进入人耳，鼓膜振动导致内耳里的微细感骨的振动，将神经冲动传向大脑，听者感觉到的这些振动就是声音。所以声音是机械振动，振动越强，声音越大，振动频率越高，音调则越高。声波是随时间连续变化的物理量，它有 3 个重要指标：

① 振幅：波的高低幅度，表示声音的强弱。

② 周期：两个相邻波之间的时间长度。

③ 频率：每秒振动的次数，单位为 Hz。

人耳对不同频率的敏感程度有很大差别，人耳能听到的声音在 20 Hz ~ 20 kHz，而人能发出的声音，其频率范围在 300 ~ 3 000 Hz。当声波传到传声器后，传声器就把机械振动转换成电信号，模拟音频技术通过模拟电压的幅度表示声音的强弱。模拟声音的录制是将代表声音波形的电信号转换到适当的媒体上，如磁带或唱片，播放时将记录在媒体上的信号还原为声音波形。

（2）数字音频技术基础

声音进入计算机的第一步就是数字化。在计算机内，所有的信息均以数字（0 或 1）表示，声音信号也用一组数字表示，称为数字音频。数字音频与模拟音频的区别在于：模拟音频在时间上是连续的，而数字音频是一个数据序列，在时间上是离散的。

若要用计算机处理音频信息，就要将模拟信号（如语音、音乐等）转换成数字信号，这一转换过程称为模拟音频的数字化。模拟音频数字化过程涉及音频的采样、量化和编码，具体过程如图 8.66 所示。

图 8.66 模拟音频的数字化过程

相应地，数字化音频的质量取决于采样频率和量化位数这两个重要参数。

① 采样频率：采样是每隔一定时间间隔对模拟波形取一个幅度值，把时间上的连续信号变成时间上的离散信号。该时间间隔为采样周期，其倒数为采样频率，如图 8.67 所示。

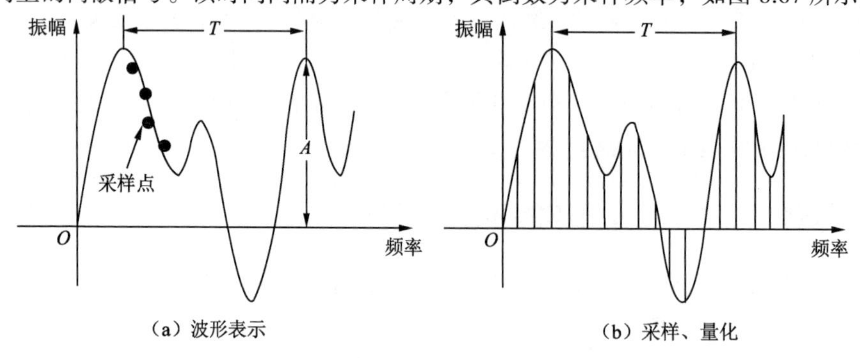

图 8.67 声音的波形表示、采样与量化

采样频率也称取样频率，是指在单位时间（1s）内采样的次数。在单位时间内采样的次数越多，对信号的描述就越细腻，越接近真实信号，声音回放出来的效果就越好，但文件所

占的存储空间就越大。

采样频率的高低是根据奈奎斯特采样定律和声音信号本身的最高频率决定的。奈奎斯特采样定律指出，在采集模拟信号时，选用该信号所含最高频率两倍的频率采样，才可基本保证原信号的质量。因此，目前普通声卡的最高采样频率通常为 48 kHz 或者 44.1 kHz，此外还支持 22.05 kHz 和 11.025 kHz 的采样频率。

② 量化位数;量化是将经过采样得到的离散数据转化为二进制数的过程。量化的过程是，先将整个幅度划分为有限个小幅度（量化阶距）的集合，把落入某个阶距内的样值归为一类，并赋予相同的量化值。量化方法分为均匀量化和非均匀量化。

量化位数也称采样精度，表示存放采样点振幅值的二进制位数，它决定了模拟信号数字化以后的动态范围。通常量化位数有 8 位、16 位，其中 8 位量化位数表示每个采样点可以表示 256 个不同的量化值，而 16 位量化则可表示 65 536 个不同的量化值。可见，量化位数越大，对音频信号的采样精度就越高，信息量也相应提高。在相同的采样频率下，量化位数越大，则采样精度越高，声音的质量也越好，信息的存储量也相应越大。

虽然采样频率越高，量化位数越多，声音的质量就越好，但同时也会带来一个问题——庞大的数据量，这不仅会造成处理上的困难，也不利于声音的传输。如何在声音的质量和数据量之间找到平衡点呢?人类语言的基频频率范围为 50～800 Hz，泛音频率不超过 3 kHz，因此，使用 11.025 kHz 的采样频率和 10 位的量化位数进行数字化，就可以满足绝大多数人的要求。同样，乐器声的数字化也要根据不同乐器的最高泛音频率来确定选择多高的采样频率。

③ 编码：编码是将采样和量化后的数字数据以一定的格式记录下来。编码的方式很多，常用的编码方式是脉冲编码调制（Pulse Code Modulation，PCM），其主要优点是抗干扰能力强，失真小，传输特性稳定。

（3）声音合成技术

多媒体计算机除了通过数字化录制方式直接获取声音，还可以利用声音合成技术实现，后者是计算机音乐的基础。声音合成技术使用微处理器和数字信号处理器代替发声部件，模拟出声音波形数据，然后将这些数据通过数模转换器转换成音频信号并发送到放大器，合成出声音或音乐。

MIDI 是音乐与计算机结合的产物。MIDI 是乐器数字化接口的缩写，泛指数字音乐的标准，初始建于 1982 年。这是一个控制电子乐器的标准化串行通信协议，它规定了各种电子合成器和计算机之间连接的数据线和硬件接口标准及设备间数据传输的协议。该协议允许各种电子合成器互相通信，保证不同品牌的电子乐器之间能保持适当的硬件兼容性。它也为与 MIDI 兼容的设备之间传输和接收数据提供了标准化协议。

MIDI 与普通音频的本质区别是携带的信息不同。MIDI 本身不是音乐，不能发出声音，它是一个协议，只包含产生特定声音的指令，而这些指令包括调用何种 MIDI 设备的音色、声音的强弱及持续的时间等。计算机将这些指令交由声卡去设成相应的声音。因此，MIDI 本件本身只是一些数字信号而已。

2. 视觉媒体的数字化

多媒体创作最常用的视觉元素分静态和动态图像两大类。静态图像根据它们在计算机中生成的原理不同，又分为位图（光栅）图像和矢量图形两种。动态图像又分视频和动画。视频和动画之间的界限并不能完全确定，习惯上将通过摄像机拍摄得到的动态图像称为视频，而由计算机或绘画的方法生成的动态图像称为动画。

多媒体计算机处理图像和视频，首先必须把连续的图像进行空间和幅值的离散化处理。空间连续坐标的离散化称为采样，颜色的离散化称为量化，两种离散化结合在一起称为数字化，离散化的结果称为数字图像。

（1）静态图形图像的数字化

① 图形与图像：在计算机中，图形（Graphics）与图像（Image）是一对既有联系又有区别的概念。它们都是一幅图，但图的产生、处理、存储方式不同。

图形又称矢量图形、几何图形或矢量图，由一组指令的描述组成，这些指令给出构成该画面的所有直线、曲线、矩形、椭圆等的形状、位置、颜色等各属性和参数，也可以用更复杂的指令表示图中的曲面、光照、阴影、材质等效果。计算机显示图形就是从文件中读取指令并转化为屏幕上显示的图形效果。因此，矢量图文件的最大优点是对图形中的各个图元进行缩放、移动、旋转而不失真，而且它占用的存储空间小。

图像又称点阵图像或位图图像，指在空间上和亮度上已经离散化了的图像。图像是由扫描仪、数字照相机、摄像机等输入设备捕捉的真实场景画面产生的映像，数字化后由一个个像素点（能被独立赋予颜色和亮度的最小单位）排成矩阵组成。位图文件中所涉及的图形元素均由像素点来表示，这些点可以进行不同的排列和染色以构成图样。位图文件中存储的是构成图像的每个像素点的亮度、颜色，位图文件的大小与分辨率和色彩的颜色种类有关，放大和缩小要失真，由于每一个像素都是单独染色的，因此位图图像适于表现逼真照片或要求细节的图像，占用的空间比矢量文件大。

矢量图形与位图图像可以相互转换，要将矢量图形转换成位图图像，只要在保存图形时，将其保存格式设置为位图图像格式即可；但反之则较困难，需要借助其他软件来实现。

② 图像的数字化：指将一幅真实的图像转变成为计算机能够接受的数字形式，这涉及对图像的采样、量化、编码等。

图像采样就是将时间和空间上连续的图像转换成离散点的过程，采样的实质就是用若干个像素（Pixel）点来描述这一幅图像，称为图像的分辨率，用点的“列数×行数”表示，分辨率越高，图像越清晰，存储量也越大。

量化则是在图像离散化后，将表示图像色彩浓淡的连续变化值离散化为整数值（即灰度级）的过程，从而实现图像的数字化。在多媒体计算机系统中，图像的色彩是用若干位二进制数表示的，称为图像的颜色深度。把量化时可取整数值的个数称为量化级数，表示色彩（或亮度）所需的二进制位数称为量化字长。一般用 8 位、16 位、24 位、32 位等来表示图像的颜色，24 位可以表示 2^{24}=16 777 216 种颜色，称为真彩色。

（2）动态图像的数字化

① 视频：动态图像也称视频，视频是由一系列的静态图像按一定的顺序排列组成，每一幅称为帧（Frame）。电影、电视通过快速播放每帧画面，再加上人眼视觉效应便产生了连续运动的效果。当帧速率达到 12 帧/秒以上时，可以产生连续的视频显示效果。

视频分为模拟视频和数字视频。模拟视频是一种用于传输图像和声音的、随时间连续变化的电信号，它的记录、传播及存储都以模拟的方式进行，如早期的电视视频信号。在模拟视频中，常用两种视频标准：NTSC 制式（30 帧/s，525 行/帧）和 PAL 制式（25 帧/s，625 行/帧），我国采用 PAL 制式。

数字视频处理的对象是已数字化的视频，易于编辑，具有较好的再现性，如数字式便携摄像机。

② 视频信息的数字化：视频数字化过程同音频相似，在一定的时间内以一定的速度对单帧视频信号进行采样、量化、编码等过程，实现模/数转换、彩色空间变换和编码压缩等，这通过视频捕捉卡和相应的软件来实现。在数字化后，如果视频信号不加以压缩，数据量的大小是帧乘以每幅图像的数据量。例如，要在计算机连续显示分辨率为 1 280×1 024 像素的 24 位真彩色高质量的电视图像，按每秒 30 帧计算，显示 1 min，则需要

1280（列）×1024（行）×3（B）×30（帧/s）×60（s）≈7.6 GB

为了存储、处理和传输这些数据，必须对数据进行压缩，这就带来了图像数据的压缩问题。

3. 多媒体数据压缩技术

随着多媒体技术的发展，特别是音频和视觉媒体数字化后巨大的数据量使数据压缩技术的研究受到人们越来越多的重视。随着计算机网络技术的广泛应用，为了满足信息传输的需要，促进了数据压缩相关技术和理论的研究和发展。

（1）多媒体数据压缩

① 压缩数据的原因：数字化的多媒体信息的数据量非常庞大，给存储器的存储容量、带宽及计算机的处理速度都带来极大的压力，因此，需要通过多媒体数据压缩编码技术来解决数据存储与信息传输的问题，同时使实时处理成为可能。

② 数据为何能被压缩：由于多媒体数据中存在空间冗余、时间冗余、结构冗余、知识冗余、视觉冗余、图像区域相同性冗余、纹理统计冗余等大量冗余，使数据压缩成为可能。例如，在一份计算机文件中，某些符号会重复出现；某些符号比其他符号出现得更频繁；某些字符总是在各数据块中可预见的位置上出现等，这些冗余部分便可在数据编码中除去或减少。例如，下面的字符串：CCCCCCCCCOOOMMMMMTTTTTT，这个字符串可以用更简洁的方式来编码，那就是通过替换每一个重复的字符串为单个的实例字符加上记录重复次数的数字来表示，上面的字符串可以被编码为下面的形式 9C3O5M6T，这里 9C 意味着 9 个字符 C，3O 意味着 3 个字符 O，依此类推。这种压缩方式是众多压缩技术中的一种，称为“行程长度编码”方式，简称 RLE。冗余度压缩是一个可逆过程，因此称为无失真压缩（无损压缩），或称保持型编码。

其次，数据中间尤其是相邻的数据之间，常存在着相关性。例如，图片中经常有色彩均匀的部分，电视信号的相邻两帧之间可能只有少量变化的影像是不同的，声音信号有时具有一定的规律性和周期性等。因此，有可能利用某些变换来尽可能地去掉这些相关性。

（2）数据压缩方法的分类

数据压缩就是在无失真或允许一定失真的情况下，以尽可能少的数据表示信源所发出的信号。通过对数据的压缩减少数据占用的存储空间，从而减少传输数据所需的时间，减少传输数据所需信道的带宽。

① 根据质量有无损失可以分为无损压缩和有损压缩两大类。

- 无损压缩：指利用数据的统计冗余进行压缩，可完全恢复原始数据而不引入任何失真，但压缩率受到数据统计冗余度的理论限制，一般为 2:1～5:1。这类方法广泛用于文本数据、程序和特殊应用场合的图像数据（如指纹图像、医学图像等）的压缩。由于压缩比的限制，仅使用无损压缩方法不可能解决图像和数字视频的存储和传输的所有问题。经常使用的无损压缩方法有 Shannon-Fano 编码、Huffman 编码、游程（Run-length）编码、LZW 编码（Lempel-Ziv-Welch）、算术编码等。
- 有损压缩：指利用人类视觉对图像或声波中的某些频率成分不敏感的特性，允许压缩过程中损失一定的信息。虽然不能完全恢复原始数据，但是所损失的部分对理解原始图像的影响较小，却换来了大得多的压缩比。有损压缩广泛应用于语音、图像和视频数据的压缩。

② 按照其作用域在空间域或频率域上分为空间方法、变换方法和混合方法。

③ 根据是否自适应分为自适应编码和非自适应编码。

④ 根据压缩算法分为脉冲编码调制、预测编码、变换编码、统计编码和混合编码。

衡量一个压缩编码方法优劣的重要指标为：压缩比要高，有几倍、几十倍，也有几百乃至几千倍；压缩与解压缩要快，算法要简单，硬件实现容易；解压缩后的质量要好。在选用编码方法时还应考虑信源本身的统计特征、多媒体软硬件系统的适应能力、应用环境及技术标准等。

（3）多媒体数据压缩标准

前面介绍了数据压缩的基本概念和基本方法，随着数据压缩技术的发展，一些经典编码方法趋于成熟，为使数据压缩走向实用化和产业化，一些国际标准组织成立了数据压缩和通信方面的专家组，制定了几种数据压缩编码标准，并且很快得到了产业界的认可。

目前已公布的数据压缩标准有：用于静止图像压缩的 JPEG 标准、用于视频和音频编码的 MPEG 系列标准（包括 MPEG-1、MPEG-2、MPEG-4 等）、用于视频和音频通信的 H.261、H.263 标准等。

① JPEG 标准：JPEG（Joint Photographic Expert Group）是联合图像专家组的缩写，其中“联合”指国际电报电话咨询委员会（CCITT）和国际标准化组织（ISO）。他们开发研制出连续色调、多级灰度、静止图像的数字图像压缩编码方法，称为 JPEG 算法。JPEG 算法被确定为 JPEG 国际标准，这是彩色、灰度、静止图像的第一个国际标准，是一个适用范围广泛的通用标准。

JPEG 的目的是为了给出一个适用于连续图像的压缩方法，它以离散余弦变换（DCT）为核心算法，通过调整质量系数控制图像的精度和大小。JPEG 采用了有损压缩算法，对于照片等连续变化的灰度或彩色图像，JPEG 在保证图像质量的前提下，一般可以将图像压缩到原大小的 1/10～1/20。如果不考虑图像质量，JPEG 甚至可以将图像压缩到“无限小”。2001 年正式推出了 JPEG2000 国际标准，在文件大小相同的情况下，JPEG2000 压缩的图像比 JPEG 质量更高，精度损失更小。

② MPEG 标准：MPEG（Moving Picture Expert Group）是活动图像专家组的缩写，是国际标准化组织和国际电工委员会（ITU）组成的一个专家组。

MPEG 是一种在高压缩比的情况下，仍能保证高质量画面的压缩算法。它用于活动图像的编码，是一组视频、音频、数据的压缩标准。它提供的压缩比高达 200:1，同时图像和音响的质量也非常高。它采用的是一种减少图像冗余信息的压缩算法，通常有 MPEG-1、MPEG-2、MPEG-4 3 个版本，以适用于不同带宽和数字影像质量的要求。它的 3 个最显著的优点就是兼容性好、压缩比高（最高可达 200:1）、数据失真小。

③ MP3 标准：MP3 是 MPEG Audio Layer3 音乐格式的缩写，属于 MPEG-1 标准的一部分。利用该技术可以将声音文件以 1:12 的压缩率压缩成更小的文档，同时还保持高品质的效果。

④ H.261、H.263 标准：H.216 是 CCITT 所属专家组主要为可视电话和电视会议而制定的标准，是关于视像和声音的双向传输标准。H.261 最初是针对在 ISDN 上实现电信会议应用，特别是面对面的可视电话和视频会议而设计的。实际的编码算法类似于 MPEG 算法，但不能与后者兼容。H.261 在实时编码时比 MPEG 所占用的 CPU 运算量少得多，此算法为了优化带宽占用量，引进了在图像质量与运动幅度之间的平衡折中机制，也就是说，剧烈运动的图像比相对静止的图像质量要差。因此，这种方法是属于恒定码流可变质量编码而非恒定质量的可变码流编码。H.263 的编码算法与 H.261 一样，但做了一些改善和变化，以提高性能和纠错能力。H.263 标准在低码率下能够提供比 H.261 更好的图像效果。

近年来，已经产生了各种不同用途的压缩算法、压缩手段和实现这些算法的大规模集成电路和计算机软件。目前，相关的研究还在进行，人们仍在不断地研究更为有效的算法。

8.5　综合实例

8.5.1　Word 公文实例

1. 页面设置

启动 Microsoft Word 2019，新建一个 Word 文档。

单击“布局”选项卡“页面设置”组中的“页边距”，选择“自定义边距”选项，打开“页面设置”对话框，选择“页边距”选项卡，将页边距分别设置为“上：3.7 厘米；下：3.5 厘米；左：2.8 厘米；右：2.6 厘米”，如图 8.68 所示。

选择“布局”选项卡，将“页眉和页脚”设置成“奇偶页不同”；选择“文档网格”选项卡，单击右下角的“字体设置”按钮，弹出“字体”对话框，在“中文字体”下拉列表框中选择“仿宋”，在“字号”中选择“三号”，单击“确定”按钮，关闭对话框；在“文档网格”选项卡的“网格”栏中，选择“指定行和字符网格”，将“每行”设置成“28”个字符，“每页”设置成“22”行，单击“确定”按钮，关闭对话框。

2. 发文机关标识制作

单击“插入”选项卡“文本”组中的“文本框”按钮，选择“绘制横排文本框”选项，鼠标将会变成“十”，在正文绘制一个文本框，输入发文机关标识“××工程大学人事处”，将颜色设置成“红色”，字体设置成“方正小标宋简体”，字号为“小初”，段落为“居中”。

右击该文本框，选择“设置形状格式”命令，在右侧打开“设置形状格式”窗格，单击

“形状选项”的第一个按钮“填充与线条”，分别设置“填充”为“无填充”，“线条”为“无线条”，如图 8.69 所示。

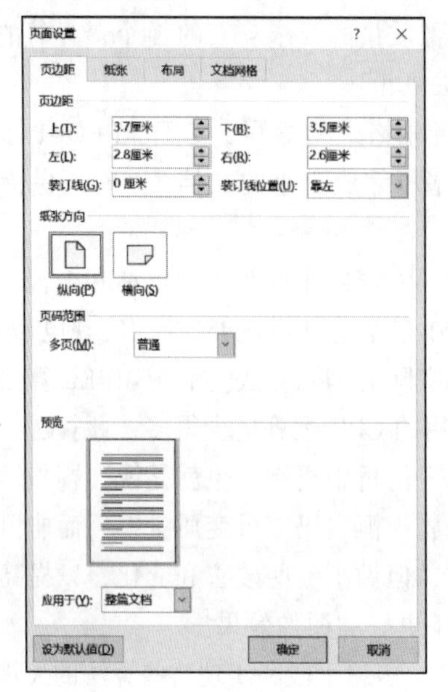

图 8.68 “页面设置”对话框

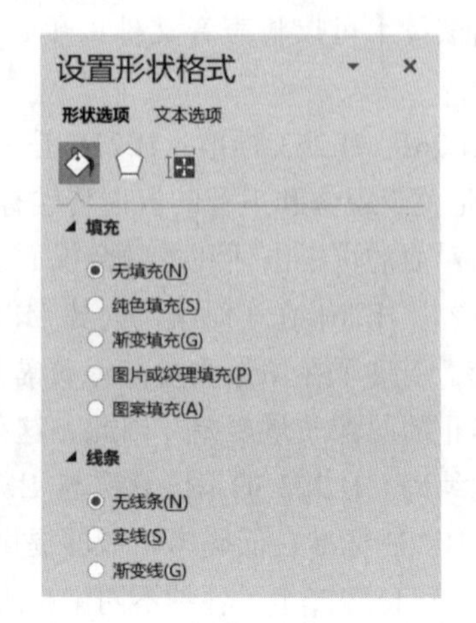

图 8.69 “设置形状格式”窗格

单击“形状选项”的第三个按钮“布局属性”，将“文本框”左、右、上、下的边距都设置成 0 cm。继续右击该文本框，选择“其他布局选项”命令，弹出“布局”对话框，选择“大小”选项卡，将“高度”设置成 2 cm，宽度设置成 15.5 cm，也可根据实际情况调节；选择“位置”选项卡，将“水平”的“对齐方式”设置为“居中”，“相对于”设置成“页面”，将“垂直”的“绝对位置”设置为 8 cm，“下侧”设置成“页边距”，如图 8.70 所示。

图 8.70 “公文写作”布局设置

单击“确定”按钮，关闭对话框，文本框属性全部设置完成。

3. 红线制作

单击“插入”选项卡“插图”组中的“形状”按钮，选择“线条”中的“直线”，鼠标将会变成“十”，左手按住【Shift】键，右手拖动鼠标从左到右划一条水平线。

选中直线，右击，选择“设置形状格式”命令，在右侧打开“设置形状格式”窗格，单击“形状选项”的第一个按钮“填充与线条”，分别设置 “线条”为“实线”，颜色为“红色”，“宽度”为“2.25 磅”。

继续选中直线，右击选择“其他布局选项”，命令打开“布局”对话框，选择“大小”选项卡，将“宽度”设置成 15.5 cm，选择“位置”选项卡，将“水平”的“对齐方式”设置为“居中”，“相对于”设置成“页边距”，将“垂直”的“绝对位置”设置为 15.7cm，“下侧”设置成“页面”，单击“确定”按钮，关闭“布局”对话框。

4. 文号制作

在红线上一行填写“文号”，输入“人事处〔2019〕78 号”采用三号仿宋，左侧缩进一个字符；右侧缩进一个字符输入“签发人:”，采用三号仿宋，签发人的姓名“×××”采用三号楷体。

注：文号中括号一定要使用六角符号，插入方法为：将光标置于准备插入的地方，单击“插入”选项卡“符号”组的“符号”按钮，选择“其他符号”选项打开“符号”对话框，在“符号”选项卡中找到六角符号后，单击“插入”按钮即可。效果如图 8.71 所示。

×××工程大学人事处

人事处〔2019〕78　　　　　　签发人：×××

图 8.71　“公文写作”眉首效果图

5. 主题词制作

单击“插入”选项卡“表格”组中的“表格”按钮，选择“插入表格”选项，打开“插入表格”对话框，设置列数为 1、行数为 3，单击“确定”按钮。

选中表格，右击，选择“表格属性”命令，打开“表格属性”对话框，选择“表格”选项卡，选择对齐方式为“居中”，再单击右下角的“边框和底纹”按钮，在“预览”窗口中将每行的下线选中，其他线取消，单击“确定”按钮；选择“列”选项卡，将列宽设置为 15.5 cm。

在表格第一行中填写：

主题词：第一批　百人计划　申报和审核　通知

注：主题词用三号黑体；主题词词目用三号方正小标宋。

在表格第二行中填写：

抄送：×××　　　　　　　　　　　　（共印 120 份）

注：用三号仿宋。

在表格第三行中填写：

承办单位：人事处　　　　承办人：×××　　2019 年 12 月 6 日印发

注：用三号仿宋。

效果如图 8.72 所示。

主题词：第一批 百人计划 申报和审核 通知	
抄送：×××	（共印120份）
承办单位：人事处 承办人：××× 2019年12月6日印发	

图 8.72 “公文写作”主题词效果图

6. 公文正文排版

在红线下空一行（注：主题词表格之前）开始输入公文的正文文字：

“关于开展我校第一批“百人计划”人选申报和评审工作的通知

各院系组织人事部门：

根据《全国高校引进高层次人才暂行办法》，现就组织开展第一批“百人计划”申报和评审工作有关事项通知如下。

一、申报类型和条件

1．创新人才全职项目条件

具有博士学位，年龄一般不超过55岁。

2．创业人才条件

具有硕士及以上学位，年龄一般不超过55岁，具有两年以上海外学习或工作（含在国内的外国独资企业工作）经历。

二、申报时间及要求

1．个人网上申报从2019年12月11日0时开始，12月24日24时截止；用人单位（二级单位）填写推荐意见从2019年12月15日0时开始，12月25日24时结束。

2．网上申报请登录校园网的“高层次人才评审系统”，各级用户登录系统用户名为单位名称的全拼首字母小写。

3．请各院系各有关单位接此通知后，抓紧部署相关工作，严格按照规定程序，认真做好申报工作。”

接下来，修改正文格式：

将标题“关于开展我校第一批“百人计划”人选申报和评审工作的通知”，设置成二号小标宋字体，居中显示；主送机关“各院系组织人事部门:”，设置成三号仿宋字体，顶格，冒号使用全角方式；正文采用三号仿宋字体，段落设置为首行缩进2个字符。

正文结束后（可以根据需要空几行），右对齐输入“××工程大学人事处”，设置成三号仿宋字体，右缩进2个字符；接下来一行，输入成文日期，“二○一九年十二月五号”，设置成三号仿宋字体，右缩进0.5个字符，“○”要采用软键盘中的“特殊字符”输入。

7. 插入页码

将光标置于第一页的任意位置，在工具栏选择“插入”选项卡“页眉和页脚”组中的“页码”按钮，选择“页面底端”中的“普通数字3”。此时，页面底端出现数字“1”，工具栏中出现一个新的【页眉和页脚工具】选项卡，选中数字“1”，单击“页眉和页脚”组中的“页码”，选择“设置页码格式”，打开“页码格式”对话框，在“编号格式”下拉列表框中选择第二种，即页码两边各加上一条短线，即“– 1 –”，如图 8.73 所示。

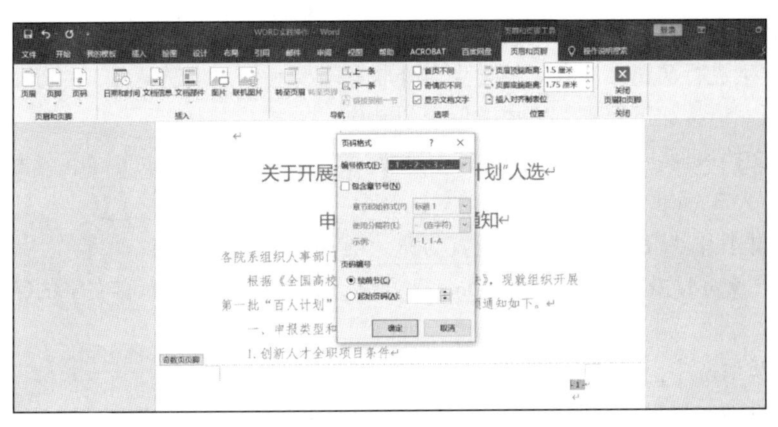

图 8.73　页眉页脚设计

继续选中数字“－ 1 －”，单击“开始”选项卡，在“段落”标签的缩进一项改为右缩进 1 字符，单击图标，在“字体”组中将页码字号设置成“四号”，字体可任意选择。

切换回“页眉和页脚工具-页眉和页脚”选项卡的“选项”组中；确定已经选中“奇偶页不同”复选框，在“导航”组中单击“下一节”，光标跳至第二页（偶数页）的页脚处，单击“页眉和页脚”标签中的“页码”，选择“页面底端”中的“普通数字 1”。此时，页面底端出现页码数字，如“－ 2 －”。选中数字“-2-”将页码字号设置成“四号”，字体可任意选择，左缩进 1 字符。然后，在正文任意地方双击，退出页眉页脚的设计状态。

上述操作完成后，即可生成一个规范的公文实例，如图 8.74 所示。

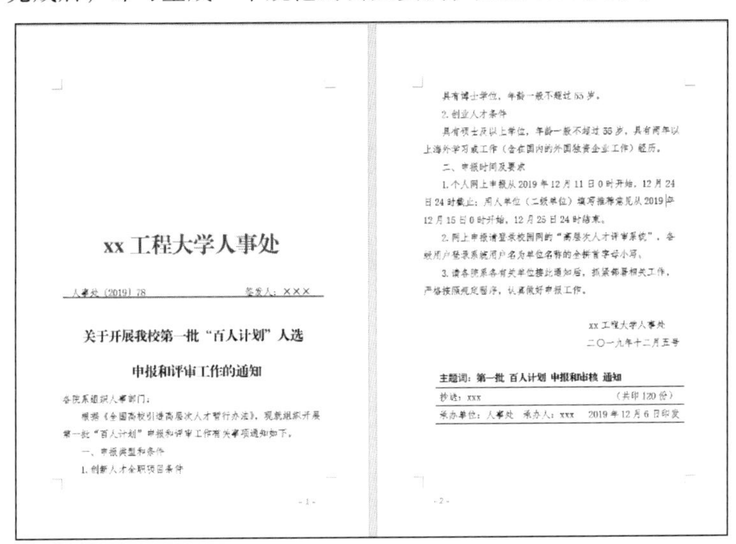

图 8.74　“公文写作”效果图

8.5.2　Word 邀请函制作

题目要求：

打开素材文档“邀请函.docx”。按照要求完成下列操作并以该文件名（邀请函.docx）保存文档。某高校学生会计划举办一场“大学生网络创业交流会”的活动，拟邀请部分专家和老师给在校学生进行演讲。因此，校学生会外联部需要制作一批邀请函，并分别递送给相关的专家和老师。请按如下要求，完成邀请函的制作：

① 调整文档版面，要求页面高度 18 cm、宽度 30 cm，页边距（上、下）为 2 cm，页边距（左、右）为 3 cm。

② 将素材图片“背景图片.jpg”设置为邀请函背景。

③ 根据“Word-邀请函参考样式.docx”文件，调整邀请函中内容文字的字体、字号和颜色。

④ 调整邀请函中内容、文字、段落的对齐方式。

⑤ 根据页面布局需要，调整邀请函中“大学生网络创业交流会”和“邀请函”两个段落的间距。

⑥ 在“尊敬的”和“(老师)”文字之间，插入拟邀请的专家和老师姓名，拟邀请的专家和老师姓名在素材的“通讯录.xlsx ”文件中。每页邀请函中只能包含 1 位专家或老师的姓名，所有的邀请函页面请另外保存在一个名为“Word-邀请函.docx”文件中。

⑦ 邀请函文档制作完成后，请保存“邀请函.docx ”文件。

操作步骤注释：

第①题【操作步骤】

步骤 1：打开素材“邀请函.docx”文件。

步骤 2：根据题目要求，调整文档版面。单击“布局”选项卡“页面设置”组中的“纸张大小”下拉按钮，选择“其他纸张大小”选项，弹出“页面设置”对话框。切换至“纸张”选项卡，在“纸张大小”微调框中设置高度为“18 厘米”，在“宽度”微调框中设置宽度为“30 厘米”。

步骤 3：切换至“页边距”选项卡，选择“自定义页边距”，在“上”微调框和“下”微调框中都设置为“2 厘米”，在“左”微调框和“右”微调框中都设置为“3 厘米”。设置完毕后单击“确定”按钮即可。

第②题【操作步骤】

步骤 1：单击“设计”选项卡“页面背景”组中的“页面颜色”按钮，在弹出的下拉列表框中选择“填充效果”选项，弹出“填充效果”对话框，切换至“图片”选项卡。

步骤 2：单击“选择图片”按钮，从目标文件夹下选择“背景图片.jpg”，单击“插入”按钮，单击“确定”按钮即可完成设置。

第③题【操作步骤】

步骤 1：选中标题，单击“开始”选项卡“段落”组中的“居中”按钮。再选中“大学生网络创业交流会”，单击“开始”选项卡“字体”组右下侧的按钮，弹出“字体”对话框。切换至“字体”选项卡，设置“中文字体”为“微软雅黑”，“字号”为“二号”，“字体颜色”为“蓝色”，单击“确定”按钮。

步骤 2：按照同样的方式，设置“邀请函”字体为“微软雅黑”，字号为“二号”，字体颜色为“自动”。最后选中正文部分，字体设置为“微软雅黑”，字号为“五号”，字体颜色为“自动”，单击“确定”按钮。

第④题【操作步骤】

步骤 1：选中如图 8.75 所示的文档内容。

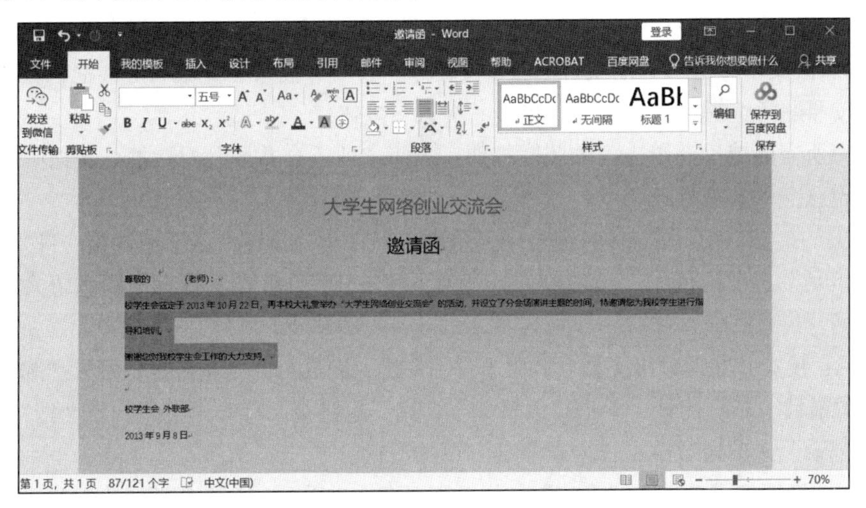

图 8.75　选中内容

步骤 2：单击“开始”选项卡“段落”组右下侧的对话框启动器按钮，弹出“段落”对话框，切换至“缩进和间距”选项卡，在“缩进”选项下选择“特殊”选项，在下拉列表框中选择“首行”，在“缩进值”微调框中调整磅值为“2 字符”。

步骤 3：选中文档最后两行的文字内容，在“段落”对话框中选择“缩进和间距”选项卡，在“常规”选项下“对齐方式”，选择“右对齐”，单击“确定”按钮。

第⑤题【操作步骤】

选中“大学生网络创业交流会”和“邀请函”，单击“开始”选项卡“段落”组右下侧的对话框启动器按钮，弹出“段落”对话框，切换至“缩进和间距”选项卡，单击“间距”选项下的“行距”下拉按钮，在弹出的下拉列表框中选择“单倍行距”选项。设置完毕后单击“确定”按钮即可。

第⑥题【操作步骤】

步骤 1：把鼠标定位在“尊敬的”和“(老师)”文字之间，单击“邮件”选项卡“开始邮件合并”组中的“开始邮件合并”按钮，在弹出的下拉列表框中选择“邮件合并分步向导”选项。

步骤 2：打开“邮件合并”任务窗格，进入“邮件合并分步向导”的第一步。在“选择文档类型”中选择一个希望创建的输出文档的类型，此处选择“信函”命令。

步骤 3：单击“下一步：开始文档”超链接，进入“邮件合并分步向导”的第二步，在“选择开始文档”选项区域中选中“使用当前文档”单选按钮，以当前文档作为邮件合并的主文档。

步骤 4：单击“下一步：选取收件人”超链接，进入第三步，在“选择收件人”选项区域中选中“使用现有列表”单选按钮。

步骤 5：单击“浏览”超链接，弹出“选取数据源”对话框，选择“通讯录.xlsx”文件后单击“打开”按钮，进入“邮件合并收件人”对话框，单击“确定”按钮完成现有工作表的链接工作。

步骤 6：选择了收件人的列表之后，单击“下一步：撰写信函”超链接，进入第四步。在“撰写信函”区域中单击“其他项目”超链接命令。打开“插入合并域”对话框，在“域”列表框中，按照题意选择“姓名”域，单击“插入”按钮。

插入完所需的域后，单击“关闭”按钮，关闭“插入合并域”对话框。文档中的相应位置就会出现已插入的域标记。

步骤 7：在“邮件合并”任务窗格中，单击“下一步：预览信函”超链接，进入第五步。在“预览信函”选项区域中，单击收件人旁的下拉按钮，可查看具有不同邀请人的姓名和称谓的信函。

步骤 8：预览并处理输出文档后，单击“下一步：完成合并”超链接，进入“邮件合并分步向导”的最后一步。此处，单击“编辑单个信函”超链接，打开“合并到新文档”对话框，在“合并记录”选项区域中，选中“全部”单选按钮。

步骤 9：设置完成后单击“确定”按钮，即可在文中看到，每页邀请函中只包含一位专家或老师的姓。选择“文件”→“另存为”命令，保存文件名为"Word-邀请函.docx"。

第⑦题【操作步骤】

单击“保存”按钮，保存文件名为“邀请函.docx”。

8.5.3 Excel 图书销售情况分析统计

请根据销售数据报表（素材“图书销售情况.xlsx”文件），按照如下要求完成统计和分析工作：

① 请对“订单明细”工作表进行格式调整，通过套用表格格式方法将所有的销售记录调整为一致的外观格式，并将“单价”列和“小计”列两列包含的单元格调整为“会计专用”（人民币）数字格式。

② 根据图书编号，请在“订单明细”工作表的“图书名称”列中，使用 VLOO KUP 函数完成图书名称的自动填充。“图书名称”和“图书编号”的对应关系在“编号对照”工作表中。

③ 根据图书编号，请在“订单明细”工作表的“单价”列中，使用 VLOOKUP 函数完成图书单价的自动填充。“单价”和“图书编号”的对应关系在“编号对照”工作表中。

④ 在“订单明细”工作表的“小计”列中，计算每笔订单的销售额。

⑤ 根据“订单明细”工作表中的销售数据，统计所有订单的总销售金额，并将其填写在“统计报告”工作表的 G3 单元格中。

⑥ 根据“订单明细”工作表中的销售数据，统计《基础操作办公技巧》图书在 2012 年的总销售额，并将其填写在“统计报告”工作表的 B3 单元格中。

⑦ 根据“订单明细”工作表中的销售数据，统计隆华书店在 2011 年第 3 季度的总销售额，并将其填写在“统计报告”工作表的 D5 单元格中。

⑧ 根据“订单明细”工作表中的销售数据，统计隆华书店在 2011 年的每月平均销售额（保留 2 位小数），并将其填写在“统计报告”工作表的 B6 单元格中。

⑨ 保存“图书销售情况.xlsx ”文件。

操作步骤注释：

第①题【操作步骤】

步骤 1：打开“图书销售情况.xlsx”文档，打开“订单明细表”工作表。

步骤 2：选中工作表中的 A2:H27 单元格选区，单击“开始”选项卡“样式”组中的“套用表格格式”按钮，在弹出的下拉列表框中选择一种表样式，此处选择“表样式浅色 10”，弹出“创建表”对话框。保留默认设置后单击“确定”按钮即可。

步骤 3：选中“单价”列和“小计”列，右击，在弹出的快捷菜单中选择“设置单元格格式”命令，弹出“设置单元格格式”对话框。在“数字”选项卡的“分类”组中选择“会计专用”命令，然后在“货币符号（国家/地区）”下拉列表框选择“CNY”，如图 8.76 所示。

图 8.76　设置单元格格式

第②题【操作步骤】

在“订单明细表”工作表的 B3 单元格中输入"=VLOOKUP(D3，编号对照!$A$3:$C$19,2,FALSE)"，按【Enter】键完成图书名称的自动填充。

第③题【操作步骤】

在“订单明细表”工作表的 G3 单元格中输入“=VLOOKUP(D3,编号对照!$A$3:$C$19,3,FALSE)”，按【Enter】键完成单价的自动填充。

第④题【操作步骤】

在“订单明细表”工作表的 H3 单元格中输入“=F3*G3”，按【Enter】键完成计算，拖动自动填充。

第⑤题【操作步骤】

步骤1：在“订单明细表”工作表中，选中列为“小计”，H3:H27的所有值，单击“公式”选项卡“函数库”组中的“自动求和”按钮，选择“求和”选项，按【Enter】键后完成销售额的自动填充，H28单元格中显示总金额，如下图8.77所示。

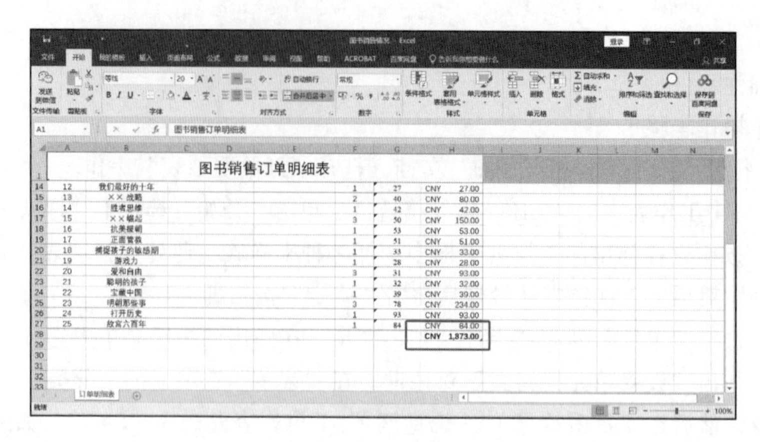

图 8.77 订单明细表

步骤 2：选择“文件”→“选项”命令，弹出“Excel 选项”对话框，单击“校对”选项中的“自动更正选项”按钮，弹出“自动更正”对话框，选择“键入时自动套用格式”选项卡，选中“将公式填充到表以创建计算列”复选框，单击“确定”按钮。

第⑥题【操作步骤】

步骤 1：在“订单明细表”工作表中，单击“单价”单元格下拉按钮，即最后一列数据选择“降序”命令。

步骤 2：切换至“统计报告”工作表，在 B3 单元格中输入“=SUMPRODUCT(1*(订单明细表!E3:E27="《基础操作办公技巧》"),订单明细表!H3:H27)"，按【Enter】键确认。

第⑦题【操作步骤】

步骤：在“统计报告”工作表的 D5 单元格中输入“=SUMPRODUCT(1*(订单明细表!D22:D27="隆华书店"),E22:E27='第三季度'，订单明细表! H22:H27)”，按【Enter】键确认。

第⑧题【操作步骤】

步骤：在“统计报告”工作表的 B6 单元格中输入“=SUMPRODUCT(1*(订单明细表!D22:D27="隆华书店"),订单明细表!H22:H27)/12”，按【Enter】键确认，然后设置该单元格格式保留 2 位小数。计算结果如图 8.78 所示。

统计报告	
统计项目	销售额（元）
所有订单的总销售金额	658638
基础操作办公技巧	15210
隆华书店在2021年第3季度（7月1日-9月30日）的总销售额	40727
隆华书店在2021年的每月平均销售额	7808，33

图 8.78 计算结果

第⑨题【操作步骤】

单击“保存”按钮即可完成“图书销售情况.xlsx”文件的保存。

8.5.4 Excel 员工档案信息分析汇总

请根据东方公司员工档案表（素材“员工档案信息.xlsx”文件），按照如下要求完成统计和分析工作：

① 请对“员工档案表”工作表进行格式调整，将所有工资列设为保留两位小数的数值，适当加大行高列宽。

② 根据身份证号，请在“员工档案表”工作表的“出生日期”列中，使用 MID 函数提取员工生日，单元格式类型为“yyyy'年'm'月'd'日'”。

③ 根据入职时间，请在“员工档案表”工作表的“工龄”列中，使用 TODAY 函数和 INT 函数计算员工的工龄，工作满一年才计入工龄。

④ 引用“工龄工资”工作表中的数据来计算“员工档案表”工作表员工的工龄工资，在“基础工资”列中，计算每个人的基础工资。（基础工资=基本工资+工龄工资）

⑤ 根据“员工档案表”工作表中的工资数据，统计所有人的基础工资总额，并将其填写在“统计报告”工作表的 B2 单元格中。

⑥ 根据“员工档案表”工作表中的工资数据，统计职务为项目经理的基本工资总额，并将其填写在“统计报告”工作表的 B3 单元格中。

⑦ 根据“员工档案表”工作表中的数据，统计东方公司本科生平均基本工资，并将其填写在“统计报告”工作表的 B4 单元格中。

⑧ 通过分类汇总功能求出每个职务的平均基本工资。

⑨ 创建一个饼图，对每个员工的基本工资进行比较，并将该图表放置在“统计报告”中。

⑩ 保存“员工档案信息.xlsx”文件。

操作步骤注释：

第①题【操作步骤】

步骤 1：打开“员工档案信息.xlsx”文档，打开“员工档案”工作表。

步骤 2：选中所有工资列单元格，单击“开始”选项卡“单元格”组中的“格式”按钮，在弹出的下拉列表中选择“设置单元格格式”选项，弹出“设置单元格格式”对话框。在“数字”选项卡的“分类”组中选择“数值”命令，在小数位数微调框中设置小数位数为 2。设置完毕后单击“确定”按钮即可。

步骤 3：选中所有单元格内容，单击“开始”选项卡“单元格”组中的“格式”按钮，在弹出的下拉列表框中选择“行高”选项，弹出“行高”对话框，设置行高为 15。设置完毕后单击“确定”按钮即可。

步骤 4：单击“开始”选项卡“单元格”组中的“格式”按钮，按照设置行高同样地方式设置“列宽”为 10。最后单击“确定”按钮完成设置。

第②题【操作步骤】

步骤：在“员工档案表”工作表的 D3 单元格中输入“=MID(F3,7,4)&"年"&MID(F3,11,2)&"月"&MID(F3,13,2)&"日"”，按【Enter】键确认，然后向下填充公式到最后一个员工。

第③题【操作步骤】

步骤：在“员工档案表”的 E3 单元格中输入“=INT((TODAY()-I3)/365)”，表示当前日期减去入职时间的余额除以 365 天后再向下取整，按【Enter】键确认，然后向下填充公式到最后一个员工。

第④题【操作步骤】

步骤 1：在“员工档案表”的 F3 单元格中输入“=E3*工龄工资!$B$3”，按【Enter】键确认，然后向下填充公式到最后一个员工。

步骤 2：在 H3 单元格中输入“=G3+F3”，按【Enter】键确认，然后向下填充公式到最后一个员工。

第⑤题【操作步骤】

步骤：在“统计报告”工作表的 B2 单元格中输入“=SUM(员工档案表!G3:G22)”，按【Enter】键确认。

第⑥题【操作步骤】

步骤：在“统计报告”工作表的 B3 单元格中输入“=SUMIF(员工档案表!I3:I22,"项目经理",员工档案表!G3:G22)”，按【Enter】键确认。

第⑦题【操作步骤】

步骤：设置“统计报告”工作表中的 B4 单元格格式为 2 位小数，然后在 B4 单元格中输入“=AVERAGEIF(员工档案表!J3:J22,"本科", 员工档案!G3:G22)”，按 Enter 键确认。结果如图 8.79 所示。

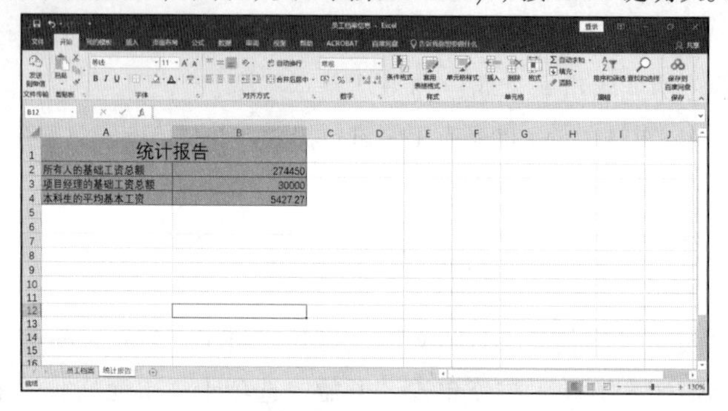

图 8.79　统计报告

第⑧题【操作步骤】

步骤 1：在“员工档案表”中选中 E38 单元格，单击“数据”选项卡“分级显示”组中的“分类汇总”按钮，弹出“分类汇总”对话框。单击“分类字段”组中的下拉按钮选择“职务”，单击“汇总方式”组中的下拉按钮选择“平均值”命令，在“选定汇总项”组中选中“基本工资”复选框。

步骤 2：单击“确定”按钮即可看到实际效果，如图 8.80 所示。

	A	B	C	D	E	F	G	H	I	J	K	L	M
1	东方公司员工档案表												
2	员工编号	姓名	性别	部门	职务	身份证号	出生日期	学历	入职时间	工龄	基本工资	工龄工资	基础工资
3	DF007	曾晓军	男	管理	部门经理	41020519641227××××	1964年12月27日	硕士	2001年3月	12	10000.00	600.00	10600.00
4					部门经理 平均值								10600.00
5	DF015	李北大	男	管理	人事行政经理	42031619740928××××	1974年09月28日	硕士	2006年12月	7	9500.00	350.00	9850.00
6					人事行政经理 平均值								9850.00
7	DF002	郭晶晶	女	行政	文秘	11010519890304××××	1989年03月04日	大专	2012年3月	1	3500.00	50.00	3550.00
8					文秘 平均值								3550.00
9	DF013	苏三强	男	研发	项目经理	37010819720221××××	1972年02月21日	硕士	2003年8月	10	12000.00	500.00	12500.00
10	DF017	曾令煊	男	研发	项目经理	11010519641002××××	1964年10月02日	博士	2001年6月	12	18000.00	600.00	18600.00
11					项目经理 平均值								15550.00
12	DF008	齐小小	女	管理	销售经理	11010219730512××××	1973年05月12日	硕士	2001年10月	12	15000.00	600.00	15600.00
13					销售经理 平均值								15600.00
14	DF003	侯大文	男	管理	研发经理	31010819771212××××	1977年12月12日	硕士	2003年7月	10	12000.00	500.00	12500.00
15					研发经理 平均值	××××							12500.00
16	DF004	宋子文	男	研发	员工	37220819751009××××	1975年10月09日	本科	2003年7月	10	5600.00	500.00	6100.00
17	DF005	王清华	男	人事	员工	11010119720902××××	1972年09月02日	本科	2001年6月	12	5600.00	600.00	6200.00
18	DF006	张国庆	男	人事	员工	11010819781212××××	1978年12月12日	本科	2005年9月	8	6000.00	400.00	6400.00
19	DF009	孙小红	女	行政	员工	55101819860731××××	1986年07月31日	本科	2010年5月	3	4000.00	150.00	4150.00
20	DF010	陈家洛	男	研发	员工	37220819731007××××	1973年10月07日	本科	2006年5月	7	5500.00	350.00	5850.00
21	DF011	李小飞	男	研发	员工	41020519790827××××	1979年08月27日	本科	2011年4月	2	5000.00	100.00	5100.00
22	DF012	杜兰儿	女	销售	员工	11010619850404××××	1985年04月04日	大专	2013年1月	1	3000.00	50.00	3050.00
23	DF014	张乖乖	男	行政	员工	61030819811102××××	1981年11月02日	本科	2009年5月	4	4700.00	200.00	4900.00

图 8.80　分类汇总效果图

第⑨题【操作步骤】

步骤 1：同时选中每个职务平均基本工资所在的单元格，单击“插入”选项卡“图表”组中的“饼图”按钮，选择“分离型饼图”。

步骤 2：右击图表区，选择“选择数据”命令，弹出“选择数据源”对话框，选中“水平（分类）轴标签”下的“1”，单击“编辑”按钮，弹出“轴标签”对话框，在“轴标签区域”中输入“部门经理,人事行政经理,文秘,项目经理,销售经理,研发经理,员工,总经理”。

步骤 3：单击“确定”按钮。

步骤 4：剪切该图复制到“统计报告”工作表中，如图 8.81 所示。

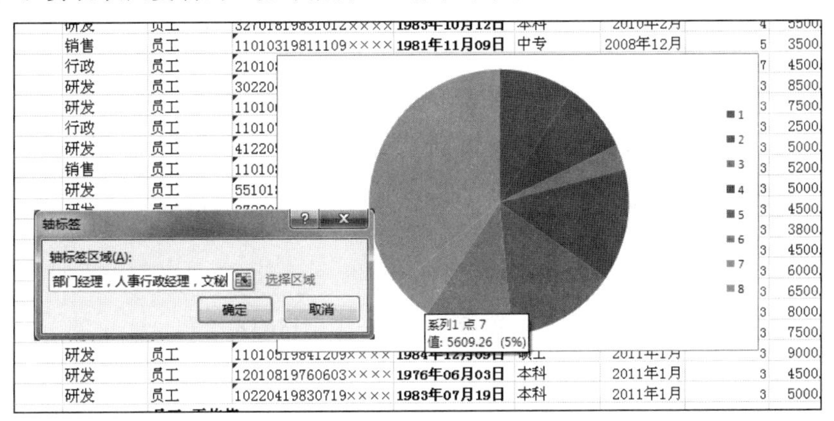

图 8.81　分离型饼图

第⑩题【操作步骤】

步骤：单击“保存”按钮，保存“员工档案信息.xlsx”文件。

8.5.5　PPT 图书策划方案

题目：为了更好地控制教材编写的内容、质量和流程，小李负责起草了图书策划方案（请“图书策划方案.docx”文件）。他需要将图书策划方案 Word 文档中的内容制作为可以向教材编委会进行展示的 PowerPoint 演示文稿。

请根据图书策划方案（参考“图书策划方案.docx”文件）中的内容，按照如下要求完成演示文稿的制作：

① 创建一个新演示文稿，内容需要包含“图书策划方案.docx”文件中所有讲解的要点，包括：

- 演示文稿中的内容编排，需要严格遵循 Word 文档中的内容顺序，并仅需要包含 Word 文档中应用了“标题 1”“标题 2”“标题 3”样式的文字内容。
- Word 文档中应用了“标题 1”样式的文字，需要成为演示文稿中每页幻灯片的标题文字。
- Word 文档中应用了“标题 2”样式的文字，需要成为演示文稿中每页幻灯片的第一级文本内容。

• Word 文档中应用了“标题 3”样式的文字，需要成为演示文稿中每页幻灯片的第二级文本内容。

② 将演示文稿中的第一页幻灯片，调整为“标题幻灯片”版式。

③ 为演示文稿应用一个美观的主题样式。

④ 在标题为“2022 年同类图书销量统计”的幻灯片页中，插入一个 6 行、5 列的表格，列标题分别为“图书名称”“出版社”“作者”“定价”“销量”。

⑤ 在标题为“新版图书创作流程示意”的幻灯片页中，将文本框中包含的流程文字利用 SmartArt 图形展现。

⑥ 在该演示文稿中创建一个演示方案，该演示方案包含第 1、2、4、7 页幻灯片，并将该演示方案命名为“放映方案 1”。

⑦ 在该演示文稿中创建一个演示方案，该演示方案包含第 1、2、3、5、6 页幻灯片，并将该演示方案命名为“放映方案 2”。

⑧ 保存制作完成的演示文稿，并将其命名为 PowerPoint.pptx。

操作步骤注释:

第①题【操作步骤】

步骤 1：打开 Microsoft PowerPoint 2019，新建一个空白演示文稿。

步骤 2：新建第一张幻灯片。按照题意，单击“开始”选项卡“幻灯片”组中的“新建幻灯片”下拉按钮，在弹出的下拉列表框中选择恰当的版式。此处选择“节标题”幻灯片，然后输入标题“Microsoft Office 图书策划案”，如图 8.82 所示。

步骤 3：按照同样的方式新建第二张幻灯片为“比较”。

步骤 4：在标题中输入“推荐作者简介”，在两侧的上下文本区域中分别输入素材文件“推荐作者简介”对应的二级标题和三级标题的段落内容。

步骤 5：按照同样的方式新建第三张幻灯片为“标题和内容”。

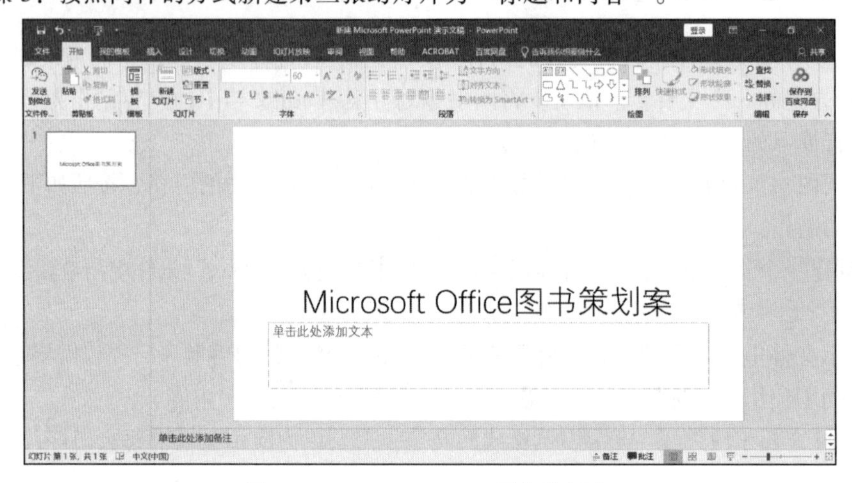

图 8.82　Microsoft Office 图书策划案

步骤 6：在标题中输入“Office 2019 的十大优势”，在文本区域中输入素材中“Office 2019 的十大优势”对应的二级标题内容。

步骤 7：新建第四张幻灯片为“标题和竖排文字”。

步骤 8：在标题中输入“新版图书读者定位”，在文本区域输入素材中“新版图书读者定位”对应的二级标题内容，如图 8.83 所示。

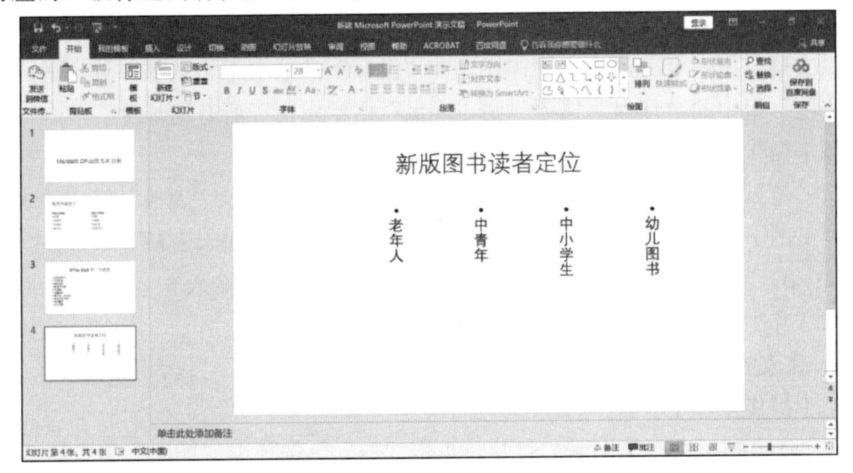

图 8.83　新版图书读者定位

步骤 9：新建第五张幻灯片为“竖排标题与文本”。

步骤 10：在标题中输入“PowerPoint 2019 创新的功能体验”，在文本区域输入素材中“PowerPoint 2019 创新的功能体验”对应的二级标题内容，如图 8.84 所示。

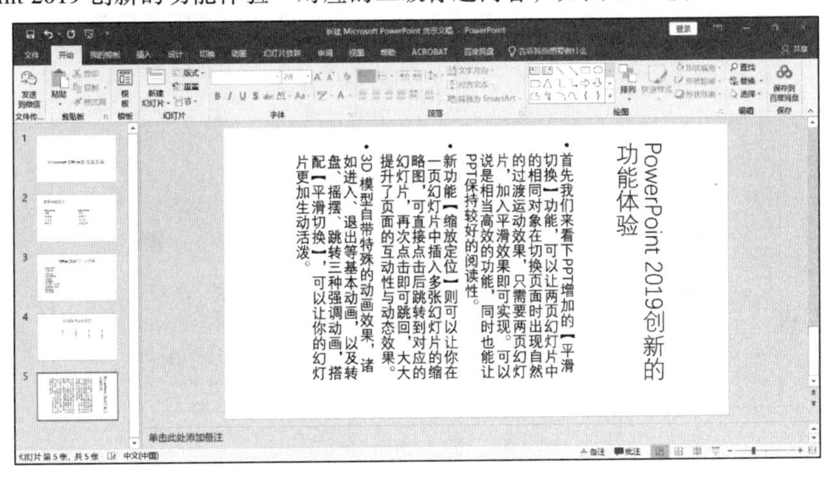

图 8.84　输入二级标题内容

步骤 11：依据素材中对应的内容，新建第六张幻灯片为“仅标题”。

步骤 12：在标题中输入“2022 年同类图书销量统计”字样。

步骤 13：新建第七张幻灯片为“标题和内容”。 输入标题“新版图书创作流程示意”字样，在文本区域中输入素材中“新版图书创作流程示意”对应的内容。

步骤 14：选中文本区域里在素材中应是三级标题的内容，（选定作者和选题沟通两项）右击，在弹出的快捷菜单中选择项目符号以调整内容为三级格式。

第②题【操作步骤】

将演示文稿中的第一页幻灯片调整为“标题幻灯片”版式。在“开始”选项卡下单击“版式”下拉按钮，在弹出的下拉列表框中选择“标题幻灯片”选项，即可将“节标题” 调整为“标题幻灯片” 。

第③题【操作步骤】

为演示文稿应用一个美观的主题样式。在“设计”选项卡下，选择一种合适的主题，此处选择“主题”组中的“环保”选项，则“环保”主题应用于所有幻灯片。

第④题【操作步骤】

步骤 1：依据题意选中第六张幻灯片，单击“插入”选项卡“表格”组中“表格”下拉按钮，在弹出的下拉列表框中选择“插入表格”选项，弹出“插入表格”对话框。

步骤 2：在“列数”微调框中输入 5，在“行数”微调框中输入 6，然后单击“确定”按钮即可在幻灯片中插入一个 6 行 5 列的表格。

步骤 3：在表格中分别依次输入列标题“图书名称”“出版社”“作者”“定价”“销量”。

第⑤题【操作步骤】

步骤 1：依据题意选中第七张幻灯片，单击“插入”选项卡“插图”组中的 SmartArt 按钮，弹出“选择 SmartArt 图形”对话框。

步骤 2：选择层次结构，选择“组织结构图”选项。

步骤 3：单击“确定”按钮后即可插入 SmartArt 图形。依据文本对应的格式，还需要对插入的图形进行格式调整。选中如图 8.85 所示的矩形，按【Backspace】键将其删除。

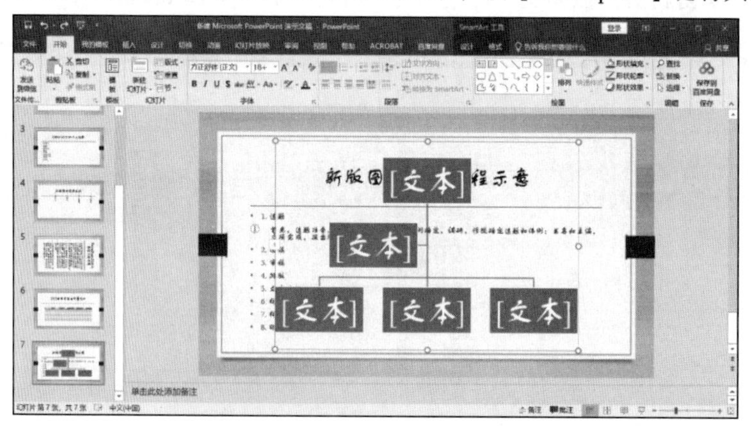

图 8.85　插入 SmartArt 图形

步骤 4：再选中如图所示的矩形，在“SmartArt 工具-设计”选项卡下，单击“创建图形”组中的“添加形状”按钮，在弹出的下拉列表中选择“在后面添加形状”。继续选中此矩形，采取同样的方式再次进行“在后面添加形状”的操作。

步骤 5：依旧选中此矩形，在“创建图形”组中单击“添加形状”按钮，在弹出的下拉列表框中进行两次“在下方添加形状”的操作（注意，每一次添加形状，都需要先选中此矩形）即可得到与幻灯片文本区域相匹配的框架图。

步骤 6：按照样例中文字的填充方式把幻灯片内容的文字分别剪贴到对应的矩形框中，最终效果如图 8.86 所示。

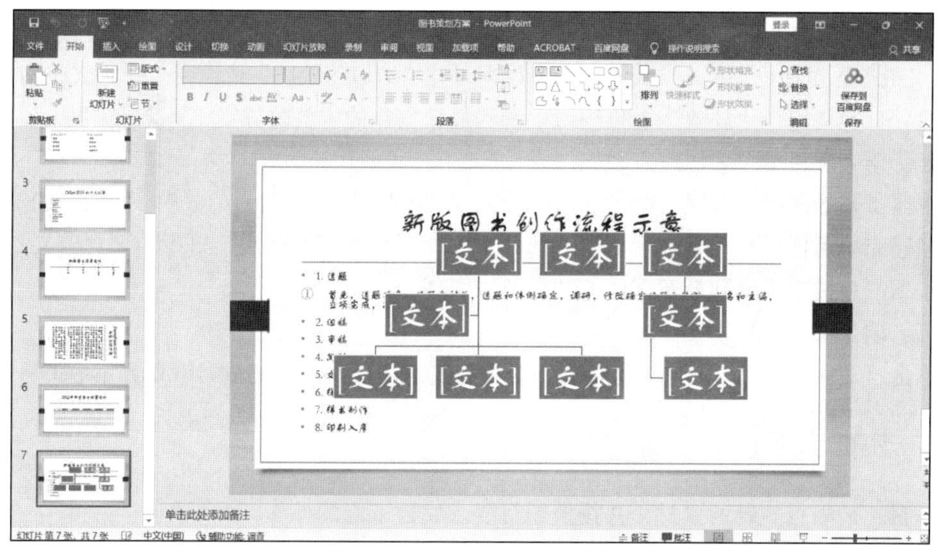

图 8.86　插入 SmartArt 图形

第⑥题【操作步骤】

步骤 1：依据题意，首先创建一个包含第 1、2、4、7 页幻灯片的演示方案。单击“幻灯片放映”选项卡“开始放映幻灯片”组中的“自定义幻灯片放映”下拉按钮，选择“自定义放映”选项，弹出“自定义放映”对话框。

步骤 2：单击“新建”按钮，弹出“定义自定义放映”对话框。

步骤 3：在“在演示文稿中的幻灯片”列表框中选择“1. Microsoft Office 图书策划案”命令，然后单击“添加”按钮即可将幻灯片 1 添加到“在自定义放映中的幻灯片”列表框中。

步骤 4：按照同样的方式分别将幻灯片 2、幻灯片 4、幻灯片 7 添加到右侧的列表框中，如图 8.87 所示。

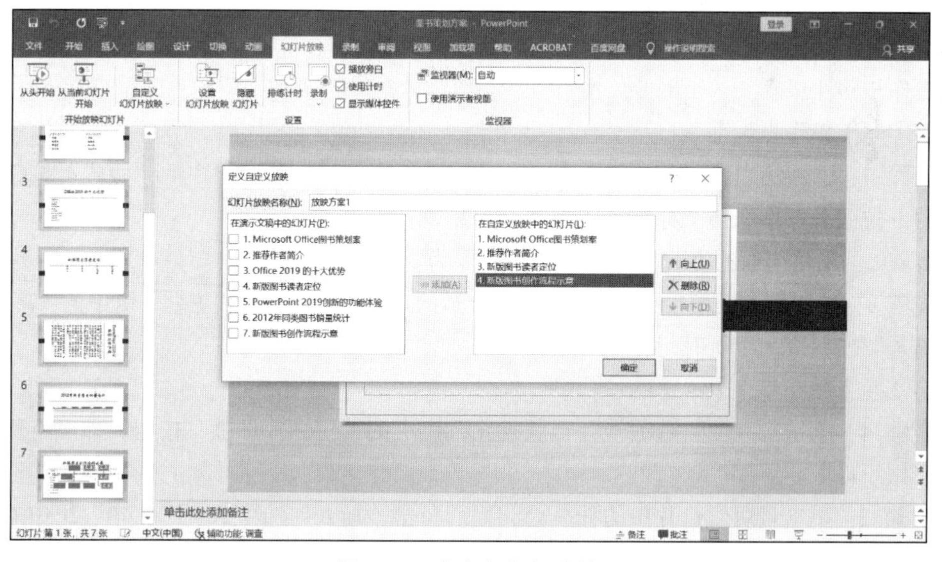

图 8.87　自定义幻灯片放

步骤 5：单击“确定”按钮后返回到“自定义放映”对话框。单击“编辑”按钮，在弹出的“幻灯片放映名称”文本框中输入“放映方案 1”，单击“确定”按钮后即可重新返回到“自定义放映”对话框。单击“关闭”按钮后即可在“幻灯片放映”选项卡“开始放映幻灯片”组中的“自定义幻灯片放映”下拉按钮中看到最新创建的“放映方案 1”演示方案。

第⑦题【操作步骤】

按照步骤 6 同样的方式为第 1、2、3、5、6 页幻灯片创建名为“放映方案 2”的演示方案。创建完毕后即可在“幻灯片放映”选项卡下“开始放映幻灯片”组中的“自定义幻灯片放映”下三角按钮中看到最新创建的“放映方案 2”演示方案。

第⑧题【操作步骤】

单击“文件”选项卡下的“另存为”按钮将演示文稿保存为“图书策划方案.pptx”文件。

8.5.6 PPT 入职培训方案

题目：请根据本题的素材，并按照题目要求完成下面的操作。

某数码技术有限公司的人事专员，需要对新员工进行入职培训。人事助理已经制作了一份演示文稿的素材“新员工入职培训.pptx”，请打开该文档进行美化。要求如下：

① 将第二张幻灯片版式设为“标题和竖排文字”，将第四张幻灯片的版式设为“比较”；为整个演示文稿指定一个恰当的设计主题。

② 通过幻灯片母版为每张幻灯片增加利用艺术字制作的水印效果，水印文字中应包含“新世界数码”字样，并旋转一定的角度。

③ 根据第五张幻灯片右侧的文字内容创建一个组织结构图，其中总经理助理为助理级别，结果应类似 Word 样例文件“组织结构图样例.docx”中所示，并为该组织结构图添加任一动画效果。

④ 为第六张幻灯片左侧的文字“员工守则”加入超链接，链接到 Word 素材文件“员工守则.docx”，并为该张幻灯片添加适当的动画效果。

⑤ 为演示文稿设置不少于 3 种的幻灯片切换方式。

操作步骤注释：

第①题【操作步骤】

步骤 1：选中第二张幻灯片，单击“开始”选项卡“幻灯片”组中的“版式”按钮，在弹出的下拉列表框中选择“标题和竖排文字”命令。

步骤 2：采用同样的方式将第四张幻灯片设为“比较”。

步骤 3：在“设计”选项卡下，选择一种合适的主题，此处选择“主题”组中的“离子”，则“离子”主题应用于所有幻灯片。

第②题【操作步骤】

步骤 1：单击“视图”选项卡“母版视图”组中的“幻灯片母版”按钮，即可将所有幻灯片应用于母版。

步骤 2：单击母版幻灯片中的任一处，而后单击“插入”选项卡下“文本”组中的“艺术字”按钮，在弹出的下拉列表中选择一种样式，此处选择“填充：金色，主题色 3；锋利棱谷”命令，然后输入“新世界数码”5 个字。输入完毕后选中艺术字，右击“设置文字效果格式”按钮。在弹出的“设置形状格式”对话框中选中“三维旋转”选项。在“预设”中选择一种合适的旋转效果，此处选择“底部朝下”。

步骤 3：选中艺术字，右击选择“剪切”命令，然后将艺术字存放至剪贴板中。

步骤 4：右击幻灯片页面的空白处，选择“设置背景格式”命令，打开“设置背景格式”对话框。

步骤 5：在“填充”组中选择“图片或纹理填充”，在“插入图片来自”中单击“剪贴板”，此时存放于剪贴板中的艺术字就被填充到背景中。若艺术字颜色较深，还可以在“图片颜色”选项下的“重新着色”中设置“预设”的样式，此处选择“冲蚀”命令。

步骤 6：最后单击“幻灯片母版”艺术字制作的“新世界数码”水印效果。

第③题【操作步骤】

步骤 1：选中第五张幻灯片，单击内容区，单击“插入”选项卡“插图”组中的 SmartArt 按钮，弹出“选择 SmartArt 图形”对话框。

步骤 2：选择“层次结构”组中的“组织结构图”命令。

步骤 3：单击“确定”按钮后即可在选中的幻灯片内容区域出现所选的“组织结构图”。选中矩形，然后选择“SmartArt 工具-设计”选项卡，在“创建图形”组中单击“添加形状”按钮，在弹出的下拉列表中选择“在下方添加形状”。采取同样的方式再进行两次“在下方添加形状”命令。

步骤 4：选中矩形，在“创建图形”组中单击“添加形状”按钮，在弹出的下拉列表框中选择“在前面添加形状”选项，即可得到与幻灯片右侧区域中文字相匹配的框架图。

步骤 5：按照样例中文字的填充方式把幻灯片右侧内容区域中的文字分别剪贴到对应的矩形框中，如图 8.88 所示。

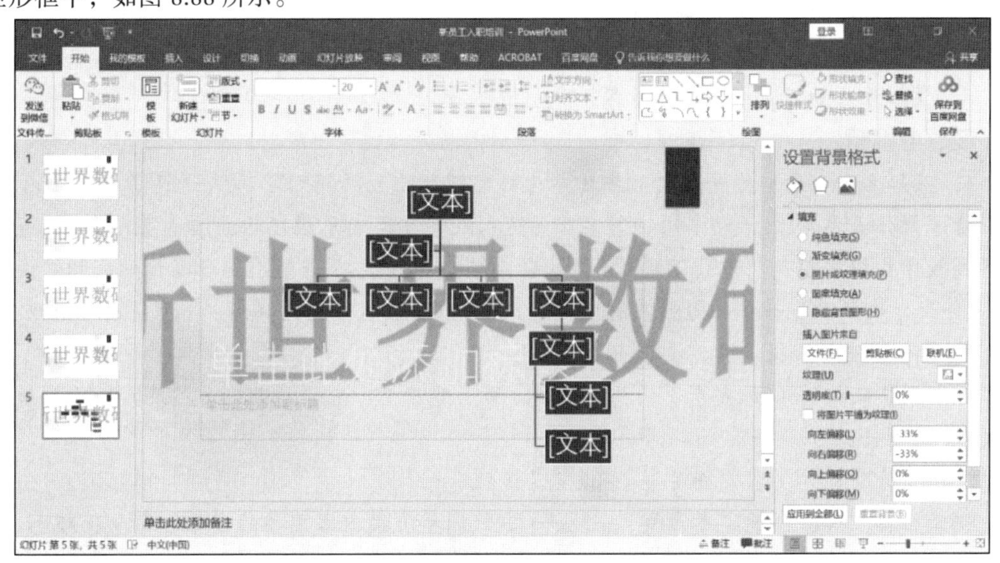

图 8.88　创建图形

步骤 6：选中设置好的 SmartArt 图形，在“动画”选项卡“动画”组中选择一种合适的动画效果，此处选择“飞入”命令。

第④题【操作步骤】

步骤 1：选中第六张幻灯片左侧的文字“员工守则”，单击“插入”选项卡“链接”组中的“链接”按钮，弹出“插入超链接”对话框。

步骤 2：选择“现有文件或网页"选项，在右侧的“查找范围”中查找到“员工守则.docx”文件。

步骤 3：单击“确定”按钮后即可为“员工守则”插入超链接。

步骤 4：选中第六张幻灯片中的某一内容区域，此处选择左侧内容区域。在“动画”选项卡的“动画”组中选择一种合适的动画效果，此处选择“浮入”命令。

第⑤题【操作步骤】

步骤 1：根据题意为演示文稿设置不少于 3 种的幻灯片切换方式。此处选择第一张幻灯片，在“切换”选项卡的“切换到此幻灯片”组中选择一种切换效果。此处选择“淡出”命令。

步骤 2：再选取两张幻灯片，按照同样的方式为其设置切换效果。这里设置第三张幻灯片的切换效果为“分割”。再设置第四张幻灯片的切换效果为“百叶窗”。

步骤 3：保存幻灯片为“新员工入职培训.pptx”文件。

习　　题

一、简单题

1. 简述 Word 2019 窗口的基本组成及其各部分的主要功能。
2. 简述设置页眉页脚的方法步骤。
3. 简述创建一个演示文稿的主要步骤。
4. 什么是媒体？媒体是如何分类的？
5. 模拟音频如何转换成数字音频？

二、上机题

1. 某知名企业要举办一场针对高校学生的大型职业生涯规划活动,并邀请了多数业内人士和资深媒体人参加,该活动本次由著名职场达人及某集团的总经理担任演讲嘉宾，因此吸引了各高校学生纷纷前来听取讲座。为了此次活动能够圆满成功,并能引起各高校学生的广泛关注,该企业行政部准备制作一份精美的宣传海报。请根据上述活动的描述，利用 Microsoft Word 2019 制作一份宣传海报。具体要求如下：

（1）调整文档的版面,要求页面高度 36 cm,页面宽度 25 cm,页边距(上、下)为 5 cm,页边距(左、右)为 4 cm。

（2）将素材图片“背景图片.jpg”设置为海报背景。

（3）根据“Word-最终参考样式.docx”文件,调整海报内容文字的字体、字号及颜色。

（4）根据页面布局需要,调整海报内容中“演讲题目”“演讲人”“演讲时间”“演讲日期”“演讲地点”信息的段落间距。

（5）在“演讲人:”位置后面输入报告人“陆达”;在“主办:行政部”位置后面另起一页,并设置第 2 页的页面纸张大小为 A4 类型,纸张方向设置为“横向”,此页页边距为“普通”页边距定义。

（6）在第 2 页的“报名流程”下面,利用 SmartArt 制作本次活动的报名流程(行政部报名、确认座席、领取资料、领取门票)。

（7）在第 2 页的“日程安排”段落下面复制本次活动的日程安排表(请参照“Word-日程安排.xlsx”文件),要求表格内容引用 Excel 文件中的内容,如果 Excel 文件中的内容发生变化,Word 文档中的日程安排信息随之发生变化。

（8）更换演讲人照片为素材 luda.jpg 照片,将该照片调整到适当位置,且不要遮挡文档中文字的内容。

2. 财务部助理小王需要向主管汇报 2019 年度公司差旅报销情况,现在请按照如下需求,在素材“差旅报销情况 xlsx”文档中完成工作:

（1）在“费用报销管理”工作表“日期”列的所有单元格中,标注每个报销日期属于星期几,例如日期为 2019 年 1 月 20 日”的单元格应显示为“2019 年 1 月 20 日星期日期为“2019 年 1 月 21 日”的单元格应显示为“2019 年 1 月 21 日星期”。

（2）如果“日期”列中的日期为星期六或星期日,则在“是否加班”列的单元格中显示“是”,否则显示“否”(必须使用公式)。

（3）使用公式统计每个活动地点所在的省市,并将其填写在“地区”列所对应的单元格中,例如“北京市”“浙江省”。

（4）依据“费用类别编号”列内容,使用 VLOOKUP 函数,生成“费用类别”列内容。对照关系参考“费用类别”工作表。

（5）在“差旅成本分析报告工作表”工作表 B3 单元格中,统计 2019 年第二季度发生在北京市的差旅费用总金额。

（6）在“差旅成本分析报告工作表”工作表 B4 单元格中,统计 2019 年员工钱某报销的火车票费用总金额。

（7）在“差旅成本分析报告工作表”工作表 B5 单元格中,统计 2019 年差旅费用中,飞机票费用占所有报销费用的比例,并保留 2 位小数。

（8）在“差旅成本分析报告工作表”工作表 B6 单元中,统计 2019 年发生在周末(星期六和星期日)的通信补助总金额。

第 9 章 信息安全

信息安全是一个关系国家安全和主权、社会的稳定、民族文化的继承和发扬的重要问题。从技术角度看，信息安全是一个涉及计算机科学、网络技术、通信技术、密码技术、信息安全技术、应用数学、数论、信息论等多种学科的边缘性综合学科。随着全球信息基础设施和各国信息基础设施的逐渐形成，国与国之间变得“近在咫尺”。

9.1 信息安全概述

网络化、信息化已成为现代科技发展的必然趋势，网络的普及、客户端软件多媒体化、协同计算、资源共享、开放、远程管理、电子商务、金融电子等已和的工作与生活息息相关。信息社会的到来，给全球带来了信息技术飞速发展的契机；信息技术的应用，引起了人们生产方式、生活方式和思想观念的巨大变化，极大地推动了人类社会的发展和人类文明的进步，把人类带入了崭新的时代；信息系统的建立已逐渐成为社会各个领域不可或缺的基础设施；信息已成为社会发展的重要战略资源、决策资源和控制战场的灵魂；信息化水平已成为衡量一个国家现代化程度和综合国力的重要标志。抢占信息资源已经成为国际竞争的重要内容。

然而，人们在享受网络信息所带来的巨大方便的同时，网络信息系统中的各种犯罪活动同时也严重地危害着社会的发展和国家的安全，我们面临着信息安全的严峻考验。信息安全与国家安全息息相关，没有信息安全，就没有完全意义上的国家安全，也没有真正的政治安全、军事安全和经济安全。面对日益明显的经济、信息全球化趋势，既要看到它带来的发展机遇，同时也要正视它引发的严峻挑战。因此，加速信息安全的研究和发展，加强信息安全保障能力已成为我国信息化发展的当务之急。为了构筑 21 世纪的国家信息安全保障体系，有效地保障国家安全、社会稳定和经济发展，需要尽快并长期致力于增强广大公众的信息安全意识，提升信息系统研究、开发、生产、使用、维护和提高管理人员的素质与能力。

9.1.1 信息安全定义

信息安全是指信息网络的硬件、软件及其系统中的数据受到保护，不受偶然的或者恶意的原因而遭到破坏、更改、泄露，系统连续可靠地运行，信息服务不中断。从广义来说，凡是涉及信息的保密性、完整性、可用性等的相关技术和理论都是信息安全的研究领域。信息安全本身包括的范围很广，大到国家军事政治等机密安全，小如防止商业机密泄露，防范青少年对不良信息的浏览以及个人信息的泄露等。网络环境下的信息安全体系是保证信息安全的关键，包括计算机安全操作系统、各种安全协议、安全机制（数字签名、信息认证、数据加密等），甚至安全系统，其中任何一个安全漏洞都会威胁全局安全。

一般来说，信息安全主要包括系统安全和数据安全两方面：

① 系统安全：一般采用防火墙、防病毒及其他安全防范技术等措施，属于被动型的安全措施。

② 数据安全：主要采用现代密码技术对数据进行主动的安全保护，如数据保密、数据完整性、数据不可否认与抵赖、双向身份认证等技术。

9.1.2 信息安全体系结构

在考虑具体的网络信息安全体系时，把安全体系划分为一个多层面的结构，每个层面都是一个安全层次。根据信息系统的应用现状和网络结构，信息安全问题可以定位在 5 个层次：物理安全、网络安全、系统安全、应用安全和管理安全。图 9.1 所示为信息安全体系结构及其各层次之间的关系。

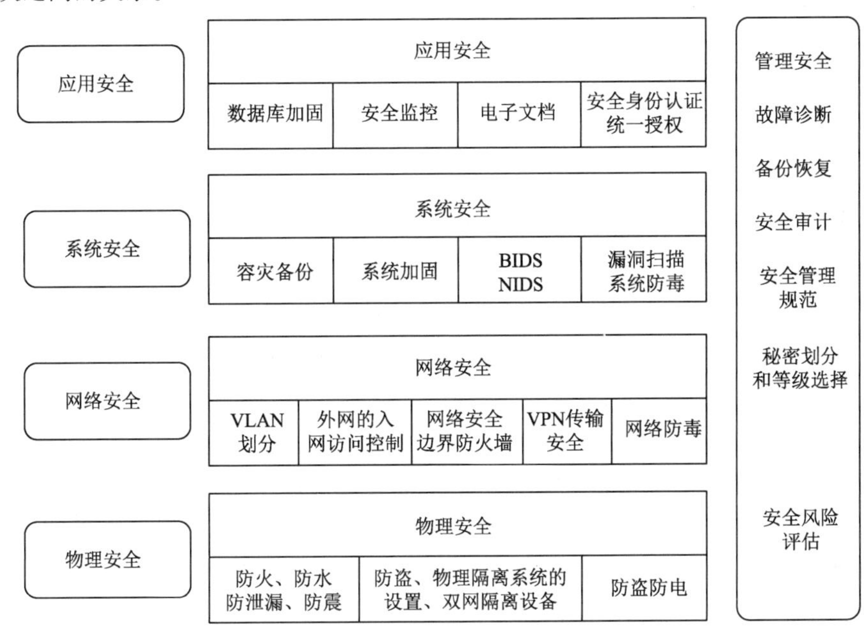

图 9.1 信息安全体系结构及其各层次之间的关系

1. 物理安全

物理安全在整个计算机网络信息系统安全体系中占有重要地位。计算机信息系统物理安全的内涵是保护计算机信息系统设备、设施以及其他媒体免遭地震、水灾、火灾等环境事故以及人为操作失误或错误及各种计算机犯罪行为导致的破坏，包含的主要内容为环境安全、设备安全、电源系统安全和通信线路安全。

① 环境安全。计算机网络通信系统的运行环境应按照国家有关标准设计实施，应具备消防报警、安全照明、不间断供电、温湿度控制系统和防盗报警，以保护系统免受水、火、有害气体、地震、静电的危害。

② 设备安全。要保证硬件设备随时处于良好的工作状态，建立健全使用管理规章制度，

建立设备运行日志。同时要注意保护存储介质的安全性，包括存储介质自身和数据的安全。存储介质本身的安全主要是安全保管、防盗、防毁和防霉；数据安全是指防止数据被非法复制和非法销毁。

③ 电源系统安全。电源是所有电子设备正常工作的能量源，在信息系统中占有重要地位。电源安全主要包括电力能源供应、输电线路安全、保持电源的稳定性等。

④ 通信线路安全。通信设备和通信线路的安装要稳固牢靠，具有一定对抗自然因素和人为因素破坏的能力，包括防止电磁信息的泄露、线路截获以及抗电磁干扰。

2. 网络安全

该层次的安全问题主要体现在网络方面的安全性，包括网络层身份认证、网络资源的访问控制、数据传输的保密与完整性、远程接入的安全、域名系统的安全、路由系统的安全、入侵检测的手段、网络设施防病毒等。网络层常用的安全工具包括防火墙系统、入侵检测系统、VPN 系统、网络蜜罐等。

3. 系统安全

该层次的安全问题来自网络内使用的操作系统，系统层安全主要表现在三方面：一是操作系统本身的缺陷带来的不安全因素，主要包括身份认证、访问控制、系统漏洞等；二是对操作系统的安全配置问题；三是病毒对操作系统的威胁。

操作系统的安全功能主要包括标识与鉴别、自主访问控制（DAC）、强制访问控制（MAC）、安全审计、客体重用、最小特权管理、可信路径、隐蔽通道分析、加密卡支持等。

另外，随着计算机技术的飞速发展，数据库的应用十分广泛，深入到各个领域，但随之而来产生了数据的安全问题。各种应用系统的数据库中大量数据的安全问题、敏感数据的防窃取和防篡改问题，越来越引起人们的高度重视。数据库系统作为信息的聚集体，是计算机信息系统的核心部件，其安全性至关重要，关系到企业兴衰、成败。因此，如何有效地保证数据库系统的安全，实现数据的保密性、完整性和有效性，已经成为业界人士探索研究的重要课题之一。数据库安全性问题一直是数据库用户非常关心的问题。数据库往往保存着生产和工作需要的重要数据和资料，数据库数据的丢失以及数据库被非法用户的侵入往往会造成无法估量的损失，因此，数据库的安全保密成为一个网络安全防护中非常需要重视的环节，要维护数据信息的完整性、保密性、可用性。

4. 应用安全

应用层的安全主要考虑所采用的应用软件和业务数据的安全性，全球互联网用户已达数十亿，大部分用户都会利用网络进行购物、银行转账支付、网络聊天和各种软件下载等。人们在享受网络便捷的同时，网络环境也变得越来越危险，如网上钓鱼、垃圾邮件、网站被黑、企业上网账户密码被窃取、QQ 号码被盗、个人隐私数据被窃取等。因此，对于每一个使用网络的人来说，掌握一些应用安全技术是很必要的。

5. 管理安全

安全领域有句话叫“三分技术，七分管理”，管理层安全从某种意义上来说要比以上 4 个安全层次更重要。管理层安全包括安全技术和设备的管理、安全管理制度、部门与人员的组织规则等。

9.1.3　信息安全的目标

开始的时候，信息安全具有 3 个目标：保密性、完整性和可用性（Confidentiality　In-tegrity Availability, CIA）。后来，对信息安全的目标进行了扩展，将 CIA 三个目标扩展为：保密性、完整性、可用性、真实性、不可否认性、可追究性、可控性等 7 个信息安全技术目标。其中，所增加的真实性、不可否认性、可追究性、可控性可以认为是完整性的扩展和细化。

① 保密性：保密性是网络信息不被泄露给非授权的用户、实体或过程，或供其利用的特性。即防止信息泄露给非授权个人或实体，信息只为授权用户使用的特性。保密性是在可靠性和可用性基础之上，保障网络信息安全的重要手段。常用的保密技术包括防侦收、防辐射、信息加密、物理保密。

② 完整性：完整性是网络信息未经授权不能进行改变的特性。即网络信息在存储或传输过程中保持不被偶然或蓄意地删除、修改、伪造、乱序、重放、插入等破坏和丢失的特性。完整性是一种面向信息的安全性，它要求保持信息的原样，即信息的正确生成和正确存储和传输。影响网络信息完整性的主要因素有设备故障、误码、人为攻击、计算机病毒等。

③ 可用性：可用性是网络信息可被授权实体访问并按需求使用的特性。即网络信息服务在需要时，允许授权用户或实体使用的特性，或者是网络部分受损或需要降级使用时，仍能为授权用户提供有效服务的特性。可用性是网络信息系统面向用户的安全性能。网络信息系统最基本的功能是向用户提供服务，而用户的需求是随机的、多方面的，有时还有时间要求。可用性一般用系统正常使用时间和整个工作时间之比来度量。可用性还应该满足以下要求：身份识别与确认、访问控制、业务流控制、路由选择控制、审计跟踪。

④ 真实性：对信息的来源进行判断，能对伪造来源的信息予以鉴别。

⑤ 不可否认性：在网络信息系统的信息交互过程中，确信参与者的真实同一性。即所有参与者都不可能否认或抵赖曾经完成的操作和承诺。利用信息源证据可以防止发信方不真实地否认已发送信息，利用递交接收证据可以防止收信方事后否认已经接收的信息。建立有效的责任机制，防止用户否认其行为，这一点在电子商务中是极其重要的。

⑥ 可控制性：对信息的传播及内容具有控制能力。

⑦ 可追究性：对出现的网络安全问题提供调查的依据和手段。

9.1.4　信息安全技术

由于计算机网络具有连接形式多样性、终端分布不均匀性和网络的开放性、互联性等特征，致使网络易受黑客、恶意软件和其他不轨行为的攻击，所以网络信息的安全和保密是一个至关重要的问题。无论是在单机系统、局域网还是在广域网系统中，都存在着自然和人为等诸多因素的脆弱性和潜在威胁。因此，计算机网络系统的安全措施应是能全方位地针对各种不同的威胁和脆弱性，这样才能确保网络信息的保密性、完整性和可用性。

1. 加密技术

密码学是一门古老而深奥的学科，有着悠久、灿烂的历史。密码在军事、政治、外交等领域是信息保密的一种不可缺少的技术手段，采用密码技术对信息加密是最常用、最有效的安全保护手段。密码技术与网络协议相结合可发展为认证、访问控制、电子证书技术等，因此，密码技术被认为是信息安全的核心技术。

2. 认证技术

认证就是对于证据的辨认、核实、鉴别，以建立某种信任关系。在通信中，涉及两方面：一方面提供证据或标识；另一方面对这些证据或标识的有效性加以辨认、核实、鉴别。

（1）数字签名

在现实世界中，文件的真实性依靠签名或盖章进行证实。数字签名是数字世界中的一种信息认证技术，是公开密钥加密技术的一种应用，根据某种协议来产生一个反映被签署文件的特征和签署人特征，以保证文件的真实性和有效性的数字技术，同时也可用来核实接收者是否有伪造、篡改行为。

（2）身份验证

身份识别或身份标识是指用户向系统提供的身份证据，也指该过程。身份认证是系统核实用户提供的身份标识是否有效的过程。在信息系统中，身份认证实际上是决定用户对请求的资源的存储权和使用权的过程。一般情况下，人们也把身份识别和身份认证统称为身份验证。

3. 访问控制技术

访问控制是对信息系统资源的访问范围以及方式进行限制的策略。简单地说，就是防止合法用户的非法操作，它是保证网络安全最重要的核心策略之一。它是建立在身份认证之上的操作权限控制。身份认证解决了访问者是否合法，但并非身份合法就什么都可以做，还要根据不同的访问者，规定他们分别可以访问哪些资源，以及对这些可以访问的资源可以用什么方式（读、写、执行、删除等）访问。访问控制涉及的技术也比较广，包括入网访问控制、网络权限控制、目录级控制以及属性控制等多种手段。

4. 防火墙技术

防火墙（FireWall）是一种重要的网络防护设备，是一种保护计算机网络、防御网络入侵的有效机制。

（1）防火墙的基本原理

防火墙是控制从网络外部访问本网络的设备，通常位于内网与 Internet 的连接处（网络边界），充当访问网络的唯一入口（出口），用来加强网络之间访问控制，防止外部网络用户以非法手段通过外部网络进入内部网络，访问内部网络资源，从而保护内部网络设备。防火墙根据过滤规则来判断是否允许某个访问请求。

（2）防火墙的作用

防火墙能够提高网络整体的安全性，因而给网络安全带来了众多的好处，防火墙可以过滤非法用户，对网络访问进行记录和统计。防火墙是设置在可信任的内部网和不可信任的公众访问网之间的一道屏障，使一个网络不受另一个网络的攻击，实质上是一种隔离技术。

5. 防火墙的基本类型

根据防火墙的外在形式可以分为软件防火墙、硬件防火墙、主机防火墙、网络防火墙、Windows 防火墙、Linux 防火墙等。根据防火墙所采用的技术可分为包过滤型、NAT、代理型和监测型防火墙等。

9.2　计算机中的信息安全

9.2.1　计算机病毒及其防范

1. 计算机病毒的概念

计算机病毒是指那些具有自我复制能力的计算机程序，它能影响计算机软件、硬件的正常运行，破坏数据的正确与完整。在《中华人民共和国计算机信息系统安全保护条例》中，计算机病毒有明确的定义："计算机病毒，是指编制或者在计算机程序中插入的破坏计算机功能或者破坏数据、影响计算机使用，并且能够自我复制的一组计算机指令或者程序代码"。

2. 计算机病毒的传播途径

计算机病毒的传播主要通过文件复制、文件传送等方式进行，文件复制与文件传送需要传输媒介，而计算机病毒的主要传播媒介就是U盘、硬盘、光盘和网络。

3. 计算机病毒的特点

要做好计算机病毒的防治工作，首先要认清计算机病毒的特点和行为机理，为防范和清除计算机病毒提供充实可靠的依据。根据对计算机病毒的产生、传染和破坏行为的分析，总结出计算机病毒具有以下几个主要特点。

（1）破坏性

任何病毒只要侵入系统，都会对系统及应用程序产生程度不同的影响。轻者会降低计算机工作效率，占用系统资源；重者可以破坏数据、删除文件、加密磁盘，对数据造成不可挽回的破坏，有的甚至会导致系统崩溃。

（2）传染性

传染性是病毒的基本特征，它会通过各种渠道从已被感染的计算机扩散到未被感染的计算机。只要一台计算机染毒，不及时处理，病毒就会在这台计算机上迅速扩散，其中的大量文件（一般是可执行文件）会被感染。而被感染的文件又成了新的传染源。当这台计算机再与其他计算机进行数据交换或通过网络接触时，病毒会继续进行传染。

（3）潜伏性

大部分病毒感染系统之后一般不会马上发作，它可长期隐藏在系统中，只有在满足其特定条件时才启动其表现（破坏）模块。只有这样它才可进行广泛的传播。例如，著名的"黑色星期五"病毒会在逢13号的星期五发作。CIH病毒会在26日发作。这些病毒在平时会隐藏得很好，只有在发作日才会露出本来面目。

（4）隐蔽性

病毒一般是具有很高编程技巧、短小精悍的程序。通常附在正常程序中或磁盘较隐蔽的地方，也有个别的以隐含文件形式出现。目的是不让用户发现它的存在。如果不经过代码分析，病毒程序与正常程序是不容易区别开的。一般在没有防护措施的情况下，计算机病毒程序取得系统控制权后，可以在很短的时间里传染大量程序。而且受到传染后，计算机系统通常仍能正常运行，使用户不会感到任何异常。试想，如果病毒在传染到计算机上之后，计算机马上无法正常运行，那么它本身便无法继续进行传染。正是由于隐蔽性，计算机病毒得以在用户没有察觉的情况下扩散到成千上百万台计算机中。

（5）不可预见性

从对病毒的检测方面来看，病毒还有不可预见性。而病毒的制作技术也在不断提高，病毒对反病毒软件永远是超前的。

4. 计算机病毒的防治

病毒防治应采取“以防为主、与治结合、互为补充”的策略，不可偏废任何一方面。

（1）建立良好的安全习惯

例如，对一些来历不明的邮件及附件不要打开，不要上一些不太了解的网站，不要执行从 Internet 下载后未经杀毒处理的软件等，这些必要的习惯会使用户的计算机更安全。

（2）关闭或删除系统中不需要的服务

默认情况下，许多操作系统会安装一些辅助服务，如 FTP 客户端、Telnet 和 Web 服务器。这些服务为攻击者提供了方便，而又对用户没有太大用处，如果删除它们，就能大幅减少被攻击的可能性。

（3）经常升级安全补丁

据统计，有 80%的网络病毒是通过系统安全漏洞进行传播的，如蠕虫王、冲击波、震荡波等，所以应该定期到网站下载最新的安全补丁，以防范未然。

（4）使用复杂的密码

有许多网络病毒就是通过猜测简单密码的方式攻击系统的，因此使用复杂的密码，将会大幅提高计算机的安全系数。

（5）迅速隔离受感染的计算机

当计算机发现病毒或异常时应立刻断网，以防止计算机受到更多的感染，或者成为传播源，再次感染其他计算机。

（6）了解一些病毒知识

这样就可以及时发现新病毒并采取相应措施，在关键时刻使自己的计算机免受病毒破坏。如果能了解一些注册表知识，就可以定期看一下注册表的自启动项是否有可疑键值；如果了解一些内存知识，就可以经常查看内存中是否有可疑程序。

（7）安装专业的杀毒软件进行全面监控

在病毒日益增多的今天，使用杀毒软件进行防毒，是越来越经济的选择，不过用户在安装了反病毒软件之后，应该经常进行升级，将一些主要监控经常打开（如邮件监控），对内存进行监控等，遇到问题要上报，这样才能真正保障计算机的安全，如金山毒霸、诺顿、江民杀毒软件。

（8）安装个人防火墙软件

由于网络的发展，用户计算机面临的黑客攻击问题也越来越严重，许多网络病毒都采用了黑客的方法来攻击用户计算机，因此，用户还应该安装个人防火墙软件，将安全级别设为中、高，这样才能有效地防止网络上的黑客攻击。

9.2.2 网络黑客及其防范

1. 网络黑客的概念

黑客（Hacker），源于英语动词 Hack。一般认为，黑客起源于 20 世纪 50 年代麻省理工学院的实验室，他们精力充沛，热衷于解决难题。20 世纪六七十年代，“黑客”一词极富褒义，主要是指那些独立思考、奉公守法的计算机迷，他们智力超群，对计算机全身心投入。从事黑客活动意味着对计算机的最大潜力进行智力上的自由探索，为计算机技术的发展做出了巨大贡献。现在的“黑客”多指入侵者，可以利用网络漏洞破坏网络，例如，通过一些重复的工作（如用暴力法破解口令）达成其破坏的目的，这些群体被称为“骇客(Cracker)”。现在黑客使用的侵入计算机系统的基本技巧，如“破解口令”、“开天窗”、“走后门”、安放“特洛伊木马”等，都是在这一时期发明的。

2. 网络黑客的攻击方式

（1）获取口令

获取口令有 3 种方法：一是通过网络监听非法得到用户口令。这类方法有一定的局限性，但危害性极大，监听者往往能够获得其所在网段的所有用户账号和口令，对局域网安全威胁巨大。二是在知道用户的账号后利用一些专门软件强行破解用户口令。这种方法不受网段限制，但黑客要有足够的耐心和时间。三是在线获得一个服务器上的用户口令文件。此方法在所有方法中危害最大，因为它不需要像第二种方法那样一遍又一遍地尝试登录服务器，而是在本地将加密后的口令与 Shadow 文件中的口令相比较就能非常容易地破获用户密码，尤其对那些“简单”用户（指口令安全系数极低的用户。例如，某用户账号为 zys，其口令就是 zys666、666666 或干脆就是 zys 等）更是在短短的一两分钟内，甚至几十秒内就可以将其破获。

（2）放置特洛伊木马程序

特洛伊木马程序可以直接侵入用户的计算机并进行破坏，它常被伪装成工具程序或者游戏等诱使用户打开带有特洛伊木马程序的邮件附件或从网上直接下载，一旦用户打开了这些邮件的附件或者执行了这些程序之后，它们就会像古特洛伊人在敌人城外留下的藏满士兵的木马一样留在自己的计算机中，并在自己的计算机系统中隐藏一个可以在 Windows 启动时悄悄执行的程序。当用户连接到 Internet 上时，这个程序就会通知黑客，来报告用户的 IP 地址以及预先设定的端口。黑客在收到这些信息后，再利用这个潜伏在其中的程序，就可以任意地修改用户的计算机参数设置、复制文件、窥视整个硬盘中的内容等，从而达到控制计算机的目的。

（3）WWW 的欺骗技术

在网上，用户可以利用 IE 等浏览器进行各种 Web 站点的访问，如阅读新闻组、咨询产品价格、订阅报纸、电子商务等。然而一般的用户恐怕不会想到有这些问题存在：正在访问的网页已经被黑客篡改过，网页上的信息是虚假的。例如，黑客将用户要浏览的网页的 URL 改写为指向黑客自己的服务器，当用户浏览目标网页时，实际上是向黑客服务器发出请求，黑客就可以达到欺骗的目的。

（4）电子邮件攻击

电子邮件攻击主要表现为两种方式：一是电子邮件轰炸和电子邮件“滚雪球”，也就是通常所说的邮件炸弹，指的是用伪造的 IP 地址和电子邮件地址向同一信箱发送数以千计、万计甚至无穷多次内容相同的垃圾邮件，致使受害人邮箱被“炸”，严重者可能会给电子邮件服务器操作系统带来危险，甚至瘫痪；二是电子邮件欺骗，攻击者佯称自己为系统管理员（邮件地址和系统管理员完全相同），给用户发送邮件要求用户修改口令（口令可能为指定字符串）或在貌似正常的附件中加载病毒或其他木马程序（某些单位的网络管理员有定期给用户免费发送防火墙升级程序的义务，这为黑客成功地利用该方法提供了可乘之机），这类欺骗只要用户提高警惕，一般危害性不是太大。

（5）通过一个结点来攻击其他结点

黑客在突破一台主机后，往往以此主机作为根据地，攻击其他主机（以隐蔽其入侵路径，避免留下蛛丝马迹）。他们可以使用网络监听方法，尝试攻破同一网络内的其他主机；也可以通过 IP 欺骗和主机信任关系，攻击其他主机。这类攻击很狡猾，但由于某些技术很难掌握，因此较少被黑客使用。

（6）网络监听

网络监听是主机的一种工作模式，在这种模式下，主机可以接收到本网段在同一条物理通道上传输的所有信息，而不管这些信息的发送方和接收方是谁。此时，如果两台主机进行通信的信息没有加密，只要使用某些网络监听工具，如 NetXray 就可以轻而易举地截取包括口令和账号在内的信息资料。虽然网络监听获得的用户账号和口令具有一定的局限性，但监听者往往能够获得其所在网段的所有用户账号及口令。

（7）寻找系统漏洞

许多系统都有这样那样的安全漏洞，其中某些是操作系统或应用软件本身具有的，这些漏洞在补丁未被开发出来之前一般很难防御黑客的破坏；还有一些漏洞是由于系统管理员配置错误引起的，如在网络文件系统中，将目录和文件以可写的方式调出，将用户的密码文件以明码方式存放在某一目录下，这都会给黑客带来可乘之机，应及时加以修正。

（8）利用账号进行攻击

有的黑客会利用操作系统提供的默认账户和密码进行攻击。例如，许多 UNIX 主机都有 FTP 和 Guest 等默认账户（其密码和账户名同名），有的甚至没有口令。黑客用 UNIX 操作系统提供的命令收集信息，不断提高自己的攻击能力。这类攻击只要系统管理员提高警惕，将系统提供的默认账户关掉或提醒无口令用户增加口令，一般都能克服。

（9）偷取特权

偷取特权主要是利用各种特洛伊木马程序、后门程序和黑客自己编写的导致缓冲区溢出的程序进行攻击。前者可使黑客非法获得对用户机器的完全控制权，后者可使黑客获得超级用户的权限，从而拥有对整个网络的绝对控制权。这种攻击手段，一旦奏效，危害性极大。

3. 网络黑客的防范

（1）屏蔽可疑 IP 地址

这种方式见效最快，一旦网络管理员发现了可疑的 IP 地址申请，可以通过防火墙屏蔽相对应的 IP 地址，这样黑客就无法再连接到服务器上。但是，这种方法有很多缺点，如很多黑客都使用动态 IP，也就是说，他们的 IP 地址会变化，一个地址被屏蔽，只要更换其他 IP 地址，就仍然可以进攻服务器，而且高级黑客有可能会伪造 IP 地址，屏蔽的也许是正常用户的地址。

（2）过滤信息包

通过编写防火墙规则，可以让系统知道什么样的信息包可以进入，什么样的应该放弃。如此一来，当黑客发送有攻击性的信息包时，在经过防火墙时，信息就会被丢弃掉，从而防止了黑客的进攻。但是这种做法仍然有其不足的地方，如黑客可以改变攻击性代码的形态，让防火墙分辨不出信息包的真假；或者黑客干脆无休止、大量地发送信息包，直到服务器不堪重负而造成系统崩溃。

（3）修改系统协议

对于漏洞扫描，系统管理员可以修改服务器的相应协议，如漏洞扫描是根据对文件的申请返回值对文件的存在进行判断，这个数值如果是 200，则表示文件存在于服务器上，如果是 404，则表明服务器没有找到相应的文件。但是管理员如果修改了返回数值，或者屏蔽 404，那么漏洞扫描器就毫无用处。

（4）经常升级系统版本

任何一个版本的系统发布之后，在短时间内都不会受到攻击，一旦其中的问题暴露出来，黑客就会蜂拥而至。因此，管理员在维护系统时，可以经常浏览著名的安全站点，找到系统的新版本或者补丁程序进行安装，这样就可以保证系统中的漏洞在没有被黑客发现之前，就已经修补上，从而保证了服务器的安全。

（5）及时备份重要数据

如果数据备份及时，即便系统遭到黑客进攻，也可以在短时间内修复，挽回不必要的经济损失。目前很多商务网站，都会在每天对系统数据进行备份，第二天，无论系统是否受到攻击，都会重新恢复数据，保证每天系统中的数据库都不会出现损坏。数据的备份最好放在其他计算机或者驱动器上，这样黑客进入服务器之后，破坏的只是一部分数据，对于服务器的损失也不会太严重。

系统一旦受到黑客攻击，管理员不仅要设法恢复损坏的数据，而且还要及时分析黑客的来源和攻击方法，尽快修补被黑客利用的漏洞，然后检查系统中是否被黑客安装了木马、蠕虫或者被黑客开放了某些管理员账号，尽量将黑客留下的各种蛛丝马迹和后门清除干净，防止黑客的下一次攻击。

（6）安装必要的安全软件

用户还应在计算机中安装并使用必要的防黑软件、杀毒软件和防火墙。在上网时打开它们，这样即使有黑客进攻，用户的安全也是有一定保证的。

（7）不要回陌生人的邮件

有些黑客可能会冒充某些正规网站的名义，寄一封信给用户，要求用户输入上网的用户名称与密码，如果单击“确定”按钮，用户的账号和密码就进了黑客的邮箱，所以不要随便回陌生人的邮件。

（8）做好浏览器的安全设置

ActiveX 控件和 Applets 有较强的功能，但也存在被人利用的隐患，网页中的恶意代码往往就是利用这些控件编写的小程序，只要打开网页就会被运行。所以，要避免恶意网页的攻击只有禁止这些恶意代码的运行。

习　题

1. 信息安全包括哪两个方面？简述信息安全两个方面的具体防护措施。
2. 了解常用的网络安全防护设备，各设备的主要作用是什么？
3. 写出你所知道的计算机病毒和操作系统漏洞。
4. 描述网络防火墙的工作原理和作用。
5. 日常生活中，在计算机和手机上用到的身份认证和识别技术有哪些？
6. 简述计算机病毒的特点。计算机病毒有哪些防治措施？
7. 勒索病毒的传播途径和危害是什么？
8. 常见的网络黑客攻击方式有哪些？
9. 什么是 DDOS 攻击？

第10章 信息化新技术

当前，世界正在进入以新一代信息产业为主导的新经济发展时期，信息产业核心技术已成为世界各国战略竞争的制高点。可以说，抓住信息技术，就抓住了竞争力和话语权。

10.1 超级计算

超级计算机指的是能够解决复杂计算的计算机，这种计算机通常在体积和价格上占据较大的体量。除了支撑其运行的超级计算机硬件之外，还包括软件系统及配套的测试工具、算法、应用软件及软件库等。如今的超级计算领域存在诸多大数据支撑的行业，如高能物理、气象预报、航天技术、地质灾害预测以及医疗技术等。日益增多的数据量及更高的处理能力要求，使得基于传统架构的计算机很难在有限的体积内完成相关的任务。

10.1.1 超级计算的重要意义

超级计算代表了一个国家科学技术发展的水平。同时，它已成为现代社会重要的信息基础设施，正在深刻地改变人类的生产和生活方式。

超级计算的重要性集中体现在三方面：

超级计算已经是革命性的研发手段。根据已有理论在超级计算机上进行虚拟实验，即计算机模拟，甚至虚拟现实，已经在越来越大的程度上辅助甚至替代现实的实验。例如，各国大飞机的研制都依赖计算力学与超级计算完成气动与结构设计。同样，从新药研制到精准医学，从催化机理的分析到反应器放大与优化，从建筑与桥梁设计到地质灾害防治，超级计算几乎在现代科技的所有领域中突破了理论和实验研究的极限，极大地加快了研发进程，并显著降低了费用。由此形成的产业技术带来的效益更是不可估量，并已成为国防和国家安全的一个重要支点。同时，超级计算的综合性还有效促进了不同学科的交叉融合，从而促进复杂性科学和脑科学等21世纪最激动人心的科学前沿的形成。

超级计算已成为现代社会重要的信息基础设施。可以毫不夸张地说，超级计算对于正在迅速发展的信息社会就像能源和交通对于工业社会那样重要。超级计算的应用正从传统的科研领域向社会经济的各个方面渗透。目前电子商务、金融和社会管理中已经开始用数据挖掘等手段分析人们的消费和行为习惯，从而更精准地指导生产和流通，提高经济和社会的运行效率。同样，在交通和物流的管控与优化、疾病预防与控制、天气预报与气候预测、经济定量预测与调控甚至休闲娱乐等领域的应用即将迎来爆发式增长，带动新兴产业的崛起，使超级计算像电力和自来水一样在日常生活中成为不可或缺的资源。

超级计算正在深刻地改变人类的生产和生活方式。超级计算技术本身正面临深刻的变革，其前景无可限量。目前，庞大的超级计算机将演进为紧凑的信息处理设备而融入生产生活的方方面面，通过云计算、物联网和智能设备等形成庞大的网络。这种泛在的超级计算和它驱动与支撑的智能制造、柔性制造、虚拟现实等技术与产业将带来一个“万物有灵”“虚实难辨”的时代。人类在应对能源与资源短缺、环境污染和气候变化等可持续发展的重大挑战时将具备全新的能力。生产效率将极大提高、能源和资源消耗将显著降低，人类的生存空间将极大地拓展，更加自由而绿色的生活方式将不断涌现。

超级计算对我国的自主创新、跨越发展尤为重要，并将随着发展的进程变得越来越重要。过去 20 年中，我国部署了多个国家级科技项目和资助计划，有力推动了中国超级计算能力的提升。持续保持国家对超级计算的投入，不断攻研和创新超级计算机技术，使我国超级计算的发展迈上更高的台阶，对国家经济社会转型升级和中华民族伟大复兴具有重要战略意义。

超级计算的发展水平是国家综合国力的重要体现，是国家创新体系的重要组成部分，已成为世界各国特别是发达国家竞相争夺的战略制高点。发展超级计算不但可以带动计算技术向更高水平发展，更重要的是可以解决在经济建设、社会发展、科技创新、产业升级、国家安全等方面的一系列挑战性问题。在国际发展方面，超级计算机指当前时代运算速度最快的大容量大型计算机，是计算机领域的“珠穆朗玛峰”，世界上多数国家均积极部署了超级计算机发展规划。

10.1.2 超级计算机发展的挑战

以商品化通用硬件主导的发展模式由于效率、能耗、稳定性等问题已举步维艰，以应用牵引的模式正逐步成为主流。抓住这一转变的机遇，我国超级计算有望跨越发展，全面领先。尽管超级计算意义重大、发展迅猛，但近年来也遇到了重大的挑战与发展的瓶颈，急需新的思路来破解。20 世纪 90 年代以来，由于商品化通用处理器的快速发展，极大地促进了超级计算机的发展。据 HPC Top 500 统计显示，2000 年以来，采用商品化通用硬件构建超级计算机的数量最高时达到总量的 90%以上。但随着计算机系统规模的增大和峰值计算性能的提高，这种按照“商品化硬件-软件-应用”模式研制的机器遇到了新的挑战。

① 应用效率低下。商品化通用软硬件对领域高难计算问题或大数据处理问题缺乏针对性，因而系统计算资源的利用率较低，使机器的实际性能大打折扣，大多数机器的实际应用效率不会超过其峰值性能的 10%。

② 运行功耗大。系统规模的扩大导致机器耗电量急剧增加，高端超级计算机系统的能耗已经达到 10 MW 量级，但性能能耗比提高缓慢，机器运营成本难以承受。

③ 系统可靠性低。随着系统中处理器的核数达到百万量级以上，主要器件数量达到千万量级以上，当前一个高端系统的平均无故障时间达到数小时已十分困难，对高可靠性的影响极大。

在这种模式下，仅仅依靠商品化通用硬件的渐进式技术改善，超级计算机系统的易用性和对需求的适应性会不断降低，整机的实用性也因算法并行性和系统稳定性的限制而大打折扣，从而失去了追求整机性能的意义。即使是面向商品化硬件的软件和应用开发，也只能永远滞后于硬件系统的开发，且商品化底层技术的迅速发展使得超级计算系统的有效使用年限非常有限（一般只有 5 ~ 7 年），并且研发、制造成本与运维费用日益高昂，因此这种滞后带来的资源浪费也非常巨大。

这些困境背后的共性问题是:在商品化软硬件研发中缺乏对应用对象的结构分析与利用，即计算机与计算对象的逻辑结构和物理结构不一致。微电子和集成电路领域的发展趋势是:运算部件的速度提升快、能耗低，存储和通信部件的速度（带宽与延迟）提升慢、能耗高。为了弥补两者间的差距，需要引入多级数据高速缓存和交换。但这种补偿只有在计算软件具有相应的并行性与数据局部性时才适用，否则只能带来处理器设计复杂性的提高、元器件利用率的降低和编程难度的加大。而如果不从应用出发，考虑计算对象的物理结构和计算特征，计算软件就难以充分挖掘利用问题内在的并行性。另一方面，如果深入考虑了计算对象的结构和特征，现行的复杂的硬件设计非但没有必要，反而还会阻碍内在并行性的充分发挥。

10.2　人工智能

2016 年 3 月，AlphaGo 与李世石的围棋大战引起人们强烈关注，并再次对人工智能（Artificial Intelligence，AI）展开热烈讨论。早在 1956 年达特茅斯会议上，人工智能这一概念就被明确提出，虽然 60 多年来，学术界对此有着不同的说法和定义，但从其本质来讲，人工智能是指能够模拟人类智能活动的智能机器或智能系统，研究领域涉及非常广泛，从数据挖掘、智能识别到机器学习、人工智能平台等，其中许多技术已经应用到经济生活之中。

10.2.1　人工智能发展历史

关于人工智能是什么、技术本质是什么、能力边界在哪里、能否全面超过人类等一系列问题一直是人类发展进步史的重要课题。在早期智能萌芽阶段，人类对“智能”的探究只能称为“自动”或者降低人为参与度的工作而已。我国古代黄帝造的“指南车”、诸葛亮发明的“木牛流马”都具有一定“智能”意味。而公认的人工智能思维基础来自亚里士多德建立的逻辑思维模式，加之统计学、信息论、控制论的发展与积淀，以及后来自动进位加法器、四则运算计算器等各类计算机器的发明才真正加速了早期智能的萌芽。

在计算机器发展阶段，智能的探索以该时代最先进的计算机器为重要载体，其起源可以追溯到图灵，甚至是更早的帕斯卡与莱布尼茨。这个阶段也是人工智能学科的萌芽期，1936 年，图灵提出的图灵机模型揭开了近代人类对人工智能探索的序幕，后续提出的图灵测试，为智能科学设计了未来智能系统能够像人一样思考的要求与长远愿景。因此，英国科学家图灵被后人誉为人工智能之父。

在相同时代，“现代计算机之父”冯・诺依曼基于图灵机模型对 ENIAC 的设计提出了建议，并于 1945 年发表了存储程序通用电子计算机方案——EDVAC(Electronic Discrete Variable Automatic Computer，离散变量自动电子计算机），提出了冯诺依曼体系结构，开启了计算机系统结构发展的先河。

图灵机模型和冯・诺依曼体系结构从计算本质和计算结构方面分别奠定了现代信息处理和计算技术的两大基石，然而二者均缺乏自适应性。图灵计算的本质是使用预定义规则对一组输入符号进行处理，而人对物理世界的认知程度限定了规则和输入，以及机器描述、解决问题的程度；冯氏结构是存储程序式计算，预先设置的程序无法根据外界变化进行自我演化。

走过了图灵与冯·诺依曼关于智能启蒙和计算机器的初级探索阶段，近代神经科学关于人类大脑中学习和记忆功能，以及思维机制的研究成果，推动了认知神经学的产生和人工智能的同步发展。因此，基于人脑机制的初步认识，人工智能的第一个高潮到来。1956 年夏季，以约翰·麦卡锡、马文·明斯基、内森·罗切斯特和克劳德·香农等为代表的十位具有远见卓识的年轻科学家在达特茅斯学院（Dartmouth）开启了人工智能研究的序幕，首次提出了“人工智能”概念，标志着“人工智能”学科的正式诞生。

1958 年，在达特茅斯会议之后仅仅两年，弗兰克·罗森布拉特提出了一种参数可变的单层神经网络模型——感知器，是人类首次用算法模型表示学习功能，首次赋予了机器从数据中学习知识的能力。但这种简单的学习模型只有局限性，从而结束了人工智能发展的第一次高潮。

后来，由于认知神经科学的巨大进展，特别是人脑神经元在思维过程中神经元活动和神经元之间信号传递的相关发现，使认知神经学的研究真正成了基于脑神经大数据的实验科学。从思维机制角度看，大脑皮质层可视为有自我组织能力的模式识别器。尤其，按照思维机制的模块化方式，神经元网络的信号传递，以及模块化的互联互动便形成了智能。这种模块化神经元组织机制形成智能的思想，也是近年兴起的深度学习的神经学理论基础。

尽管认知神经科学关于智能的研究渐入佳境，但实践角度的机器智能发展受限于所处时代计算机器的计算和存储能力，以及感知外部世界活动的能力。因此，该时期智能研究被局限于有限问题求解空间的搜索工作。尤其，20 世纪主要采用分而治之的“机械还原论”研究各种复杂系统，因而从结构、功能、行为上模拟智能的三种基本思路衍生出了不同人工智能学派：

① 符号学派（Symbolism）：其核心是用符号进行逻辑与机器推理，以逻辑学为基础，以符号为基本认知单元，结合相关运算操作，从逻辑推理、归纳、论证等角度进行智能过程的模拟与实现。

② 连接学派（Connectionism）：以神经元为人类思维基本单位，利用大量简单结构及其连接模拟大脑的学习机制、智能活动。其核心是利用训练数据和大量神经元构成的通用网络模型实现人脑功能。

③ 行为学派（Behaviorism）：吸收了进化和控制论的观点，通过“感知-动作”的模式去模拟智能，认为智能来源于感知与行为。其核心是强调智能在工程实践中的可实现性和控制论思想。

步入 21 世纪的万物互联时代，计算机的计算和存储能力空前提升，于是，从大数据中自动获取知识的机器学习技术成为新一代人工智能的主要机制和技术驱动力。Hinton 等人基于玻尔兹曼机的多层神经网络学习机制，以及反向传播算法等研究成果，可以自动调节神经元连接的权重，实现不断优化目标函数学习功能，为人工智能技术的再次兴起奠定了基础。

人工智能在推动人类进步与社会发展的过程中扮演着越来越重要的角色。卷积神经网络等一系列神经元网络结构可自动提取对学习有意义的数据特征，使得基于深度学习的人工智能技术成为机器智能的主要内在机制，推动人工智能成为经济社会中新的生产力。综上所述，可以给出人工智能的定性表达式

$$人工智能=数据+算法+算力+其他$$

其中，数据是大数据时代的产物，算法以深度神经网络等机器学习方法为支撑，算力由 GPU、NPU 等大规模并行计算单元提供，其他代表领域知识和应用场景需求等扩展。值得铭记的是，

2012 年 ImageNet 竞赛中“蟾宫折桂”的深度卷积神经网络引燃了人类对人工智能的无限期待与再次探索，2016 年 AlphaGo 开启了人工智能元年的大门。2018 年，Geofrey Hinton、Yoshua Bengio 及 Yann LeCun 凭借在深度神经网络方面的大量重要贡献获得图灵奖。

未来人工智能的发展趋势不仅是“人工智能+”模式，而更应是一种内生机制，即通过先进算法设计、多模态大数据整合、大量算力汇聚，通用可迁移智能模型训练，实现不同应用领域和实际问题的求解。例如，北京智源人工智能研究院发布 1.75 万亿参数的“悟道 2.0”模型等，已将大数据、算力消耗、算法模型等资源内生转化成了一种“智能能源”。

10.2.2 专用人工智能与通用人工智能之间的巨大距离

顾名思义，“专用人工智能”就是指专司某一个特定领域工作的人工智能系统，而“通用人工智能”（Artificial General Intelligence，AGI），就是能够像人类那样胜任各种任务的人工智能系统。但是，主流的 AI 研究所提供的产品都不属于 AGI 的范畴。例如，曾经因为打败李世石与柯洁而名震天下的 AlphaGo，其实就是一个专用的人工智能系统——除了用来下围棋之外，它甚至不能用来下中国象棋或者是国际象棋，也不能为家政机器人提供软件支持。虽然驱动 AlphaGo 工作的“深度学习”技术本身，也可以在进行某些变通之后被沿用到其他人工智能的工作领域中，但进行这种技术变通的毕竟是人类程序员，而不是程序本身。换言之，在概念上就不可能存在着能够自动切换工作领域的深度学习系统。由于一切真正的 AGI 系统都应当具备在无监督条件下自行根据任务与环境的变化切换工作知识域的能力，所以上面这个判断本身就意味着：深度学习系统无论如何发展，都不可能演变为 AGI 系统。

10.3 前沿计算技术

计算机芯片的微型化已接近极限。计算机技术的进一步发展只能寄希望于全新的技术，如新材料、新的晶体管设计方法和分子层次的计算技术。有 3 种技术：量子计算技术、光计算技术和生物计算技术，一旦研制成功将引发下一次超级计算机革命。

10.3.1 量子计算

量子计算是指利用纠缠的量子态作为信息载体，利用量子态的线性迭加原理进行信息并行计算的方案，量子计算对某些问题的处理能力大大超越经典计算。量子计算机具有极高的并行计算能力，可以将经典计算机几乎不可能完成的某些计算难题，诸如大数分解、复杂路径搜索等，在可接受的时间内予以解决。以量子计算为基础的信息处理技术的发展有望引发新的技术革命，为密码学、大数据和机器学习、人工智能、化学反应计算、材料设计、药物合成等许多领域的研究，提供前所未有的强力手段，对未来社会的科技、经济、金融，以及国防安全等产生革命性的影响。

1982 年，Richard Feynman 提出利用量子计算机来模拟研究量子体系的想法。量子计算提出至今，实验方面历经了从单个量子比特到约 10 个量子比特（不算 D-Wave 等的量子模拟或退火装置）的发展过程。相对于最终做成实用化普适量子计算机的目标，目前仍然处于原理演示的探索性研究阶段。但近年来在超导量子计算、量子点量子计算、拓扑量子计算等方案上所取得的进展，向人们展示了量子计算时代即将来临的美好憧憬，引起了学术界、工业界和政府组织的高度重视。一些国家政府的大力推动和国际大公司的积极参与，成了这一领域发展的风向标。当前热门的量子计算方案主要是超导量子计算、量子点量子计算和拓扑量子计算。

① 超导量子计算是目前最被看好的量子计算方案之一。1999 年首次在超导器件中实现了量子相干演化以来，超导量子比特和量子电路的研究取得了快速进展，已成为实现可扩展量子计算的一个优选方案。电路从早期的单比特电路到双比特电路，发展到现在的 10 个量级的多比特电路；单个超导量子比特的量子相干保持时间、退相干时间增加了 6 个数量级，可以实现 103 ~ 104 个操作；量子相干操控，从早期验证超导量子比特电路中的量子特性、单比特或双比特电路上量子计算所必需的各种量子操作，发展到在包含多比特的电路上，实现部分量子纠错和进行一些量子算法的演示。相信在不远的将来，专门设计的，包含几十到一百个左右量子比特的超导电路，可以在特定的算法上演示超越经典大型超级计算机的能力。超导量子计算技术及其科学问题的研究，不仅得到各国学术界的高度关注，某些国际大公司也已经开始实质性地支持相关研究。

② 量子点量子计算是另一个被看好的发展方向。相当长的一段时间内半导体量子计算的量子比特数停留在几个比特的水平上，但基于高纯硅材料和成熟半导体工艺技术，有望发展出可规模化的半导体量子芯片。

③ 拓扑量子计算是目前国际上量子计算领域公认的几个主要方案之一。拓扑量子计算是在量子系统整体拓扑性质的保护下，通过非阿贝尔任意子的编织操作，实现对量子信息的存储和处理，有望从根本上解决因环境噪声导致的量子态退相干等问题。拓扑量子计算的概念于 20 世纪末提出。由于拓扑量子计算基础理论的重要性和可行性，一些理论先驱者获得了多个国际学术界重要奖项。拓扑量子计算的关键是寻找遵从非阿贝尔统计的任意子，并构建拓扑物理系统。我国及欧洲等国家的顶尖研究机构，已经对此进行了大量的理论和实验研究，提出了多种可能的实现方案。这些方案包括分数量子霍尔系统、内秉拓扑超导体、半导体与超导的复合系统、量子自旋液体等。原贝尔实验室和微软公司一直在推动拓扑量子计算的研究，后者还专门为此成立了研究机构 Station-Q。研究表明，在具有强自旋轨道耦合的半导体纳米线或薄膜、拓扑绝缘体、量子反常霍尔效应系统等体系中，通过超导近邻效应都有可能得到拓扑超导态，从而实现具备非阿贝尔统计的马约拉纳准粒子这种任意子。正是这些方案的提出大大拓展了拓扑量子计算实现的可能途径，是目前量子计算关注的焦点之一。

我国研究团队在量子计算的一些领域做出了有国际影响力的工作。中国科学技术大学的研究人员利用核磁共振量子计算的 4 个量子比特，演示了至今最大的 143 的因子分解。随着量子比特数的增加，中国科学技术大学、中科院物理所、浙江大学等在合作研究实现更大数字因子分解舒尔算法。在金刚石氮空位中心系统，中国科学技术大学、中科院物理所、清华大学都分别演示了简易型 Deutch 算法、量子克隆和几何逻辑门操作等量子计算基础操作，以及基于动力学退耦的量子态保护。

在超导量子计算方面，2010 年之前由于受器件微纳加工和极低温测量等研究条件的限制，国内实验研究进展相对缓慢。此后，随着投入的加大，特别是在科技部量子调控与量子信息重点专项，以及高校 985 项目的支持下，已有多个研究所和高校建立了较好的研究平台。

浙江大学、中科大上海研究院与中科院物理研究所紧密合作，在超导多比特集成系统方面，自行设计、制备并且高精度、高相干性测控了包含五和十比特的超导量子芯片，并首次利用超导芯片进行了 HHL 量子算法的初步演示；南京大学利用超导比特及其中的 TLS 首次演示了三比特纠缠，率先在超导量子比特中实现了几何相的 Landau-Zener 干涉，并进行了量子相变 KZ 机制模拟；清华大学首先利用超导 cQED 系统，演示了量子 Bernoulli 工厂；北京计算科学中心、清华大学针对超导 cQED 系统开展了系统研究，实验上首先显示了量子电磁透明和 Autler-Townes 劈裂的区别和过渡，以及超强耦合系统中多光子边带的观察等；浙江大学、福州大学利用超导多比特器件，演示了量子延迟选择实验等；中科院物理所在超导比特系统中，首次演示了非（弱）耦合量子态之间利用受激拉曼通道的相干演化和量子相位扩散等物理过程。

在拓扑量子计算方面，北京大学团队是国际上最早在半导体纳米线与超导的复合系统中，观察到马约拉纳零能模迹象的研究组之一，最早在 InAs/GaSb 二维拓扑绝缘体中开展相互作用下的边缘态研究；中科院物理所最早在三维拓扑绝缘体与超导结合的复合纳米器件中，观察到了马约拉纳束缚态迹象，率先演示了基于拓扑材料的第一个相位敏感的拓扑量子器件；清华大学在世界上首次实现了量子反常霍尔效应，在基于量子反常霍尔效应、超导异质结构的拓扑量子计算实现方面占据了先机；上海交通大学、清华大学、南京大学在三维拓扑绝缘体、超导异质结构中，实现了超导近邻效应，获得了马约拉纳零能模存在的关键证据。这些工作在国际上被公认是推动拓扑超导量子态和马约拉纳零能模的奠基性成果之一。

量子计算由于其具有并行性、指数级存储容量和指数加速等特征已成为当今世界各国紧密跟踪的前沿学科之一。将量子计算融入计算智能技术中，形成量子计算智能技术，为计算智能的进一步研究另辟蹊径。因此，量子计算技术的研究具有重要的理论价值和应用价值。

10.3.2　光计算

光计算是利用光的物理性质进行大容量信息处理的光学运算技术。狭义的光计算是指利用光的数值运算，例如四则运算和行列运算；广义的光计算是指应用光学技术进行信息处理。在光计算研究初期，考虑到有效地利用光的并行性和高速性等物理性质，有可能开发远远超过利用当时的电子技术的高性能信息处理系统。然而，电子技术的迅速发展改变了光计算研究初期的状况。相对于电子学而言，光的优越性并不是绝对的。在组合性以及与原有技术的匹配性等方面，光计算技术的引入目前尚存在一些问题。在这种情况下对光计算研究的意义需要重新评价，并且要以与以前不同的观念进行开发。

以前光计算研究的主体是开发运算技术，但是要达到或超过电子学能够实现的运算能力，用全光学方式的运算系统是不现实的。因此，基于智能像素技术的数字光计算目前备受重视。数字光计算是指以光学手段实现数字运算的软件和硬件的通称。技术路线上以列阵光学非线性器件为基础，构想通用性或专用性全光学计算机。通过在数字光计算研究上的投资，正在加强用于系统开发的基础技术。目前正致力于研究垂直腔面发射激光器（VCSEL）、空间光学调制器（SLM）等光电子器件，以及应用半导体加工技术的微型光学元件制造技术。同时，还利用与光电子器件相融合为条件的半导体集成电路技术相类似的技术，设计和开发多自由度的特制元件。现在的数字光计算系统的标准模式是采用光电子器件与 CMOS（互补金属氧化物半导体）相融合的智能像素技术和采用微型光学元件的自由空间光互联技术，在微型台上密集组合的系统，它是利用成熟的组合技术构筑成的紧凑稳定的系统。

光计算已全面在光学、微电子学、计算机学、生物物理学和材料学等各个领域及其交叉领域中展开，其内容涉及基本器件到系统各方面。光计算研究属于多学科交叉和知识密集的前沿课题，是一种必须在综合性高技术基础上进一步发展的更高层次的高技术基础研究，其应用前景对光电子技术的推动作用和光子技术发展具有深远的战略意义。

10.3.3 生物计算

生物计算是指利用生物系统固有的信息处理机理而研究开发的一种新的计算模式。生物计算研究包括器件和系统两方面。利用有机（或生物）材料在分子尺度内构成的有序体系、提供通过分子层次上的物理化学过程信息检测、处理、传输和存储的基本单元，称为分子器件。生物计算系统的结构和计算原理不同于传统的计算系统，它的结构一般是并行分布式的。信息存储往往是短时记忆和长时记忆的结合，是通过学习完成的。它的计算则表现为复杂的动态过程，不仅存在精确的时间同步，甚至要求在分维时间尺度上才能描述。生物计算是以生物大分子作为“数据”的计算模型，主要分为 3 种类型：蛋白质计算、RNA 计算和 DNA 计算。

蛋白质计算模型的研究始于 20 世纪 80 年代中期，Conrad 首先提出用蛋白质作为计算器件的生物计算模型。后续的相关研究利用蛋白质的二态性来研制模拟图灵机意义下的计算模型，应属于纳米计算机“家族”的一员。不同于蛋白质计算，RNA 计算与 DNA 计算是利用生化反应，更确切地讲，是以核酸分子间的特异性杂交为机理的计算模型。由于 RNA 分子不仅在实验操作上没 DNA 分子容易，而且在分子结构上也不如 DNA 分子处理信息方便，故对 RNA 计算的研究相对较少，蛋白质计算与 RNA 计算少有进展，但 DNA 计算发展很快。

DNA 计算是一种以 DNA 分子与相关的生物酶等作为基本材料，以生化反应作为信息处理基本过程的一种计算模式。DNA 计算模型首先由 Adleman 博士于 1994 年提出，它的最大优点是充分利用了 DNA 分子具有大量存储的能力，以及生化反应的大量并行性。因而，以 DNA 计算模型为基础而产生的 DNA 计算机，必有大量的存储能力及惊人的运行速度。DNA 计算机模型克服了电子计算机存储量小与运算速度慢这两个严重的不足，具有如下优点：DNA 作为信息的载体，其存储的容量巨大，1 m^3 的 DNA 溶液可存储 1 万亿亿的二进制数据，远远超过全球所有电子计算机的总储存量；具有高度的并行性，运算速度快，一台 DNA 计算机在一周的运算量相当于所有电子计算机问世以来的总运算量；DNA 计算机所消耗的能量只占一台电子计算机完成同样计算所消耗的能量的十亿分之一；合成的 DNA 分子具有一定的生物活性，特别是分子氢键之间的引力仍存在。这就确保 DNA 分子之间的特异性杂交功能。

习　题

1. 什么是超级计算机？超级计算机的作用是什么？
2. 我国自主的超级计算机有哪些？
3. 什么是量子计算？